21世纪高等学校计算机
专业实用规划教材

程序设计基础

（C语言）（第2版）

◎ 张先伟 马新娟 张立红 王云 田爱奎 编著

清華大學出版社
北京

内容简介

本书重点介绍在C语言环境下编写程序的思路与方法。全书以程序设计的基本思想与方法作为主要结构，介绍了程序的基本结构组织、批量数据的组织方式与处理技巧，引入了递推、递归、动态规划、贪心等常用的算法设计方法应用案例，注重强调了程序设计中设计方法与动手实践。

本书可作为高等院校相关专业教材，亦可供从事计算机相关领域的科研人员参考自学。

图书在版编目(CIP)数据

程序设计基础：C语言/张先伟等编著.—2版.--北京：清华大学出版社，2016(2024.8重印)
21世纪高等学校计算机专业实用规划教材
ISBN 978-7-302-44086-4

Ⅰ.①程… Ⅱ.①张… Ⅲ.①C语言—程序设计—高等学校—教材 Ⅳ.①TP312

中国版本图书馆CIP数据核字(2016)第132437号

责任编辑：刘 星
封面设计：刘 键
责任校对：李建庄
责任印制：杨 艳

出版发行：清华大学出版社
网　　址：https://www.tup.com.cn，https://www.wqxuetang.com
地　　址：北京清华大学学研大厦A座　**邮　　编**：100084
社 总 机：010-83470000　**邮　　购**：010-62786544
投稿与读者服务：010-62776969，c-service@tup.tsinghua.edu.cn
质量反馈：010-62772015，zhiliang@tup.tsinghua.edu.cn
课件下载：https://www.tup.com.cn，010-83470236

印 装 者：大厂回族自治县彩虹印刷有限公司
经　　销：全国新华书店
开　　本：185mm×260mm　**印　　张**：23.75　**字　　数**：576千字
版　　次：2011年6月第1版　2016年9月第2版　**印　　次**：2024年8月第10次印刷
印　　数：8151～8650
定　　价：59.00元

产品编号：067530-02

第 2 版前言

程序设计基础是高等学校计算机专业学生的入门基础课程，本课程以C程序设计语言作为基本工具，以程序设计的思想与方法作为核心内容，以动手编程解决实际问题能力的培养为最终目标。通过课程的学习，不仅使学生掌握C程序设计语言本身的语法与结构，更重要的是逐步培养学生用计算机解决问题的思维、习惯与方法。

与传统的C语言教材相比较，本书虽然以C语言作为工具，但是不再以琐碎的C语言语法知识作为内容的核心，而是以程序设计的基本思想与方法作为主要结构，在理论体系中突出重点，淡化不常用、非必须且难理解的语法内容，引入常用的算法设计(如递推、递归、动态规划、贪心等)方法的应用案例与练习，使得教材内容的程序设计知识体系比较完整且重点突出。

本书内容共分为三部分，分别介绍程序的基本结构、批量数据的组织方式与处理技巧、常用算法的思路与应用典型案例。第一部分主要介绍程序结构与函数，力求结合案例以简练的内容介绍最常用的知识与离散数据的处理方法，是程序设计能力的基础；第二部分主要以经典案例与实践训练相结合的方法介绍批量数据的组织方法与处理技巧，是对程序设计能力的拔高；第三部分主要以基本算法理论与经典案例结合的方式介绍常用算法，是程序设计能力的升华。

本书第1版由田爱奎、张先伟策划、统稿。其中第1、2章由田爱奎编写，第7、10、11、12章由张先伟编写，第5、6、8、9章由张立红编写，第3、4章由王云编写。刘晓红、马新娟等在教材编写过程中也提出了许多有益的意见与建议。

本书第2版由张先伟、马新娟负责策划、修订，其中张先伟完成第1、2、8、9、13、14、15章的修订编写，马新娟完成第3、4、5、6、7、10、11、12章的修订编写。第2版对教材内容进行了较大的修订，重新调整了全书的章节结构，补充完善了更多有代表性的题目，尽量保证教材结构更趋合理、内容更加丰富、表述更加清晰。由于时间仓促，作者水平有限，书中难免有纰漏之处，敬请读者批评指正。

编　者

2016 年 5 月

目　录

第1章　程序设计引论 ········· 1

1.1　计算机程序与计算机语言 ········· 1

1.1.1　计算机程序 ········· 1

1.1.2　计算机内存 ········· 2

1.1.3　计算机语言 ········· 3

1.1.4　C语言简介 ········· 5

1.2　简单的C程序构成 ········· 6

1.2.1　最简单的C语言程序举例 ········· 6

1.2.2　C程序的结构 ········· 10

1.3　C程序设计的基本步骤 ········· 12

1.3.1　需求分析 ········· 12

1.3.2　详细设计 ········· 13

1.3.3　编辑程序 ········· 13

1.3.4　编译与链接 ········· 14

1.3.5　运行与调试 ········· 15

1.4　C程序文件的创建、编译与运行 ········· 16

1.4.1　CodeBlocks下程序文件的创建、编译与运行 ········· 17

1.4.2　Visual C++ 6.0下程序文件的创建、编译与运行 ········· 20

1.5　本章小结 ········· 23

第2章　算法设计基础 ········· 25

2.1　什么是算法 ········· 25

2.1.1　日常生活中的算法 ········· 25

2.1.2　计算机算法的分类 ········· 26

2.1.3　简单算法举例 ········· 27

2.2　算法的特征 ········· 28

2.3　算法的表示方法 ········· 28

2.3.1　自然语言表示算法 ········· 28

2.3.2　传统流程图表示算法 ········· 29

2.3.3　三种基本结构 ········· 30

2.3.4 用N-S流程图表示算法 …… 31
2.3.5 其他表示算法的方法 …… 32
2.4 程序设计中常用算法 …… 32
2.4.1 迭代法 …… 33
2.4.2 穷举搜索法 …… 33
2.4.3 递推法 …… 34
2.4.4 递归 …… 34
2.4.5 回溯法 …… 35
2.4.6 贪心法 …… 35
2.4.7 分治法 …… 36
2.4.8 动态规划法 …… 37
2.5 本章小结 …… 39

第3章 数据类型基础 …… 40

3.1 数据在计算机中的存储方式 …… 40
3.1.1 二进制 …… 40
3.1.2 位与字节 …… 40
3.1.3 数据的存储方式 …… 41
3.2 常量与变量 …… 42
3.2.1 基本概念 …… 42
3.2.2 定义常量的名字(预处理命令#define) …… 43
3.2.3 变量的声明和赋值 …… 44
3.2.4 常量的分类 …… 46
3.3 基本数据类型 …… 49
3.3.1 整型 …… 49
3.3.2 实型 …… 50
3.3.3 字符型 …… 51
3.3.4 sizeof()求类型大小 …… 52
3.4 数据类型转换 …… 53
3.4.1 自动转换 …… 53
3.4.2 强制类型转换 …… 54
3.5 运算符与表达式 …… 54
3.5.1 算术运算符 …… 55
3.5.2 自增运算符和自减运算符 …… 55
3.5.3 算术表达式 …… 56
3.5.4 运算符的优先级和结合性 …… 57
3.6 本章小结 …… 58

第 4 章　顺序控制结构与数据的输入输出 …… 59

4.1　顺序结构 …… 59
4.1.1　C 语句综述 …… 59
4.1.2　赋值运算符和赋值表达式 …… 61
4.1.3　顺序结构实例 …… 63
4.2　数据的输入输出及实现 …… 66
4.3　字符数据的输入输出 …… 66
4.3.1　putchar 函数 …… 66
4.3.2　getchar 函数 …… 67
4.4　格式化输入输出 …… 68
4.4.1　格式输出 printf 函数 …… 68
4.4.2　格式输入 scanf 函数 …… 70
4.5　本章小结 …… 74

第 5 章　分支控制结构 …… 75

5.1　关系运算符和关系表达式 …… 75
5.2　逻辑运算符和逻辑表达式 …… 76
5.3　if 语句 …… 79
5.3.1　if 语句的三种形式 …… 79
5.3.2　if 语句的嵌套 …… 84
5.3.3　条件运算符与条件表达式 …… 85
5.3.4　if 语句中的复合语句 …… 87
5.4　switch 语句 …… 88
5.5　本章小结 …… 91

第 6 章　循环控制结构 …… 92

6.1　循环控制结构 …… 92
6.2　while()语句 …… 93
6.2.1　while 语句的一般形式 …… 93
6.2.2　如何终止 while 循环 …… 93
6.2.3　while 语法要点 …… 95
6.2.4　计数循环与不确定循环 …… 97
6.3　do…while 语句——退出条件循环 …… 98
6.3.1　do while 的一般形式 …… 98
6.3.2　do while 语句的使用 …… 98
6.3.3　do while 语句的语法要点 …… 99
6.4　逗号运算符和逗号表达式 …… 100
6.5　for 语句 …… 101

6.5.1 for语句的一般形式 …… 102
6.5.2 for语句的灵活运用 …… 104
6.5.3 逗号表达式在for语句中的使用 …… 107
6.6 空语句在循环中的使用 …… 107
6.7 循环语句的选择 …… 108
6.8 循环嵌套 …… 109
6.9 break和continue语句 …… 112
6.10 本章小结 …… 114

第7章 函数 …… 116

7.1 函数概述 …… 116
7.1.1 什么是函数 …… 116
7.1.2 为什么使用函数 …… 117
7.1.3 函数的特点 …… 118
7.1.4 函数的分类 …… 118
7.2 函数定义和调用 …… 118
7.2.1 函数定义 …… 118
7.2.2 函数调用 …… 120
7.2.3 函数的声明 …… 122
7.2.4 return语句 …… 123
7.3 嵌套调用与递归调用 …… 124
7.3.1 嵌套调用 …… 124
7.3.2 递归调用 …… 125
7.4 变量与函数 …… 130
7.4.1 变量的作用域和存储类别 …… 130
7.4.2 局部变量的作用域和存储类别 …… 131
7.4.3 全局变量的作用域和存储类别 …… 134
7.5 随机数函数 …… 136
7.6 本章小结 …… 139

第8章 数组 …… 141

8.1 一维数组的定义、引用与初始化 …… 143
8.1.1 一维数组的定义 …… 143
8.1.2 一维数组元素的引用 …… 144
8.1.3 一维数组的初始化 …… 146
8.2 一维数组的应用 …… 149
8.2.1 Fibonacci数列 …… 149
8.2.2 统计问题 …… 151
8.2.3 排序问题 …… 152

8.2.4 查找问题 …… 158
8.2.5 逆置与移位 …… 162
8.2.6 元素删除 …… 165
8.3 二维数组 …… 166
8.3.1 二维数组的定义 …… 166
8.3.2 二维数组元素的引用 …… 167
8.3.3 二维数组的初始化 …… 168
8.3.4 二维数组程序举例 …… 169
8.4 数组与函数 …… 171
8.4.1 数组元素作函数实参 …… 171
8.4.2 数组名作为函数参数 …… 172
8.5 本章小结 …… 174

第9章 指针 …… 175

9.1 地址与指针 …… 175
9.1.1 变量、数组、函数与地址 …… 175
9.1.2 变量的地址和变量的值 …… 176
9.1.3 变量的访问方式 …… 177
9.1.4 指针和指针变量 …… 178
9.2 指针变量 …… 179
9.2.1 指针变量的定义 …… 179
9.2.2 指针变量的引用 …… 180
9.2.3 指针变量作为函数参数 …… 185
9.3 指向数组的指针变量 …… 189
9.3.1 指向数组元素的指针 …… 189
9.3.2 通过指针引用数组元素 …… 190
9.3.3 指向数组的指针变量作为函数参数 …… 193
9.3.4 指向多维数组的指针变量 …… 199
9.4 函数指针变量 …… 207
9.4.1 函数指针与指向函数的指针变量 …… 207
9.4.2 用函数指针变量调用函数 …… 208
9.4.3 用指向函数的指针变量作函数参数 …… 211
9.5 返回指针值的函数 …… 212
9.6 指针数组和指向指针的指针 …… 214
9.6.1 指针数组的概念 …… 214
9.6.2 指向指针的指针 …… 217
9.7 本章小结 …… 219

第10章　字符串 …… 221

10.1　字符串常量 …… 221
10.1.1　字符串与字符串结束标志 …… 221
10.1.2　什么是字符串常量 …… 221
10.1.3　如何存储字符串常量 …… 222
10.2　如何表示字符串变量 …… 223
10.2.1　字符数组的定义与引用 …… 223
10.2.2　字符数组的初始化 …… 224
10.2.3　指针变量与字符串 …… 225
10.2.4　字符串数组 …… 228
10.3　字符串的输入输出 …… 230
10.3.1　用gets函数和puts函数输入输出字符串 …… 230
10.3.2　用scanf函数和printf函数输入输出字符串 …… 231
10.4　字符串处理函数 …… 232
10.5　字符指针与字符数组的区别 …… 234
10.6　程序举例 …… 237
10.7　本章小结 …… 239

第11章　结构体、共用体和枚举 …… 241

11.1　示例问题：学生成绩管理的例子 …… 241
11.2　结构体 …… 242
11.2.1　结构体类型的定义 …… 242
11.2.2　结构体类型变量的定义 …… 243
11.2.3　结构体类型变量的引用与赋值 …… 244
11.2.4　结构体变量的初始化 …… 245
11.2.5　结构体类型数组 …… 246
11.2.6　结构体类型指针变量 …… 249
11.2.7　结构体类型指针变量作函数参数 …… 252
11.3　共用体 …… 253
11.3.1　共用体类型的概念 …… 253
11.3.2　共用体类型变量的引用 …… 254
11.3.3　共用体类型数据的特点 …… 255
11.4　枚举 …… 256
11.4.1　枚举类型的概念和定义 …… 256
11.4.2　枚举类型变量的赋值和使用 …… 256
11.5　利用typedef自定义类型 …… 258
11.6　本章小结 …… 260

第 12 章　文件 …… 261

12.1　文件概述 …… 261
12.1.1　文件的概念 …… 261
12.1.2　文件的分类 …… 261
12.1.3　标准文件 I/O …… 262
12.2　文件指针 …… 263
12.3　文件的打开与关闭 …… 263
12.3.1　文件打开函数(fopen)与程序结束函数(exit) …… 263
12.3.2　文件关闭函数(fclose) …… 265
12.4　文本文件的读写 …… 265
12.4.1　字符读写函数(fgetc 和 fputc) …… 265
12.4.2　字符串读写函数(fgets 和 fputs) …… 267
12.4.3　格式化读写函数(fscanf 和 fprintf) …… 268
12.5　二进制文件的读写 …… 270
12.5.1　二进制模式与文本模式的区别 …… 270
12.5.2　数据块读写函数(fread 和 fwtrite) …… 271
12.6　文件操作的其他函数 …… 272
12.6.1　判断文件是否结束函数(feof) …… 272
12.6.2　文件内部指针定位 …… 273
12.6.3　ftell 函数 …… 274
12.6.4　int fflush()函数 …… 275
12.7　综合示例 …… 275
12.8　本章小结 …… 276

第 13 章　链表 …… 278

13.1　动态内存分配 …… 278
13.1.1　C 程序的内存划分 …… 278
13.1.2　内存分配方式 …… 279
13.1.3　动态内存分配函数 …… 279
13.2　单链表概述 …… 282
13.2.1　结点的结构 …… 282
13.2.2　单链表的结构 …… 282
13.3　单链表结点的基本操作 …… 283
13.3.1　单链表结点的查找 …… 283
13.3.2　单链表结点的插入 …… 284
13.3.3　单链表结点的删除 …… 286
13.4　单链表的建立 …… 287
13.4.1　逆序建链表 …… 288

13.4.2 顺序建链表 …… 289
13.5 单链表的应用 …… 290
13.5.1 单链表的逆置 …… 291
13.5.2 单链表的归并 …… 292
13.5.3 单链表的拆分 …… 295
13.6 循环链表与约瑟夫环问题 …… 296
13.6.1 循环链表 …… 296
13.6.2 约瑟夫环问题 …… 296
13.7 本章小结 …… 299

第14章 递推与递归 …… 301

14.1 递推 …… 301
14.1.1 递推思想 …… 301
14.1.2 求解递推关系的方法 …… 302
14.1.3 递推关系的建立 …… 302
14.2 递推设计实例 …… 303
14.2.1 简单Hanoi塔问题 …… 303
14.2.2 捕鱼问题 …… 304
14.2.3 Fibonacci类问题 …… 306
14.2.4 错排公式 …… 310
14.2.5 马踏过河卒 …… 311
14.3 递归 …… 313
14.3.1 递归的定义 …… 313
14.3.2 递归的思想 …… 313
14.4 递归设计实例 …… 314
14.4.1 青蛙过河问题 …… 314
14.4.2 快速排序问题 …… 319
14.4.3 第k小的数 …… 323
14.4.4 全排列问题 …… 327
14.4.5 八皇后问题 …… 332
14.5 递归的效率 …… 335
14.6 本章小结 …… 337

第15章 贪心法与动态规划法 …… 339

15.1 贪心法 …… 339
15.1.1 贪心法的思想 …… 339
15.1.2 贪心法的实现过程 …… 340
15.1.3 贪心法的基本要素 …… 341
15.1.4 贪心法的注意事项 …… 342

15.2 贪心法实例 …… 344
15.2.1 删数问题 …… 344
15.2.2 活动选择问题 …… 345
15.2.3 区间覆盖问题 …… 348
15.2.4 贪心法解题的一般步骤 …… 351
15.3 动态规划 …… 351
15.3.1 什么是动态规划 …… 351
15.3.2 引入动态规划的意义 …… 352
15.3.3 动态规划的特征 …… 354
15.3.4 动态规划算法的基本步骤 …… 355
15.4 动态规划实例 …… 356
15.4.1 简单最短路径问题 …… 356
15.4.2 最长公共子序列问题 …… 360
15.4.3 最长上升子序列问题 …… 362
15.5 本章小结 …… 364

第1章 程序设计引论

1.1 计算机程序与计算机语言

1.1.1 计算机程序

随着信息技术的飞速发展,计算机的应用已经深入到人们日常生产生活的方方面面,大到类似载人太空宇宙飞船等高精尖技术的应用,小到日常生活中智能手机功能的开发,计算机日益成为人们不可或缺的助手。从表面来看,似乎计算机是无所不能的,可以自动完成许多工作,但实际上计算机所做的每一项工作都是由程序员预先设计的。只有程序员事先设计完成针对具体任务的计算机程序,并把这些程序代码输入到计算机中,计算机才能按照程序员所设计的程序代码依次执行每一条数据处理指令,从而完成任务要求的相关处理流程。

所谓计算机程序,是一组计算机能识别和执行的指令的集合,其中每一条指令使计算机执行特定的操作,这一组指令就是计算机处理某项具体事务过程中的一个操作序列(或称之为处理流程)。计算机执行该程序时,实际上是在"自动地"执行程序中的各条指令所对应的操作,从而有条不紊地完成处理工作。

编写一个计算机程序就像写一篇文章,写文章首先要学会基本的字、词、句等语法知识,因为文章本身就是一些基本字、词、句的组合体,不掌握这些语法知识就无法写出别人可以读懂的文章。但仅仅只是字、词、句的组合体还不是一篇精彩的文章,好的文章应该有精巧的组织结构来把这些字、词、句合理地组织在一起,通过这样的文章架构来表达出深刻的思想内涵。

同写文章类似,要想写出一个有实际用途的计算机程序,也至少需要两个基本要素:程序语言开发工具与程序设计方法。程序语言开发工具是程序实现的基本载体,正如写文章需要以字、词、句语法知识为基础一样,程序语言开发工具提供了计算机能够识别的各种数据表示与数据处理的"字、词、句"基本形式,提供了可以实现人机交互的基本工具;程序设计方法是程序设计的灵魂,它针对不同具体问题提供了有效解决问题的策略,也就是指定了一个计算机程序所需要的操作序列以及序列中这些操作之间的组合方式,正如在一篇文章中指定了构成的字、词、句以及这些字、词、句的组合方式一样。

总之,计算机的一切操作都是由程序控制的,计算机帮助人们解决实际问题的过程就是一个执行具体程序的过程。因此,程序是计算机系统中最基本的概念。只有了解程序设计,才能真正了解计算机是怎样工作的;也只有掌握了程序设计,也才能更好地使用计算机。

1.1.2 计算机内存

学习计算机程序设计,首先应该了解计算机工作的基本原理与计算机程序运行的基本机制。

现代计算机的主要部件有这样的几个部分:中央处理单元(CPU)担负着绝大部分的计算工作;随机访问存储器(RAM)作为一个工作区来保存程序与文件;永久存储器,一般是硬盘,负责永久地存储程序与文件;各种外围设备(如键盘、鼠标、显示器)用来实现人机之间的数据通信,如图1.1所示。

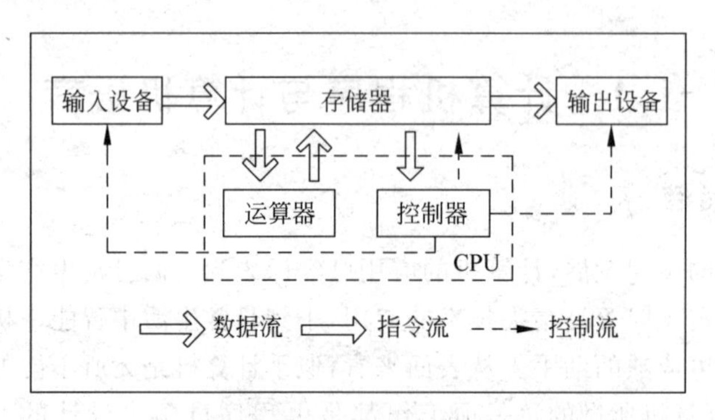

图1.1 计算机的基本结构

中央处理单元CPU是进行数据计算的核心部件,它从内存中获取一个指令并执行该指令,然后从内存中获取下一条指令并执行。一个千兆CPU可以在一秒钟内进行大约一亿次这样的操作,所以CPU能以惊人的速度来从事枯燥的工作。

计算机程序最终可以分解成若干条CPU可以识别的指令,CPU执行计算机程序,就是依次执行该程序对应的每一条指令的过程,就是一个不断地从内存读取数据、处理数据、往内存回写数据的过程。由此看来,计算机程序是与计算机内存紧密相关的。要了解计算机程序,必须先要了解计算机内存。

计算机程序执行时,组成程序的指令以及指令要处理的对象(数据)都必须存储到某个特定的位置,这个计算机内特定的存放位置就是内存,也称为主存(Main Memory)或者随机访问存储器(Random Access Memory,RAM)。RAM是易失性存储器,关闭PC后,RAM的内容就会丢失。因此在关闭PC之前,应该把RAM中需要保存的信息写入外存储器(如硬盘或者U盘等),这样再次需要时可以从外存中找到保存的程序或者数据信息。

计算机的RAM可以看做是井然有序的一排盒子,其中每个盒子都只有两种状态:满或者空,分别用二进制数的1和0来表示。每个盒子称为一位(bit),及二进制数(Binary Digit)的缩写。

为表示数据更加方便,内存中的位以8个为一组,每组的8位称为一字节(byte)。为了识别内存中的不同字节,根据这些字节在内存中的先后位置,依次对每个字节进行标记:第一个字节用0表示,第二个字节用1表示,直到内存中的最后一个字节。字节的这种内存位置的标记称为字节的地址(address)。每个字节的位置都是唯一的,不同的字节地址表示了内存中不同的存储位置。

计算机内存存储容量的常用单位是千字节(KB)、兆字节(MB)、吉字节(GB)、太字节

(TB)。这些字节的含义如下：

1KB 是 1024(2^{10})字节；

1MB 是 1024KB,也就是 1 048 576(2^{20})字节；

1GB 是 1024MB,也就是 1 073 741 824(2^{30})字节；

1TB 是 1024GB,也就是 1 099 511 627 776(2^{40})字节。

如果 PC 有 1GB 的 RAM,字节地址就是 0～1 073 741 823。为什么不使用人们日常生活中更习惯的十进制整数,如千、百万或者亿来表示？从 0 到 1023 共 1024 个数字,恰好是十位的二进制数所表示的最小的十个 0(00 0000 0000)到最大的十个 1(11 1111 1111)。与十进制数相比较,这种二进制的表示形式更加方便,0、1 的数据状态表示稳定且数值运算更容易实现。

1.1.3 计算机语言

语言是一种交流的工具。“人有人言,兽有兽语”,不管是人与人之间,还是动物与动物之间,不同个体之间要相互交流思想、传递感情,最直接的工具就是语言。人们要利用计算机解决实际问题,就要把自己解决问题的思想以特定的方式传递给计算机,让计算机能够按照所接受的信息去执行相应的操作,再把执行的结果反馈给用户,这是人与计算机之间交流的过程。人与计算机之间的交流也需要一种“语言”,借助这种语言,使得计算机和人都能读懂对方传递给自己的信息,从而实现人与计算机之间有效的信息交流。这种能够实现人与计算机交流的“语言”载体被称为计算机语言。

随着计算机技术的不断发展,计算机语言也经历了一个从低级到高级、从简单到复杂的发展过程。迄今为止,计算机语言发展主要经历了以下三个阶段。

1. 机器语言

用二进制位串形式表示的指令是计算机可以直接识别和执行的指令,人们把这样的指令称为机器指令(Machine Instruction)。机器指令是用 0 和 1 组成的一串代码,它们有一定的位数,并分成若干段,各段的编码表示不同的含义,例如某台计算机字长为 16 位,即有 16 个二进制数组成一条指令或其他信息。16 个 0 和 1 可组成各种排列组合,通过线路变成电信号,让计算机执行各种不同的操作。例如,某种计算机的指令为 1011011000000000,它表示让计算机进行一次加法操作；而指令 1011010100000000 则表示进行一次减法操作。它们的前八位表示操作码,而后八位表示地址码。从上面两条指令可以看出,它们只是在操作码中从左边第 0 位算起的第 7 和第 8 位不同。这种机型可包含 256(2^8)个不同的指令,由于在一个任务中需要计算机执行的操作有很多,要使计算机识别和执行不同的操作,就要给出许多条由 0、1 位串组成的不同指令,计算机按照指令的要求执行各种操作。

由机器指令及其语法规则所构成的集合就是该计算机的机器语言(Machine Language)。机器语言又称为二进制代码语言,计算机可以直接识别,不需要进行任何翻译。由于每台计算机的指令、指令格式和代码所代表的含义都是硬性规定的,故称为面向机器的语言,简称机器语言。

机器语言是第一代计算机语言,对不同型号的计算机来说一般是不同的。既然是面向机器的,这种用机器语言编写的程序是计算机可以直接识别的符号,但是由于其 01 代码串的形式与人们习惯用的自然语言差别太大,不容易学,也不容易读。因此初期只有极少数的计算机专业人员会编写计算机程序。

2. 汇编语言

为了使编程语言编写的程序更具备可读性,人们逐渐考虑用一些符号来表示指令中的操作码和地址码,就诞生了符号语言(Symbolic Language)。它是用一些英文字母和数字符号表示一个指令,例如用ADD代表"加法操作",SUB代表"减法操作",LD代表"数据传送"等。如机器指令1011011000000000可以改用符号指令代替:ADD A,B(执行A+B→A,将寄存器A中的数与寄存器B中的数相加,放到寄存器A中)。

由于计算机只能识别二进制位串形式的指令(比如1011011000000000),并不能直接识别和执行符号语言的指令如"ADD A,B",这时计算机就需要用一种称为汇编程序的软件,首先用该软件把用户用符号语言的表示的指令"ADD A,B"转换为机器指令1011011000000000,然后再完成该指令的执行。这种由符号语言的指令转换为对应机器语言指令的过程称为"代真"或"汇编",因此,符号语言又称为汇编语言(Assembler Language)。

汇编语言比机器语言易于读写、调试和修改,同时具有机器语言全部优点。但在编写复杂程序时,代码量仍然较大,而且汇编语言依赖于具体的处理器体系结构,不能通用,因此不能直接在不同处理器体系结构之间移植。人们把机器语言与汇编语言称为计算机低级语言(Low Level Language)。

3. 高级语言

由于汇编语言依赖于硬件体系,且助记符量大难记,于是人们又发明了更加易用的所谓高级语言。这种语言的语法和结构类似普通英文,语句表述形式符合人的自然语言表达的句式与习惯,且由于该语言远离对硬件的直接操作,不依赖于具体机器,用它写出的程序具备可移植性,所以该语言的编程知识更方便用户的学习与使用。

高级语言与人的"距离"更近,而与具体机器"距离"较远,因此计算机就不能直接识别由高级语言所编写的程序。程序运行之前要首先进行"翻译",目的是把机器不能识别的高级语言语句转换为可以直接识别的二进制位串指令形式。具体过程就是用一种称为编译程序的软件把用高级语言编写的程序(称为源程序,Source Program)转换为机器指令的程序(称为目标程序,Object Program),然后让计算机执行机器指令程序,最后得到结果。

从20世纪50年代第一个高级语言FORTRAN诞生之后,先后出现了2000多种不同的高级语言。每种高级语言都有其特定的用途,其中影响较大的有FORTRAN(20世纪50年代推出的第一个计算机高级语言)、ALGOL(适合数值计算)、BASIC(适合初学者的小型会话语言)、COBOL(适合商业管理)、Pascal(适合教学的结构程序设计语言)、PL/1(大型通用语言)、LISP和PROLOG(人工智能语言)、C(系统描述语言)、C++(支持面向对象程序设计的大型语言)、Visual Basic(支持面向对象程序设计的语言)和Java(适于网络的语言)等。

在上述高级语言中,C语言是Combined Language(组合语言)的简称,是一种功能强大且有代表性的语言。它既具有高级语言的特点,又具有汇编语言的特点。它可以作为操作系统设计语言,编写系统应用程序;也可以作为应用程序设计语言,编写不依赖计算机硬件的应用程序。因此,它的应用范围广泛,不仅仅是在软件开发上,而且各类科研(比如单片机以及嵌入式系统开发等)都需要用到C语言。

因此,本书选择以C语言作为工具载体,在C语言基本语法知识的基础上来介绍程序设计的基本方法与设计技巧。

1.1.4 C语言简介

20世纪70年代初，Dennis Ritchie在贝尔实验室设计了C语言。C语言的前身可以追溯到ALGOL(1960年)，历经剑桥的CPL(1963年)、Martin Richards的BCPL(1967年)以及Ken Thompson在贝尔实验室所开发的B语言(1970年)发展而来。尽管C语言是一种通用用途的编程语言，但它在传统上是用于系统编程的，比如著名的UNIX操作系统就是用C语言编写的。

C语言流行的原因是多方面的。它小巧、高效，是一种功能强大的编程语言，并且具有丰富的运行时函数库。它提供了对计算机的精确控制，却没有采用太多的隐藏机制。由于C语言的标准化，自问世以来，先后经历了C89、C95和C99三次修订，功能不断得以修正与补充，因此C语言问世以后得到迅速推广，成为世界上应用最广泛的程序设计高级语言，也是计算机开发人员必须掌握的一个基本编程工具。

C语言有以下一些主要特点：

(1) 语言简洁、紧凑，使用方便、灵活。C语言(C99)一共有37个关键字、9种控制语句，程序书写形式自由，主要用小写字母表示，压缩了一切不必要的成分。C语言程序比其他许多高级语言简练，源程序短，因此输入程序时工作量少。

实际上，C是一个很小的内核语言，只包括极少的与硬件有关的成分，C语言不直接提供输入和输出语句、有关文件操作的语句和动态内存管理的语句等(这些操作是由编译系统所提供的库函数来实现的)，C的编译系统相当简洁。

(2) 运算符丰富。C语言的运算符包含的范围很广泛，共有34种运算符，C语言把括号、赋值和强制类型转换等都作为运算符处理，从而使C语言的运算类型极其丰富，表达式类型多种多样。灵活使用各种运算符可以实现在其他高级语言中难以实现的运算。

(3) 数据类型丰富。C语言提供的数据类型包括整型、浮点型、字符型、数组类型、指针类型、结构体类型和共用体类型等(C99又扩充了复数浮点类型、超长整型(long long)和布尔类型(bool)等)。尤其是指针类型数据，使用十分灵活，能用来实现各种复杂的数据结构(如链表、树、栈等)的运算。

(4) 具有结构化的控制语句(如if…else语句、while语句、do…while语句、switch语句和for语句)。用函数作为程序的模块单位，便于实现程序的模块化。C语言是完全模块化和结构化的语言。

(5) 语法限制不太严格，程序设计自由度大。例如，对数组下标越界不进行检查，由程序编写者自己保证程序的正确性。程序员应当仔细检查程序，保证其无误，而不要过分依赖C语言编译程序查错。对于不熟练的人员，编一个正确的C语言程序可能会比编一个其他高级语言程序难一些。也就是说，对用C语言的人，要求更高一些。

(6) C语言允许直接访问物理地址，能进行位(bit)操作，能实现汇编语言的大部分功能，可以直接对硬件进行操作。因此C语言既具有高级语言的功能，又具有低级语言的许多功能，可用来编写系统软件。C语言的这种双重性，使它既是成功的系统描述语言，又是通用的程序设计语言。

(7) 用C语言编写的程序可移植性好。由于C语言的编译系统相当简洁，因此很容易移植到新的系统。而且C语言编译系统在新的系统上运行时,可以直接编译"标准链接库"中的大部分功能,不需要修改源代码,因为标准链接库是用可移植的C语言写的。因此,几乎在所有的计算机系统中都可以使用C语言。

(8) 生成目标代码质量高,程序执行效率高。

许多大的软件都用C语言编写,因为C语言的可移植性好、硬件控制能力强、表达和运算能力强。许多以前只能用汇编语言处理的问题,后来可以改用C语言来处理了。目前流行的嵌入式系统的程序设计也大都是通过C语言编程实现的。

1.2 简单的C程序构成

为了使用C语言编写程序,首先应该了解C语言程序的结构,下面通过几个简单例子来介绍C程序的基本构成。

1.2.1 最简单的C语言程序举例

先看一个最简单的C语言程序。

【例1.1】 在屏幕上输出以下一行信息:

```
Hello World!
```

解题思路:在主函数中用printf函数原样输出以上文字。

程序:

```
#include <stdio.h>                              //编译预处理指令
int main()                                      //定义主函数
{                                               //函数开始的标志
    printf("Hello World!\n");                   //输出所指定的一行信息
    return 0;                                   //使函数返回值为0

}                                               //函数结束的标志
```

运行结果:

```
Hello World!
Press any key to continue ▬
```

以上运行结果是在Visual C++ 6.0环境下运行程序时屏幕的显示结果。其中第1行是程序运行后输出的结果,第2行是Visual C++ 6.0在程序本次运行结束后发给用户的提示信息。各个程序运行结束的提示信息均为这样的内容,为节省篇幅,以后的程序运行结果不再显示该行。

C的程序结构由编译预处理、程序主体和注释构成。

(1) 编译预处理:形如下面这种以"#"开头的行,称为编译预处理行。

```
#include <stdio.h>                              //编译预处理指令
```

编译预处理默认只占一行,结尾没有分号或者其他特殊标记。常用来完成文件包含、宏定义等功能,程序第1行"#include <stdio.h>"的作用就是一个文件包含的预处理行。在使用函数库中的输入输出函数时，编译系统要求程序提供此函数所在文件的有关信息，stdio.h 是系统提供的库文件的名称，输入输出函数的相关信息已事先放在该文件中。通过文件包含操作把 stdio.h 头文件调入后，在当前程序中就可以使用 stdio.h 文件中所定义的各个库函数。

(2) 程序主体：以下代码行构成了程序的主体。

```
int main()                              //定义主函数
{                                       //函数开始的标志
    printf("Hello World!\n");           //输出所指定的一行信息
    return 0;                           //使函数返回值为 0

}                                       //函数结束的标志
```

main()函数：该程序的主体由一个名为 main 的函数构成。main 是函数的名字，表示“主函数”，每个程序都必须有一个 main()函数——因为每个程序总是从这个函数开始执行的。当然，由于每个程序要完成的具体功能不同，其 main()函数的函数体语句也会不同。以上代码行中由花括号“{ }”括起来的部分即为当前程序 main()函数的函数体，该函数体包含了两个语句。

输出语句：下面的语句是一个具备输出功能的语句。

```
printf("Hello World!\n");               //输出所指定的一行信息
```

语句中的 printf 是 C 编译系统函数库中的输出函数，小括号里面是该函数执行要输出的内容，其中双引号(西文)内的字符串“Hello World!”按原样输出，“\n”是换行符，在输出“Hello World!”后，控制显示屏上的光标位置移到下一行的开头。光标位置称为输出的当前位置，即下一个输出的字符出现在此位置。分号是输出语句的结束标志，C 程序的每个语句最后都有一个分号，表示语句结束。

函数执行结束的返回语句：接下来的语句行

```
return 0;                               //使函数返回值为 0
```

指定了执行完 main()函数后要返回的值。程序执行到这个 return 语句时，会结束 main()函数的执行，把值 0 返回给操作系统，表示程序执行正常终止。

(3) 注释：在程序中，每一语句行的右侧如果有“//”，则表示从“//”到本行结束是“注释”，注释不影响程序的运行，使用注释的目的是对程序有关部分进行必要的说明，以便于人们更容易理解您的程序。C 语言允许用以下两种注释方式。

① 以“//”开始的单行注释。这种注释可以单独占一行，也可以出现在一行中其他内容的右侧。此种注释的范围从“//”开始，以换行符结束，这种注释不能跨行。

② 以“/ *”开始、以“* /”结束的块式注释。这种注释可以包含多行内容。它可单独占一行(在行开头以“/ *”头开始，行末以“* /”结束)，也可以包含多行。编译系统在发现一个“/ *”头后，自动寻找注释结束符“* /”，把二者间的内容作为注释。

注释内容可以用任何符号、英文、汉字等表示，但应注意的是在字符串中的“//”和“/ *”头都不作为注释的开始。而是作为字符串的一部分。如：

```
printf("//how do you do ! \n");
```

例1.1是一个不需计算单纯输出的程序,下面再来看一个完成数据计算的C程序。

【例1.2】 求两个整数之和。

解题思路: 设置3个变量,a和b用来存放两个整数,sum用来存放和数。

程序:

```
#include <stdio.h>                       //编译预处理指令
int main()                               //定义主函数
{                                        //函数开始
  int a, b, sum;                         //定义a,b,sum为整型变量
  a = 24;                                //对变量a赋值
  b = 36;                                //对变量b赋值
  sum = a + b;                           //将a+b的运算结果存放在变量sum中
  printf("sum is %d\n", sum);            //输出结果
  return 0;                              //使函数返回值为0
}                                        //函数结束
```

运行结果:

```
sum is 60
Press any key to continue
```

分析:

与例1.1程序类似,本程序也由编译预处理、程序主体、注释几个部分构成,其中编译预处理的语句以及注释的格式是相同的,程序主体也是由一个名为main()的主函数构成的。两个程序的不同之处主要是main()函数包含的具体语句,这一点大家容易理解,由于两个程序的功能不同,不同程序内main()函数用以实现处理功能的语句自然会有所不同。

(1) 本程序的功能是求两数之和,首先需要计算机能够存放初始两个加数以及相加后的和、能够完成两个数相加过程、能够输出相加所得和。

(2) 一般意义来讲,程序的执行是一个不断地从内存中读取数据、对数据进行处理、再将处理完的数据回写内存的过程。怎么能够更简洁方便地访问内存中的数据呢?高级程序设计语言都借助于符号化的内存表示形式,这就是变量。变量就是一些符合计算机规则的符号,在使用之前必须先进行定义。只要程序里的变量定义符合规则,操作系统就会分配与之类型相匹配的内存单元,并且建立这些变量符号与所分配的内存单元的关联关系,之后在程序中用这些变量符号便可直接访问对应的内存单元,很容易地实现对其数据的读或者写操作。从这个意义上讲,变量是基础程序设计的灵魂。

在本程序中,下面的语句行就完成了变量定义的功能。

```
int a, b, sum;                           //定义a,b,sum为整型变量
```

其中int是C语言提供的整型类型名称,a、b和sum为用户自定义的变量符号,表示这三个变量都是整型(int)变量。由于这些变量符号都符合C的标识符命名规则,在定义完成后,操作系统会为3个变量各自分配一个可以存放整数的内存单元,此后便可借助这些变量符号实现相应内存单元中数据的存取访问。

(3) 下面的语句分别实现了对内存数据的读写:

```
a = 24;                                  //对变量a赋值
```

```
b = 36;                                   //对变量 b 赋值
sum = a + b;                              //将 a + b 的运算结果存放在变量 sum 中
```

这里的前两个语句，分别实现了对 a、b 两个变量对应内存单元数据的写入，即将 24 写入 a 对应的内存单元，36 写入 b 对应的内存单元，这两个语句执行后，变量 a、b 对应的内存单元就放着所写入的数了。

第三个语句包含了读写两个过程，首先是通过访问变量 a 与 b，读出其对应内存单元所存放的数据，这两个数据相加后，再把结果写入到变量 sum 对应的内存单元中去。这样在变量 sum 对应的内存单元中就存放了要求的结果了。

(4) 程序运行结果的输出仍然由 printf 函数完成：

```
printf("sum is %d\n", sum);               //输出结果
```

与例 1.1 程序输出的不同之处，本程序的 printf 函数圆括号内有两个参数，一个是双引号中的内容"sum is %d\n"，它是输出格式字符串，作用是输出用户希望输出的字符和输出的格式。第 2 个参数 sum，表示要输出变量 sum 的值，\n 是换行符。

上面两个例子的 C 程序都是由一个主函数(main)来构成的，事实上，一个 C 程序也可以包含多个函数。

【例 1.3】 求两个整数中的较大者。

解题思路： 用一个函数来实现求两个整数中的较大者。在主函数中调用此函数并输出结果。

程序：

```
#include <stdio.h>
int main()
{
  int max(int x,int y);                //对被调用函数 max 的声明
  int a ,b ,c;                         //定义变量 a、b、c
  scanf("%d,%d",&a,&b);                //输入变量 a 和 b 的值
  c = max(a,b);                        //调用 max 函数，将得到的值赋给 c
  printf("max = %d\n ",c);             //输出 c 的值
  return 0;                            //使函数返回值为 0
}
//求两个整数中的较大者的 max 函数
int max(int x,int y)                   //定义 max 函数，函数值为整型，形参 x 和 y 为整型
{
  int z;                               //max 的声明部分，定义本函数中用到的变量 z 为整型
  if(x > y)z = x;                      //若 x > y 成立，将 x 的值赋给变量 z
  else z = y;                          //否则(即 x > y 不成立)，将 y 的值赋给变量 z
  return (z);                          //将 z 的值作为 max 函数值，返回到调用 max 函数的位置
}
```

运行结果：

```
10,20
max = 20
```

分析：

(1) 本程序包括两个函数：主函数 main 与被调用的函数 max。

(2) 被调函数 max 的作用是将 x 和 y 中较大者的值赋给变量 z。第 16 行 return 语句将 z 的值作为 max 的函数值，返回给主函数 main。

(3) 第 6 行 scanf 是输入函数的名字(scanf 和 printf 都是 C 的标准输入输出函数)，该函数的作用是输入变量 a 和 b 的值。scanf 后面的参数指定了数据的输入格式以及输入后的存放位置。本行的含义即从键盘读入两个整数，送到变量 a 和 b 的地址处。其中在 a 和 b 的前面的 &，表示地址符，比如 &a 的含义是"变量 a 的地址"。

(4) 程序第 7 行 max(a,b)的作用是函数调用，即由本函数转去执行 max 函数。在调用时将 a 和 b 参数的值分别传送给 max 函数中的参数 x 和 y，然后执行 max 函数的函数体，使 max 函数中的变量 z 得到一个值(即 x 和 y 中大者的值)，return(z)的作用是把 z 的值作为 max 函数的返回值，然后把这个值赋给变量 c。

本程序的功能是通过两个函数来实现的，关于多函数的程序设计方法将在以后有关章节详细介绍。

1.2.2 C 程序的结构

通过以上几个程序例子，可以看到一个 C 语言程序的结构有以下特点。

(1) 一个程序由一个或多个源程序文件组成。

一个规模较小的程序，往往只包括一个源程序文件，如例 1.1 和例 1.2 是一个源程序文件中只有一个函数(main 函数)，例 1.3 中有两个函数，属于同一个源程序文件。在一个源程序文件中可以包括 3 个部分。

① 预处理指令：如"#include <stdio.h>"(还有一些其他预处理指令，如"#define"等)。C 编译系统在对源程序进行"翻译"之前，先由一个预处理器(也称预处理程序、预编译器)对预处理指令进行预处理，对于"#include <stdio.h>"指令来说，就是将 stdio.h 头文件的内容读进来，放在#include 指令行，取代了"#include <stdio.h>"。由预处理得到的结果与程序其他部分一起，组成一个完整的、可以用来编译的最后的源程序，然后由编译程序对该源程序正式进行编译，才得到目标程序。

② 全局声明：即在函数之外进行的数据声明。例如可以把例 1.2 程序中的"int a, b, sum;"放至 main 函数的前面，这就是全局声明，在本章的例题中没有用全局声明，只有在函数中定义的局部变量。

③ 函数定义：每个函数用来实现一定的功能。在调用这些函数时，会完成函数定义中指定的功能。

(2) 函数是 C 程序的主要组成部分。

程序的全部工作几乎都是由各个函数分别完成的，函数是 C 程序的基本单位，在设计良好的程序中，每个函数都用来实现一个或几个特定的功能。编写 C 程序的工作主要就是编写一个个函数。

一个 C 语言程序是由一个或多个函数组成的，其中必须包含一个 main 函数(且只能有一个 main 函数)。例 1.1 和例 1.2 中的程序只由一个 main 函数组成，例 1.3 程序由一个 main 函数和一个 max 函数组成，它们组成一个源程序文件，在进行编译时对整个源程序文件统一进行编译。

一个小程序只包含一个源程序文件，在一个源程序文件中可包含若干个函数(其中有一个 main 函数)。当程序规模较大时，所包含的函数的数量较多，如果把所有的函数都放在同一个源程序文件中，则此文件显得太大，不便于编译和调试。为了便于调试和管理，可以使一个程序包含若干个源程序文件，每个源程序文件又包含若干个函数。一个源程序文件就是一个程序模块，即将一个程序分成若干个程序模块。

在进行编译时，是以源程序文件为对象进行的。在分别对各源程序文件进行编译并得到相应的目标程序后，再将这些目标程序连接成为一个统一的二进制的可执行程序。C 语言的这种特点使得容易实现程序的模块化。

在程序中被调用的函数，可以是系统提供的库函数(例如 printf 和 scanf 函数)，也可以是用户根据需要自己编制设计的函数(如例 1.3 中的 max 函数)。C 的函数库十分丰富，ANSI C 提供一百多个标准库函数，不同的 C 编译系统除了提供标准库函数外，还增加了其他一些专门的函数，不同编译系统所提供的库函数个数和功能不完全相同。

(3) 一个函数包括两个部分：函数首部，函数体。

① 函数首部：即函数的第 1 行，包括函数名、函数类型、函数参数(形式参数)、参数类型。

例如，例 1.3 中的 max 函数的首部为：

```
int max(int x, int y)
```

一个函数名后面必须跟一对圆括号，括号内写函数的参数名及其类型。如果函数没有参数，可以在括号中写 void，也可以是空括号，如：

```
int main(void)
```

或

```
int main()
```

② 函数体：即函数首部下面的花括号内的部分。如果在一个函数中包括有多层花括号，则最外层的一对花括号是函数体的范围。

函数体一般包括以下两部分。

- 声明部分。声明部分包括：定义在本函数中所用到的变量，如例 1.3 中在 main 函数中定义的变量“int b ,c;”；对本函数所调用函数进行声明，如例 1.3 中在 main 函数中对 max 函数的声明“int max(int x,int y);”。
- 执行部分。由若干个语句组成，指定在函数中所进行的操作。

(4) 程序总是从 main 函数开始执行的，而不论 main 函数在整个程序中的位置如何(main 函数可以放在程序开始、最后或中间)。

(5) 程序中对计算机的操作是由函数中的 C 语句完成的。如赋值、输入输出数据的操作都是由相应的 C 语句实现的。C 程序书写格式是比较自由的。一行内可以写几个语句，一个语句可以分写在多行上，但为清晰起见，习惯上每行只写一个语句。

(6) 在每个数据声明和语句的最后必须有一个分号。该位置的分号作为语句的结束标志，是 C 语句的必要组成部分，如

```
c = a + b;
```

其中的分号标志本赋值语句的结束,是不可缺少的。

(7) C语言本身不提供输入输出语句。输入和输出的操作是由库函数 scanf 和 printf 等函数来完成的。输入输出操作用库函数实现,可以使C语言本身的规模较小,编译程序简单,很容易在各种机器上实现,程序具有可移植性。

(8) 程序包含必要的注释,增加了程序的可读性。

1.3 C程序设计的基本步骤

如果读者还未写过程序,对C语言程序设计的过程会觉得特别抽象,实际上程序开发与人们日常生活中需要完成的许多任务在道理上都是相通的。日常生活中要做一件事情,首先应该确定要实现的目标,接着根据目标制订分阶段规划与实施规范,在此基础上再按照规划要求逐步实施并随时检测实施中的问题,直至最终按要求完成任务。比如这个日常生活中的任务是要建一个房子,仅仅知道建房子是远远不够的,在动手建房子之前必须搞清楚需要建什么样的房子,然后要设计出符合用户要求的建筑图纸与建设规划,再根据图纸与规划要求具体施工,并不断纠正施工中出现的问题,直至建房任务完成。

程序员编写程序是为了解决用户的实际问题,编程的过程如同建房过程一样,也是从了解问题开始的,从接触用户的问题,到通过设计程序解决用户的问题,需要一些基本的操作流程,通常把这些操作流程分成图1.2所示的五个步骤。

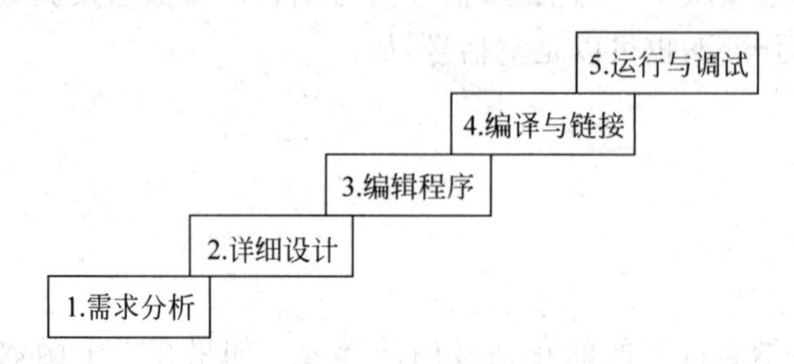

图1.2 编程的基本步骤

1.3.1 需求分析

盖房子的第一步不是马上去做土木建设,首先要弄清楚用户需要盖一座什么样的房子:层数多少、卧室多少、房间多大等等,这些东西明确了才能进一步规划房子该怎么去盖。同样道理,程序设计并不是一开始就直接在计算机前敲代码,敲代码只是程序设计流程中的一个环节。我们所编写的程序都是为了解决用户的实际问题,因此在编写代码之前首先应该对用户的需求做出分析。

所谓"需求分析",是指对要解决的问题进行详细的分析,弄清楚问题的要求,包括需要输入什么数据,输入是来自于键盘还是来自于磁盘文件或者网络,要得到什么结果,最后应输出什么,输出是显示在显示器上、打印出来还是输出到磁盘文件中。简单来说,程序设计中的"需求分析"就是确定编程要达到的目标,明确任务需要计算机"做什么",要达到什么样的效果。

在相对简单的程序设计问题中，很长时间里人们一直认为需求分析是整个设计过程中最简单的一个步骤。但随着程序设计所解决的问题越来越复杂，更多的人认识到，需求分析是整个程序设计过程中最关键的一个部分。假如在需求分析时分析者们未能正确地认识到顾客需要的话，最后的程序设计结果不可能满足顾客的需求，这就像射击运动员射击比赛时找错了靶子，运动员的射击技术再好，也只能是“无的放矢”了。

1.3.2 详细设计

建造房子明确建设目标后，必须要有详细的阶段规划与实施规范，要给出详细的建筑图纸，明确房子该如何建造，包括具体的尺寸、使用的材料、完工的时间、每一步的实施流程与规范等，程序设计过程中也必须要有这样一个阶段。

如果说需求分析阶段是明确实际问题需要程序员做什么的话，那么接下来的阶段就是要认定这个目标要如何来实现。同一个目标的实现可以有多种不同的方案，不同实现方案有各自的优缺点与适用条件，对问题选择一个什么样的解决方案，既能够满足用户需求，又能够达到一个最优的执行效果，是详细设计阶段要完成的任务。

为完成这一阶段的任务，程序员需要根据需求合理的组织数据与选择算法。数据组织是程序设计的基础，就像是建房中选择了适合的建筑材料，可以保证建筑过程的方便性与高性价比一样，合理的数据组织可以简洁准确地描述问题的本质特征，从而使得问题处理的过程更加方便。算法设计是程序设计的灵魂，选择合适的算法，可以使问题处理的过程用时更少、花费更小，可以保证程序代码更简洁、程序运行结果更安全。正如建房过程中只有一流的建筑图纸才有可能盖起高质量的房子一样，在程序设计过程中也只有以高质量的算法为基础才有可能写出高质量的代码。

在学习程序设计之初，由于编程者面临的问题比较简单，数据组织与算法的选择相对容易。但随着之后面临的设计问题越来越复杂，这种选择就需要越来越多的思考了。但编程者会逐渐体会到，合理的数据组织以及高质量的算法形式，可以使复杂问题的程序设计与数据处理过程变得更加容易，解决问题的方法和过程更具有艺术性，或许这才是程序设计的真正魅力之所在。

1.3.3 编辑程序

如果把程序设计看成是盖房子这样的建筑工程的话(事实上行业内也正是把计算机软件开发的过程看成了一项工程，称为软件工程)，需求分析阶段是明确过程到底要建一个什么样的房子；详细设计阶段是详细规划好房子的建设图纸，包括搭好工程的主框架。那么编写代码、完成程序编辑就相当于建筑工程的详细施工阶段，这也是编程者初学程序设计时所面临的主要阶段。

编辑程序阶段的主要任务，主要是根据详细设计阶段所确定的解决问题的方法，具体实现所需数据的结构组织与形式定义，把算法确定的每一个执行步骤用程序设计语句加以表示和实现，把解决问题的算法表述转换为某一具体程序设计语言为载体的程序代码表述。如果仍然借用盖房子的实例来讲，本阶段就是要依据房子的施工图纸一砖一瓦把房子盖起来。

编辑程序的过程通常是在集成化的程序编辑器完成，根据不同程序编辑器的具体使用要求,用户可以创建一种称为源代码的文件,对一般的C语言编辑器来说,其源程序文件的扩展名用.c或.cpp作为后缀。比如用户给自己创建的第一个源程序文件起名为file1,则这个文件就以file.c的全名存储在默认的用户文件夹里。之后用户就可以在该文件中逐行输入包含预编译指令、程序主体以及注释等内容等程序的完整代码。

1.3.4 编译与链接

上面编辑完成的扩展名为.c的源程序代码,与其他高级语言所编写的源程序代码一样,并不能被计算机直接识别与执行,因为计算机只能识别用01代码组成的机器语言指令,并不能直接识别高级语言语句。编译与链接阶段的任务,就是把计算机不能识别的高级语言源程序文件,转化为能够识别的机器指令描述的可执行文件。

在编好一个C源程序后,一般要经过以下两个步骤:一是用编译程序(也称编译器)把C语言源程序文件翻译成二进制形式的目标程序文件,二是将该目标程序文件与系统的函数库以及其他目标程序文件链接起来,形成可执行的目标程序。

1. 编译

先用C编译系统提供的“预处理器”(又称“预处理程序”或“预编译器”)对程序中的预处理指令进行编译预处理。例如,指令“＃include ＜stdio. h＞”是将stdio. h头文件的内容读进来,取代“＃include ＜stdio. h＞”行。由预处理得到的信息与程序其他部分一起,组成一个完整的、可以用来进行正式编译的源程序,然后由编译系统对该源程序进行编译。在用编译系统对源程序进行编译时,自动包括了预编译和正式编译两个阶段,一气呵成,用户不必分别发出二次指令。

编译的作用主要是对源程序进行检查,判断它有无语法方面的错误,如有,则发出“出错信息”,告诉编程人员认真检查改正。修改程序后重新进行编译,如有错,再发出“出错信息”。如此反复进行,直到没有语法错误为止。比如如果对于例1.1的程序,初学者输入了以下的代码形式:

```
#include <stdio.h>
int mian()
{
    printf("Hello World!\n");
    return 0;
}
```

在执行程序编译时,就会出现错误,系统给出的错误提示如图1.3所示。

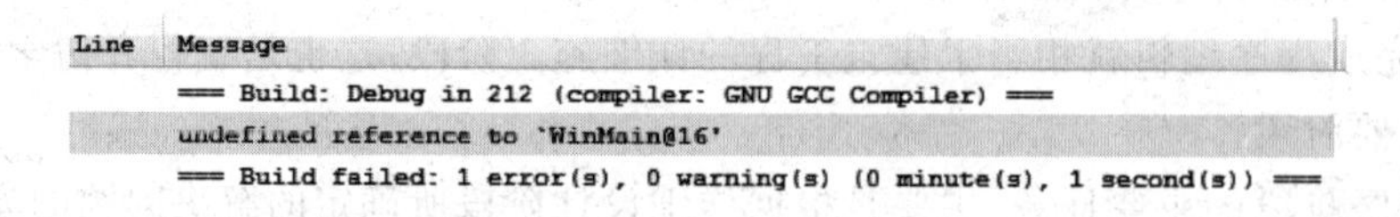
Line Message
=== Build: Debug in 212 (compiler: GNU GCC Compiler) ===
undefined reference to `WinMain@16'
=== Build failed: 1 error(s), 0 warning(s) (0 minute(s), 1 second(s)) ===

图1.3 编译错误举例

很多初学者都觉得这个代码段与例1-1所给出的代码段是一样的,为什么系统会报错?再仔细看看每一个符号,原来是输入时把主函数名main()里的字母顺序敲错了,敲成了mian(),这样一来系统编译时就找不到主函数了。这样的错误在很多初学程序设计的用户身上都见到过，把字母顺序改过来，这个编译错误就解决掉了。

编译成功时，编译程序自动把源程序转换为二进制形式的目标程序(文件后缀一般为.obj，如f.obj)。如果不特别指定，此目标程序一般也存放在用户指定文件夹下，此时源文件并没有消失，此时指定文件夹下存在着主名相同的两个文件，一个是后缀为.c的源程序文件，另一个就是刚刚编译生成的后缀为.obj的目标程序文件。

2. 链接

经过编译所得到的二进制目标文件(后缀为.obj)还不能供计算机直接执行。前面已说明：一个程序可能包含若干个源程序文件，而编译是以源程序文件为编译对象的，一次编译只能得到与一个源程序文件相对应的目标文件(也称目标模块)，它只是整个程序的一部分。必须把所有的编译后得到的目标模块链接装配起来，再与函数库相链接成一个整体，生成一个可供计算机执行的目标程序，称为可执行程序(Executive Program)，文件后缀为.exe，如f.exe。

即使一个程序只包含一个源程序文件，编译后得到的目标程序也不能直接运行，也要经过链接阶段，因为要与函数库进行链接，才能生成可执行程序。现在许多编译器已经把编译过程与链接过程融为一体，在执行编译的同时完成链接的功能。

1.3.5 运行与调试

1. 程序的运行

通过编译链接将源程序文件转换成可执行文件，在UNIX、Linux等操作系统环境下，便可以通过键入可执行文件名来运行该程序。在Windows、Macintosh等操作系统环境下，可以通过单击或双击文件图标直接从操作系统运行。还可以在这些操作系统所提供的集成开发环境(IDE)中通过菜单项、工具栏按钮或者特殊功能键来执行可执行程序。

一个程序的执行过程如图1.4所示，其中实线表示操作流程，虚线表示文件的输入输出。例如，编辑后得到一个源程序文件f.c，然后在进行编译时再将源程序文件f.c输入，经过编译得到目标程序文件f.obj，再将所有目标模块输入计算机，与系统提供的库函数等进行链接，得到可执行的目标程序f.exe，最后把f.exe调入计算机运行，得到结果。

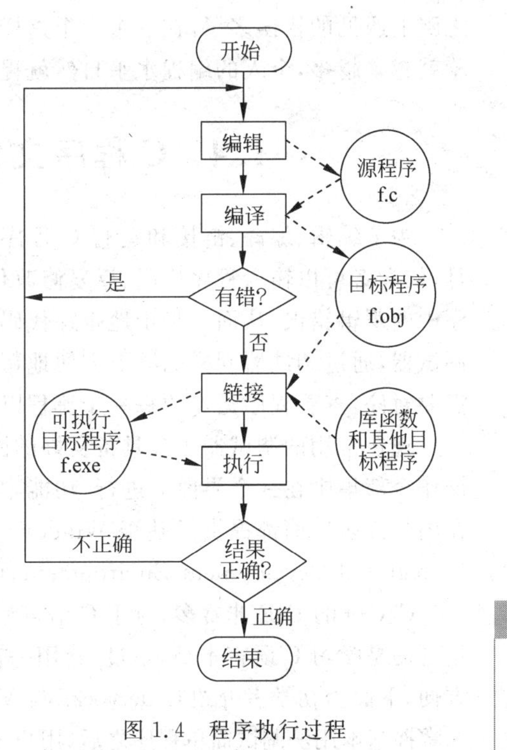

图1.4 程序执行过程

2. 程序的调试

程序可以运行是一个好的迹象，但能够运行不一定能够得到正确的结果，有时即使对简单的输入样例可以得到正确结果，但对别的输入数据不一定能够得到正确的结果。所以需要对可执行的程序进行检查，看看是否存在这样的问题，这个过程就是调试(Debugging)。

调试就是要发现并修正程序中存在的错误，

一个程序从编写到得到正确的运行结果,往往要经过多次反复的调试。编写完的程序并不一定能保证正确无误,除了用人工方式检查外,还须借助编译系统来检查有无语法错误。这些错误可能是设计的错误,可能是实现的错误,可能是输入的错误,可能是输出的错误,也可能是忽略了某种特殊情况,甚至可能是某个符号的使用错误。从图1.4中可以看到,如果在编译过程中发现错误,应当重新检查源程序,找出问题,修改源程序,并重新编译,直到无错为止。有时编译过程虽然未发现错误,可以生成可执行程序,但是运行的结果不正确。一般情况下,这不是语法方面的错误,而可能是程序逻辑方面的错误,例如计算公式不正确、赋值不正确等,应当返回检查源程序并改正错误。

一般程序的编程环境都提供了相应的调试手段,调试的基本方法是:设置断点并跟踪变量。

(1) 设置断点(Break Point Setting):可以在程序的任何一个语句上设置断点标记,程序运行到此处会停下来。

(2) 观察变量(Variable Watching):当程序运行到断点位置停下来时,可以用各种变量在此时刻的值,判断变量在断点处的当前值是不是所期望的,如若不是,说明在断点之前肯定有错误发生,就可以把出错的范围集中在断点位置之前的代码段上。

此外,还有一种常用的调试方法是单步跟踪(Trace Step by Step),即一步一步跟踪程序的执行轨迹,同时观察每一步变量值的变化情况。

在初学编程阶段,程序出现了错误并不是一个坏事情,这些错误恰好反映了初学者在程序设计学习过程一些容易搞错或者一些辨识不清的问题。调试就是在编程过程中一个不断地查找自身问题并解决问题的过程,通过这一过程不断发现自身编程知识的不足,并在修正错误的过程中逐渐弥补这些不足,正是一个初学编程者最好的能力训练过程。随着在编程之路上遇见的错误多了,在一个一个这样的错误被直面排除的过程中,初学者积累的编程经验就越来越多,个人的编程水平自然就提升了。

1.4 C程序文件的创建、编译与运行

为了编辑、编译、链接和运行C程序,必须要有相应的编译工具。借助这样的编译工具,初学者可以输入程序代码、反复修改代码,也可以通过组织程序编码逐步隔离并发现程序中的逻辑错误,从而一步步地跟踪代码找到问题所在。具备这样功能的自动化工具就是调试器,通过调试器同样能够更方便地帮助用户跟踪程序,能够让运行中的程序根据用户的需要暂停,查看程序运作的每一步流程以及其间用户定义的变量状态。

现在常用的调试器大多具备良好的图形界面,实现了程序的编辑、编译、链接和运行等操作全部集中在一个界面上进行,功能丰富,使用方便,直观易用。包括Microsoft、Borland在内的许多厂商都提供了基于Windows操作系统的图形界面调试器,称为集成开发环境(Integrated Development Environment,IDE)。

C/C++的IDE非常多,对于C语言程序设计的初学者而言,用什么IDE可能并不重要,重要的是学习C语言本身,不过,会用一款自己习惯的IDE进行程序的编写和调试确实很方便,下面为初学者介绍CodeBlocks与Visual C++这两款当今比较流行的IDE的基本用法,在掌握基本用法调试简单程序之后,用户可以从相关工具书中了解这些IDE更复杂的功能。

1.4.1 CodeBlocks 下程序文件的创建、编译与运行

CodeBlocks 是一款开源、免费、跨平台的集成开发环境，CodeBlocks 支持十几种常见的编译器，安装后占用较少的硬盘空间，个性化特性十分丰富，功能十分强大，而且易学易用。这里介绍的 CodeBlocks 集成了 C/C++编辑器、编译器和调试器于一体，使用它可以很方便地编辑、调试和编译 C/C++应用程序。

(1) 启动 CodeBlocks 后，单击主界面的 Create a new project，如图 1.5 所示。

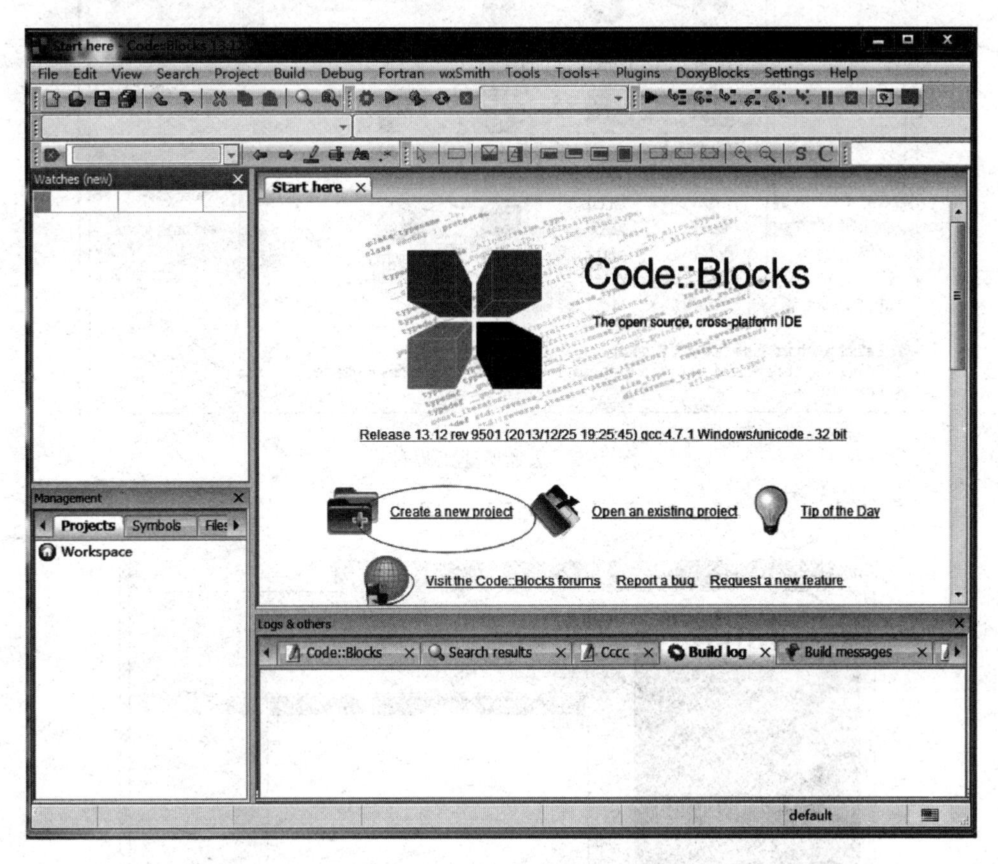

图 1.5　CodeBlocks 启动界面

(2) 进入如图 1.6 所示的界面，单击第四个图标 Console application，然后单击右上角的 Go 按钮。

(3) 选择程序语言类型：C，单击 Next 按钮，如图 1.7 所示。

(4) 在如图 1.8 所示的第一行键入要建立的工程名，选择其所在的文件夹，单击 Next 按钮。

(5) 在图 1.9 所示的第一行选择 GNU GCC Compiler 编译器，单击 Finish 按钮。

这样，在 Management 一栏就生成了一个名为 test 的工程，双击 Sources 后，其下会展开一个名为 main.c 的源程序文件，再双击该文件名，在右侧的编辑栏就会显示这个系统自动生成文件的内容，原来就是一个具有输出“Hello world!”功能的源程序文件，如图 1.10 所示。

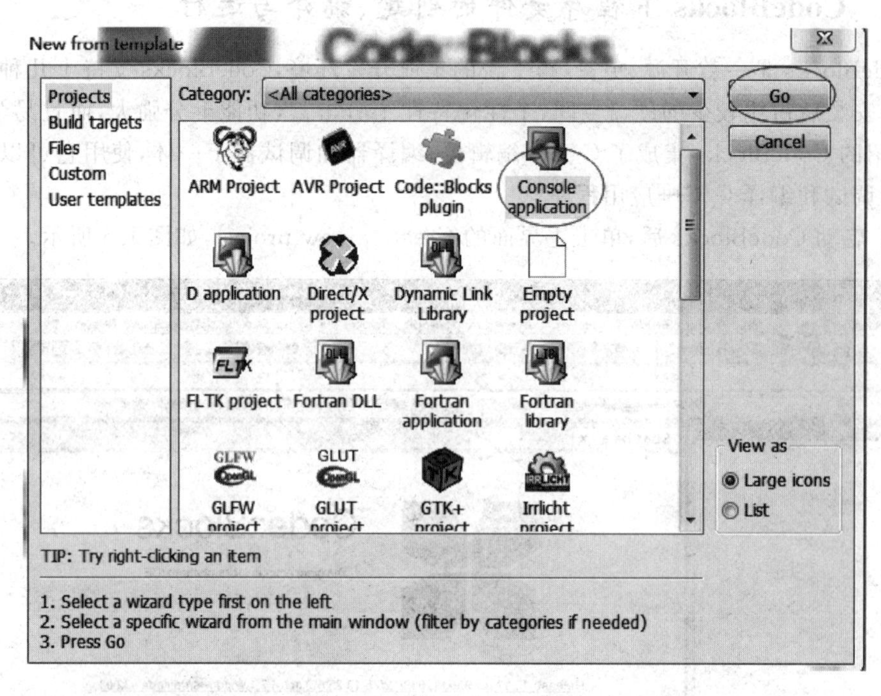

图 1.6 选择所建工程种类

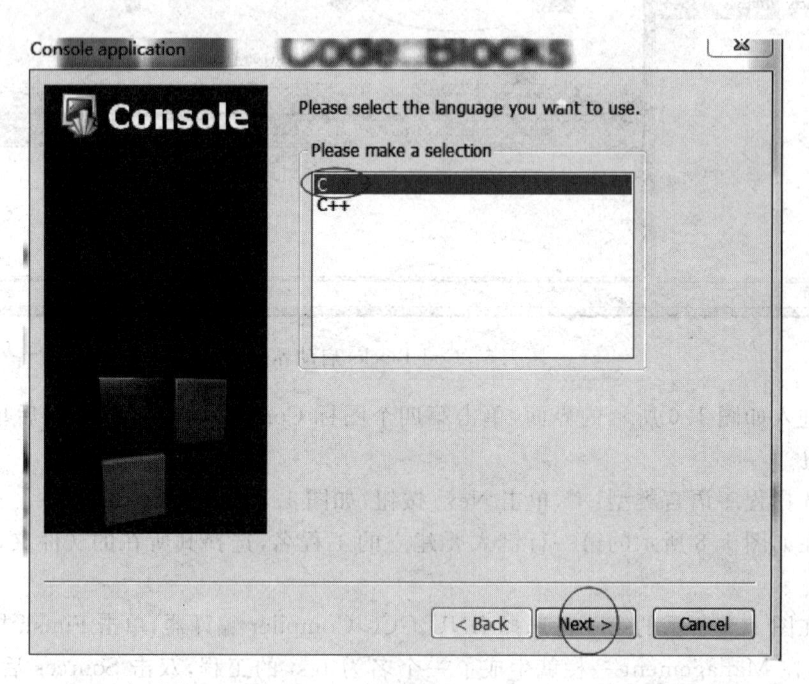

图 1.7 选择程序语言

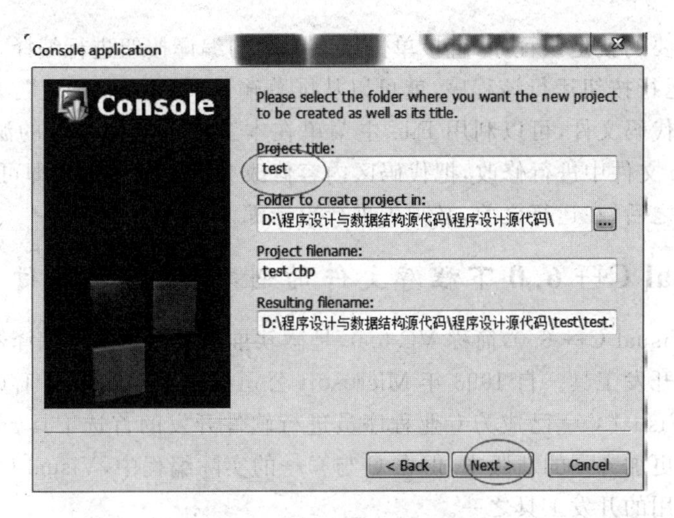

图 1.8　输入所建工程名与路径

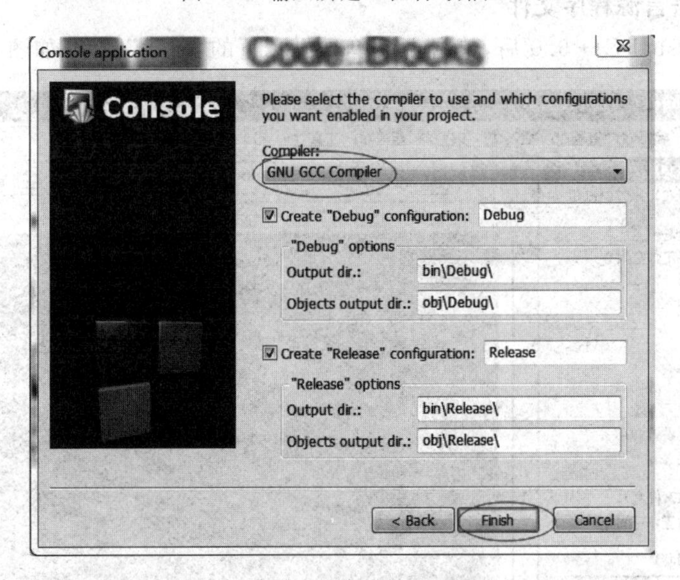

图 1.9　选择编译工具

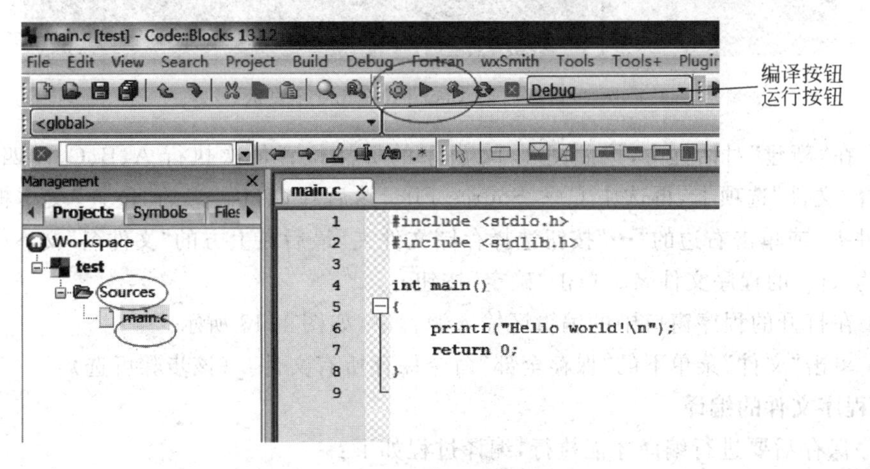

图 1.10　代码编辑区

如果用户需要的就是该程序，直接单击该图上面的编译按钮进行编译，编译无误后单击图1.10所示的运行按钮运行该程序，就可以从屏幕输出“Hello world!”。如果用户想建立完成其他功能的代码文件，可以利用File主菜单在本工程下建一个新的源代码文件，也可以直接在main.c文件中进行修改，把代码区内容修改为所需要的语句即可。建立一个新文件或者修改内容之后，在运行之前，必须先进行重新编译。

1.4.2 Visual C++ 6.0下程序文件的创建、编译与运行

Microsoft Visual C++ 6.0，简称VC 6.0，是微软推出的一款C++编译器，是一个功能强大的可视化软件开发工具。自1993年Microsoft公司推出Visual C++ 1.0后，随着其新版本的不断问世，Visual C++已成为专业程序员进行软件开发的首选工具。其后虽然微软公司陆续推出功能更加齐全的新版本，但在C与C++的实际编程中，Visual C++ 6.0平台仍然是众多学习者常用的开发工具之一。

1. 建立C语言源程序文件

(1) 启动Visual C++ 6.0后，单击主菜单“文件”下的“新建”命令，如图1.11所示。

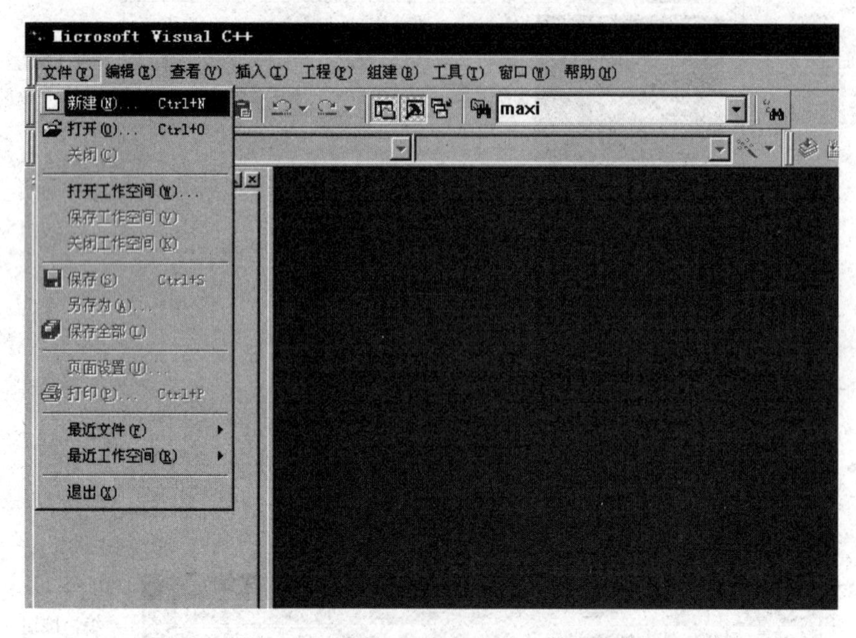

图1.11 启动Visual C++ 6.0主页面

(2) 在“新建”对话框中，按照图1.12所示的标注位置依次执行A、B、C、D四步操作：即先选择“文件”选项卡，再选中C++ Source File，然后在窗口右边的“位置”文本框下输入存储文件夹，或单击右边的“…”按钮选择存储文件夹，最后在上方的“文件名”文本框中输入扩展名为.cpp的程序文件名。单击“确定”按钮。

(3) 在打开的程序窗口中的编辑区输入源程序，如图1.13所示。

(4) 单击“文件”菜单下的“保存全部”命令保存所有文件。(该步骤可选)

2. 程序文件的编译

程序保存后要进行编译才能执行，编译过程如下：

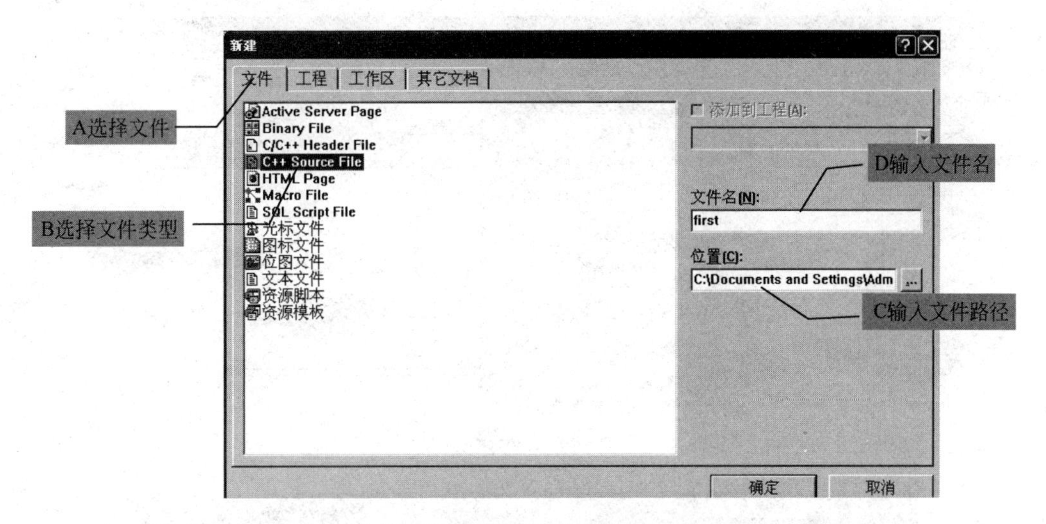

图 1.12　选择所建文件类型和位置

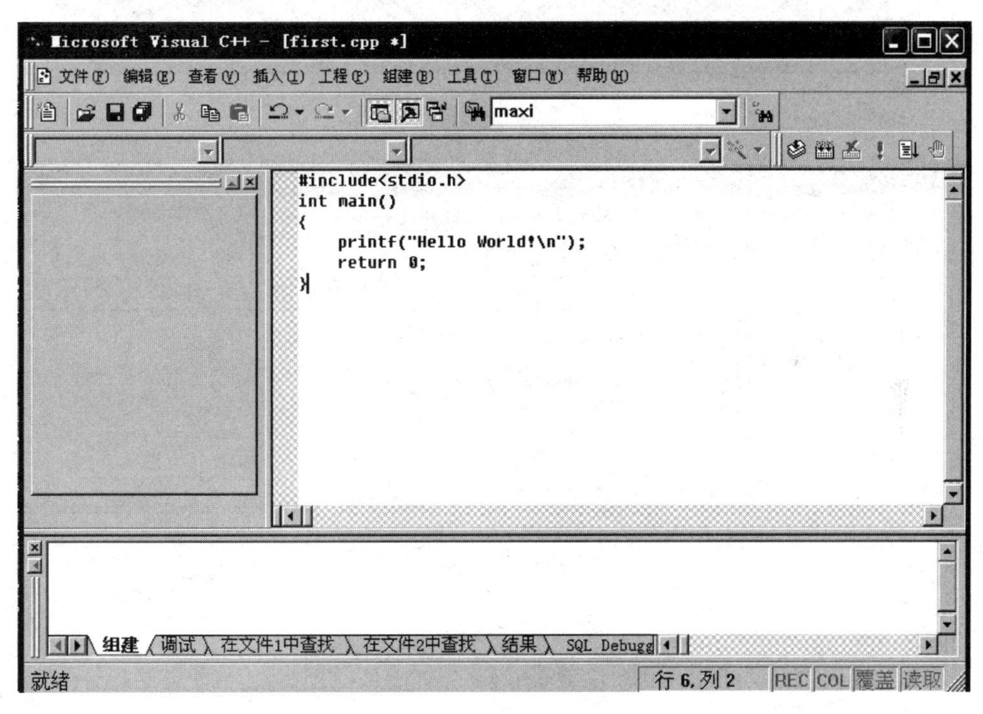

图 1.13　程序编辑

(1) 在图 1.14 中,单击窗口右上部的“编译”工具栏按钮(或单击“组件”菜单里的“编译”命令),对文件进行编译,创建目标文件。

(2) 在对文件进行编译和创建目标文件过程中,出现图 1.15 所示窗口,单击“是(Y)”按钮即可。

(3) 编译过程如果没发现错误,窗口右下部出现提示“0 error(s)”,表示编译成功,如图 1.16 所示,否则表示程序有错误,需要双击错误处改正程序中的错误。修改错误后再次编译程序,直到系统提示“0 error(s)”没有错误。

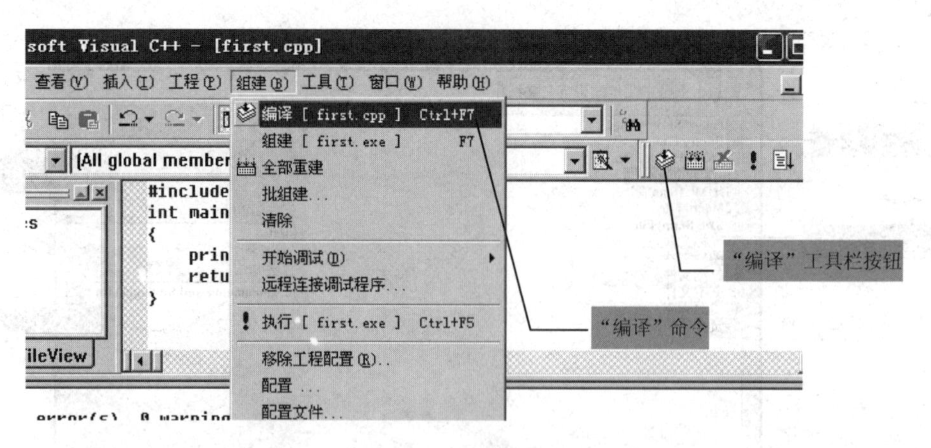

图 1.14 程序编译

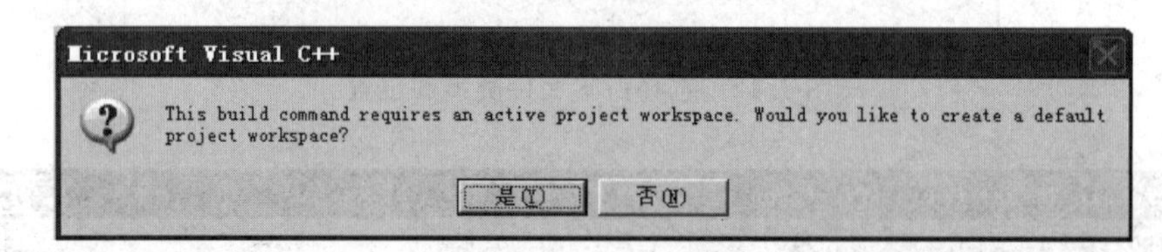

图 1.15 程序编译

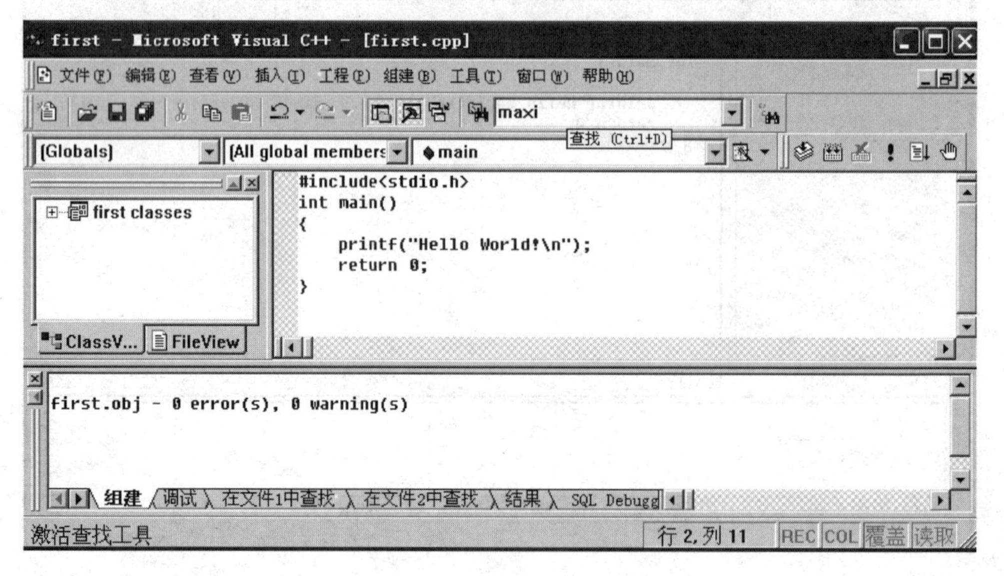

图 1.16 程序编译成功

3. 程序文件的运行

程序编译完成没有错误后,要执行才能看到程序执行结果,执行过程如下:

(1) 单击窗口右上部的 ! 按钮或按 Ctrl+F5 键执行程序,如图 1.17 所示,查看结果。

(2) 如果程序结果有错误,需要反复调试程序,调试过程中要随时保存所有文件。

4. 程序文件的关闭与打开

(1) 程序文件的关闭。

一个程序调试结束后,要编辑其他程序之前,必须关闭本程序文件。方法是单击主菜单

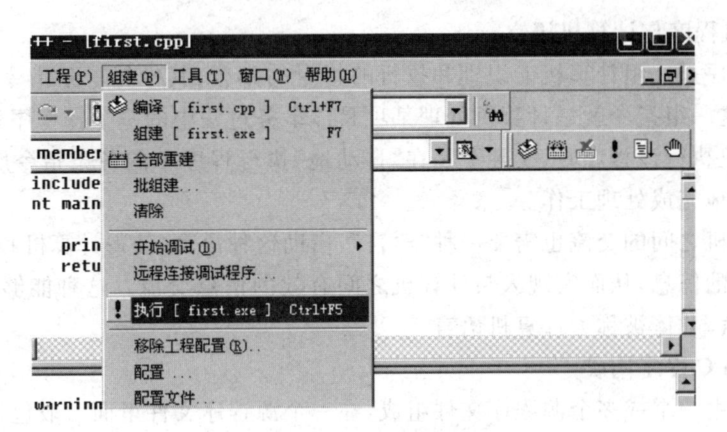

图 1.17 执行程序

“文件”下的“关闭工作空间”命令,关闭与该程序有关的所有文件。

(2) 程序文件的打开。

在 Visual C++ 6.0 环境中,单击主菜单“文件”下的“打开工作空间”命令,找到要打开的工作区文件(文件名和源程序文件名相同,扩展名为.dsw),单击“打开”按钮,如图 1.18 所示。

图 1.18 打开工作区

如果 Visual C++ 6.0 此时尚未启动,也可以在“我的电脑”或“资源管理器”中找到相应工作区文件 first.dsw,双击即可启动 Visual C++ 6.0 并同时打开该程序工作区的所有文件。如果双击 first.cpp 则可启动 Visual C++ 6.0 并同时打开该源程序文件,但其他文件未打开。

1.5 本章小结

计算机的一切操作都是由程序控制的,计算机帮助人们解决实际问题的过程就是一个执行具体程序的过程。学习程序设计,一要学习编程的语言,掌握与计算机进行交流的工具;二要学习程序设计的思想,掌握编程求解问题的常用方法。

本章主要介绍了以下几个问题。

1. 计算机程序与计算机语言

计算机程序是一组计算机能识别和执行的指令的集合,其中每一条指令使计算机执行特定的操作,这一组指令就是计算机处理某项具体事务过程中的一个操作序列(或称为处理流程)。计算机执行该程序时,实际上是在“自动地”执行程序中的各条指令所对应的操作,从而有条不紊地完成处理工作。

人与计算机之间的交流也需要一种“语言”,借助这种语言,使得计算机和人都能读懂对方传递给自己的信息,从而实现人与计算机之间有效的信息交流。这种能够实现人与计算机交流的“语言”载体被称为计算机语言。

2. 简单的C程序构成

一个程序由一个或多个源程序文件组成,在一个源程序文件里面一般包括预处理指令、全局声明与函数定义三个部分。程序的全部工作几乎都是由各个函数分别完成的,函数是C程序的基本单位,在设计良好的程序中,每个函数都用来实现一个或几个特定的功能,编写C程序的工作主要就是编写一个个函数。

3. C程序设计的基本步骤

程序员编写程序是为了解决用户的实际问题,从接触用户的问题,到通过设计程序解决用户的问题,需要经过需求分析、详细设计、编辑程序、编译与链接、运行与调试等基本操作流程。

4. C程序文件的创建、编译与运行

CodeBlocks与Visual C++是两款比较流行的集成开发环境(IDE),熟悉这些开发工具,可以帮助读者提升编写程序、调试程序的基本能力。

第2章 算法设计基础

程序设计的基本目的是让计算机按照用户设定的执行流程完成数据处理的任务，因此，设计一个程序首先要解决两个主要问题：对什么样数据进行处理，如何对数据进行处理。

(1)“对什么样数据进行处理”，是指要明确程序处理的对象，并选择该处理对象的合理表示方式，也就是说要准确地给出处理对象的数据描述。比如，在程序中应该根据需求，合理地确定需要处理对象的数据类型、明确多个数据元素之间的相互关系，并且合理组织数据的存储结构等，这些都属于数据结构(Data Structure)讨论与解决的问题。

(2)“如何对数据进行处理”，是指要明确对处理对象的操作流程，也就是要确定计算机在处理过程中的每一阶段的操作任务以及这些操作的先后顺序。如前所述，既然程序是一个指令的有序集合，就应该明确程序由哪些指令来组成，这些指令是按照何种顺序来排列的，这些要求计算机完成数据处理所需要的操作步骤就是算法(Algorithm)讨论与解决的问题，同一个问题，可以有多种不同的算法来解决，但不同的算法在性能上通常有较大的差异。

当然，如果有了对处理对象的准确表示以及合理的处理流程，借助于高级语言(比如C语言)的设计工具，就容易写出一个能够满足用户需求的程序。正因为如此，著名计算机科学家沃思(Niklaus Wirth)提出一个公式：

算法＋数据结构＝程序

这个公式告诉我们，程序设计的主要内容就是数据结构与算法，而其中，算法是程序设计的灵魂。算法可以理解为由基本运算及规定的运算顺序所构成的完整的解题步骤，或者看成按照要求设计好的有限的确切的计算序列，并且这样的步骤和序列可以解决一类问题。程序中的操作语句，实际上就是算法的语言化的表示。显然，不了解算法就谈不上程序设计。在本章主要介绍算法的基础知识，更多的关于算法的设计方法与技巧在以后各章会逐步介绍。

2.1 什么是算法

2.1.1 日常生活中的算法

程序的执行要有一定的流程，日常生活中每一个任务的完成也需要一定的步骤。例如你想从北京去天津开会，首先要去买火车票，然后按时乘坐地铁到北京站，登上火车到天津站后坐汽车到会场，参加会议；你要买电视机，先要选好货物，然后开票付款，拿发票取货等。这些步骤都是按一定的顺序进行的，缺一不可。从事各种工作和活动，都必须事先设计进行的步骤。广义地说,为解决一个问题而采取的方法和步骤,就称为“算法”。

对同一个问题,可以有不同的解题方法和步骤。例如,求表达式“1+2+3+…+50”的和,可以采取这样的算法:

$$1+2+3+\cdots+50=50+(1+49)+(2+48)+(3+47)+\cdots+(24+26)+25$$
$$=50\times25+25=1275$$

或

$$1+2+3+\cdots+50=(1+50)+(2+49)+(3+48)+\cdots+(25+26)=51\times25=1275$$

再如,求16个整数中的最大数。第1步,先对前两个数进行比较,找出其中较大的数,存放到一个已定义的中间变量中。第2步,将前面找出的较大数与第3个数进行比较,将其中较大的数,再存回到中间变量中。第3步,将前面找出的较大数与第4个数进行比较,将其中较大的数,再存回到中间变量中。……,依次类推。当中间变量与第16个数进行比较之后,其中较大的数即为16个整数中的最大数。

也可以采取这样的算法:

第1步,先将16个数分成8组,每两个数进行比较,找出其中较大的8个数,存放到一个已定义的8个中间变量中。第2步,将8个数分成4组,每两个数进行比较,找出其中较大的4个数,存放到一个已定义的4个中间变量中。第3步,将4个数分成2组,每两个数进行比较,找出其中较大的2个数,存放到一个已定义的2个中间变量中。第4步,比较两个数,找出其中较大的数,其中较大的数即为16个整数中的最大数。

当然,算法有优劣之分。有的算法只需进行很少的步骤,而有些算法则需要较多的步骤。一般来说,希望算法采用简单、运算步骤少的方法。因此,为了有效地解题,不仅需要保证算法正确,还要考虑算法的质量,选择合适的算法。

2.1.2 计算机算法的分类

计算机算法可分为两大类别:数值运算算法和非数值运算算法。数值运算的目的是求数值解,例如求方程的根、求一个函数的定积分等,都属于数值运算范围。非数值运算包括的面十分广泛,最常见的是用于事务管理领域,例如对一批职工按姓名排序、图书检索、人事管理和行车调度管理等。目前,计算机在非数值运算方面的应用远远超过了在数值运算方面的应用。

由于数值运算往往有现成的模型,可以运用数值分析方法,因此对数值运算的算法的研究比较深入,算法比较成熟。对各种数值运算都有比较成熟的算法可供选用。人们常常把这些算法汇编成册(写成程序形式),或者将这些程序存放在磁盘或光盘上,供用户调用。例如有的计算机系统提供“数学程序库”,使用起来十分方便。

非数值运算的种类繁多,要求各异,难以做到全部都有现成的答案,因此只有一些典型的非数值运算算法(例如排序算法、查找搜索算法等)有现成的、成熟的算法可供使用。许多问题往往需要使用者参考已有的类似算法的思路,重新设计解决特定问题的专门算法。本书不可能罗列所有算法,只是想通过一些典型算法的介绍,让读者了解什么是算法、怎样设计一个算法,帮助读者举一反三。希望读者通过本章介绍的例子了解怎样提出问题、怎样思考问题、怎样表示一个算法。

2.1.3 简单算法举例

【例 2.1】 求1×2×3×4×5。

可以用最原始的方法进行。

步骤1：先求1乘以2,得到结果2。

步骤2：将步骤1得到的乘积2再乘以3,得到结果6。

步骤3：将6再乘以4,得24。

步骤4：将24再乘以5,得120。这就是最后的结果。

这样的算法虽然是正确的,但太繁琐。如果要求1×2×…×1000,则要写999个步骤,显然是不可取的。而且每次都要直接使用上一步骤的具体运算结果(如2、6、24等),也不方便。应当找到一种通用的表示方法。

不妨这样考虑：设置两个变量,一个变量代表被乘数,一个变量代表乘数。不另设变量存放乘积结果,而是直接将每一步骤的乘积放在被乘数变量中。今设变量p为被乘数,变量i为乘数。用循环算法来求结果。改写后的算法如下。

S1：使p=1,或写成1＝＞p。

S2：使i=2,或写成2＝＞i。

S3：使p与i相乘,乘积仍放在变量p中,可表示为：p*i＝＞p。

S4：使i的值加1,即i＋1＝＞i。

S5：如果i不大于5,返回重新执行S3及其后的S4和S5；否则,算法结束。最后得到p的值就是5!的值。

上面的S1,S2,…,S5代表步骤1,步骤2,…,步骤5。请读者仔细分析这个算法,能否得到预期的结果。显然这个算法比前面列出的算法简练。

由于计算机是高速运算的自动机器,实现循环是轻而易举的,所有计算机高级语言中都有实现循环的语句,因此,上述算法不仅是正确的,而且是计算机能方便实现的较好的算法。

【例 2.2】 有50个学生,要求输出成绩在80分以上的学生的学号和成绩。

为描述方便,可以统一用n表示学生学号,用下标i代表第i个学生,n_1代表第一个学生学号,n_i代表第i个学生学号；统一用g表示学生的成绩,g_1代表第1个学生的成绩,g_i代表第i个学生的成绩。

本来问题是很简单的：先检查第1个学生的成绩g_1,如果它的值大于或等于80,就将此成绩输出,否则不输出；然后再检查第2个学生的成绩g_2……直到检查完第50个学生的成绩g_{50}为止。但是这样处理步骤太多,表示太繁琐,最好能找到简明的算法。

分析此过程的规律,每次检查的内容和处理方法都是相似的,只是检查的对象不同,而检查的对象都是学生的成绩g,只是下标不同(从g_1变化到g_{50})。只要有规律地改变下标i的值(从1~50),就可以把检查的对象统一表示为g_i,这样就可以用循环的方法来处理了。

改进的算法可表示如下。

S1：1＝＞i。

S2：如果g_i＞＝80,则输出n_i和g_i,否则不输出。

S3：i＋1＝＞i。

S4：如果i＜50,返回到步骤S2,继续执行；否则,算法结束。

变量i代表下标,先使它的值为1,检查g_1(g_1到g_{50}都是已知的)。然后使i增值1,再检查g_i。通过控制i的变化,在循环过程中实现了对50个学生的成绩处理。

可以看到,改进的算法比最初的算法抽象、简明,抓住了解题的规律,易于用计算机实现。请读者通过这个简单的例子学会怎样归纳解题的规律,把具体的问题抽象化,设计出简明的算法。

通过以上2个例子,可以初步了解怎样设计一个简单的算法。

2.2 算法的特征

一个有效算法应该具有以下5个特征。

(1) 有穷性。一个算法应包含有限的操作步骤,而不能是无限的,并且每一个执行步骤的执行时间也必须是有限的。事实上,"有穷性"往往指"在合理的范围之内"。如果让计算机执行一个历时1000年才结束的算法,这虽然是有穷的,但超过了合理的限度,人们也不把它视为有效算法。究竟什么算"合理限度",由人们的常识和需要判定。

(2) 确定性。算法中的每一个步骤都应当是确定的,而不应当是含糊的、模棱两可的。算法中的每一个步骤应当不具"歧义性",而应是明确无误的。所谓"歧义性",是指可以被理解为两种(或多种)的可能含义。

(3) 可行性。算法是一个操作步骤的有序序列,其中的每一个操作步骤都应当可以通过基本的程序语句来表示,使算法在计算机上能够得到有效的执行,并得到确定的结果。例如,若b=0,则执行"a/b"就不能有效执行。

(4) 有零个或多个输入。所谓输入是指在执行算法时需要从外界取得必要的信息。例如求两个整数m和n的最大公约数,则需要输入m和n的值。一个算法也可以没有输入,例如,例2.1在执行算法时不需要输入任何信息,就能求出5!。

(5) 有一个或多个输出。算法的目的是为了求解,"解"就是输出。如求素数的算法,最后输出的n"是素数"或"不是素数"就是输出的信息。但算法的输出并不一定就是计算机的打印输出或屏幕输出,一个算法得到的结果就是算法的输出。没有输出的算法是没有意义的。

2.3 算法的表示方法

用于描述算法的工具很多,如自然语言法、传统流程图法、N-S流程图法、伪代码法等,理论上都可用来表示算法,但是效率却有很大差异。下面介绍这几种常用的算法描述方法。

2.3.1 自然语言表示算法

算法的第一种表示工具是自然语言。自然语言就是人们日常使用的语言,可以是汉语、英语,或其他国家所用的语言。从形式上来说,算法用自然语言表示更加通俗易懂,但这种表示文字冗长,容易出现歧义性。由于自然语言与数学语言有较大的区别,自然语言表示的含义往往不大严谨,很多语句的准确含义要借助于上下文的叙述才能判定。例如,"张三对李四说他的儿子考上了大学"这一句话,可以被理解成两种意思。一种是:张三告诉李四,张三的儿子考上了大学。另一种是：张三通知李四，李四的儿子考上了大学。人们要根据上下文或其他因素(如谁的儿子正在考大学)才能判断究竟是什么意思。因此，除了很简单的问题外，一般不用自然语言表示算法。此外，用自然语言来描述包含分支和循环的算法，不很方便。

2.3.2 传统流程图表示算法

流程图分两种：传统流程图、N-S流程图。

传统流程图用一些图框来表示各种操作。传统流程图四框一线，符合人们思维习惯，用它表示算法，直观形象，易于理解。美国国家标准化协会(American National Standard Institute，ANSI)规定了一些常用的流程图符号，如表2.1所示。该符号集已为世界各国普遍采用。

表2.1 ANSI常用的流程图符号和功能

名　称	图　形	主要功能
起止框	(圆角矩形)	表示程序的开始或结束
输入输出框	(平行四边形)	表示程序中的输入或输出操作
处理框	(矩形)	常用于表示赋值等操作
判断框	(菱形)	通过对给定的条件成立与否的判断，决定程序的后续操作
流程线	↓ →	表示程序操作的先后顺序
连接点	○	表示流程图中不在同一位置的两个点是连接在一起的
注释框	--[	只对流程图中的某些框进行补充说明，不反映可执行操作

【例2.3】 用自然语言和流程图描述算法求以下表达式之值。

$$1-\frac{1}{2}+\frac{1}{3}-\frac{1}{4}+\frac{1}{5}\cdots+\frac{1}{99}-\frac{1}{100}$$

(1) 用自然语言描述，基本步骤如下：

① 定义变量sum，用来存放和；定义变量d，用来存放每一项的分母；定义变量sign，用来存放每一项的符号；定义变量t，用来存放每一项的值。

② 将1赋给sum，2赋给d，将1赋给sign。

③ 通过赋值语句“sign=－sign;”，将sign的值取反，用来计算每一项的符号。

④ 求d的倒数，与sign相乘得到每一项的值，将此值赋给t。

⑤ 将sum与t的和赋给sum。

⑥ d的值增1。

⑦ 判断d的值是否大于100。

⑧ 如果d的值小于或等于100，返回第③步进行循环；如果d的值大于100，输出变量

sum 的值。

⑨ 结束。

(2) 用传统流程图描述算法,流程如图 2.1 所示。

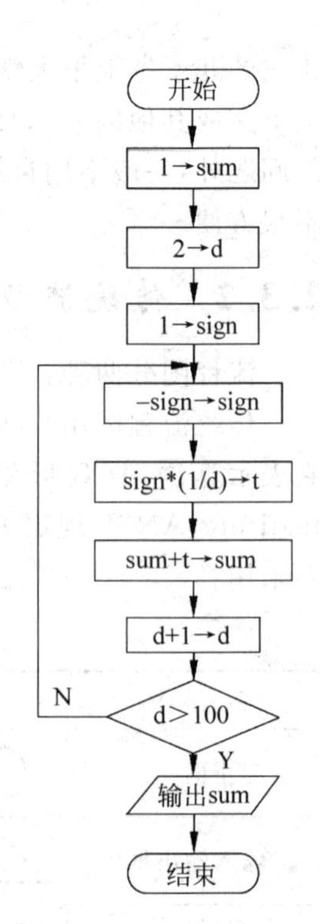

图 2.1 一般流程图举例

从图 2.1 可以看出判断框的作用是对一个给定的条件进行判断,根据给定的条件是否成立决定如何执行其后的操作。判断框有一个入口,两个出口。

通过例 2.3 看出,一个传统流程图通常包括以下几部分:

① 表示相应操作的图形框。

② 表示执行顺序的带箭头的流程线。

③ 框内外言简意赅的文字说明。

用流程图表示算法,优点是形象直观、表示清晰,各框之间逻辑关系清楚。缺点是流程图占篇幅较多,当算法复杂时,画流程图费时且不方便。

2.3.3 三种基本结构

传统的流程图用流程线指出各个框的执行顺序,但对流程线的使用没有严格限制,对于较为复杂的问题,算法上会包含一些分支和循环,而不可能全部由一个一个的框顺序组成。为了提高算法的质量,使算法的设计和阅读方便,必须限制那些无规律地使流程随意转向,而按照自上而下的顺序方式进行下去。1966 年,Bohra 和 Jacopini 为了解决这个问题提出了表示算法常用的三种基本结构的方法,即采用三种基本结构作为表示一个算法的基本单元。

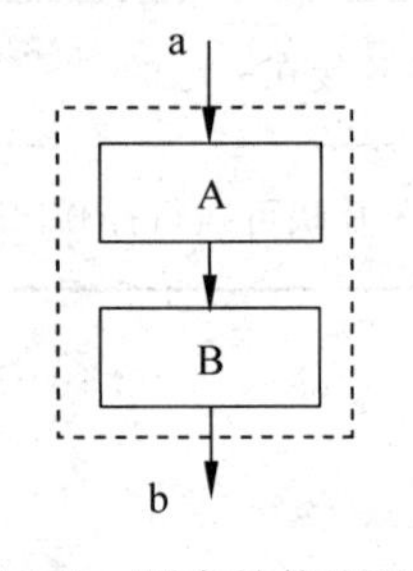

图 2.2 顺序结构流程图

(1) 顺序结构。如图 2.2 所示,虚线框内是一个顺序结构。其中 A 和 B 两个框是自上而下顺序执行的。顺序结构是最简单的,也是常用的一种基本结构,本章主要介绍有关顺序结构程序设计的内容。

(2) 选择结构。选择结构又称分支结构,如图 2.3 所示。虚线框内是一个选择结构。此结构中必须包含一个判断框。在判断框内给定的条件表达式 p,根据 p 是否成立而选择执行 A 框或 B 框。无论条件 p 是否成立,只能执行 A 框或 B 框之一,不可能既执行 A 框又执行 B 框,也不可能既不执行 A 框又不执行 B 框。无论走哪一条路径,在执行完 A 或 B 之后,都经过 b 点,然后结束本选择结构。

如果 A、B 两个框中可以有一个是空的,如图 2.4 所示。若条件不成立,则空的一边不执行任何操作,直接结束本选择结构。

(3) 循环结构。循环结构可以反复执行某一部分的操作,循环结构有两类。

① 当(while)型循环结构。当型循环结构如图 2.5 所示,当给定的条件表达式 p1 成立时,执行 A 框代表的操作,执行完 A 后返回,再判断条件 p1 此时是否成立,如果仍然成立,再执行 A 框,如此反复执行 A 框,当条件 p1 不成立时,则不再执行 A 框,而是从 b 点退出循环结构。

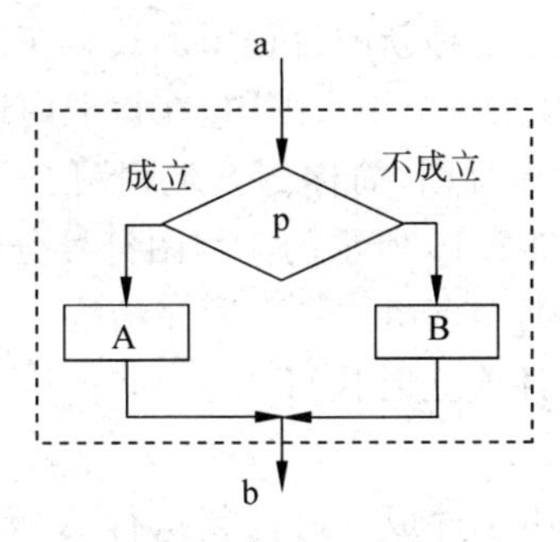

图 2.3 选择结构流程图 1

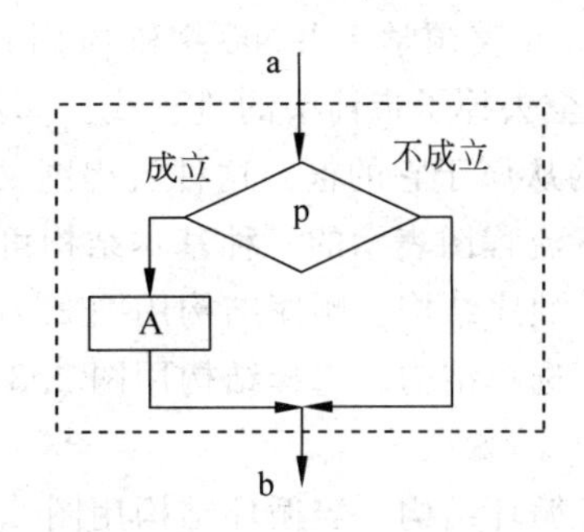

图 2.4 选择结构流程图 2

② 直到(until)型循环结构。直到型循环结构如图 2.6 所示,先执行 A 框一次,再判断给定的条件表达式 p2 是否成立,如果条件 p2 不成立,则继续执行 A,然后再对 p2 条件作判断,若 p2 条件仍然不成立,又执行 A……如此反复执行 A,直到给定的条件 p2 成立为止,此时不再执行 A,从 b 点退出本循环结构。

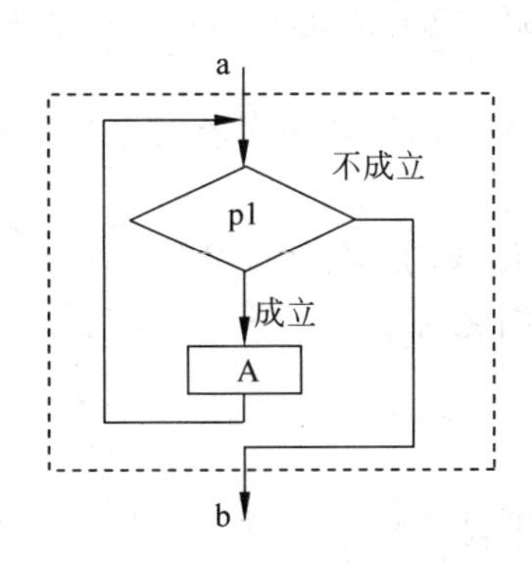

图 2.5 当型循环结构流程图

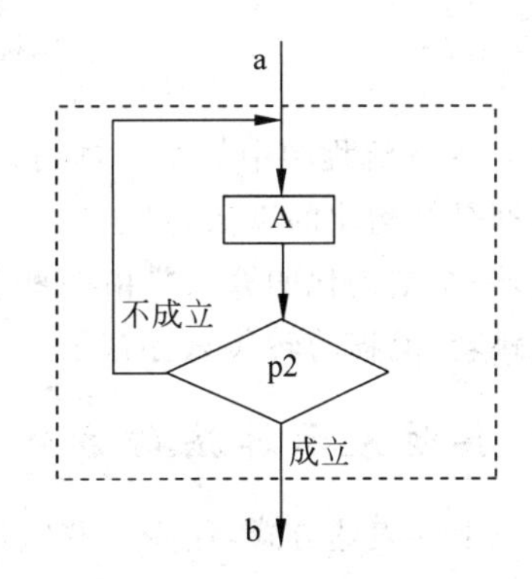

图 2.6 直到型循环结构流程图

以上三种基本结构,有以下共同特点:

(1) 只有一个入口、一个出口。图 2.2~图 2.6 中,a 点为入口点,b 点为出口点。

(2) 结构内不存在"死循环"(无终止的循环)。

(3) 结构内的每一部分都有机会被执行到。也就是说,对每一个框来说,都应当有一条从入口到出口的路径通过它。

实践已经证明,利用以上三种基本结构顺序组成的算法结构,可以表示任何复杂问题的算法。由基本结构所构成的算法称为"结构化算法"。它的基本特征是不存在无规律的转向,只在基本结构内才允许存在分支和向前或向后的跳转。至于基本结构的表示方法,不限于图 2.2~图 2.6 中的表达方式,还可以有其他形式,只要具有上述 3 个特点的都可以作为基本结构。

2.3.4 用 N-S 流程图表示算法

传统的流程图可以采用三种基本结构作为表示一个算法的基本单元,而且利用以上三种基本结构顺序组成的算法结构,可以表示任何复杂问题的算法。那么用基本结构的顺序组合可以表示任何复杂的算法结构,基本结构之间的流程线就可以省去。

1973年美国学者I. Nassi和B. Shneiderman提出了一种新的流程图形式。在这种流程图中,完全去掉了带箭头的流程线。算法的每一步都写在一个矩形框内,在该框内还可以包含其他的从属于它的框。这种流程图又称N-S结构化流程图,简称N-S流程图。

N-S流程图表示的三种基本结构可以用图2.7～图2.10所示的流程图符号分别表示。

(1) 顺序结构。顺序结构用图2.7表示。A和B两个框组成一个顺序结构。

(2) 选择结构。选择结构用图2.8表示。当p条件成立时执行A操作,p不成立则执行B操作。

(3) 循环结构。当循环结构用图2.9表示,即当p1条件成立时反复执行A操作,直到p1条件不成立为止。直到循环结构用图2.10表示。

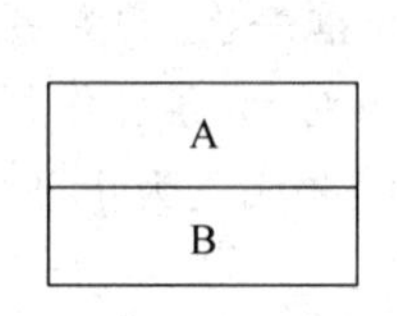

图2.7 顺序结构

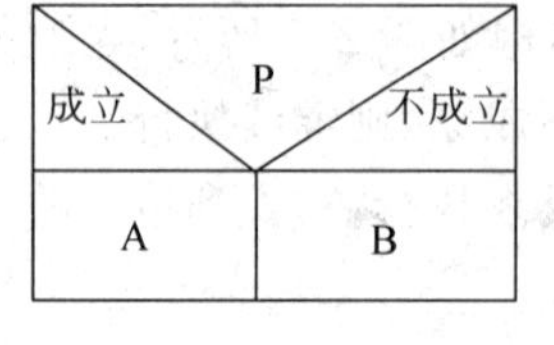

图2.8 选择结构

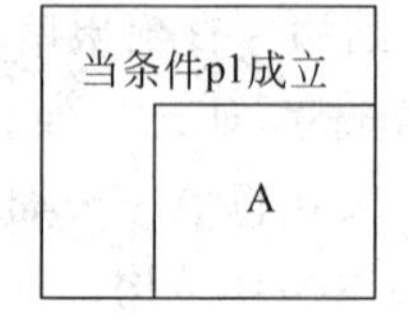

图2.9 当循环结构

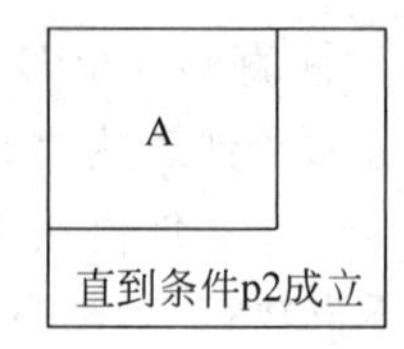

图2.10 直到循环结构

用以上N-S流程图中的基本框可以组成复杂的N-S流程图表示算法。N-S流程图表示的算法都是结构化的算法,只能自上而下地顺序执行。

因此,一个结构化的算法是由一些基本结构顺序组成的;在基本结构之间不存在向前或向后的跳转,流程的转移只存在于一个基本结构范围之内。

2.3.5 其他表示算法的方法

除了以上的表达方式,还有一些常用来表示算法的方式。

伪代码(pseudo code)是用介于自然语言和计算机语言之间的文字和符号来描述算法。它如同一篇文章一样,将算法自上而下地写下来。每一行(或几行)表示一个基本操作,书写方便,格式紧凑,也比较好懂,而且还便于向计算机语言算法过渡。用伪代码写算法并无固定的、严格的语法规则,只要把意思表达清楚即可,但要求格式要写成清晰易读的形式。

PAD(Problem Analysis Diagram)流程图,即问题分析图,也可以用来表示算法。该方式采用抽象、概括的符号系统组合成二维的树形结构来描述算法,相对于传统流程图,更加简练、紧凑、层次分明、便于修改。

感兴趣的读者可以参考相关资料进行学习。

2.4 程序设计中常用算法

算法是问题求解过程的精确描述,一个算法由有限条可完全机械地执行的、有确定结果的指令组成。指令正确地描述了要完成的任务和它们被执行的顺序。计算机按算法指令所描述的顺序执行算法的指令,能在有限的步骤内终止,或终止于给出问题的解,或终止于指出问题对此输入数据无解。

通常求解一个问题可能会有多种算法可供选择,选择的主要标准是算法的正确性和可靠性、简单性和易理解性,其次是算法所需要的存储空间少和执行更快等。

算法设计是一件非常困难的工作，经常采用的算法设计技术主要有迭代法、穷举搜索法、递归、递推法、贪心法、回溯法、分治法、动态规划法等。另外，为了以更简洁的形式设计算法，在算法设计时又常常采用递归技术，用递归描述算法。

2.4.1 迭代法

迭代法也称辗转法，是一种不断用变量的旧值递推新值的过程，是用计算机解决问题的一种基本方法。迭代法利用计算机运算速度快、适合做重复性操作的特点，让计算机对一组指令（或一定步骤）进行重复执行，在每次执行这组指令（或这些步骤）时，都从变量的原值推出它的一个新值。

【问题 1】 用迭代法求方程 f(x)=0 的解。

先导出等价的形式 x=g(x)，然后按以下步骤执行：

(1) 选一个方程的近似根，赋给变量 x0。

(2) 将 x0 的值保存于变量 x1，然后计算 g(x1)，并将结果存于变量 x0。

(3) 当 x0 与 x1 的差的绝对值不小于指定的精度要求时，重复步骤(2)的计算。

若方程有根，并且用上述方法计算出来的近似根序列收敛，则按上述方法求得的 x0 就认为是方程的根。上述算法用 C 程序的形式表示为：

【算法】 迭代法求方程的根。

```
{
 x0 = 初始近似根;
   do
     {
       x1 = x0;
       x0 = g(x1);                    //按特定的方程计算新的近似根
     } while (fabs(x0 - x1)> Epsilon);
   printf("方程的近似根是 %f\n",x0);
}
```

2.4.2 穷举搜索法

穷举搜索法简称穷举法，是基于计算机特点而进行解题的思维方法。一般是在一时找不出解决问题的更好途径（即从数学上找不到求解的公式或规则）时，可以根据问题中的部分条件（约束条件）将所有可能解的情况列举出来，然后通过一一验证是否符合整个问题的求解要求，而得到问题的解。这样解决问题的方法称为穷举算法。穷举算法的特点是算法简单，但运行时所花费的时间量大。有些问题所列举出来的情况数目会大得惊人，就是用高速的电子计算机运行，其等待运行结果的时间也将使人无法忍受。因此，在用穷举方法解决问题时，应尽可能将明显不符合条件的情况排除在外，以尽快取得问题的解。

【问题 2】 背包问题。

问题描述：有不同价值、不同重量的物品 n 件，求从这 n 件物品中选取一部分物品的选择方案，使选中物品的总重量不超过指定的限制重量，但选中物品的价值之和最大。

设 n 个物品的重量和价值分别存储于数组 w[ ]和 v[ ]中，限制重量为 tw。考虑一个 n 元组($x_0, x_1, \cdots, x_{n-1}$)，其中 $x_i=0$ 表示第 i 个物品没有被选取，而 $x_i=1$ 则表示第 i 个物品被选取。显然这个n元组等价于一个选择方案。用枚举法解决背包问题,需要枚举所有的选取方案,而根据上述方法,只要枚举所有的n元组,就可以得到问题的解。

显然,每个分量取值为0或1的n元组的个数共为2^n个。而每个n元组其实对应了一个长度为n的二进制数,且这些二进制数的取值范围为$0\sim2^{n-1}$。因此,如果把$0\sim2^{n-1}$分别转化为相应的二进制数,则可以得到所需要的2^n个n元组。

2.4.3 递推法

递推法是利用问题本身所具有的一种递推关系求问题解的一种方法。设要求问题规模为N的解,当N=1时,解或为已知,或能非常方便地得到解。能采用递推法构造算法的问题有重要的递推性质,即当得到问题规模为i-1的解后,由问题的递推性质,能从已求得的规模为1,2,…,i-1的一系列解,构造出问题规模为i的解。这样,程序可从i=0或i=1出发,重复地,由已知至i-1规模的解,通过递推,获得规模为i的解,直至得到规模为N的解。

【问题3】 母牛的故事。

问题描述:有一头母牛,它每年年初生一头小母牛。每头小母牛从第四个年头开始,每年年初也生一头小母牛。请编程实现在第n年的时候,共有多少头母牛?

用数组f(i)来存储第i年的母牛总数,则第n年的母牛总数为f(n)。如果仔细思考的话,f(n)的值只与两个值有关,一个是在本年之前就已经出生的母牛数目,另一个则是在本年新出生的小母牛数目。

本年之前就已经出生的母牛数目,实际上就是前一年的母牛总数,即为f(n-1)。由于每一头可以生育的母牛每年只生育一头小母牛,所以在本年新出生的小母牛数目,实际上是到今年可以生育的母牛的数目。又因为每头小母牛从第四个年头才开始生育,所以今年可以生育的母牛数实际上就是三年前的母牛总数,即为f(n-3)。

由此可以得到递推公式:

```
f(n) = f(n-1) + f(n-3)    (n>=4)
```

当然,递推要有初始的边界条件,第一、二、三年的母牛总数是直接可以知道的,即

```
f(1) = 1;
f(2) = 2;
f(3) = 3;
```

由这三个初值以及递推公式可以依次逐个求得f(4),f(5),…,f(n-1)以及f(n)的值。

2.4.4 递归

递归是设计和描述算法的一种有力的工具,由于它在复杂算法的描述中被经常采用,为此在进一步介绍其他算法设计方法之前先讨论它。

能采用递归描述的算法通常有这样的特征:为求解规模为N的问题,设法将它分解成规模较小的问题,然后从这些小问题的解方便地构造出大问题的解,并且这些规模较小的问题也能采用同样的分解和综合方法,分解成规模更小的问题,并从这些更小问题的解构造出规模较大问题的解。特别地,当规模N=1时,能直接得解。

【问题 4】 编写计算斐波那契(Fibonacci)数列的第 n 项函数 fib(n)。

斐波那契数列为：1、1、2、3、……，即

```
fib(0) = 0;
fib(1) = 1;
fib(n) = fib(n - 1) + fib(n - 2)          (n>1)
```

写成递归函数有：

```
int fib(int n)
  {
        if (n == 0)
              return  0;
        else if (n == 1)
                  return  1;
             else
                  return  fib(n - 1) + fib(n - 2);
   }
```

2.4.5 回溯法

回溯法也称为试探法，该方法首先暂时放弃关于问题规模大小的限制，并将问题的候选解按某种顺序逐一枚举和检验。当发现当前候选解不可能是解时，就选择下一个候选解；倘若当前候选解除了还不满足问题规模要求外，满足所有其他要求，继续扩大当前候选解的规模，并继续试探。如果当前候选解满足包括问题规模在内的所有要求，该候选解就是问题的一个解。在回溯法中，放弃当前候选解，寻找下一个候选解的过程称为回溯。扩大当前候选解的规模，以继续试探的过程称为向前试探。

【问题 5】 填字游戏。

问题描述：在 3×3 个方格的方阵中要填入数字 1 到 N(N≥10)内的某 9 个数字，每个方格填一个整数，使得所有相邻两个方格内的两个整数之和为质数。试求出所有满足这个要求的各种数字填法。

可用试探法找到问题的解，即从第一个方格开始，为当前方格寻找一个合理的整数填入，并在当前位置正确填入后，为下一方格寻找可填入的合理整数。如不能为当前方格找到一个合理的可填整数，就要回退到前一方格，调整前一方格的填入数。当第九个方格也填入合理的整数后，就找到了一个解，将该解输出，并调整第九个方格填入的整数，寻找下一个解。

为找到一个满足要求的 9 个数的填法，从还未填一个数开始，按某种顺序(如从小到大的顺序)每次在当前位置填入一个整数，然后检查当前填入的整数是否能满足要求。在满足要求的情况下，继续用同样的方法为下一方格填入整数。如果最近填入的整数不能满足要求，就改变填入的整数。如对当前方格试尽所有可能的整数，都不能满足要求，就得回退到前一方格，并调整前一方格填入的整数。如此重复执行扩展、检查或调整、检查，直到找到一个满足问题要求的解，将解输出。

2.4.6 贪心法

贪心法是一种不追求最优解，只希望得到较为满意解的方法。贪心法一般可以快速得

到满意的解,因为它省去了为找最优解要穷尽所有可能而必须耗费的大量时间。贪心法常以当前情况为基础作最优选择,而不考虑各种可能的整体情况,所以贪心法不需要回溯。

【问题6】 删数问题。

问题描述:键盘输入一个高精度的正整数n(≤100位),去掉其中任意s个数字后剩下的数字按照原来的左右次序组成一个新的正整数。编程对给定的n与s,寻找一种方案,使得剩下的数字组成的新数最小。比如:

```
n = 178543, s = 4
```

则输出13,表示正整数178543删除4位数字后得到的最小值是13。

分析:

如何决定哪s位数字被删除呢?被删除的是否是最大的s个数字呢?为了尽可能逼近目标,采用贪心法来解决问题,选取的贪心策略为:

(1) 把对s个数字的删除,看成是一个逐步实现的过程,每一步删除一个数字,用s步完成对s个数字的删除。

(2) 每一步总是选择一个使剩下的数最小的数字完成删除,也就是按照从高位到低位的顺序进行搜索,如果各位数字是递增的,则删除最后一位数字;否则,删除第一个递减区间的首位数字。这样选择一位数字并删除后,便得到一个新的数字串。

(3) 以后每一步回到上一步完成删除之后的数字串的串首,按照上述规则再删除下一个数字。执行s次后,便删除了s位数字,剩余的数字串便是问题的解。

例如:n=178543,s=4时的删除过程为:

第一步:n=178543,第一个递减区间为8543,删除其首位数字8。

第二步:n=17543,第一个递减区间为7543,删除其首位数字7。

第三步:n=1543,第一个递减区间为543,删除其首位数字5。

第四步:n=143,第一个递减区间为43,删除其首位数字4。

剩余的数字串为:13,即为所求。

2.4.7 分治法

任何一个可以用计算机求解的问题所需的计算时间都与其规模N有关。问题的规模越小,越容易直接求解,解题所需的计算时间也越少。例如,对于n个元素的排序问题,当n=1时,不需任何计算;n=2时,只要作一次比较即可排好序;n=3时只要作3次比较即可……而当n较大时,问题就不那么容易处理了。要想直接解决一个规模较大的问题,有时是相当困难的。

分治法的设计思想是,将一个难以直接解决的大问题,分割成一些规模较小的相同问题,以便各个击破,分而治之。

如果原问题可分割成k个子问题(1<k≤n),且这些子问题都可解,并可利用这些子问题的解求出原问题的解,那么这种分治法就是可行的。由分治法产生的子问题往往是原问题的较小模式,这就为使用递归技术提供了方便。在这种情况下,反复应用分治手段,可以使子问题与原问题类型一致而其规模却不断缩小,最终使子问题缩小到很容易直接求出其解。这自然导致递归过程的产生。分治与递归像一对孪生兄弟,经常同时应用在算法设计

之中，并由此产生许多高效算法。

【问题 7】 找出伪币。

问题描述： 给你一个装有 16 个硬币的袋子。16 个硬币中有一个是伪造的，并且那个伪造的硬币比真的硬币要轻一些。你的任务是找出这个伪造的硬币。为了帮助你完成这一任务，将提供一台可用来比较两组硬币重量的仪器，利用这台仪器，可以知道两组硬币的重量是否相同。比较硬币 1 与硬币 2 的重量。假如硬币 1 比硬币 2 轻，则硬币 1 是伪造的；假如硬币 2 比硬币 1 轻，则硬币 2 是伪造的。这样就完成了任务。假如两硬币重量相等，则比较硬币 3 和硬币 4。同样，假如有一个硬币轻一些，则寻找伪币的任务完成。假如两硬币重量相等，则继续比较硬币 5 和硬币 6。按照这种方式，可以最多通过 8 次比较来判断伪币的存在并找出这一伪币。

另外一种方法就是利用分而治之的分治法。假如把 16 枚硬币的例子看成一个大的问题。第一步，把这一问题分成两个小问题。随机选择 8 个硬币作为第一组，称为 A 组；剩下的 8 个硬币作为第二组，称为 B 组。这样，就把 16 个硬币的问题分成两个 8 枚硬币的问题来解决。第二步，判断 A 和 B 组中是否有伪币。可以利用仪器来比较 A 组硬币和 B 组硬币的重量。假如两组硬币重量相等，则可以判断伪币不存在。假如两组硬币重量不相等，则存在伪币，并且可以判断它位于较轻的那一组硬币中。最后，在第三步中，用第二步的结果得出原先 16 个硬币问题的答案。若仅仅判断硬币是否存在，则第三步非常简单。无论 A 组还是 B 组中有伪币，都可以推断这 16 个硬币中存在伪币。因此，仅仅通过一次重量的比较，就可以判断伪币是否存在。

现在假设需要识别出这一伪币。把两个或三个硬币的情况作为不可再分的小问题。注意，如果只有一个硬币，那么不能判断出它是否就是伪币。在一个小问题中，通过将一个硬币分别与其他两个硬币比较，最多比较两次就可以找到伪币。这样，16 枚硬币的问题就被分为两个 8 枚硬币（A 组和 B 组）的问题。通过比较这两组硬币的重量，可以判断伪币是否存在。如果没有伪币，则算法终止。否则，继续划分这两组硬币来寻找伪币。假设 B 是轻的那一组，因此再把它分成两组，每组有 4 个硬币。称其中一组为 B1，另一组为 B2。比较这两组，肯定有一组轻一些。如果 B1 轻，则伪币在 B1 中，再将 B1 又分成两组，每组有两个硬币，称其中一组为 B1a，另一组为 B1b。比较这两组，可以得到一个较轻的组。由于这个组只有两个硬币，因此不必再细分。比较组中两个硬币的重量，可以立即知道哪一个硬币轻一些。较轻的硬币就是所要找的伪币。

2.4.8 动态规划法

经常会遇到复杂问题不能简单地分解成几个子问题，而会分解出一系列的子问题。简单地采用把大问题分解成子问题，并综合子问题的解导出大问题的解的方法，问题求解耗时会按问题规模呈幂级数增加。

为了节约重复求解相同子问题的时间，引入一个数组，不管它们是否对最终解有用，把所有子问题的解存于该数组中，这就是动态规划法所采用的基本方法。

【问题 8】 最长上升子序列。

问题描述： 一个数的序列 b_i，当 $b_1 < b_2 < \cdots < b_S$ 的时候，称这个序列是上升的。对于给定的一个序列（$a_1, a_2, \cdots, a_N$），可以得到一些上升的子序列（$a_{i1}, a_{i2}, \cdots, a_{iK}$），这里 $1 \leqslant i1 <$

i2<…<iK≤N。比如,对于序列(1,7,3,5,9,4,8),有它的一些上升子序列,如(1,7),(3,4,8)等。这些子序列中最长的长度是4,比如子序列(1,3,5,8)。你的任务就是对于给定的序列,求出最长上升子序列的长度。

分析:

如何把这个问题分解成子问题呢?经过分析,发现"求以ak(k=1,2,3,…,N)为终点的最长上升子序列的长度"是个好的子问题——这里把一个上升子序列中最右边的那个数,称为该子序列的"终点"。虽然这个子问题与原问题形式上并不完全一样,但是只要这N个子问题都解决了,那么这N个子问题的解中,最大的那个就是整个问题的解。

上述子问题之和与一个变量有关,就是数字的位置。如果以ak作为"终点"的最长上升子序列的长度,那么:

```
MaxLen (1) = 1
MaxLen (k) = Max { MaxLen (i): 1<i<k 且 ai<ak 且 k≠1 } + 1
```

这个状态转移方程的意思就是,MaxLen(k)的值,就是在ak左边,"终点"数值小于ak,且长度最大的那个上升子序列的长度再加1。因为ak左边任何"终点"小于ak的子序列,加上ak后就能形成一个更长的上升子序列。实际实现的时候,可以不必编写递归函数,因为从MaxLen(1)就能推算出MaxLen(2),有了MaxLen(1)和MaxLen(2)就能推算出MaxLen(3),以此类推。

动态规划不是万能的,适用动态规划的问题必须满足最优化原理和无后向性。

1. 最优化原理(最优子结构性质)

最优化原理可这样阐述:一个最优化策略具有这样的性质,不论过去状态和决策如何,对前面的决策所形成的状态而言,余下的诸决策必须构成最优策略。简而言之,一个最优化策略的子策略总是最优的。一个问题满足最优化原理又称其具有最优子结构性质。

最优化原理是动态规划的基础,任何问题,如果失去了最优化原理的支持,就不可能用动态规划方法计算。根据最优化原理导出的动态规划基本方程是解决一切动态规划问题的基本方法。

2. 无后向性

将各阶段按照一定的次序排列好之后,对于某个给定的阶段状态,它以前各阶段的状态无法直接影响它未来的决策,而只能通过当前的这个状态。换句话说,每个状态都是过去历史的一个完整总结。这就是无后向性,又称为无后效性。

3. 子问题的重叠性

动态规划算法的关键在于解决冗余,这是动态规划算法的根本目的。动态规划实质上是一种以空间换时间的技术,它在实现的过程中,不得不存储产生过程中的各种状态,所以它的空间复杂度要大于其他的算法。选择动态规划算法是因为动态规划算法在空间上可以承受,而搜索算法在时间上却无法承受,所以我们舍空间而取时间。

能够用动态规划解决的问题还有一个显著特征:子问题的重叠性。这个性质并不是动态规划适用的必要条件,但是如果该性质无法满足,动态规划算法同其他算法相比就不具备优势。

2.5 本章小结

程序设计的基本目的是让计算机按照用户设定的执行流程完成数据处理的任务,因此,设计一个程序首先要解决两个主要问题：对什么样的数据进行处理；如何对数据进行处理。前者属于数据结构(Data Structure)讨论与解决的问题,后者属于算法(Algorithm)讨论与解决的问题。

算法可以理解为由基本运算及规定的运算顺序所构成的完整的解题步骤,或者看成按照要求设计好的有限的确切的计算序列,并且这样的步骤和序列可以解决一类问题。算法具备有穷性、确定性、可行性、有输入、有输出五个基本特征。

用于描述算法的工具很多,如自然语言法、传统流程图法、N-S流程图法、伪代码法等,理论上都可用来表示算法,但是效率却有很大差异。

算法设计是一件非常困难的工作,经常采用的算法设计技术主要有迭代法、穷举搜索法、递归、递推法、贪心法、回溯法、分治法、动态规划法等。另外,为了以更简洁的形式设计算法,在算法设计时又常常采用递归技术,用递归描述算法。

第3章 数据类型基础

程序设计的目的是为了处理数据。数据的类别是各种各样，如数字、文字、图像、声音和视频等。我们将这些数据输入到计算机，希望计算机能够按照我们的要求来处理这些数据。例如，银行需要计算机计算客户需要支付的利息，或者教师期望查看经过排序的学生成绩等。

C 语言是通过运算符号来处理各种类型数据的。C 数据类型可以分为基本类型、构造类型、指针类型和空类型 4 大类，同时 C 语言拥有丰富的运算符号。

本章主要介绍数据在计算机中的存储方式、数据的基本类型、变量和常量以及算术运算符号与表达式。其他数据类型和运算符号将在后面介绍。

3.1 数据在计算机中的存储方式

3.1.1 二进制

数据在计算机中是以二进制的形式存储的，而通常人们书写数字的常用方法是十进制。例如十进制：

$$1234=1\times1000+2\times100+3\times10+4$$

我们知道，$1000=10^3$，$100=10^2$，$10=10^1$，$1=10^0$，所以上面式子也可以表示为：

$$1234=1\times10^3+2\times10^2+3\times10^1+4\times10^0$$

把 10 称为基数，上述表示方法是基于 10 的幂。但是计算机只能识别二进制数，原因是它只能被设为 0 或 1，即关闭或者打开。因此以 2 为基数的系统适应于计算机，它用 2 的幂代替 10 的幂。以 2 为基数表示的数字称为二进制数。数字 2 对于二进制数的作用和数字 10 对十进制数的作用是相同的。例如二进制数 1101 的表示形式如下：

$$1101=1\times2^3+1\times2^2+1\times2^0$$

可以将任何整数表示为 1 和 0 的组合。二进制数表示不直观方便，因此有时也将其表示为八进制和十六进制，编译器会自动将其转换为二进制形式存储。关于二进制、八进制、十六进制和十进制的转换等相关知识可以参考其他学习资料，在此不一一介绍。

3.1.2 位与字节

上面提到，计算机中的数据都是以二进制的形式存储的。二进制中的 0 和 1 被称为 bit（比特，又称为位），bit 是 binary digit 二进制的缩写。各种类型的数据，例如数字、字符和字符串，都被编码为比特序列。CPU 要执行的所有指令和数据都以一组比特或者字节的形式保存在计算机的内存里。内存的存储单元是一个线性地址表，是按字节进行编址的，即每个字节的存储单元都对应着一个唯一的地址。例如图 3.1 中，2000 至 3010 即为存储单元的地址。一般用字节来描述一个数据保存到内存中时所占的空间大小。

字节是最小的存储单元，一个字节等于 8 个二进制位，一个二进制位的值只能是 0 或者 1。像 3 这样小的数字就可以存储在单个字节中，它的二进制表示为 00000011，见图 3.1。通常用 8 个二进制位来表示一个数据，可以表示的整数最小值是 0，最大值是 255。为了表示更大的数字，需要将更多的字节组合起来使用，两个字节可以表示 65 536 个不同的值，4 个字节可以表示超过 40 亿个不同的值。

内存地址	内存内容	变量名
	⋮	
2000	00000011	变量i
2004		
	⋮	
3010		

图 3.1　内存地址与存储内容

内存中字节的内容永远为非空，但是它的原始内容可能对于你的程序来说是毫无意义的。一旦新的信息被放入内存字节，该字节的当前内容就会丢失。内存保存数据快，但具有挥发性，即掉电即失。

一般来说，用户无法也没有必要直接看到计算机上的位和字节，因为数据是被自动转换为用户能够识别的数字和字符了。

3.1.3　数据的存储方式

程序及其所需数据必须在它们被执行之前放入内存。不同类型数据的存储方式是不同的。数据处理中常用的数据类型是数值型，包括整型和浮点型。下面简单介绍这两种类型数据在内存中的存放形式。

1. 整型数据在内存中的存放形式

C 语言中的整型数据以数据的补码形式在内存中存放。C 标准没有具体规定各整型数据所占内存字节数，为简单起见，下面以 2 个字节为例讲解。

如果定义了一个整型变量 i 如下：

```
int  i ;     i = 10 ;
```

它在内存中存储形式如图 3.2 所示。

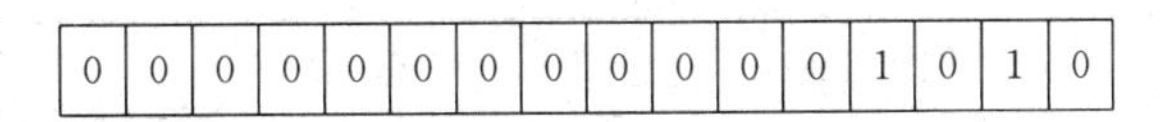

图 3.2　正整数 10 在内存中的存放

因为正整数的补码和原码相同。

负数的补码：将该数的绝对值的二进制形式按位取反再加 1。−10 在内存中的存放形式如图 3.3 所示。

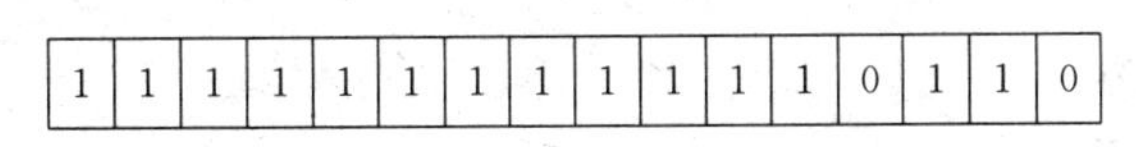

图 3.3　负整数 10 在内存中的存放

求－10的补码过程如图3.4所示。

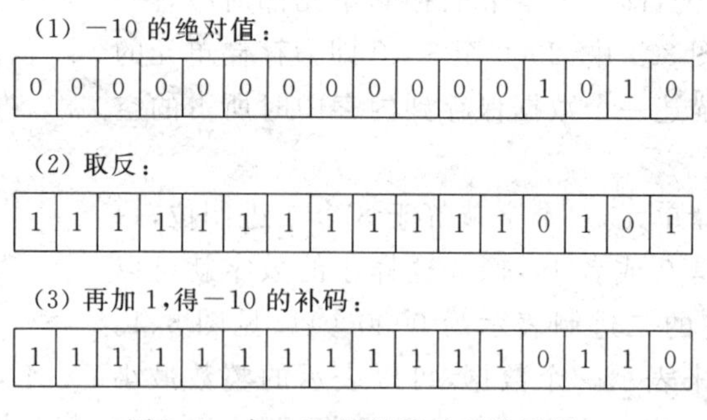

(1) －10的绝对值：
0 0 0 0 0 0 0 0 0 0 0 0 1 0 1 0
(2) 取反：
1 1 1 1 1 1 1 1 1 1 1 1 0 1 0 1
(3) 再加1，得－10的补码：
1 1 1 1 1 1 1 1 1 1 1 1 0 1 1 0

图3.4 求－10的补码过程演示图

由此可知，左面的第一位是表示符号的，其为0表示正数；其为1表示负数。

2. 浮点型数据在内存中的存放形式

浮点型数据，又称实型数据，可借鉴科学记数法的形式表示为小数和指数两部分。系统会把一个浮点型数据分成小数部分和指数部分分别存放，并采用规范化的指数形式。至于在内存中究竟用多少位来表示小数部分，多少位来表示指数部分，C标准并无具体规定，由各C语言编译系统自定。通常使用IEEE浮点数标准(Floating-Point Standard)754格式，如图3.5所示。

1位	8位	23位
符号位	指数	小数

(a) 单精度

1位	11位	52位
符号位	指数	小数

(b) 双精度

图3.5 IEEE浮点数格式

精度及范围定义了能够被浮点型数据类型表示的值的集合。精度是一个值的小数部分的准确性，以位的数目来衡量，通常用有效数字个数表示。范围是小数范围和指数范围的组合，对浮点型数据的范围来说，指数范围更重要。小数部分占的位(bit)数愈多，数的有效数字愈多，精度也就愈高。指数部分占的位数愈多，则能表示的数值范围愈大，详细内容见表3.1。

表3.1 浮点型数据的相关数据

类　型	位　数	有效数字	数值范围
Float	32	6～7	$-3.4\times10^{38}\sim3.4\times10^{38}$
double	64	15～16	$-1.7\times10^{308}\sim1.7\times10^{308}$

3.2 常量与变量

3.2.1 基本概念

首先，来看一个计算圆的面积的简单问题。该如何编写程序解决这个问题呢？

【例 3.1】 程序的算法描述如下：

（1）读入半径；

（2）利用求面积的公式：面积＝半径×半径×π；

（3）显示面积。

显然，在上述例子的算法转换为程序后，需要用户从键盘输入圆的半径，并计算存储圆的面积。这就产生了三个重要的问题：

（1）读取半径；

（2）存储半径；

（3）计算并存储圆的面积。

半径的值是不确定的，为了存储半径，在程序中需要声明一个称作变量的符号。变量指定在程序中用于存储数据和计算结果的内存位置。

程序如下：

```
#include <stdio.h>
int main()
{
  double radius,area;                         //变量的声明
  scanf("%lf",&radius);                       //从用户处获得输入
  area = radius * radius * 3.1415926;         //求圆的面积
  printf("圆的面积 = %f\n",area);
  return 0;
}
```

有了设计好的程序，计算机就可以按照程序的指示帮助人们做很多事，比如成绩统计、播放语音或视频、计算航天飞机的轨道、发送邮件、画图以及任何你能想象到的事情。当然，要完成这些任务，程序需要处理与此有关的数据。

数据是信息的载体，任何数据其呈现方式都有两种：**常量和变量**。在程序运行之前预先设定并在整个程序运行期间其值不变的量称为常量；还有一些在程序运行过程中其值可以变化的量称为**变量**。比如在例 3.1 中，radius 和 area 都是双精度浮点型变量，可以将任意值赋给它们。而常量圆周率 π 的值是不变的，近似于 3.14159265375。

3.2.2 定义常量的名字（预处理命令#define）

C 语言中，无论是数字常量、字符常量，还是字符串常量，都可以用便于记忆的符号来表示。用符号表示的常量被称为符号常量。符号常量的符号可以是任意的合法标识符。习惯上往往使用由大写字母和下划线组成的标识符。使用命令#define 可以定义一个符号和它所代表的常量。其一般形式如下：

```
#define 标识符 常量
```

例如：

```
#define PI 3.14159265375
```

上例定义了一个符号常量 PI，它代表的是圆周率 π 的近似值 3.141 592 653 75。在此后的表达式中用到 π 的近似值的地方，就都可以用符号常量 PI 来表示，而不必写 3.141 592 653 75

了。前面的程序改写如下:

```
#include <stdio.h>
#define PI 3.14159265375
int main()
{
  double radius,area;                           //变量的声明
  scanf("%lf",&radius);                         //从用户处获得输入
  area = radius * radius * PI;                  //求圆的面积
  printf("圆的面积 = %f\n",area);
  return 0;
}
```

符号常量的定义也可以是常量表达式,在表达式中可以包含已定义过的符号常量。例如:

```
#define NUMBER 100
#define  RESULTS  (NUMBER/5)
```

这个符号常量 RESULTS 的值就等于 20。这样定义具有关联关系的符号常量可以提高程序的可维护性。在上面这个例子中,只要 RESULTS 和 NUMBER 之间的关系不变,当由于程序的修改而需要改变 NUMBER 和 RESULTS 的值时,只需要改变 NUMBER 的定义即可。

#define 是个编译预处理命令,它所定义的符号常量在预编译阶段被替换为对应字符串。定义符号常量时,对其所对应的值的类型和格式没有任何特殊要求。因此,符号常量不仅可以表示数值,也可以表示字符或字符串等其他类型的常量。

使用符号常量有助于提高程序的可读性,便于记忆和使用。在符号常量定义时,要根据常量的用途和含义对常量命名。良好设计的符号常量名,可以提示常量的用途,避免误用。这样不但便于编程人员记忆,而且便于其他人员阅读和理解程序。同时,也有助于发现和减少错误。符号常量和变量名字的命名规则与第一章讲到的 C 语言中表示符号的命名规则是一样的,但习惯上字母都是大写。

3.2.3 变量的声明和赋值

每一个变量都必须有一个数据类型。类型用来说明变量所存储的数据的种类。在使用变量之前必须对其进行声明。声明的一般形式如下:

```
类型说明符 变量名表;
```

例如,例 3.1 程序代码中对圆的半径(radius)和面积(area)的声明:

```
double radius,area;
```

其中 double 是指定义的数据类型属于浮点数据类型。关于基本数据类型将在 3.3 小节里介绍。

使一个变量保存一个确定的数值的操作称为向这个变量赋值。赋值的操作符是"="。操作符的左侧是变量名,右侧是一个表达式。赋值操作将表达式的值赋给左侧的变量。例如,例 3.1 程序代码中,area 的值是 radius * radius * 3.1415926。

```
area = radius * radius * 3.1415926;                //求圆的面积
```

当然，也可以给 radius 赋一个常量，比如：

```
radius = 12.2;
```

也可以在变量定义的同时给变量赋以初值，称为变量的初始化。在变量定义中赋初值的一般形式如下：

```
类型说明符 变量 1 = 值 1,变量 2 = 值 2, … ;
```

例如：

```
int a = 3;
int b,c = 5;
float x = 3.2,y = 3f,z = 0.75;
char ch1 = 'K',ch2 = 'P';
```

在C语言中，如果在变量定义的时候没有为其初始化，那么变量所表示的存储空间也并不为空，而是一些无用信息，也称为垃圾数据。在为其赋值后，新的数据会覆盖原来的垃圾数据。

变量是程序设计语言中的重要概念。通常，一个变量可以用 6 种属性来刻画，即名字、地址、值、类型、生存期、作用域，也就是说可以从这 6 个方面来理解变量。其中生存期、作用域在后续章节讲解。

首先C语言中的变量有它的名字和它所代表的值，这一点与代数中的情况有点相似。变量的名字称为变量名或变量标识符，是以字母或下划线开头的，由字母、数字、下划线组成的字符串。用标识符给变量命名时，应遵循“见名知义”的原则。a、ab、_cb、_6、y8 等都是合法的变量名，而 3m、7b、l+k、a.3 等都不是合法的变量名。同时要注意，C 语言是严格区分大小写的，A3 和 a3 表示不同的标识符。此外，C 语言中保留了一些有特殊用途的字符串，如 auto、else 等，也不能用作变量名。ANSI C 一共定义了 32 个关键字，见表 3.2。

表 3.2　C 语言的关键字

auto	break	case	Char	const	Continue	default
do	double	else	enum	extern	float	for
goto	if	int	long	register	return	short
signed	static	sizeof	struct	switch	typedef	union
unsigned	void	volatile	While			

其次，变量是按其名字读写的数据存储空间，实际上是一个符号地址，同时变量是具有类型的。因此在定义变量时，不但需要指定变量的名字，还要指定变量的类型。不同类型的数据在计算机中的表达方式不同，所占用的内存空间大小不同，所表示的数值范围和精度不同，不同类型的变量所能进行的操作也不相同。编译器在碰到变量定义语句时，根据数据类型，给变量分配内存。变量值是内存单元中存储的数据。图 3.1 清楚地表示了变量地址、变量的值与变量的名称之间的关系。

使用变量时需要注意的问题是，在 C 语言中，变量必须说明在先，使用在后，而且所有变量的说明必须在使用该变量的第一条语句之前。例 3.1 中，如果语句 double radius,area

放置在 scanf("%lf",&radius)后面,那程序执行是错误的。

3.2.4 常量的分类

根据数据的类型,C语言中的常量可以分为数值常量、字符常量、字符串常量和符号常量等。数值常量又包括整型数值常量和实型数值常量。

1. 整型数值常量

整型数值常量指整常数,即没有小数部分的数。对于整数,在C语言中可以用十进制方式表示,也可以用十六进制或八进制方式表示。当没有任何其他说明时,一个整数是按十进制方式解释的。如果一个整数前有前缀0x,则说明这是一个十六进制的数。十六进制数中用a、b、c、d、e和f(大小写均可)分别表示十进制的10~15。如果一个整数以0开头,则说明这是一个八进制的数。八进制数中只允许出现数字0~7。下面是几个整数常量的例子,它们所代表的都是同一个数值,只是使用不同的数制来表示:

```
90                                   //十进制数 90
0x5a                                 //十六进制数 5a,等于十进制数 90
0132                                 //八进制数 132,等于十进制数 90
```

任何一个整数都可以用上述3种形式表示,表示形式只是它的外观,并不改变它的数值。在计算机系统内部,都是以二进制形式存储的。如:以1个字节为例,十进制整数26、八进制整数032、十六进制整数0xlA在计算机内部都是二进制数00011010。

对于负数,在第一个数字前面应加负号(-),如-123等。当使用十六进制或八进制方式表示时,其所直接表示的是数据的二进制位,其中也包括数据的符号位,因此一般情况下在十六进制或八进制数前不直接使用负号。

此外,在描述一个整数时,也可以同时说明该数在计算机中的保存格式。一个整数常量在计算机中可以保存为普通整数和长整数。长整数需要在数字后面加上后缀L,例如,56L、0x12345L、0L等都是长整数。普通整数则不加后缀。普通整数和长整数的区别取决于具体的计算平台。在有些计算平台上,这两种保存方式是相同的,而在有些计算平台上,表示长整数所使用的二进制位要多于普通整数。

2. 实型数值常量

实型数值常量是指存在小数点的数据,即实数,也称浮点数。对于实数,在C语言中有两种基本的表示方法。

第一种方法和日常算术中的书写方式相同,即直接使用十进制数字表示数据的整数和小数,并使用小数点分隔数字的整数部分和小数部分。与常规方法略有不同的是,当整数或小数部分为0时,相应的部分可以不写数字0,而只写上小数点。下面是这种表示方法的几个例子:

```
0.12
.26
1.23
6.
```

第二种方法被称为科学记数法。这种方法把一个数据表示为有效数字部分和指数部分。有效数字部分可以是整数,也可以是用常规方式表示的小数。指数部分是以字母e或

E 开头的整数，可以带正负号，表示有效数字所要乘以的 10 的幂。下面是几个用科学记数法表示的小数：

```
0.12E3                                          //120.0
5.6E-6                                          //0.0000056
-6.9E10                                         //-69000000000
```

整数和实数在计算机中的保存方式不同，因此尽管没有小数部分的实数表示的是一个整数，但是它在数据类型上并不等同于整数。

此外，同一个实数，在 C 语言中也有两种不同的保存类型：一种是单精度实数，另一种是双精度实数。两种数据类型在数值的表示范围、数据的有效数字位数，以及所占用的存储空间等方面都不相同。C 语言中默认的实数类型是双精度类型，上面的几个例子所表示的都是双精度实数。当需要描述单精度实数时，需要在数据后面加上后缀 f 或 F，下面是几个单精度实数的例子：

```
4.5f
6.8F
0.356E3f
5.6E-4F
```

3. 字符常量

字符常量是用一对单引号引起来的 1 个字符，表示引号中的单个的字符。字符常量既可以是能够显示和打印的可见字符，如字母、数字、标点等，也可以是不可见的特殊字符，例如控制光标在终端屏幕上移动位置、使终端发出振铃声音以及控制打印机走纸等的各类字符。可见字符可以直接用其自身表示，如'A'、'='等。

C 语言还允许使用一种特殊形式的字符常量，就是以一个字符“\”开头的字符序列，称之为“转义字符”，如表 3.3 所示。

表 3.3 转义字符及其含义

转义字符	含义	ASCII 码
\n	回车换行，将光标移到下一行开头	10
\t	水平制表(将光标移到下一个 Tab 位置)	9
\b	退格，将光标移到前一列	8
\r	回车，将光标移到本行开头	13
\f	换页，打印时将光标移到下一页开头	12
\\	代表反斜杠符号“\”	92
\’	代表单引号字符	39
\”	代表双引号字符	34
\ddd	1～3 位八进制数所代表的字符	
\xhh	1～2 位十六进制数所代表的字符	

无论是否是可见字符，都可以用它的内部编码值构成转义序列来表示。由 ASCII 码值构成的转义序列可以用十六进制或八进制两种表示方法。当使用十六进制方式时，转义序列形式是'\xhh'，其中 hh 是一个或两个十六进制数(0～9，a～f，A～F)。当使用八进制方式时，转义序列的形式是'\ddd'，其中 ddd 是一个、两个或三个八进制数(0～7)。

这样,一个字符可以有多种表示方式。例如,'a'、'\x61'、'\141'、0x61等都表示字符a。对于可见字符,一般使用单引号将字符直接引起来的方式;对于不可见字符,一般使用单引号引起字符转义序列的方式。下面是几个字符常量的例子:

```
'0'                                //数字字符0
'Z'                                //十六进制大写字母Z
'\n'                               //换行符
'\31'                              //数字字符0
'\071'                             //数字字符9
```

4. 字符串常量

字符串常量是一对双引号引起来0个或多个连续的字符序列。

C语言对字符串的长度没有限制,字符串在计算机中以一个空字符'\0'结束,但是在字符串常量中不需要直接表示这个空字符。字符串两端的双引号不是字符串的组成部分,它只是字符串的界限符。当字符串中包含双引号时,需要用"\"来表示。字符串中可以包含转义序列。下面是几个字符串常量的例子:

```
"This is a string\n"               //This is a string加换行符
"\" is  \x61 double quote"         //" is a double quote
```

当多个字符串连续出现时,编译系统自动地把它们连接在一起。这样,如果字符串比较长的话,可以把它分成若干段,分别写在若干连续的行中。例如,一个很长的字符串,就可以把它分成几部分,分行书写:

```
printf ("This is a long string so "
"we divided it into three lines\n"
"and output it in two lines\n");
```

需要注意的问题是,不要将字符常量与字符串常量混淆。因为C语言规定以字符'\0'作为“字符串结束标志”,即在每一个字符串常量的结尾加一个字符串结束标志'\0',并以此判断字符串是否结束。'\0'是一个ASCII码为0的字符,从ASCII码表中可以看到ASCII码为0的字符是“空操作字符”,即它不引起任何控制动作,也不是一个可显示的字符。例如'a'是字符常量,在内存中需要一个字节存储;"a"是字符串常量,在内存中除了需要一个字节存储字符'a'外,还需要一个字节存储其字符串结束标志'\0',即存储"a"需要两个字节。二者在内存中的存储方式和存储空间不一样。

设ch1被指定为字符变量:

```
char ch1;
ch1 = 'a';
```

是正确的。而

```
ch1 = "a";
```

则是错误的。不能把一个字符串常量赋给一个字符变量。

如果有一个字符串常量"China",实际上它占内存单元6个字节,而不是5个字节,最后一个字节中存放字符串结束标志'\0',如图3.6所示。但在输出时不输出'\0'。字符串输出时,从第一个字

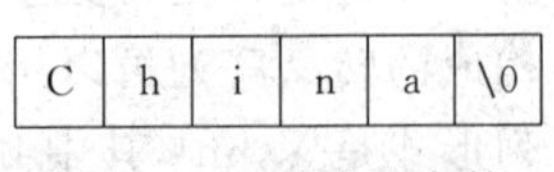

图3.6　字符串的存储

符开始逐个输出字符，直到遇到空操作字符'\0'，才停止输出。

注意：*在写字符串时不必加'\0'，因为'\0'字符是系统自动加上的。在C语言中没有专门的字符串变量，如果想将一个字符串存放在变量中以便保存，必须使用字符数组，即用一个字符数组来存放一个字符串，数组中每一个元素存放一个字符。这在后面内容中介绍。*

3.3 基本数据类型

无论常量还是变量，都必须属于某种数据类型。前面我们讲过，数据的类别各种各样，计算机需要一种方法来区分和使用这些不同的类型。C通过一些基本的数据类型来做到这一点。对于常量数据，一般是编译器通过其书写来辨认其类型，比如10是整数，10.000是浮点数。在C语言中，数据类型可以分为基本类型、构造类型、指针类型和空类型4大类，如图3.7所示。

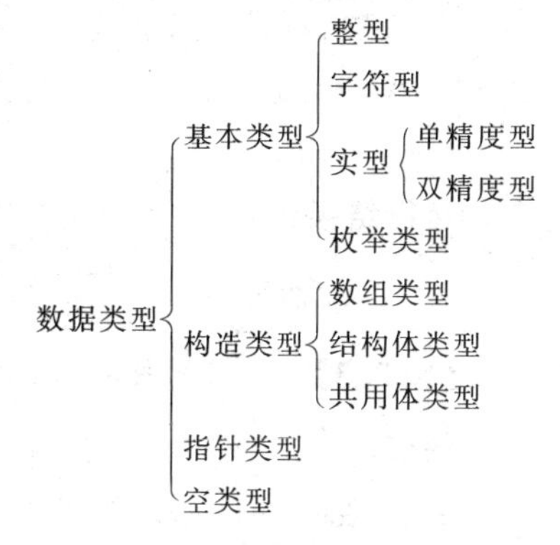

图3.7 C语言中的数据类型

具有相同类型的数据具有相同的性质：具有相同的编码方式、相同的取值范围以及能够进行的操作。

下面详细介绍C使用的基本数据类型。C的基本数据类型包括整型、浮点型、字符型和枚举类型。本章将介绍前面三种基本数据类型，枚举类型将在11章进行介绍。对于每一种数据类型将介绍常量的定义方法、变量的声明以及典型的用法。

3.3.1 整型

最常用的基本数值数据类型是整型，用关键字int来表示。

这和数学上的整数有点类似，整型是没有小数点的数值数据，如5、123、－7892等都是整型数据。C标准没有具体规定整型数据的存储空间大小，不同的编译器对整型数据分配不同大小的存储空间。

1. 整型数据的分类

根据所占存储空间的长度，整型数据细分为短整型、整型（普通整型）、长整型，分别用关键字short、int、long表示。

根据数据有无符号，整型数据可划分为有符号整型数据和无符号整型数据，分别用关键字signed和unsigned表示。通常省略时默认为有符号数据。如此组合起来，整型数据就有表3.4所示的6种组合形式。

表3.4 整数类型的分类

类型名称	类型	变量声明实例
基本整型	[signed] int	int i;
无符号基本整型	unsigned int	unsigned int i;
短整型	short [int]	short int i;或 short i;
无符号短整型	unsigned short	unsigned short i;
长整型	long [int]	long int i;或 long i;
无符号长整型	unsigned long	unsigned long i;

2. 使用整型数据的注意问题——数据的溢出

【例 3.2】 有符号整型数据的溢出。

程序如下：

```
#include<stdio.h>
int main()
{
    short int a,b;
    a=32767;
    b=a+1;
    printf("%d,%d\n",a,b);
    return 0;
}
```

运行结果：

```
32767,-32768
```

【例 3.3】 无符号整型数据的溢出。

程序如下：

```
#include<stdio.h>
int main()
{
    unsigned short int a,b;
    a=65535;
    b=a+1;
    printf("%d,%d\n",a,b);
    return 0;
 }
```

运行结果：

```
65535,0
```

请思考为什么出现这样的运行结果？

程序分析：由程序的执行结果可见，例3.2代码声明有符号短整型数据a和b，且为a赋该类型数据最大值(32 767)，a+1后超出了有符号数的范围，回到该类型数据最小值(-32 768)。例3.3代码说明无符号短整型数据a和b，a赋值无符号数据最大值(65 535)，a+1后超出了无符号数的范围，超出部分归0，回到无符号数最小值0。

3.3.2 实型

实型也称为浮点型，表示带小数点的数值数据。如2.5、12.0、-56.12等都是实型数据。

1. 实型数据的分类

浮点型数据通常分为单精度浮点型数据、双精度浮点型数据和长双精度数据，分别用关键字float、double和long double来表示，如表3.5所示。

表 3.5 浮点型数据的相关数据

类型名称	类　型	变量声明实例
单精度实型	float	float f;
双精度实型	double	double d;
长双精度实型	long double	long double d;

2. 使用实型数据类型注意问题

浮点型数据被存储为位数有限的二进制数，这使得浮点型数据的表达只是一种近似。例如，即使连十进制的 0.1 都不能用有限的二进制数来表示。这同时导致了浮点型数据的另一个问题——算术运算之后丢失精确度。因此，使用实型数据类型注意以下问题：

(1) 两个实型数据间不能进行相等比较。

(2) 实数范围内，应当避免将一个很大的数和一个很小的数直接相加或相减，否则就可能表达不准确，"丢失"小的数。因为数据位数超出有效数字个数时，超出部分将舍弃，由此产生一定的误差。当然，实型数据超出范围，超出部分将丢失。

【例 3.4】 实型数据的精度示例。

程序如下：

```
#include<stdio.h>
int  main()
{
   float a,b;
   a=123456789.0;
   b=a+20;
   printf("a=%f,b=%f\n",a,b);
   return 0;
}
```

运行结果：

```
a=123456792.000000,b=123456812.000000
```

请思考为什么出现这样的运行结果？

3.3.3 字符型

字母 A 到 Z、数字 0 到 9、%、& 等都可以认为是一个字符型数据，C 语言中用关键字 char 来表示字符型数据，用 1 个字节来存储一个字符型数据。

字符型数据以数值编码的形式存储于计算机中。目前，普遍使用的是 ASCII 码。

以 ASCII 码形式存储的字符型数据，每个字符都对应一个 ASCII 码，如字母 a 的 ASCII 码为 97。要存储该字符时，系统用 1 个字节来存储该字符的 ASCII 码，就像存储整型数据 97 一样。显示时，如果以字符形式显示，则显示字母 a，如果是以整型数据显示，则显示 97。

【例 3.5】 分别以字符形式和整数形式输出字符'5'。

程序如下：

```
#include<stdio.h>
```

```
int main()
{
   char c1;
   c1 = '5';
   printf("字符型输出 c1 = %c\n",c1);
   printf("整型输出 c1 = %d\n",c1);
   return 0;
}
```

运行结果：

```
字符型输出 c1 = 5
整型输出 c1 = 53
```

以 ASCII 码的形式存储字符，与整型数据在计算机系统中的存储形式一致，故 C 语言允许字符型和整型数据通用。请看以下示例。

【例 3.6】 字符数据和整型数据通用示例。

程序如下：

```
#include<stdio.h>
int main()
{
   char c1,c2 = ' ';
   c1 = 'A';
   c2 = c1 + 32;
   printf("c1 = %c, %d, %o, %x\n",c1,c1,c1,c1);
   printf("c2 = %c, %d, %o, %x\n",c2,c2,c2,c2);
   return 0;
}
```

运行结果：

```
c1 = A,65,101,41
c2 = a,97,141,61
```

3.3.4 sizeof()求类型大小

C 标准并未规定各种不同的类型数据在内存中所占的字节数，只是简单地要求长整型数据的长度不短于基本整型，短整型数据的长度不长于基本整型。另外，同种类型的数据在不同的编译器和计算机系统中所占的字节数也不尽相同，因此，绝不能对变量所占的字节数想当然。

如果要准确计算某种类型数据所占的字节数，需要使用 sizeof()运算符。sizeof()是 C 语言提供的专门用于计算指定数据类型字节数的运算符，它有 2 种形式：

```
sizeof(类型名)
sizeof(表达式)
```

功能：测量某个数据或某种数据类型在计算机系统内部占用的字节长度，属于单目运算符，其运算结果是整型数据。

说明：表达式尽量加括号，以避免误会，同时也培养良好的程序设计风格。如：

(1) sizeof (float)表示测量 float 类型在计算机系统内部占用的字节长度；

(2) sizeof(a+b)表示测量 a+b 的数据类型在计算机系统内部占用的字节长度；

(3) sizeof(a) + b 表示测量 a 在计算机系统内部占用的字节长度，再将此值与 b 相加。

3.4 数据类型转换

3.4.1 自动转换

在 C 语言中，整型(包括 int、short、long)数据和实型(包括 float、double)数据都是数值型数据，字符型数据又与整型通用，因此整型、实型、字符型数据间可以进行混合运算。要实现混合运算，就必须进行类型转换，转换的目的是：

(1) 将短的数扩展成机器处理的长度。

(2) 使得运算符两侧的数据类型相同。

例如：下面式子在 C 语言中是能够通过类型转换进行计算的。

```
63 + 'a' - 16 * 8 + 15.95
```

在进行运算时，不同类型的数据要先转换成同一类型，然后进行运算。转换的规则如图 3.8 所示。

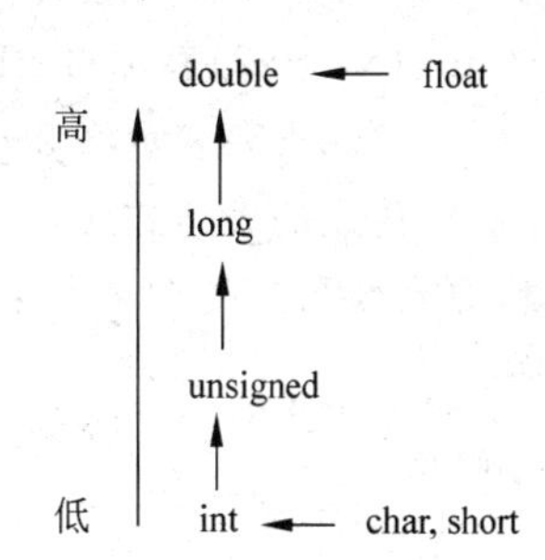

图 3.8 各种数值类型数据间的转换规则

(1) 图 3.8 中横向向左的箭头表示必定的转换。char 型与 short 型必定先自动转换为相应的 int 型，float 型数据在运算时一律先转换成 double 型。

(2) 纵向的箭头表示当运算对象为不同类型时转换的方向。例如，int 型与 double 型数据进行运算，先将 int 型的数据转换成 double 型，然后在两个同类型(double 型)数据间进行运算，结果为 double 型。

(3) 箭头方向只表示数据类型级别的高低，由低向高转换。不要理解为 int 型先转换成 unsigned 型，再转换成 long 型，再转换成 double 型。如果一个 int 型数据与一个 double 型数据运算，是直接将 int 型转换成 double 型。同理，一个 int 型与一个 long 型数据运算，先将 int 型转换成 long 型。换言之，如果有一个数据是 float 型或 double 型，则另一数据要先转换为 double 型，运算结果为 double 型。如果参加运算的两个数据中最高级别为 long 型，则另一数据先转换为 long 型，运算结果为 long 型。其他依此类推。

(4) 如果一个运算符的两侧的数据类型不同，先自动进行类型转换，使二者具有同一种类型，然后进行运算。

由此可知，运算式"63+'a'-16 * 8+15.95"中 15.95 为 double 型，'a'为 char 型，63、8 和 16 为 int 型。

在计算机执行时从左至右扫描，运算次序为：先进行 63+'a'的运算，先将'a'转换成整数 97，运算结果为整数 160。由于乘法优先于减法，先进行 16 * 8 的运算，由于 16 和 8 类型相同且为 int 型，不需转换，计算结果为整数 128。整数 160 与 16 * 8 的积 128 相减，结果为整数 32。计算 32 和 double 型数据 15.95 相加，先将整数 32 转换为 double 型(其值为 32.0，小数点后加有若干个0),结果为double型数据。

这是一般算术运算转换,这种类型的转换通常是由系统自动进行的。同样属于自动转换的还有赋值转换和输出转换等。

3.4.2 强制类型转换

强制类型转换运算是指由编程者按照需要将一种类型数据显式地转换成所需类型数据的方式。强制类型转换运算的一般形式如下:

```
(类型名)(表达式)
```

例如:

(double)('A')表示将'A'转换成double类型。

(int)(3.256)表示将3.256的值转换成整型。

(int)(x1+x2)表示将x1+x2的和转换成整型。

(float)(8+3)表示将8+3的值转换成float型。

需要转换的表达式应该用括号括起来。在强制类型转换时,得到一个所需类型的中间变量,原来变量的类型未发生变化。如:

```
float  x = 3.6;
int a;
a = (int)x;
```

已定义x为float型,其值为3.6,进行强制类型运算后得到一个int型的中间变量,它的值等于整数部分3,将其赋值给变量a,a的值为整数3。而变量x的类型仍为float型,值仍等于3.6。

从上可知,有两种类型转换,一种是在运算时不必用户指定,系统自动进行的类型转换,如"3+6.3;",另一种是强制类型转换。当自动类型转换不能实现目的时,可以用强制类型转换。当数据由高级类型转换为低级类型时,很容易损失精度,例如上述语句a=(int)x。

注意:强制类型转换实际上是一种单目运算。各种数据类型名都可以用来作强制类型转换的运算符,如(char)、(int)、(float)等。

3.5 运算符与表达式

前面我们已经熟悉了表示数据的方式,下面介绍如何处理数据。C语言的一个特点是它更多地强调表达式而不是语句,表达式是表示如何计算值的公式。最简单的表达式是变量和常量。更加复杂的表达式把运算符用于操作数。

只需一个操作数的运算符称为单目运算符;需要两个操作数的运算符称为双目运算符;需要三个操作数的运算符称为三目运算符。

C语言的运算符不仅具有不同的优先级,而且还有一个显著的特点,就是它的结合性。在表达式中,各运算量参与运算的先后顺序不仅要遵守运算符优先级别的规定,还要受运算符结合性的制约,以便确定是自左向右进行运算还是自右向左进行运算。这种结合性是其他高级语言的运算符所没有的,这在一定程度上也增加了C语言的复杂性。

C语言拥有丰富的运算符，运算符是构建表达式的基本工具。本章主要学习算术运算符号和自增自减运算符号。

3.5.1 算术运算符

(1) 加法运算符＋：加法运算符为双目运算符，即应有两个量参与加法运算。如a＋b、4＋8等，具有左结合性(详见3.5.4节)。

(2) 减法运算符－：减法运算符为双目运算符，如a-b，4-8等，具有左结合性。但“－”也可作负值运算符，此时为单目运算，如－x、－5等具有右结合性(详见3.5.4节)。

(3) 乘法运算符＊：双目运算符，具有左结合性。

(4) 除法运算符/：双目运算符，具有左结合性。参与运算量均为整型时，结果也为整型，舍去小数。如果运算量中有一个是实型，则结果为双精度实型。

(5) 求余运算符(模运算符)“%”：双目运算符，具有左结合性。要求参与运算的量均为整型。求余运算的结果等于两数相除后的余数。

【例3.7】 检验整型数的各种运算。

程序如下：

```
#include<stdio.h>
int main()
{
    int x,y;
    x = 7;
    y = 3;
    printf("x+y=%d,x-y=%d\n",x+y,x-y);
    printf("x*y=%d,x/y=%d\n",x*y,x/y);
    printf("x%%y=%d\n",x%y);
    return 0 ;
}
```

运行结果：

```
x+y=10,x-y=4
x*y=21,x/y=2
x%y=1
```

注意：由于“%”是格式符的标志，所以在输出该符号时，必须利用“%%”。

3.5.2 自增运算符和自减运算符

自增和自减运算符是两个特殊的算术运算符，是单目运算，其优先级高于所有双目运算符。

自增运算符记为“＋＋”，其功能是使变量的值自增1。

自减运算符记为“－－”，其功能是使变量值自减1。

自增和自减运算符均为单目运算符，只有一个运算对象，且该运算对象只能是变量；具有右结合性。自增和自减运算符均可前置或后置，共有以下4种形式：

```
++i;                                   //前缀模式,i自增1后再参与其他运算
```

```
--i;                                        //前缀模式,i自减1后再参与其他运算
i++;                                        //后缀模式,i参与运算后,i的值再自增1
i--;                                        //后缀模式,i参与运算后,i的值再自减1
```


前缀模式和后缀模式的区别在于值的增加或者减少这一动作发生的准确时间是不同的。

【例3.8】 写出下列程序的结果。

程序如下:

```
#include<stdio.h>
int main()
{
    int i = 10,j = 8,m = 11,n = 20,k;
    printf("i = %3d\tj = %3d\t",i++,++j);
    printf("i = %3d\tj = %3d\t",i,j);
    k = m++;
    printf("k = %3d\t",k);
    printf("m = %3d\n",m);
    k = 3 * (++n);
    printf("k = %3d\t",k);
    printf("n = %3d\n",n);
    return 0;
}
```

运行结果:

```
i = 10  j =   9  i = 11  j =   9  k = 11  m = 12
k = 63  n = 21
```

程序分析:一要搞清变量除了参加自增或自减运算外,还进行了其他什么运算;二要注意前置的首先自增或自减,再参与其他运算;后置的先参与其他运算,再自增或自减。

如果企图一次使用太多的自增、自减运算符,可能连自己都会糊涂。自增和自减运算符常用于循环语句中,使循环变量自动加1。也用于以后要学习的指针变量,使指针指向下一个元素的地址,详见第9章。

3.5.3 算术表达式

表达式是由常量、变量、函数和运算符组合起来的式子。一个表达式有一个值及其类型,它们等于计算表达式所得结果的值和类型。表达式求值按运算符的优先级和结合性规定的顺序进行。单个的常量、变量、函数可以看作是表达式的特例。

由算术运算符连接起来的式子称为算术表达式,以下是算术表达式的例子。

```
a+b
(a*2)/c
(x+r)*8-(a+b)/7
++i
sin(x)+sin(y)
(++i)-(j++)+(k--)
```

在计算每个表达式的时候,一定要区分表达式的值和表达式中变量的值是两个不同的概念。

3.5.4 运算符的优先级和结合性

1. 运算符的优先级

C 语言中，运算符的运算优先级共分为 15 级。1 级最高，15 级最低。算术运算符的优先级是先乘除后加减，乘除和求模(%)的优先级一样。

在表达式中，优先级较高的先于优先级较低的进行运算。当两个运算符共享一个操作数时，优先级规定了求值的顺序。例如，在表达式 20-12/3 里，/优先级高于-，因此对于 12 而言，根据优先级的规定除法先进行。

2. 运算符的结合性

当两个共享一个操作数的运算符优先级相同时，结合性决定了求值的顺序。例如，在表达式 20-12/3 * 2 里，/与 * 优先级相同，对于 3 而言是根据算术运算符的左结合性由左至右进行求值。

C 语言中结合性分为两种，即左结合性(自左至右)和右结合性(自右至左)。

例如，算术运算符的结合性是自左至右，即先左后右。如有表达式 x－y＋z 则 y 应先与"－"号结合，执行 x-y 运算，然后再执行＋z 的运算。这种自左至右的结合方向就称为"左结合性"。而自右至左的结合方向称为"右结合性"。最典型的右结合性运算符是赋值运算符。如 x＝y＝z，由于"＝"的右结合性，应先执行 y＝z，再执行 x＝(y＝z)运算。

在以后的学习中可以观察到只有部分单目运算符(第 2 级)、三目运算符和赋值运算符具有"右结合性"。

由于有关优先级和结合性的规则随着语言的不同而有所变化，所以对于要使用多种语言工作的程序员来讲，最明智的做法就是尽量使用括号来明确计算的顺序。

表 3.6 总结了所有运算符的优先级与结合性的规则。同一行的各个运算符具有相同的优先级，纵向往下优先级越低。例如 *、/和%具有相同的优先级，比二元的＋与-的优先级高。还有很多运算符没有介绍，将在后面的章节中结合实际应用进行学习。

表 3.6 运算符优先级与结合性

<table>
<tr><th>运算符</th><th>优先级</th><th>结合性</th></tr>
<tr><td>() [] -> .</td><td>1</td><td>从左至右</td></tr>
<tr><td>! − ++ −− + − &(类型)sizeof</td><td>2</td><td>从右至左</td></tr>
<tr><td>* / %</td><td>3</td><td>从左至右</td></tr>
<tr><td>+ −</td><td>4</td><td>从左至右</td></tr>
<tr><td><< >></td><td>5</td><td>从左至右</td></tr>
<tr><td>< <= > >=</td><td>6</td><td>从左至右</td></tr>
<tr><td>== !=</td><td>7</td><td>从左至右</td></tr>
<tr><td>&</td><td>8</td><td>从左至右</td></tr>
<tr><td>^</td><td>9</td><td>从左至右</td></tr>
<tr><td>|</td><td>10</td><td>从左至右</td></tr>
<tr><td>&&</td><td>11</td><td>从左至右</td></tr>
<tr><td>||</td><td>12</td><td>从左至右</td></tr>
<tr><td>?:</td><td>13</td><td>从右至左</td></tr>
<tr><td>= += −= *= /= %= &= ^= |= <<= >>=</td><td>14</td><td>从右至左</td></tr>
<tr><td>,</td><td>15</td><td>从左至右</td></tr>
</table>

注：一元＋ －优先级比二元＋ －优先级高。

3.6 本章小结

在C语言中,数据类型可以分为基本类型、构造类型、指针类型和空类型4大类。在数据的操作上,C具有丰富的运算符号来进行处理。本章介绍了基本类型、数据类型转换、算术运算符与表达式。

1. 基本类型

本章介绍了基本类型中的整型、实型和字符型。对于基本类型数据,按其是否可改变又分为常量和变量两种。它们可以和数据类型结合起来分类。如可分为整型常量、整型变量、实型常量、实型变量、字符常量、字符变量等。求字节运算符(sizeof)用于计算数据类型所占的字节数。

2. 数据类型转换

变量的数据类型转换方式有两种：自动转换和强制转换。

3. 算术的运算符和表达式

(1) 运算符的优先级和结合性。

(2) 算术运算符。用于各类数值运算,包括＋、－、＊、/、％、自增＋＋、自减－－等。

通过本章的学习,要理解数据类型的意义,掌握常用的基本类型及其数据类型转换,掌握常见的运算符及其优先级。

第 4 章　顺序控制结构与数据的输入输出

现实生活中，人们做任何事情都需要遵循一定的程序，即按照一定的顺序来完成一件事情。计算机对数据的处理也是要按照一定的步骤来进行的。对大多数计算模型来说，顺序都是最基本的东西，它确定了为完成所期望的某种工作，什么事情应该最先做，什么随后做。与现实生活不同的是，计算机执行任务是通过执行预定义的指令集来实现的。这些预定义的指令集就是所谓的计算机程序。人们通过某种语言来设计程序，以告诉计算机做什么和怎么做。

和其他高级语言一样，C 语言用语句来向计算机系统发出操作指令。C 语言提供以下三种形式的程序控制语句：

(1) 顺序执行语句序列，也就是它们在程序中出现的次数(顺序)；

(2) 通过进行一个判断在两个或更多的可选的语句序列之间选择执行(分支)；

(3) 在满足某个条件之前反复执行一个语句序列(循环)。

我们前面所接触的都是顺序结构。顺序结构是程序设计中最基本的结构，这种结构的特点是只能自顶向下、按照代码书写的先后顺序来执行程序。赋值和数据的输入输出是顺序结构中最典型的操作，主要由表达式语句组成。

本章重点介绍 C 语句的概念和种类、赋值运算符和表达式、顺序结构以及数据的输入输出。

4.1　顺序结构

4.1.1　C 语句综述

顺序结构程序的执行流程是直线型的，而组成顺序结构的是各种程序语句。语句是构成程序的基本成分。在 C 中，用分号表示一个语句的结束。前面介绍过，C 语言的语句用来向计算机系统发出操作指令。一个语句经编译后产生若干条机器指令。一个实际的程序应当包含若干语句。C 语言中的语句包括 5 类，下面分别介绍。

1. 控制语句

控制语句用于完成一定的控制功能，如程序的跳转等。C 语言有以下 9 种控制语句，这里只作简单的了解，以后将陆续详细介绍各语句的功能和用法。

(1) break　(中止执行 switch 语句或循环语句)；

(2) continue　(结束本次循环语句)；

(3) do … while()　(循环语句)；

(4) for() (循环语句);

(5) goto (转向语句);

(6) if() …else … (条件语句);

(7) return (从函数返回语句);

(8) switch (多分支选择语句);

(9) while()… (循环语句)。

在上面9种控制语句的表示形式中,括号"()"表示括号中是一个"判别条件表达式","…"代表此处要有内嵌的语句。例如:"if() …else…"的具体语句可以写成:

```
if  (a>b) c=a;  else  c=b;
```

其中"a>b"是一个"判别条件","c=a;"和"c=b;"是内嵌的语句。该语句的作用是:先判别条件"a>b"是否成立,如果"a>b"成立,就执行内嵌语句"c=a;";否则就执行内嵌语句"c=b;"。

2. 空语句

空语句是只有一个分号的语句,该语句不执行任何操作,形式如下:

```
;
```

单独一个";"能构成语句是C语言的一个重要特色。有时用来作流程的转向点(流程从程序其他地方转到空语句处),也可用来作为循环语句中的循环体(循环体是空语句)。

3. 函数调用语句

函数调用语句由一个函数调用加一个分号构成,例如:

```
printf("a = %d,a+1 = %d\n",a,a+1);
```

如果将函数看成是表达式,则函数调用语句就成为表达式语句的一种。

4. 复合语句

可以用"{}"把一些语句括起来成为复合语句,例如:

```
{
 x1 = 3.3;
 x2 = x1+5;
 printf ("x1 = %f \n",x1);
 printf ("x2 = %f \n",x2);
}
```

复合语句在语法上等价于简单语句,即可以用在单个语句出现的任何地方。需要注意的是用于终止复合语句的右花括号不需要加分号。

5. 表达式语句

第3章介绍了表达式是由常量、变量、函数和运算符组合起来的式子。表达式语句由一个表达式加一个分号构成,即任何表达式都可以加上分号而成为表达式语句。例如:

```
x + 3   是一个表达式
x + 3;  是一个表达式语句
```

C程序中大多数语句是表达式语句,可以看到一个表达式的最后加一个分号就成了一个语句。一个语句必须在最后出现分号，分号是语句中不可缺少的组成部分，而不是两个语句间的分隔符号。最典型的是，由赋值表达式构成的赋值语句。例如：

```
a = a + 1      是一个赋值表达式
a = a + 1;     是一个赋值语句
```

虽然赋值表达式也具有给变量赋值的功能，但二者是有着明显的区别的，即赋值表达式能够包括在其他表达式中，作为表达式的一部分，但是赋值语句一般不能出现在表达式中。

注意： *C语言允许一行写几个语句，也允许一个语句根据格式要求拆开写在几行上，书写格式无固定要求。*

4.1.2 赋值运算符和赋值表达式

求出表达式的值以后通常要保存到变量中，以便将来使用。根据3.2.3节的介绍可知，C语言中简单赋值(=)运算符号可以用于此目的。赋值运算符分简单赋值和复合赋值两种。

1. 简单赋值运算符

简单赋值运算符记为“=”。由“=”连接的式子称为赋值表达式。其一般形式如下：

```
变量 = 表达式
```

例如：

```
x = a + b
w = sin(a) + sin(b)
```

赋值表达式的功能是先计算右侧表达式的值再赋予左侧的变量。赋值运算符具有右结合性。因此

```
a = b = c = 5
```

可理解为

```
a = (b = (c = 5))
```

在其他高级语言中，赋值构成了一个语句，称为赋值语句。而在C中，把“=”定义为运算符，从而组成赋值表达式。凡是赋值语句可以出现的地方均可出现赋值表达式。

【例4.1】 从键盘输入两个float型数据，在显示器输出这两个数的和、差、积和商。

程序如下：

```
#include<stdio.h>
int main()
{
    float f1,f2,a,b,c,d;
    printf("input two float number :");
    scanf("%f%f",&f1,&f2);
    a= f1 + f2;                    //表达式语句
    b= f1 - f2;
    c= f1 * f2;
    d= f1 / f2;
```

```
    printf("f1 + f2 = %.2f\n",a);
    printf("f1 - f2 = %.2f\n",b);
    printf("f1 × f2 = %.2f\n",c);
    printf("f1 ÷ f2 = %.2f\n",d;);
    return 0;
}
```

思考与实践：如果输入两个整型数据或两个 double 型数据，应该如何修改程序呢？

2. 复合赋值运算符

在赋值运算符"="之前加上其他二目运算符可构成复合赋值运算符。如在赋值符号之前加上算术运算符号：+=、-=、*=、/=、%=。

构成复合赋值表达式的一般形式为

```
变量  双目运算符 = 表达式
```

它等效于

```
变量 = 变量 运算符 表达式
```

例如：

```
a += 5 ;                    //等价于 a = a + 5
x * = y + 7;                //等价于 x = x * (y + 7)
r % = p;                    //等价于 r = r % p
```

复合赋值运算符这种写法，对初学者可能不习惯，但十分有利于编译处理，能提高编译效率并产生质量较高的目标代码。

【例4.2】 复合赋值运算示例。

程序如下：

```
#include<stdio.h>
int main()
{
    int a = 3, b = 4, c=5 ,d=6;
    a += b * c;
    b -= c/b;
    printf("%d,%d,%d,%d\n",a,b,c * = 2 * (a - c),d % = a);
    printf("x= %d\n",a + b + c + d);
    return 0;
}
```

运行结果：

```
23,3,180,6
x = 212
```

3. 左值

无论是简单赋值还是复合赋值，赋值符号左边必须是一个变量，这在一些参考书上称为左值。左值表示存储在计算机内存中的对象，而不是常量或者计算的结果。变量是左值，而 2 或 2 * j 是表达式，不是左值。例如，下面的赋值表达式是不合法的：

```
10 = k;                              //不合法
k - m = 9;                           //不合法
 - i = 0;                            //不合法
```

4. 赋值运算中的类型转换

如果赋值运算符两边的数据类型不相同，系统将自动进行类型转换，即把赋值运算符右边的类型换成左边的类型。具体规定如下：

(1) 实型赋予整型，舍去小数部分。前面的例子已经说明了这种情况。

(2) 整型赋予实型，数值不变，但将以浮点形式存放，即增加小数部分(小数部分的值为0)。

(3) 字符型赋予整型，由于字符型为一个字节，而整型为二个字节，故将字符的ASCII码值放到整型量的低八位中，高八位为0。整型赋予字符型，只把低八位赋予字符量。

5. 赋值运算符优先级与结合性

赋值运算符与复合赋值运算符的优先级相同，在所有运算符的优先级中排14级。其结合性为从右至左。表4.1显示了目前所学的运算符的优先级与结合性。

表 4.1 运算符优先级与结合性

运　算　符	优先级	结　合　性
()	1	从左至右
++ -- + -(类型)sizeof	2	从右至左
* / %	3	从左至右
+ -	4	从左至右
= += -= *= /= %=	14	从右至左

4.1.3 顺序结构实例

简单地说，顺序结构程序就是按照程序语句的顺序自上而下顺序执行。这里，程序语句的摆放是有一定规律的，是和具体的目的有关系的。程序设计的一般步骤如下：

(1) 首先要确定程序中的数据和数据结构，即本程序需要处理哪些数据，这些数据之间有着什么样的关系。

(2) 确定目的，即通过程序最终要得到一个什么样的结果。

(3) 确定对数据的加工过程，即程序的基本结构，无论程序简单或者复杂，都由以下几个部分组成：

① 说明数据——说明本程序需要的数据、数据的类型、数据的初始值等；

② 输入数据——获取原始数据；

③ 加工处理数据——确定数据的加工处理过程，以得到期望的结果；

④ 输出数据——将结果以用户需要的形式展示出来，一般使用输出语句完成。

下面给出几个顺序结构的程序实例。

【例 4.3】 交换两个变量的值。任意输入2个实数，将这2个实数交换。

分析：本程序是对2个实数进行处理，需要对2个实型变量的值做交换，这是程序设计中最常用的基本操作，可以有多种方法来实现。第一种方法，为了避免赋值后的覆盖，需要借助于第三个变量来实现。第三个变量作为中间变量，用以暂时保存数据。

程序如下：

```c
#include <stdio.h>
int main()
{
  float a, b, temp;                     //定义3个单精度实型变量
  printf("a = ? ");
  scanf("%f",&a);
  printf("b = ? ");
  scanf("%f",&b);
  {/* 借助第三个变量temp,交换a、b两个变量的值 */
    temp = a;
    a = b;
    b = temp;
  }
  printf("a = %f \n",a);
  printf("b = %f \n",b);
  return 0;
}
```

如果上面的交换语句写为

```c
{ a = b;   b = a;  }
```

能否达到交换的目的呢？试着运行一下如此修改后的程序，看结果有何不同？

是不是交换两个变量的过程一定要借助于第三个变量才能实现呢？当然不是，借助第三个变量只是一种常用的方法之一，也可以直接利用两个变量实现它们之间的交换。程序如下：

```c
#include <stdio.h>
int main()
{
  float a, b;                           //定义2个单精度实型变量
  printf("a = ? ");
  scanf("%f",&a);
  printf("b = ? ");
  scanf("%f",&b);
  {/* 不借助第三个变量,直接交换两个变量的值 */
    a = a + b;
    b = a - b;
    a = a - b;
  }
  printf("a = %f \n",a);
  printf("b = %f \n",b);
  return 0;
}
```

试着画出程序运行过程中变量a、b值的改变过程，体会一下变量在程序设计中的作用以及使用技巧。

【例4.4】 输入一个华氏温度，输出摄氏温度，其转换公式为$C=\frac{5}{9}(F-32)$，输出结果

要求保留两位小数。

分析：本程序是对温度进行处理，目的是将华氏温度转换为摄氏温度，因此，需要定义2个实型变量，1个存储输入的华氏温度，另1个存储摄氏温度。利用两者的转换公式，最后输出计算结果即可。

程序如下：

```
#include <stdio.h>
int main()
{
    double f,c;
    scanf("%lf",&f);
    c=5*(f-32)/9;
    printf("%.2lf\n",c);          //输出结果保留两位小数
    return 0;
}
```

【例4.5】 任意输入1个3位整数，找出它的个位、十位与百位数字。

分析：本程序是对1个3位整数进行处理，目的是拆分它的个位、十位、百位，因此需要另外3个变量存放个位、十位、百位的数字，故需定义4个整型变量，分别存放输入的整数及其个位、十位、百位数。如何获取一个整数的每一位数字呢？可以借助于整数的基本运算(整除与取余)来实现：比如三位整数a=456，那么a%10就可得到个位数字，a/100就可得到百位数字，而a%100/10(或者a/10%10)便可得到十位数字。输入1个整数，拆分后输出结果。

程序如下：

```
#include <stdio.h>
int main()
{
  int a;
  int onedig,tendig,hundig;          //定义4个整型变量
  printf("a=? ");
  scanf("%d",&a);
  onedig = a%10;
  tendig = a%100/10;
  hundig = a/100;
  printf("a= %d \n",a);
  printf("onedig= %d,tendig= %d,",onedig,tendig);
  printf("hundig= %d\n",hundig);
  return 0;
}
```

以上几个程序均为简单的顺序结构程序，其共同特点是程序中语句的执行顺序与书写顺序是一致的。顺序程序结构比较简单，能够实现的功能也非常有限，只能用来处理一些简单的问题。遇到一些其他情况(比如例4.5中输入的不是3位整数)，单靠顺序结构程序都无法解决，这就要利用能够完成复杂程序设计的分支结构和循环结构。这两部分将在第5章和第6章介绍。

4.2 数据的输入输出及实现

输入输出是编写简单的顺序结构程序时最常用到的操作,几乎每一个C程序都会包含输入输出操作。程序设计的目的是数据处理,这就要求给出数据,而处理的结果当然需要输出。没有输出的程序是没有意义的。

1. 数据的输入输出概念

输入输出是针对计算机而言的。从计算机系统向外部输出设备(如显示器、打印机等)输出数据称为输出,从输入设备(如键盘、鼠标、扫描仪等)向计算机系统输入数据称为输入。

2. C语言中输入输出的实现:库函数的调用

C语言本身不提供输入输出语句,它的输入与输出是通过相关库函数完成的。例如,printf函数和scanf函数,它们是在C标准函数库中提供的输入输出函数。printf和scanf也不是关键字,而只是函数的名字,它们的原型声明放在头文件stdio.h中。C提供的函数以函数库的形式存放,它们并不是C语言本身的组成部分。

要使用这些函数实现数据的输入输出,就必须调用库函数。这就要求在程序的开始位置使用预处理命令"#include"将有关的头文件包含到用户的源程序中。

该预处理命令的格式有如下两种形式:

```
#include <stdio.h>
#include "stdio.h"
```

编写程序的过程中经常用到预处理命令"#include",对于包含其他函数的头文件也需要这样做。比如包含数学函数的头文件math.h,在使用相关数学函数时也必须用"#include"包含到源程序中。

4.3 字符数据的输入输出

4.3.1 putchar函数

C标准输入输出函数库中专门用于字符数据的输入输出函数是getchar和putchar。

1. putchar函数(字符输出函数)

一般形式如下:

```
putchar(c)
```

功能:向标准输出设备(显示器)输出一个字符。

说明:c可以是字符型常量、字符变量或整型常量、整型变量,输出的是字符变量本身或整型数据为ASCII码所对应的字符。c也可以是转义字符,用以控制一个动作。

【例4.6】 使用putchar函数输出字符示例。

程序如下:

```
#include <stdio.h>
```

```
int  main()
{
  char a,b,c;
  a = 'r'; b = 'e';c = 'd';
  putchar(a);putchar(b);putchar(c);putchar('\n');
  putchar('\101');putchar('B');putchar('C');
  return 0;
}
```

运行结果：

```
red
ABC
```

用 putchar 函数可以输出能在屏幕上显示的字符，也可以输出控制字符，如“putchar('\n')”的作用是输出一个换行符，使输出的当前位置移到下一行的开头。还可以输出其他转义字符，如“putchar('\101')”输出字符 A。

4.3.2 getchar 函数

一般形式如下：

```
getchar()
```

功能：从标准输入设备（一般是键盘）输入一个字符。getchar 函数没有参数，函数的值就是从输入设备得到的字符。

【例 4.7】 用函数 getchar 输入单个字符赋给变量 ch。

程序如下：

```
#include <stdio.h>
int main()
{
  char ch;
  ch = getchar();
  putchar(ch);
  return 0;
}
```

在运行时，如果从键盘输入字符 a 并按 Enter 键，就会在屏幕上看到输出字符 a。

```
a↙  （输入 a 后，按 Enter 键，字符才送到内存）
a   （输出变量 ch 的值'a'）
```

注意：从键盘上输入数据给字符型变量时，不能输入单引号，否则变量将接收单引号。getchar 函数只能接收单个字符，输入多于一个字符时，只接收第一个字符。

getchar 函数得到的字符可以赋给一个字符变量或整型变量，也可以不赋给任何变量，而作为表达式的一部分。常见的形式如下：

```
putchar(getchar());
```

4.4 格式化输入输出

4.4.1 格式输出 printf 函数

printf 函数称为格式输出函数，其关键字最末一个字母 f 即为“格式”(format)之意。其功能是按指定的格式，把对应的数据输出到输出设备(通常为显示器)上。在前面的例题中已多次使用过这个函数。使用 printf 函数之前必须包含 stdio.h 文件。

1. printf 函数调用的一般形式

printf 函数调用的一般形式如下：

```
printf("格式控制字符串",输出表列)
```

说明：

(1) 其中格式控制字符串用于指定输出格式。

格式控制字符串可由格式字符串和非格式字符串两部分组成。格式字符串是以“%”开头的字符串，在“%”后面跟各种格式字符，以说明输出数据的类型、形式、长度、小数位数等。如：

“%d”表示按十进制整型输出；

“%ld”表示按十进制长整型输出；

“%c”表示按字符型输出等。

非格式字符串在输出时原样输出，在显示中起提示作用。

(2) 输出表列中给出了各个输出项，要求格式字符串和输出项数量相等，类型一一对应。

【例 4.8】 printf 函数调用的一般形式示例。

程序如下：

```
#include<stdio.h>
int main()
{
  int a=88,b=89;
  printf("%d %d\n",a,b);
  printf("%d,%d\n",a,b);
  printf("%c,%c\n",a,b);
  printf("a=%d,b=%d",a,b);
  return 0;
}
```

本例中 4 次输出了 a、b 的值，但由于格式控制字符串不同，输出的结果也不相同。第 5 行的输出语句格式控制字符串中，两格式串%d之间加了一个空格(非格式字符)，所以输出的 a、b 值之间有一个空格。第 6 行的 printf 语句格式控制字符串中加入的是非格式字符逗号，因此输出的 a、b 值之间加了一个逗号。第 7 行的格式控制字符串要求按字符型输出 a、b 值。第 8 行中为了提示输出结果又增加了非格式字符串。该程序运行结果如图 4.1 所示。

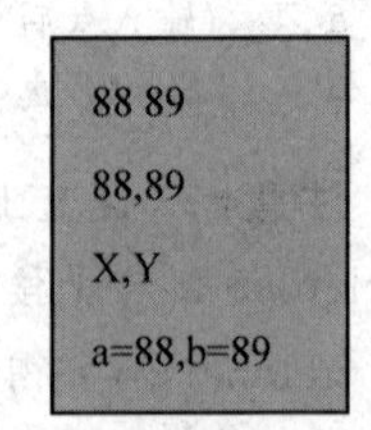

88 89
88,89
X,Y
a=88,b=89

图 4.1 例 4.8 运行结果图

2. 格式控制字符串

格式控制字符串的一般形式如下：

[标志][输出最小宽度][.精度][长度]类型

其中方括号“[]”中的项为可选项，下面逐一介绍各项的意义。

(1) 类型：类型字符用于表示输出数据的类型，是必须有的。其格式符和意义如表4.2所示。

表4.2 printf函数格式符号及意义

数据类型	格式字符	意　义
整型	d	以十进制形式输出带符号整数(正数不输出符号)
	o	以八进制形式输出无符号整数(不输出前缀0)
	x,X	以十六进制形式输出无符号整数(不输出前缀0x)
	u	以十进制形式输出无符号整数
实型	f	以小数形式输出单、双精度实数
	e,E	以指数形式输出单、双精度实数
	g,G	以%f或%e中较短的输出宽度输出单、双精度实数
字符型	c	输出单个字符
字符串	s	输出字符串

(2) 标志：标志字符为－、＋、＃、空格4种，也叫格式附加符号，其意义如表4.3所示。

表4.3 printf函数附加符号及意义

标志	意　义
－	结果左对齐，右边填空格
＋	输出符号(正号或负号)
空格	输出值为正时冠以空格，为负时冠以负号
＃	对c、s、d、u类型无影响；对o类型，在输出时加前缀0；对x类型，在输出时加前缀0x；对e、g、f类型，当结果有小数时才给出小数点

(3) 输出最小宽度：用十进制整数来表示输出的最少位数。若实际位数多于定义的宽度，则按实际位数输出，若实际位数少于定义的宽度则补以空格或0。

(4) 精度：精度格式符以“.”开头，后跟十进制整数。本项的意义是如果输出的是数字，则表示小数的位数；如果输出的是字符，则表示输出字符的个数；若实际位数大于所定义的精度数，则截去超过的部分。

(5) 长度：长度格式符为h、l两种，h表示按短整型输出，l表示按长整型输出。

【例4.9】 分析以下程序的输出结果。

程序如下：

```
#include<stdio.h>
int main()
{
    int a=15;
    float b=123.1234567;
```

```
    double c = 12345678.1234567;
    char d = 'p';
    printf("a = %d, %5d, %o, %#o, %x, %#x\n",a,a,a,a,a,a);
    printf("b = %f, %lf, %5.4lf, %e\n",b,b,b,b);
    printf("c = %lf, %f, %8.4lf\n",c,c,c);
    printf("d = %c, %5c, %-5c, %d\n",d,d,d,d);
    printf("%3s, %7.2s, %.4s, %-5.3s\n","CHINA","CHINA","CHINA","CHINA");
    return 0;
}
```

分析：本例第 8 行中以四种格式输出整型变量 a 的值，其中“%5d”要求输出宽度为 5，而 a 值为 15，只有两位故补三个空格。第 9 行中以四种格式输出实型量 b 的值，其中“%f”和“%lf”格式的输出相同，说明“l”符对“f”类型无影响，“%f”格式默认输出 6 位小数。“%5.4lf”指定输出宽度为 5，精度为 4，由于实际长度超过 5，故应该按实际位数输出，小数位数超过 4 位部分被截去。第 10 行输出双精度实数 c，“%8.4lf”由于指定精度为 4 位，所以小数位数超过 4 位部分被截去。第 11 行输出字符变量 d，其中“%8c”指定输出宽度为 8，故在输出字符 p 之前补加 7 个空格，第 12 行演示了字符串的输出。该程序的运行结果如图 4.2 所示。

```
a=15,    15,17,017,f,0xf
b=123.123459,123.123459,123.1235,1.231235e+002
c=12345678.123457,12345678.123457,12345678.1235
d=p,     p,p    ,112
CHINA,      CH,CHIN,CHI
```

图 4.2　例 4.9 运行结果图

4.4.2　格式输入 scanf 函数

scanf 函数称为格式输入函数，即按指定的格式从键盘上把数据输入到指定的变量之中。scanf 函数是一个标准库函数，它的函数原型在头文件 stdio.h 中。

1. scanf 函数的一般形式

scanf 函数一般形式如下：

scanf(格式控制字符串，地址表列)

功能：从指定的输入设备上(默认为键盘)、按指定格式读取数据，并将读取的数据赋值给地址表列中的变量。

说明：

(1) 地址表列是由若干个地址组成的表列，可以是变量的地址，或字符串的首地址。一般是以逗号间隔的变量地址(带取地址符 &)，不能是常量，也不能是表达式。C 语言中变量的地址是由地址运算符“&”加变量名组成。例如：

```
&a, &b
```

分别表示变量 a 和变量 b 的地址。

这个地址就是编译系统在内存中给 a、b 变量分配的地址。在 C 语言中，使用了地址这个概念，这是与其他语言不同的。应该把变量的值和变量的地址这两个不同的概念区别开来。变量的地址是 C 编译系统分配的。

(2) 格式控制字符串必须在一对双引号中，"格式控制字符串"是以"%"开头、以一个格式字符结束来指定输入数据的要求格式；格式控制字符串可以包含普通字符、转义字符、格式说明符等几种信息，其中包含的非格式字符是输入时需要输入的内容。格式说明符在个数、类型、顺序上应该与输入地址表列中的数据保持一致。

在输入多个数值数据时，若格式控制字符串中没有非格式字符作输入数据之间的间隔，则可用空格、Tab 或 Enter 作间隔。C 编译器在碰到空格、Tab、Enter 或非法数据(如对"%d"输入"12A"时，A 即为非法数据)时即认为该数据结束。

【例 4.10】 scanf 函数一般形式示例。

程序如下：

```
int main()
{
  int a,b,c;
  printf("input a b c\n");
  scanf("%d%d%d",&a,&b,&c);
  printf("a=%d,b=%d,c=%d",a,b,c);
  return 0;
}
```

在本例中，由于 scanf 函数本身不能显示提示串，故先用 printf 语句在屏幕上输出提示，请用户输入 a、b、c 的值。执行 scanf 语句，等待用户输入。用户输入 7　8　9 后按下 Enter 键，程序继续执行。在 scanf 语句的格式串中由于没有非格式字符在"%d%d%d"之间作输入时的间隔，因此在输入时要用一个以上的空格、Tab 键或 Enter 键作为每两个输入数之间的间隔。如：

```
7 8 9
```

或

```
7
8
9
```

2. 格式控制字符串

格式控制字符串的一般形式如下：

```
%[*][输入数据宽度][长度]类型
```

其中有方括号[]的项为任选项。下面逐一介绍各项的意义。

(1) 类型：表示输入数据的类型，其格式符号和意义如表 4.4 所示。

表 4.4 scanf 函数格式符号及意义

类型格式字符	功　能
d, i	输入带符号的十进制形式整数
o	输入八进制无符号形式整数
x,X	输入十六进制无符号形式整数,大小写形式相同
u	输入无符号十进制形式整数
c	输入单个字符
s	输入字符串,并将字符串送到一个字符数组中。输入时以非空格字符开始,以 Enter 或空格字符结束,系统为字符串添加结束标志'\0'
f	输入实数,可以以小数形式或指数形式输入
e, E, g, G	与 f 作用相同,e、f、g 可以相互替换

(2) "*"符:用以表示该输入项,读入后不赋予相应的变量,即跳过该输入值。如:

```
scanf("%d %*d %d",&a,&b);
```

当输入为:1　2　3 时,把 1 赋予 a,2 被跳过,3 赋予 b。

尤其在输入多个字符串数据时,可以输入空格,但不赋给任何变量。

(3) 输入数据宽度:用十进制整数指定输入的宽度。例如:

```
scanf("%5d",&a);
```

输入:

```
12345678
```

只把 12345 赋予变量 a,其余部分被截去。又如:

```
scanf("%4d%4d",&a,&b);
```

输入:

```
12345678
```

则把 1234 赋予 a,而把 5678 赋予 b。

(4) 长度:长度格式符为 l 和 h,l 表示输入长整型数据(如%ld)和双精度浮点数(如%lf)。h 表示输入短整型数据。

scanf 通过指针来接受输入的数据,因此 scanf 区别长度格式符。例如:

```
double d;
scanf("%lf",&d);
%lf 中的 l 不可以省略
```

scanf 函数附加格式符号的意义如表 4.5 所示。

表 4.5 scanf 函数附加格式符号及意义

附加格式字符	功　能
l	用于输入长整型整数,可加在格式符前面(如%ld、%lo、%lx、%lu、%lf、%le) 用于输入 double 型数据
h	用于输入短整型整数,可加在格式符前面(如%hd、%ho、%hx、%hu)
域宽 m(一个正整数)	指定要输入数据的列数
*	输入项读入后,不将输入值赋给变量,称为虚读

3. 使用 scanf 函数的注意要点

使用 scanf 函数还必须注意以下几点：

(1) scanf 函数需要用户参与，当程序执行到 scanf 函数时，需要从指定的输入设备上按指定格式读取数据。一般默认输入设备是键盘，则用户必须按照格式说明符的要求从键盘上将数据及其辅助信息敲入，如果用户没有敲入数据，或敲入的数据数量不够，则程序处于等待状态；如果用户敲入的数据格式不正确，则会导致错误的数据。

(2) scanf 函数中没有精度控制，不能指定宽度，如“scanf("%5.2f",&a);”是非法的。不能试图用此语句输入小数为 2 位的实数。

(3) scanf 中要求给出变量地址，如给出变量名则会出错。如“scanf ("%d",a);”是非法的，应改为“scanf ("%d",&a);”才是合法的。

(4) scanf 函数的输入格式说明符中如果出现了普通字符或转义字符，用户在输入时，也必须对应输入相应的字符或动作。如：

```
scanf ("%d%d", &a,&b);          //应输入: 34  56,2 个数据之间以空格分隔
scanf ("%d,%d", &a,&b);         //应输入: 34, 56,2 个数据之间以逗号分隔
scanf ("a=%d", &a);             //应输入: a=34,"a="这样的辅助信息也必须输入
scanf ("%d\n%d", &a,&b);        //应输入: 34 换行 56,2 个数据之间以换行分隔
```

(5) scanf 函数用%c 输入一个字符时，空格等分隔符也作为一个普通字符处理，字符的输入和输出应尽可能使用字符输入和输出函数。如：

```
scanf ("%c%c", &a, &b);
```

若输入：a b 则得到的是字符 a 和空格，空格也作为一个字符输入。

若输入：ab 则得到的是字符 a 和字符 b。

(6) scanf 函数用%d 输入一个整型数据时，尽量不要指定宽度，如果指定了宽度，则要求用户在输入时，也必须按对应宽度进行，这不仅会给用户增加难度，还容易产生错误。scanf 函数输入时，也不要加其他辅助信息，如确实需要，可采用另一种形式，如：

```
scanf ("a=%d",&a);
```

可改写为

```
printf ("a=");
scanf ("%d", &a);
```

这样既可产生必要的提示信息，也降低了用户输入的难度。

【例 4.11】 格式输入函数示例。

程序如下：

```
#include<stdio.h>
int main()
{
    char a;
    unsigned b;
    float c;
    int d;
```

```
    printf("a = ?");
    scanf(" % c",&a);
    printf("b = ?");
    scanf(" % u",&b);
    printf("c = ?");
    scanf(" % f",&c);
    printf("d = ?");
    scanf(" % d",&d);
    printf("\n");
    printf("a = % c\n",a);
    printf("b = % u\n",b);
    printf("c = % f\n",c);
    printf("d = % d\n",d);
    return 0;
}
```

4.5 本章小结

流程控制是C语言的重要组成部分，顺序结构是程序设计中的最基本的结构。顺序结构程序的执行流程是直线型的。组成顺序结构的基本语句有输入、输出和赋值等程序语句。本章重点介绍了C语句的概念和种类、赋值运算符和表达式、顺序结构以及数据的输入输出函数。

1. 赋值运算符与赋值表达式

求出表达式的值以后通常要保存到变量当中，以便将来使用。C语言中简单赋值(=)运算符号可以用于此目的。赋值运算符分简单赋值和复合赋值两种。

2. 顺序结构

顺序结构程序就是按照程序语句的顺序自上而下顺序执行。程序语句的摆放是和具体的目的有关系的。

3. 常用的输入输出函数

C语言的输入输出操作都是通过库函数来实现的，本章介绍了字符输入输出函数getchar()、putchar()以及格式化输入输出函数scanf()、printf()。

第5章　分支控制结构

大多情况下，人们处理很多事情并不都是从头到尾来操作的，有时会处理更加复杂的一些任务。比如：第4章例4.3数据分离的例子中输入的不是三位数，或者例3.1求圆的面积中输入的半径如果是负数，单靠顺序结构程序都无法解决，这时希望程序作出一些决定或者比较，并根据决定或者比较的结果去选择某一种操作。第4章提到了C语言可以提供通过进行一个判断在两个或更多可选的语句序列之间选择的控制语句。

本章重点学习关系运算符、逻辑运算符以及由它们组成的表达式，在此基础上学习分支控制语句if～else和switch。

5.1　关系运算符和关系表达式

程序中的分支是和一定的条件密切相关的：在某种条件得到满足的情况下执行一种操作，不满足的情况下执行另一种操作。通常，可以用简单的关系表达式来描述条件。与算术表达式类似，关系表达式也产生一个确定的值，只是关系表达式所产生的值称为逻辑值，只有“真”和“假”两种可能的取值。在C语言中逻辑值使用int类型：非0值表示条件成立，也就是条件为真；0表示条件不成立，也就是条件为假。

1. 关系运算符及优先级

关系表达式所表达的是对数据之间关系的一种判断，关系表达式由关系运算符和运算对象组成。关系运算符包括大于、小于、等于、不等于、大于等于、小于等于共6种。C语言中的关系运算符及其含义见表5.1。

表5.1　关系运算符

关系运算符	含　义
＜	小于，当左边表达式的值小于右边表达式的值时返回值为1，否则返回值为0
＜＝	小于或等于，当左边的表达式的值小于等于右边的值时返回值为1，否则返回值为0
＞	大于，当左边的表达式的值大于右边的值时返回值为1，否则返回值为0
＞＝	大于或等于，当两边的表达式的值满足大于等于时返回值为1，否则返回值为0
＝＝	等于，当两边的表达式的值相等时返回值为1，否则返回值为0
!＝	不等于，当两边的表达式的值不相等时返回值为1，否则返回值为0

关系运算符的优先级次序：前4种关系运算符（＜、＜＝、＞、＞＝）的优先级别相同，后2种也相同（＝＝、!＝），前4种高于后2种。例如，“＜”优先于“＝＝”，而“＞”与“＞＝”优先级相同。

关系运算符、算术运算符和赋值运算符之间的优先级由高到低为：

算术运算符→关系运算符→赋值运算符

例如：

```
c == a - b 相当于 c == (a - b)
a >= b == c 相当于(a >= b) == c
a == b > c 相当于 a == (b > c)
```

不要混淆==与=运算符。前者是判等，后者是赋值，尤其在使用后面的if语句和循环语句时，条件的计算结果会不同的。

2. 关系运算符的结合性

关系运算符具有左结合的，即表达式中相邻关系运算符的优先级别相同时，计算时自左至右进行。例如：

```
a == b == c 相当于(a == b) == c
a <= b > c 相当于(a <= b) > c
```

3. 关系表达式

关系运算符的运算对象既可以是表达式或变量，也可以是常量，只要其数据类型是可以直接进行比较的数值，例如整数、实数和字符。表5.2是几个关系表达式及其所产生的值的例子。其中，假设int型变量a、b、c的值分别是7、8、9。

表5.2 关系表达式的值

表达式	表达式的值	表达式	表达式的值
3>3	0	a!=a	0
3>=3	1	a!=b	1
a==a	1	a * b>c	1
a<a	0	(a/b)<(b/c)	0
b<=b	1	b * b-4 * a * c>0	0

5.2 逻辑运算符和逻辑表达式

用关系运算符构成关系表达式可以作为分支产生的条件，但是只能作为简单的条件。比如有变量x=3、y=2、z=1，则关系表达式x>y>z的计算过程为：

第一步：(x>y)>z；

第二步：1>1=0(假)。

这个例子说明在数学正确的表达式在C语言的语法下是有语义错误的。

因此，关系表达式在实际应用中，常常需要将几个简单的条件复合在一起构成一个复杂的判断条件，这时就需要借助于逻辑运算符了。

1. 逻辑运算符及优先级

逻辑运算符包括“逻辑与”、“逻辑或”和“逻辑非”，简称“与”、“或”和“非”，其符号以及含义见表5.3。由逻辑运算符连接所形成的表达式称为逻辑表达式。

表 5.3 逻辑运算符

逻辑运算符	含 义
!	单目“非”运算，把 0 值变成 1，非 0 值变成 0
&&	逻辑与，两端的关系表达式都为非 0 值时产生 1，否则产生 0
||	逻辑或，两端的关系表达式中有一个为非 0 值时即产生 1

表 5.2 中，其中逻辑与(&&)的优先级大于逻辑或(||)，它们的优先级都小于逻辑非(!)。除了“非”运算符是一元运算符外，其余两个运算符都是二元运算符。

当逻辑运算符、赋值运算符、算术运算符、关系运算符和括号之间进行混合运算时，其优先级的次序由高到低为：

()→ ! →算术运算符→关系运算符→ && → || →赋值运算符

在一个逻辑表达式中，如果包含多个逻辑运算符，例如：

```
(a > n) && (x > y)          可写成  a > n  &&  x > y
(m  ==  n)||(x  ==  y)      可写成  m  == n || x  ==  y
(!m) || (m > n)             可写成  !m || m > n
```

现在再回来看看开始讲到的例子，数学表达式 x>y>z 在 C 语言的环境下应该写为：

```
(x > y) && (y> z)
```

很多程序员都愿意使用圆括号，正如上面第二种写法那样，尽管这并不是必需的。这样的话，即使你不能完全记住逻辑运算符的优先级，表达式的含义仍然很清楚的。

2. 逻辑运算符的结合性

逻辑运算符具有自左至右的结合性。例如：

```
a||b||c 相当于(a||b)||c
a&&b&&c 相当于(a&&b)&&c
```

除了那些两个运算符共享一个操作数的情况以外，C 通常不保证复杂表达式的哪个部分首先被求值。例如在下面的语句里，可能先计算表达式 5 + 5 的值，也可能先计算 9 + 8 的值。

```
sum =  (5  +  5) *  (9  +  8);
```

C 语言允许这种不确定性，以便编译器设计者可以针对特定的系统做出最有效率的选择。一个例外是对逻辑运算符的处理。C 保证复杂逻辑表达式也是从左到右求值的。“&&”和“||”运算符是序列的分界点，因此在程序从一个操作数前进到下一个操作数之前，所有的副作用都会生效。而且，C 保证一旦发现某个元素使表达式总体无效，求值将立刻停止。这些约定使像下面的这样的结构成为可能：

```
while ((c  =  getchar()) !=  '' && c !=  '\n')
```

while 是将在第 6 章介绍的循环结构。上面的这个结构建立一个循环读入字符，直到出现第一个空格符或换行符。第一个子表达式给 c 赋值，然后 c 的值被用在第二个子表达式中。如果没有顺序保障，计算机可能试图在 c 被赋值之前判断第二个子表达式。接下来我们考虑这个例子：

```
while (x++< 10 && x + y < 20)
```

&& 运算符是序列分界点这一事实保证了在对右边表达式求值之前,先把 x 的值增加 1 。表 5.4 显示了目前所学的运算符的优先级与结合性。

表 5.4　运算符优先级与结合性

运　算　符	优　先　级	结　合　性
()	1	从左至右
! ++ -- + -(类型)sizeof	2	从右至左
* / %	3	从左至右
+ -	4	从左至右
< <= > >=	6	从左至右
== !=	7	从左至右
&&	11	从左至右
||	12	从左至右
= += -= *= /= %=	14	从右至左

3. 逻辑表达式

逻辑运算符的运算对象是具有表示真或假的非 0 或 0 值的常量、变量或逻辑表达式。逻辑表达式是由逻辑运算符和操作数连接起来的式子,其值是 0 或者 1。其中 0 表示假,1 表示真。表 5.5 是几个逻辑表达式及其所产生的值的例子,其中假设 int 型变量 a、b、c 的值分别是 6、7、8。

表 5.5　逻辑表达式的值

表　达　式	表达式的值
((a + b) > c) && (c > 7)	1
(a > b) && (b < c)	0
(a > b) || (b < c)	1
! (a < b)	0
! a	0

4. 短路原则

根据上面描述的逻辑运算符的结合性,由逻辑运算符"&&"和"||"连接的表达式按照从左至右的顺序求值。在这一求值过程中一旦可以确定表达式的值,求值过程就立即停止,以避免不必要的运算,这就是所谓的短路原则。下面是常见的一个例子:

```
if (number != 0 && 12/number == 2)
  printf ("The number is 5 or 6 \n");
```

如果 number 值为 0,那么第一个子表达式为假,就不再对关系表达式求值。这就避免了计算机试图把 0 作为除数。很多语言都没有这个特性,在知道 number 为 0 后,它们仍继续后面的条件检查。

在 C 语言中在对由"&&"连接的逻辑表达式求值时,如果"&&"左侧的表达式的值是 0,则无论其右侧的表达式的值是什么,整个逻辑表达式的值都是 0,因此"&&"右侧的表达

式将不会被计算。其流程见图5.1。同样,当“||”左侧的表达式的值不等于0时,“||”右侧的表达式也不会被求值,其流程见图5.2。

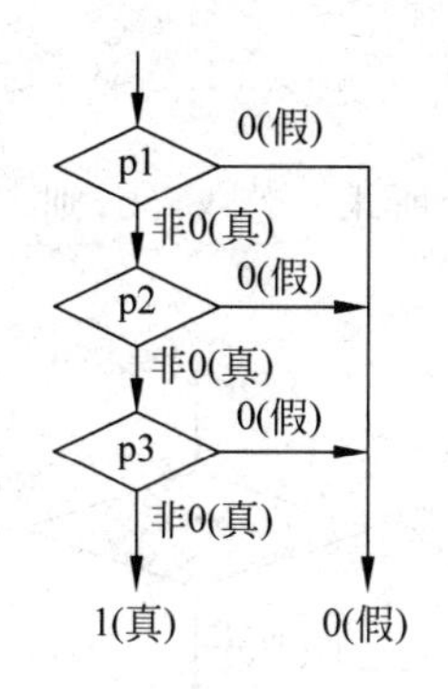

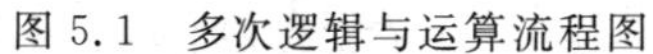
图5.1 多次逻辑与运算流程图

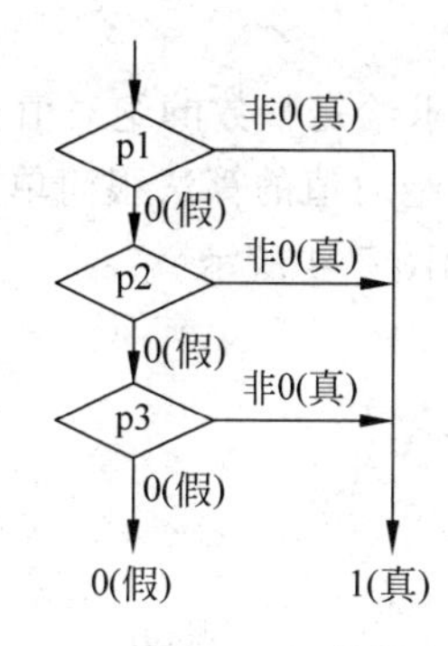

图5.2 多次逻辑或运算流程图

再例如,假设变量a、b、c的值分别是7、8、9,那么在下列两个逻辑表达式中都只有第一个关系表达式会被求值:

```
a > b && b > c && a > c
a < b || c > b || c > a
```

逻辑表达式的这一特性很有用。例如,在对输入数据进行处理时常会见到下面这样的逻辑表达式:

```
((c = getchar())!= EOF && c >= 'a' && c <= 'z')
```

这段代码中的函数getchar()是一个从键盘读入字符的标准函数,EOF是表示输入数据结束的符号常量。这个逻辑表达式的作用是判断所读入的ASCII字符是否是一个小写的字母。在逻辑表达式中之所以首先判断输入数据是否结束,是因为如果输入数据结束,后面的判断就没有任何意义,因此也就不需要再进行了。

5.3 if语句

5.3.1 if语句的三种形式

分支控制结构也叫选择控制结构,是根据所列条件满足与否选择执行路径。选择控制结构有三种形式:单分支结构、双分支结构和多分支结构。if语句是C语言实现选择控制结构的最基本的方式,有多种语句形式,支持嵌套使用,非常灵活。

1. if语句的单分支结构

单分支结构是if语句最简单的一种,语句格式如下:

```
if (表达式)语句;
```

说明:圆括号中的表达式是选择判断的条件,评价此条件的结果要不然为真,要不然为假。

功能:首先计算表达式的值,若其值非0(即“真”),则执行表达式后面的语句,再执行if

语句的后继语句；否则跳过该语句，直接执行 if 语句的后继语句。执行流程如图 5.3 所示。

需要注意的是 if 后面的圆括号不能省略，它们是语句的组成部分，而不是表达式的内容。

【例 5.1】 求给定整数的绝对值。

分析：求 x 绝对值的算法很简单，若 x⩾0，则 x 即为所求；若 x＜0，则－x 为 x 的绝对值。算法流程如图 5.4 所示。

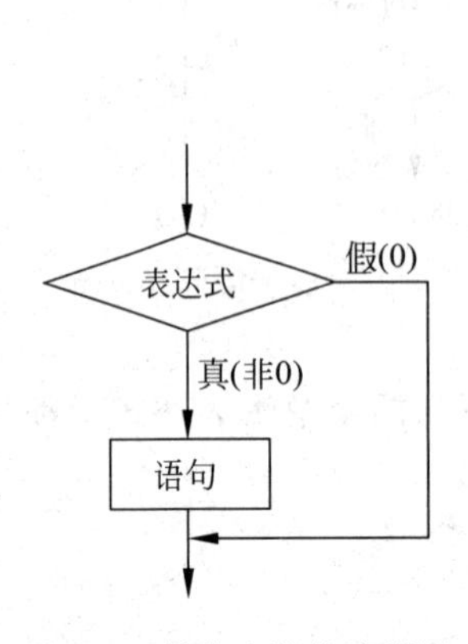

图 5.3 单分支结构流程图

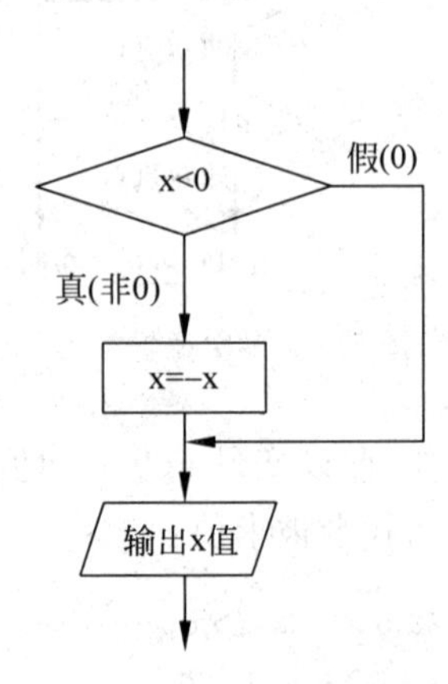

图 5.4 求绝对值流程图

程序中应首先定义整型变量 x 和 y，其中 y 存放 x 的绝对值。输入 x 的值之后，执行 y＝x 语句，即先假定 x⩾0；然后再判断 x 是否小于 0，若想 x＜0，则 x 的绝对值为－x，将－x 赋给 y(y 中原来的 x 值被覆盖了)，然后输出结果；若 x⩾0，则跳过 y＝－x 语句，直接输出结果，此时 y 中的值仍然是原 x 的值。

程序如下：

```
#include<stdio.h>
int main()
{
    int x,y;
    scanf("%d",&x);
    y = x;
    if ( x<0 )   y = -x;
    printf("x=%d,|x| = %d",x,y);
    return 0;
}
```

【例 5.2】 输入两个整数，输出其中的大数。

分析：从键盘上任意输入两个整数 a、b，首先把 a 的值赋予变量 max，再用 if 语句判别 max 和 b 的大小，如 max 的值小于 b，则把 b 的值赋予 max。因此 max 中总是大数，最后输出 max 的值即为 a 和 b 中的大数。

程序如下：

```
#include<stdio.h>
int main()
{
```

```
int a,b,max;
printf("\n input two numbers:");
scanf("%d%d",&a,&b);
max = a;
if ( max < b ) max = b;
printf("max = %d",max);
return 0;
}
```

2. if…else 形式：双分支结构

语句格式：

```
if (表达式)
    语句 1;
else
    语句 2;
```

功能：

① 首先计算表达式的值。

② 若表达式的值为"真"，则执行语句 1；否则，执行语句 2。即在两种路径中选择其中的一种。

③ 然后继续执行 if 结构的后继语句。

流程如图 5.5 所示。

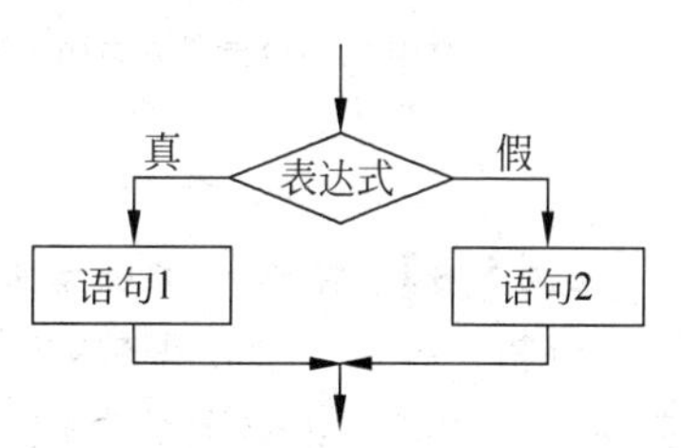

图 5.5　if…else 双分支结构

其中表达式为 C 语言任意合法的表达式，一般为逻辑表达式或关系表达式。注意，每一个语句后必须有分号。例如：求整型变量 x 的绝对值，可以利用 if 语句表达如下：

```
if ( x <= 0) printf("%d", -x);
else printf("%d", x);
```

在执行 if 语句时，先对表达式求解，若表达式的值为 0，按"假"处理，若表达式的值为非 0，按"真"处理，再执行指定的语句。如果表达式不是逻辑表达式或关系表达式，也是符合 C 语言规定的。例如：

```
if ( 2+3) printf("YES");
```

【例 5.3】 输入三个数，输出它们的最大者和最小者。

分析：采用打擂法解决该问题。打擂，大家都知道，一个擂主站在擂台上，台下的人一个个地上台和他较量，谁厉害谁就成为新的擂主，最终留在台上的是胜利者。求最值的方法和打擂完全类似，下面以求最大值为例进行说明。

首先，设一个"擂主"max 用来存储所有数中的最大者，"打擂"的数据都存储在变量中，第一个"上台"的数是初始擂主。接下来，剩余的数也依次与 max 作比较，最终留在 max 中的就是最大值。

这个算法最大的好处是：算法的各个阶段的操作具有规律性，这对以后的学习很有帮助。

与求最大值的方法类似，设最小数存放在变量 min 中。

程序如下：

```
#include<stdio.h>
int main()
{
    int a,b,c,max,min;
    printf("\n input three numbers:");
    scanf("%d%d%d",&a,&b,&c);
    max=a;
    min=a;
    if (a>b)
        min=b;
    else
        max=b;
    if (c>max)
        max=c;
    else if (c<min)
            min=c;
    prirntf("max=%d,min=%d",max,min);
    return 0;
}
```

【例5.4】 输入一个正整数,判断其奇偶性。

分析：对于一个正整数,要么是奇数,要么是偶数,共两种情况,则可以采用双分支结构实现程序功能。正整数的奇偶性可以使用求余(%)运算的结果来判断,一个正整数对2求余后,余数为0,则为偶数；余数为1,则为奇数。

程序如下：

```
#include<stdio.h>
int main()
{
    int number;
    printf("\n input a number for testing:");
    scanf("%d",&number);
    if ( number % 2 == 1 )
        printf("\n%d is an odd number",number);
    else
        printf("\n%d is an even number",number);
    return 0;
}
```

思考与实践：本程序中把if后的表达式(number%2==1),改为(number%2),结果如何呢？上机试一试,并思考为什么。

3. if…else-if形式：多分支结构

语句格式：

```
if (表达式1)
    语句1;
else   if (表达式2)
    语句2;
```

```
else  if (表达式 3)
    语句 3;
  …
else  if (表达式 n)
    语句 n;
else
    语句 n+1;
```

功能：依次计算表达式的值。当某个表达式的值为非 0 时，则执行其对应的语句，然后跳到整个 if 语句之外继续执行程序，即结束整个 if 语句。如果某个表达式的值为 0 时，则计算其下一个表达式的值，再进行判断。如果所有的表达式均为 0，则执行语句 n+1。然后继续执行后继语句。该形式的 4 层嵌套的执行过程如图 5.6 所示。

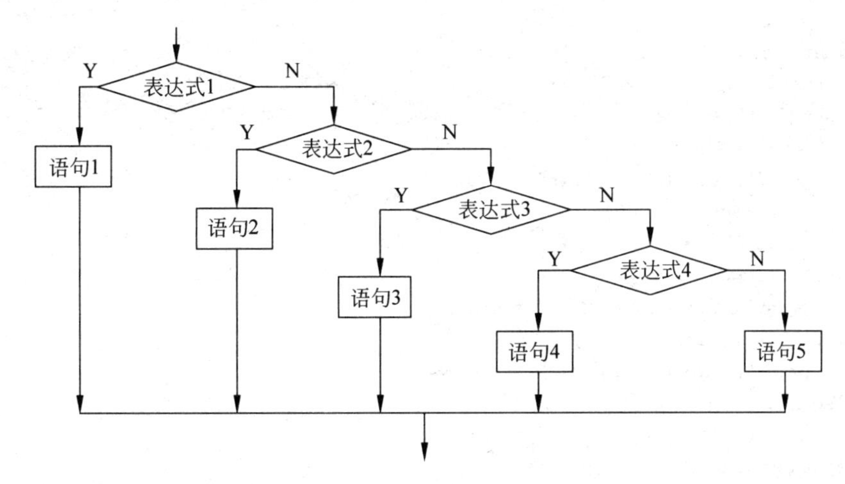

图 5.6　if…else…if 嵌套形成的多分支结构流程图

【例 5.5】 从键盘任意输入一个字符，判断其是数字、大写字母、小写字母或其他字符。

分析：可以根据输入字符的 ASCII 码来判别类型。由 ASCII 码表可知，ASCII 码值在'0'和'9'之间的为数字；在'A'和'Z'之间的为大写字母；在'a'和'z'之间的为小写字母；其余为其他字符。这是一个多分支选择的问题，可用 if…else…if 结构编程，判断输入字符 ASCII 码所在的范围，分别给出不同的输出。例如，输入为 f，则输出显示它为小写字符。

程序如下：

```
#include<stdio.h>
int main()
{
    char c;
    printf("\n input a character:");
    c = getchar();
    if ( c>= '0' && c<= '9')
        printf("\n\" %c\" is a digit character.\n",c);
    else if ( c>= 'A' && c<= 'Z')
        printf("\n\" %c\" is an upper.\n",c);
    else if ( c>= 'a' && c<= 'z')
         printf("\n\" %c\" is a lower.\n",c);
    else
```

```
        printf("\n\"%c\" is an other  character.\n",c);
    return 0;
}
```


【例 5.6】 从键盘任意输入一个百分制成绩,判断其学业等级:优、良、中、及格或不及格,分别用A、B、C、D、E表示。

分析:首先输入一个百分制分数,利用多分支结构判断此分数的取值范围,并根据取值范围确定该分数的等级范围:优、良、中、及格或不及格等。

程序如下:

```
#include<stdio.h>
int main()
{
    float score;
    printf("\n score=?");
    scanf("%f",&score);
    if ( score>= 90 )
        printf("\n%4.1f is A.\n",score);
    else  if ( score>= 80)
        printf("\n%4.1f is B.\n",score);
    else if( score>= 70)
        printf("\n%4.1f is C.\n",score);
    else if    ( score>= 60 )
        printf("\n%4.1f is D.\n",score);
    else
        printf("\n%4.1f is E.\n",score);
    return 0;
}
```

5.3.2 if 语句的嵌套

在if语句内,还可以使用if语句,这样就构成了if语句的嵌套。内嵌的if语句既可以嵌套在外层的if子句中,也可以嵌套在外层的else子句中,完整的嵌套格式如下:

```
if (表达式1)
  if (表达式2)  语句1
  else          语句2
else
  if (表达式3)  语句3
  else          语句4
```

注意:C语言规定当使用if语句嵌套时,else总是与它上面最近的还未匹配if配对。为了正确表示各个分支的关系,要合理使用内嵌的复合语句。可以采用如下的方式:

```
if (表达式1)
  {
     if (表达式2)  语句1
  }
else
  {
```

```
    if （表达式 3） 语句 2
  }
```

此时，“{}”限定了内嵌 if 语句的范围，else 只能与第一个 if 语句匹配。其执行过程为：先计算“表达式 1”的值，若为非 0，则执行“if（表达式 2）语句 1”部分，否则执行“if（表达式 3）语句 2”部分。

如果去掉{}，则其配对关系就发生了变化：

```
if （表达式 1）
    if （表达式 2） 语句 1
else
    if （表达式 3） 语句 2
```

其流程变成如图 5.7 所示的形式，执行过程为，先计算“表达式 1”的值，若为 0，则语句结束，若为非 0，则执行“if（表达式 2）语句 1”部分。由于只有一个 else 子句，按照规则，应该与“if（表达式 2）语句 1”匹配。计算“表达式 2”的值，若为非 0，则执行“语句 1”；若为 0，则执行“if（表达式 3）语句 2”部分。计算“表达式 3”的值，若为非 0，则执行“语句 2”，若为 0，则语句结束。

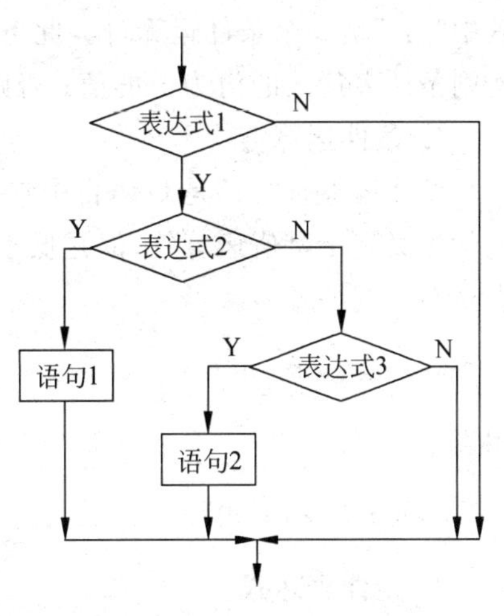

图 5.7　if 语句中 else 的匹配关系流程图

事实上，if 语句的嵌套层数是没有限制的。内层得 if 语句还可以继续嵌套 if 语句。嵌套的 if 语句具有下列的等价关系。例如：

```
if(itemsold>5)              //如果售货员每周卖出货物超过 5 件
   if(totalvalue>1000)      //如果卖出的货物价值大于 1000 元人民币
     bonus=60;              //售货员可得奖金 60 元人民币
```

等价于：

```
if(itemsold>5&& totalvalue>1000)
  bonus=200;

if(itemsold>100)            //如果售货员每周卖出货物超过 100 件
  bonus=200;                //可得奖金 200 元人民币
else if(totalvalue>3000)    //或者售货员每周卖出货物价值大于 3000 元人民币
  bonus=200;                //可得奖金 200 元人民币
```

等价于：

```
if(itemsold>100||totalvalue>3000)
  bonus=60;
```

5.3.3　条件运算符与条件表达式

如果在 if 语句中，当条件表达式的值无论是 0 或非 0，都只执行单个的赋值语句，且两个分支的赋值语句都向同一个变量赋值时，可用一个条件表达式来实现。这不但可以使程

序简洁,也提高了运行效率。例如:

```
if(x>y)   max=x;
else   max=y;
```

如果x>y成立,那么x就是两个数中较大的数,则将x赋值到max,否则y就是两个数中较大的数,则将y赋值到max。此时,可以用一个条件表达式来实现这个if语句功能:

```
max = (x>y)?x:y
```

其中"?:"是一个条件运算符。此条件表达式的执行过程是:首先计算(x>y),若其值为非0,则条件表达式的值为x的值;否则,若其值为0,则条件表达式的值为y的值。

1. 条件运算符

条件运算符"?:"是C语言中唯一的三目运算符,即有三个参与运算的量。条件运算符的优先级高于赋值运算符,但是低于关系运算符和算术运算符。条件运算符的结合性为自右至左。例如:

```
a<b?a:c>d?c:d
```

相当于:

```
a<b?a:(c>d?c:d)
```

2. 条件表达式

条件表达式的一般形式为:

```
表达式1?表达式2:表达式3
```

条件运算符的执行顺序是:先求解表达式1,若为非0,则求解表达式2,此时表达式2的值就作为整个条件表达式的值;否则求解表达式3,将表达式3的值作为整个条件表达式的值。

"表达式2"和"表达式3"不仅可以是数值表达式,还可以是赋值表达式或函数表达式。例如:

```
(x>y)?(x=1):(y=3)
```

"表达式1"可以与"表达式2"和"表达式3"类型不同,例如:

```
(x>y)?'a':'b'
```

若"表达式2"和"表达式3"类型不同,则条件表达式的类型取二者中较高的类型。例如:

```
(x>y)?'a':2.718
```

如果x>y的值为非0,则条件表达式的值应为97.0。因为'a'的ASCII码值要转换为2.718的类型,即实型。

3. 条件运算符优先级与结合性

表5.6显示了目前所学的运算符的优先级与结合性。

表 5.6 运算符优先级与结合性

运 算 符	优 先 级	结 合 性
()	1	从左至右
! ++ -- + -(类型)sizeof	2	从右至左
* / %	3	从左至右
+ -	4	从左至右
< <= > >=	6	从左至右
== !=	7	从左至右
&&	11	从左至右
||	12	从左至右
?:	13	从右至左
= += -= *= /= %=	14	从右至左

5.3.4 if 语句中的复合语句

在前面的 if 语句的例子中,语句都是一条语句而不是多条语句:

```
if (表达式)语句;
```

如果想在 if 语句处理两条以上的语句,该如何处理呢? 可以引入复合语句。复合语句第 4 章中已经介绍过。其语句格式如下:

```
{多条语句}
```

通过在一组语句左右两侧放置花括号,可以强制编译器将其作为一条语句来处理。

【例 5.7】 输入 3 个浮点数 x、y、z,把这三个数由小到大输出。

分析:用 x 与 y 进行比较,如果 x>y,则将 x 与 y 的值进行交换;然后再用 x 与 z 进行比较,如果 x>z,则将 x 与 z 的值进行交换,这样 x 中就是最小数。接着采用同样方法比较 y 与 z 的大小,将最大数存入 z 中。

程序如下:

```
#include<stdio.h>
int main()
{
    float x,y,z,temp;
    printf("\n input three numbers:");
    scanf("%f%f%f",&x,&y,&z);
    if ( x>y )
    { temp = x; x = y; y = temp;}
    if ( x>z )
    { temp = z; z = x; x = temp;}
    if ( y>z )
    { temp = y; y = z; z = temp;}
    printf("small to big: %f, %f, %f\n",x,y,z);
    return 0;
}
```

其中有如下程序段:

```
if ( x > y )
{ temp = x; x = y; y = temp;}
```


该程序段的功能是：如果x大于y,则交换x和y的值。交换x和y的值需要三条语句完成,这时必须用大括号将三条语句括起来,构成复合语句。复合语句的一般形式：

```
{
语句 1;
语句 2;
…
语句 n;
}
```

无论包括多少条语句,复合语句从逻辑上讲,总是被看成一条语句(既可以写在同一行,也可以写成多行)。复合语句在分支结构、循环结构中使用十分广泛。

5.4 switch语句

if语句只能处理从二者间选择之一的问题,当要实现从多种情况下选择时,就要用多重if嵌套结构来实现,当分支较多时,程序会变得复杂冗长,可读性降低。因此,C语言提供了switch开关语句专门处理多路分支的情形。

switch语句的一般形式为：

```
switch (表达式)
{
   case 常量表达式 1: 语句 1
   case 常量表达式 2: 语句 2
   …
   case 常量表达式 n: 语句 n
   default : 语句 n + 1
  }
```

switch语句的执行过程：首先计算表达式的值,然后将此值逐个与其后的常量表达式值相比较,当表达式的值与某个常量表达式的值相等时,即执行该case后的语句块,若该语句块中遇到break语句,则跳出switch语句,执行其后继语句；若该语句块中没有break语句则继续执行其后case后的语句。如表达式的值与所有case后的常量表达式均不相同时,则执行default后的语句。

【例5.8】 用switch语句改写例5.6。(输入一个百分制分数,输出这个分数的等级A、B、C、D或E)。

分析：使用if…else语句可以输出学生成绩的等级,本例使用switch语句实现输出学生成绩的等级。首先将学生的成绩存入变量score中,然后将score/10的值赋给变量grade,如果grade的值是10或9,学生成绩等级为A。如果grade的值为8,学生成绩等级为B,依此类推,可以得到其他成绩的等级。

程序如下：

```
#include <stdio.h>
```

```
int main()
{
  int score, grade;
  printf("please input score :");
  scanf(" %d",&score);
  grade = score/10;
  switch (grade)
  {
     case 10:
     case 9: printf("A\n");                    /* 成绩在 90～100 为优 */
     case 8: printf("B\n");                    /* 成绩在 80～89 为良 */
     case 7: printf("C\n");                    /* 成绩在 70～79 为中 */
     case 6: printf("D\n");                    /* 成绩在 60～69 为及格 */
     case 5:
     case 4:
     case 3:
     case 2:
     case 1:
     case 0: printf("E!\n");                   /* 成绩在 0～59 为不及格 */
     default :printf("error\n");
     return 0;
 }
}
```

运行结果：

```
please input score :75↙
C
D
E!
error
```

可以看出，75 应该属于 C 级，可程序的输出结果有多种，这是错误的。这是因为 75 整除 10 后，grade 的值为 7，执行一个“case 7：printf("C\n");”分支后，继续执行了下面的 case 分支，而没有退出 switch 结构。若要跳出 switch 结构，必须借助 break 语句。在每一个 case 语句中添加一个 break 语句。可以将上面的 switch 结构改写如下形式，运行结果就是我们想要的了：

```
switch (grade)
{
 case 10:
 case 9: printf("A\n");break;
 …
 case 6: printf("D\n"); break;
 case 5:
 …
 case 1:
 case 0: printf("E!\n"); break;
 default :printf("error\n");                  /* break 可省略 */
}
```

switch语句使用注意要点：

(1) switch后面括弧内的“表达式”，ANSI C标准允许它为任何类型，只要它能转换成确定的整数值。通常是一个整型或字符型表达式，有时是一个带返回值的函数或者是结构体。

(2) 当表达式的值与某一个case后面的常量表达式相等时，就执行此case后面的语句，若没有匹配的常量表达式，就执行default后面的语句。

(3) 每一个常量表达式的值必须各不相同，即常量表达式不能重复出现。

(4) break语句在switch中的作用：终止switch语句的执行，流程转到switch语句的下一条语句去执行。通常在执行一个case分支后，利用break语句，使流程跳出switch结构，除非有特别的需求。最后一个分支(default)可以不加break语句。

(5) 各个case语句与default的次序不影响执行结果。

(6) 多个case可以共用一组执行语句，如例5.8所示。

(7) default子句通常放在switch语句最后，但也可以放在case之间，不影响程序运行结果；也可以没有default子句。

(8) case后允许有多个语句，可以不用括号括起来。

(9) switch语句也可以嵌套。

【例5.9】 编写一个简单的计算器。输入形如“3+9”、“4.6/7”的四则运算式，输出计算结果，保留两位小数。

分析：本例是进行四则运算求值。有两个操作数，一个操作符，操作符是+、-、*、/中的一个，可利用switch语句判断要执行的运算类型，然后输出运算值。当输入运算符不是+、-、*、/时给出错误提示。

程序如下：

```
#include <stdio.h>
int main()
{
  float a,b;
  char op;
  printf("enter your expression like as a+b,a-b,a*b,a/b\n");
  scanf("%f%*c%c%f",&a,&op,&b);
  switch (op)
  {
    case '+': printf("result is %.2f\n",a + b); break;
    case '-': printf("result is %.2f\n",a - b); break;
    case '*': printf("result is %.2f\n",a * b); break;
    case '/':
        if ( b == 0 ) printf("Divided by zero\n");
        else printf("result is %.2f\n",a / b);
        break;
    default: printf("input error\n");
  }
  return 0;
}
```

思考与练习：把上例简单的计算器改用if…else…if的嵌套形式编程实现。

5.5 本章小结

流程控制是C语言的重要组成部分,从程序的执行流程来看,程序一般有3种控制结构,即顺序结构、分支结构和循环结构。本章主要学习了分支结构。

分支结构也叫选择结构,有4种格式:

- if语句单分支形式。
- if…else双分支结构。
- if…else if多分支结构。
- switch语句。

if语句根据条件表达式值的真假来决定程序的转向,其中条件表达式通常是关系表达式或逻辑表达式。关系表达式或逻辑表达式都是由相关运算符号和操作数组成的。它们的返回值为0表示假,非0表示真。

通过本章的学习,要掌握C语言的分支结构的控制,合理地组合使用分支结构语句,有效地进行程序设计。

第6章 循环控制结构

迭代(递推)和递归是使计算机能够重复执行一系列类似操作的两种机制。如果没有这两种机制,程序的运行时间将成为程序正文长度的线性函数。C语言中使用循环控制语句来实现迭代(递推)。本章将重点讨论循环控制结构相关的知识点,递归机制将从函数部分开始讨论。

循环是重复执行其他语句(循环体)的一种语句,每一次执行都会改变一些变量的值。实际应用中的很多问题都会涉及重复执行一些操作,例如级数求和、枚举或迭代求解等。在C语言中,每个循环都有一个控制表达式,每次执行循环体时都要对控制表达式求值,如果表达式为真,那么继续执行循环,否则结束循环。

本章将重点学习C语言三种循环控制语句,即while()语句、do…while()语句和for()语句,中间介绍与之有关的逗号运算符与逗号表达式以及break语句和continue语句。

6.1 循环控制结构

第4章中提到解决问题的方法中有一些步骤是被重复执行的,例如:你需要打印一个字符串“Hello World!”100次。如果不采取其他的手段,就需要把下面的输出语句重复写100遍,这是相当繁琐的:

```
printf("Hello World!\n");   ┐
printf("Hello World!\n");   │
...                         ├100遍
printf("Hello World!\n");   ┘
```

那我们应该如何解决这种问题呢?

C语言提供了一种称为循环的控制结构,用来控制一个操作或操作序列重复执行的次数。使用循环语句时,只要简单地告诉计算机输出字符串100次,而无须重复打印输出语句100次,代码如下:

```
int  i = 0;
while(i < 100)
{
  printf("Hello World!\n");
  i++;
}
```

控制循环的条件表达式中的变量称为**循环变量**。循环变量i初值为0,循环检查(i<

100)是否为真。若为真,则执行循环体输出字符串“Hello World”,然后让i的值加1。重复执行这个循环,直到(i<100)返回值为假,此时循环终止。

当然在C语言中控制循环的语句不仅有while(),还有将要介绍的do…while()和for()语句。无论使用哪种循环语句,在程序设计时都要注意确定如下因素。

(1) 循环的种类:循环具有两个种类,即计数循环与不确定循环,根据是否明确循环的次数来确定。

枚举控制的循环对某个给定的有限集合中的每个值执行一次,迭代的次数在循环执行之前就知道了,这种称为计数循环。在建立计数循环时需要设计如下三个动作。

① 计数器的初始化;

② 计数器与循环有限值的比较;

③ 计数器的变化。

而另一种则称为不确定循环,它需要一直执行到某个逻辑表达式的值改变了,当然,这个逻辑值必须在循环中不断被修改。

(2) 循环的两个组成要件:循环体;循环结束的条件。不管是哪种形式的循环都必须能够使程序在合理有限的时间内结束,而不是形成无限循环。如果程序永远不结束,或者需要很久才结束,这都是不正常的。

(3) 循环开始前需要做的工作:给循环变量赋初值。

6.2 while()语句

6.2.1 while语句的一般形式

在C语言的所有的循环语句中,while()是最简单和最基本的。while()语句的一般形式:

```
while ( 表达式)
语句
```

一般地,表达式是一个值的对比关系,它可以是任何形式的表达式,结果与if语句的一样,要不然为真,要不然为假。需要注意的是圆括号仍然是必须的。while语句的执行过程:首先计算“表达式”的值,当“表达式”的值为真(非0)时,执行一次循环体语句,然后再一次计算“表达式”的值,若其值仍为真(非0)时,再一次执行循环体语句。重复上述过程,直到某次计算出的“表达式”的值为0(假)时,则退出循环结构,控制流程转到该循环结构的后继语句。循环体语句可以是一条语句,也可以是复合语句。循环在判断条件之后的第一个简单语句或者复合语句处就结束了。

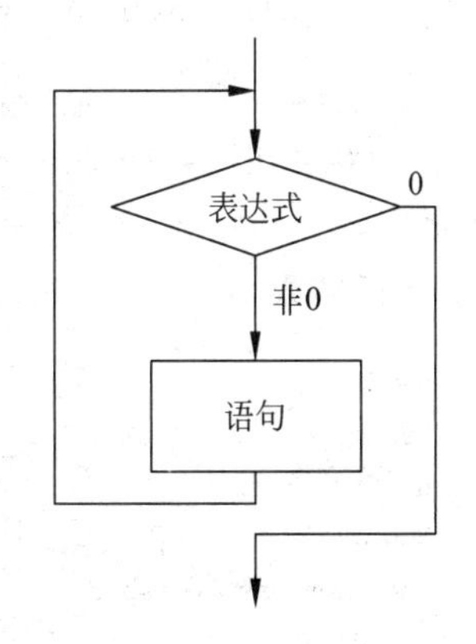

图6.1 while语句流程图

其流程图如图6.1所示。

6.2.2 如何终止while循环

while()语句的特点是先判断表达式,后执行语句。不管是哪一种语句实现循环,在解决实际问题时都要注意循环不应无限期地执行下去,循环中必须包含能改变判断表达式的值且使表达式的值最终变为假。所以循环必须考虑如下3个基本要素。

(1) 循环变量的初始化:循环变量应该在循环之前赋初值,其目的是使循环变量以合适的初值能够进入循环,初值设置不合理就可能使循环次数不能满足题目要求,甚至不能进入循环。

(2) 循环条件的设置:循环是在适当的范围内重复执行某些操作,通过条件来控制循环执行的次数。要保证好循环执行的次数不多也不少,必须设置好循环的条件。

(3) 循环控制变量的改变:循环控制变量是在循环条件中决定循环是否结束的变量,该变量的值随着循环的执行,应该逐渐改变,直到最后使循环条件不再成立,结束循环的执行。如果在循环中没有使循环趋向于结束的语句,循环永不结束,会形成“死循环”。

由上述3个要素,可以得到while循环的一般设计框架如下。

```
循环变量初始化语句;
while(循环条件)
{
  循环体;
  (包含循环控制变量的改变)
}
```

【例6.1】 使用while语句来输出变化了的n的值。

程序如下:

```
#include <stdio.h>
int main()
{
    int n = 5;                          //循环变量的初值为5
    while (n<7)                         //循环条件的设置
    {                                   //循环体
      printf("n= %d\n",n);
      ++n;                              //循环控制变量的改变
      printf("Now n= %d\n",n);
     }
    printf("The loop has finished.\n");
    return 0;
}
```

运行结果:

```
n=5
Now n=6
n=6
Now n=7
The loop has finished.
```

当循环变量变为7时,循环并没有马上结束,而是结束本次循环,然后进行第三次判断的时候计算得循环条件为假才退出循环。

假如把上面代码中的++n去掉,循环控制部分的代码会变为:

```
int n = 5;
```

```
while (n<7)
{
   printf("n= %d\n",n);
   printf("Now n= %d\n",n);
 }
```

上面的代码会令人心烦地无限输出下面的结果：

```
n=5
Now n=5
…
```

我们不会看到“The loop has finished.”信息的输出，因为n的值一直是5，while循环的条件(n<7)始终是真。

当然，如果把上面循环部分代码修改为如下也会让人崩溃。

```
int n = 5;
while (n<7)
 {
   printf("n= %d\n",n);
   n--;                              //循环变量朝着相反的方向计算
   printf("Now n= %d\n",n);
 }
```

上面的代码中，虽然循环变量n的值改变了，但却让循环一直持续到n的值比系统可以处理的最小整数还小，并可能变成最大的正数，这样的循环也会进行非常长的时间。第3章例3.2中说明了最大的正数加1会变成最小的负数。

由此，在循环中一定要有使循环趋向于结束的语句，让循环变量朝着正确的方向变化，以确保循环能够正常结束。

6.2.3 while语法要点

只有循环条件满足了循环体才会被执行。在使用while时也一定要注意循环体是简单语句还是复合语句。代码编写的风格一般都期望按照代码的逻辑结构进行缩进，但这种缩进是为了增加程序的可读性，并不能帮助计算机，比如例6.2。

【例6.2】 求1+2+3+…+n的值(其中n>1)。

分析：现在需要求从1到n的所有整数之和。可以设计一个累加器变量，逐一地将1、2、…、n累加进来，由于每次所做加法的操作是重复的，自然想到在循环中完成累加操作。这时需要用累加器变量保存和数，计算过程中它保存的是累加的部分和。循环中顺序把各个数加上去，直至所有的数加完了，部分和也就变成了完全和。

重复的累加操作中不同的是操作对象，本题中也是重复相同的加法操作，但每次的加数是不同的。所以为了实现循环，还需要用一个变量保存该操作对象(每次的加数)，在本题中两个相邻加数的关系直观，本次加数加1便得到了下一次的加数。

假定已经定义了名为sum的累加器变量和名为i的加数变量。加数i的取值为[1,n]范围里所有整数。一种典型实现方式可以让加数变量i从最小值开始逐步增加，直至达到最大值。由于这里用i的范围来判断循环是否结束，所以加数变量i同时也是循环控制变量。

程序如下:

```
#include <stdio.h>
int main()
{
    int i = 1,sum = 0,n;                //循环变量的初始化,累加器置0
    scanf("%d",&n);
    while (i <= n)                      //循环条件的设置

      sum = sum + i;                    //循环体
      ++i;                              //循环控制变量的改变

    printf("sum = %d",sum);
    return 0;
}
```

程序运行后我们好像看不到结果,因为计算机不会按照代码的缩进来执行程序,并不认为++i是循环体的组成部分。由于变量i永远得不到更新,i<=n一直保持为真。所以这又是一个无限循环的例子,只能强制关闭。

还有一个需要注意的问题是,在while条件的后面不能随便跟有分号,比如考虑下面代码的循环部分。

```
#include <stdio.h>
int main()
{
    int i = 1,sum = 0,n;                //循环变量的初始化,累加器置0
    scanf("%d",&n);
    while (i <= n);                     //循环条件的设置,后面跟着一个分号
    {
      sum = sum + i;                    //循环体
      ++i;                              //循环控制变量的改变
    }
    printf("sum = %d",sum);
    return 0;
}
```

上面的例子也会成为一个无限循环,如前所述,循环在碰到第一个简单语句或者循环语句就结束了。上面代码在while条件的后面紧跟一个分号,循环将在此终止,因为分号是一个空语句,循环等于什么都没做。

下面才是正确的参考代码。

```
#include <stdio.h>
int main()
{
    int i = 1,sum = 0,n;                //循环变量的初始化,累加器置0
    scanf("%d",&n);
    while (i <= n)                      //循环条件的设置
    {
```

```
    sum = sum + i;                        //循环体
    ++i;                                  //循环控制变量的改变
  }
  printf("sum = %d",sum);
  return 0;
}
```

这个问题也可以采用向下循环的方式解决,循环变量采用递减方式,具体代码如下:

```
#include <stdio.h>
int main()
{
  int i,sum = 0;                          //i 是循环变量,从 n 开始减,sum 存放累加和
  scanf("%d",&n);
  i = n;
  while (i >= 0)                          //当累加到 0 时,停止累加
  {
    sum = sum + i;                        //求和
    --i;                                  //i 的值每次减 1
  }
  printf("sum = %d",sum);
  return 0;
}
```

注意:一般用累加器变量时,在开始循环前需要置初值为 0,常称为累加器清零。

6.2.4 计数循环与不确定循环

程序实例 6.2 在循环之前就可以明确循环的次数,代码中设置了一个变量作为计算器,统计累加的次数就可以控制循环。这种循环技术即为计数循环。

有些 while 循环的实例是不确定的循环。在表达式变为假之前你不能预先得知循环要执行多少次,程序用一个表示逻辑的表达式来控制循环的结束,这种循环技术称为不确定循环。例 6.3 采用“辗转相除法”来求两个正整数的最大公约数,事先无法明确辗转相除多少次。

【例 6.3】 输入两个正整数 m 和 n,求它们的最大公约数。

分析:求最大公约数可以用“辗转相除法”,将大数 m 作为被除数,小数 n 作为除数,二者余数为 r。如果 $r \neq 0$ 则将 $n \to m, r \to n$,重复上述除法,直到 $r = 0$ 为止。

程序如下:

```
#include <stdio.h>
int main()
{
   int m,n,r,t;
   printf("input m and n(>0):\n");
   scanf("%d%d",&m,&n);
   if (m < n)
      { t = m; m = n; n = t;}             //初始化
   while (n != 0)                         //循环条件
    {r = m % n;m = n;n = r;}              //循环体,包含了循环变量值的改变
```

```
    printf(" %d",m);
    return 0;
}
```

说明：

“辗转相除”是重复地做除法，但如果每次除法的操作对象(即被除数与除数)没有改变的话，重复的除法就没有意义了。循环应该保证每次的操作对象是不同的，本题中就是要使得每次的被除数与除数是不同的，循环的除法才有意义。

如何得到每次不同的除数、被除数呢？从本例可以看出来，每次除法是用上一次的除数作为本次的被除数，以上一次的余数作为本次的除数。概括来讲，本次循环的操作对象一般是在上一次循环的操作对象的基础上以某种规律变化得到的，不同的题目只是变化规律稍有区别而已。在循环设计中只要把握住这一点，很多问题会迎刃而解。

6.3 do…while 语句——退出条件循环

do while 语句与 while 语句关系紧密，事实上，do while 语句本质上是 while 语句的变体。只不过其控制表达式是在每次执行完循环体之后判定的。

6.3.1 do while 的一般形式

do while()语句的特点是先执行循环体一次，然后根据循环中“表达式”的值判断循环条件是否成立。do while()语句一般形式：

```
do
  循环体
while (表达式);
```

执行过程：先执行一次指定的循环体语句，再计算“表达式”的值，当表达式的值为非 0 时，继续执行循环体语句，如此反复，直到“表达式”的值等于 0 时循环结束。do while 循环又称直到型循环，其流程图如图 6.2 所示。

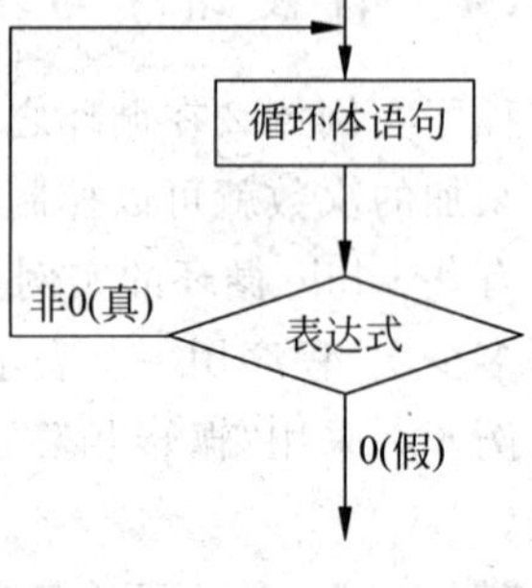

循环体语句
表达式
非0(真)
0(假)

图 6.2 do while 语句流程图

6.3.2 do while 语句的使用

与 while 相比，do while 语句至少被执行一次，两者一般可以相互替用。既然 do while 语句与 while 语句如此紧密，而且对于同一个问题，大多数的程序员都愿意使用 while 语句，那为什么还需要 do while 这种结构呢？这是因为有一些问题采用 do while 语句来实现是更加方便的。

【例 6.4】 计算正整数 n 的各位上的数字的乘积。

分析：对于一个正整数 n，n%10 可以求出 n 的个位数字，n/10%10 可以得到 n 的十位数字，n/100%10 可以得到 n 的百位数字，依次类推，可以使用一个循环得到正整数 n 的各位数字。

程序如下：

```
#include <stdio.h>
```

```
int main()
{
 long n,k = 1;
 printf("Please enter a number:");
 scanf("%ld",&n);
 do
 {
   k = k * (n%10);                          //n%10 求出 n 上各位的数字,k 用来求出数字之积
   n = n/10;
 }while(n);
 printf("\n%ld\n",k);
 return 0;
}
```

可以确定的是：对一个正整数求余至少可以进行一次，因此例 6.4 采用 do…while()更合适些。

6.3.3 do while 语句的语法要点

无论需要与否，最好给所有的 do 语句都加上花括号，这是因为没有花括号很容易被误认为是 while 语句。例如：

```
do
  printf("Helloworld\n");
while(i>0);
```

尽管这种形式是符合语法的，但很多初学者会认为 while 是语句的开始。如果循环体是多条语句组成的，则必须使用花括号表示复合语句。

【例 6.5】 从键盘输入某班级学生的某门课考试成绩，编程统计学生人数、总分和平均分。

分析：(1)由于学生人数未知，故采用标志法。由此设定：在最后一个学生成绩的后面添加一个结束标志－1，因为学生成绩一般情况下是大于等于零的；(2)由于班级中学生人数大于零。因此可使用 do…while()循环。

程序如下：

```
#include <stdio.h>
int main()
{
    int count = 0;
    float score,total = 0,average;
    printf("input scores:\n");
    scanf("%f",&score);                  //预设循环条件
    do
    {
      total = total + score;
      ++count;
      scanf("%f",&score);                //循环条件的变化
    } while ( score != -1);
    average = total / count;
    printf("count = %d,total = %7.2f,average = %7.2f\n",count,total,average);
```

```
    return 0;
}
```


总的来说,使用 do while 语句应注意以下几点:

(1) do while 型循环中,while 语句后面的分号";"不可缺少。

(2) do while 语句的循环体至少执行 1 次,好的习惯是将循环体语句用花括号括起来。

(3) do while 的初始条件要预先设定好,它们应该放在 do 的上部。循环体中至少有一个语句对 while 表达式的值进行修改,直到在多次循环的过程中表达式的值变为假,从而使程序退出循环体,继续执行该循环语句的后继语句。

6.4 逗号运算符和逗号表达式

1. 逗号运算符及优先级

在C语言中,逗号","也是一种特殊的运算符——逗号运算符,又称为"顺序求值运算符"。用逗号运算符将若干个表达式连接起来的式子称为逗号表达式。例如:

```
3+5, a=14, b=4.12, a+b, r= a+b-2
```

逗号表达式的一般形式可以扩展为

表达式 1,表达式 2,表达式 3,…,表达式 n

逗号表达式的求解过程是:先求解表达式 1,再求解表达式 2,依次求到表达式 n,表达式 n 的值就是整个逗号表达式的值。

赋值运算符的优先级高于逗号运算符,逗号运算符是所有运算符中级别最低的。例如,下面两个表达式的作用是不同的:

```
x=(a=5,7*3)
x=a=8,6*2
```

前一个是一个赋值表达式,将一个逗号表达式的值赋给 x,x 的值等于 21,同时变量 a 的值为 5。后一个是逗号表达式,包括一个赋值表达式和一个算术表达式,x 的值为 8,整个逗号表达式的值为 12,变量 a 的值为 8。

逗号运算符与其他运算符混合运算时一定注意表达式的优先级顺序。再看下面的语句:

```
3>4?a=3:b=4,a=b;
```

由于逗号运算符的优先级顺序低于条件运算符,因此上述语句的执行过程是先执行 3>4? a=3:b=4,得到 b 为 4 的结果;再执行 b=4,a=b。

2. 逗号运算符的结合性

逗号运算符具有左结合性,例如

```
i=1,j=2,k=i+j
```

等价于(i=1),(j=2),(k=i+j)从左至右计算。

表 6.1 显示了目前所学的运算符的优先级与结合性。

表 6.1　运算符优先级与结合性

运 算 符	优先级	结 合 性
()	1	从左至右
! ++ -- + -(类型)sizeof	2	从右至左
* / %	3	从左至右
+ -	4	从左至右
< <= > >=	6	从左至右
== !=	7	从左至右
&&	11	从左至右
||	12	从左至右
?:	13	从左至右
= += -= *= /= %=	14	从右至左
,	15	从左至右

3. 逗号表达式及使用

逗号表达式的值取最后一个表达式的值。提供逗号表达式是为了在C语言要求只能有一个表达式的情况下可以使用两个或者多个表达式。换句话说，逗号运算符允许将两个表达式"链"在一起构成一个表达式，如同将复合语句当成一个语句。例如有下列语句：

```
if(a<b)
{t=a;a=b;b=t;}
```

也可以写为

```
if(a<b)
{t=a,a=b,b=t;}
```

在许多情况下，使用逗号表达式的目的只是想分别得到各个表达式的值，而并非一定需要得到和使用整个逗号表达式的值，逗号表达式最常用于循环语句(for语句)中。

另外，并不是任何地方出现的逗号都作为逗号运算符。常见的函数参数是用逗号来间隔的，定义多个同类型变量时也是用逗号来间隔变量的。例如：

```
int  i,j;
printf("%f %d\n",f,d);
```

6.5　for 语句

下面是例 6.2 中的部分代码：

```
int i = 1,sum = 0,n;                 //循环变量的初始化,累加器置 0
scanf("%d",&n);
while (i<= n)                        //循环条件的设置
{                                    //循环体
    sum = sum + i;
    i++;                             //循环控制变量的改变
}
```

其中,while循环条件(i <= 100)执行比较的动作,增量运算符i执行递增的动作。递增i++在循环的结尾处执行。这种选择使得有可能不小心漏掉递增的动作。所以更好的方法是使用i++ <=100来把判断与更新动作结合在一个表达式中,但使用这种方法时计数器的初始化仍然是在循环之外进行的,这样就有可能忘记初始化。for语句正是一种可以避免这些问题的循环控制语句。

for语句是C语言所提供的功能更强、使用更广泛的一种循环语句,不仅可以用于计数循环,而且可以用不确定循环次数的情况,它完全可以代替while语句。

6.5.1 for语句的一般形式

for语句的一般形式如下:

```
for (表达式 1;表达式 2;表达式 3)  语句
```

三个表达式是用分号分开的。for语句执行过程如下:

(1) 首先求解表达式1。其值一般用于给循环初始变量赋值。

(2) 求解表达式2,若其值为非0,则执行for语句中指定的循环体语句,然后执行下面的第(3)步,若为0("假"),则结束循环,转到第(5)步。表达式2一般用于条件判断,并决定循环是否结束。

(3) 求解表达式3。表达式3一般用于改变控制循环的循环变量的值,使得循环趋向结束。

(4) 返回第(2)步执行下一次循环。

(5) 循环结束,执行for语句下面的一个语句。

for语句执行过程如图6.3所示。

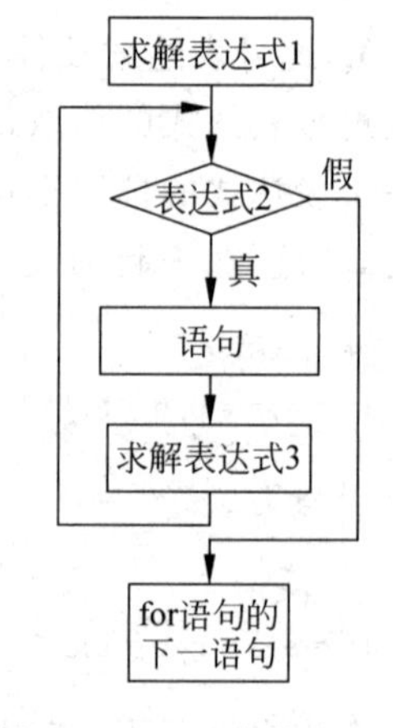

图6.3 for语句执行过程

由for语句的一般形式,例6.2的代码可以修改如下:

```
int i,sum = 0,n;                    //循环变量的初始化,累加器置 0
scanf("%d",&n);
for(i = 1;i <= n;i++)               //循环条件的设置
{
    sum = sum + i;                  //循环体
}
```

【例6.6】 斐波那契(Fibonacci)数列问题。该数列前2个数据项为1。从第3项开始,每项都是该项的前两项之和,输出该数列的前20项,每行5个数据项。

分析:所谓斐波那契数列是指数列最初两项的值为1,以后每一项为前两项的和,即1,1,2,3,5,8,13,…。在程序中变量f1和f2表示数列的前两项,用变量f3表示前两项的和。

设用f1、f2、f3表示相邻的三个斐波那契数列数据项,据题意有f1、f2的初始值为1,即递推的初始条件为:f1=f2=1;递推的公式为:f3 =f1+f2。由初始条件和迭代公式只能描述前三项之间的关系,为了反复使用迭代公式,可以在每一个数据项求出后将f1、f2和f3顺次向后移动一个数据项,即将f2的值赋给f1、f3的值赋给f2,从而构成如下的迭代语句序列:

```
f3 = f1 + f2;
f1 = f2;
f2 = f3;
```

反复使用该语句序列就能够求出所要求的斐波那契数列。

这是一个重复执行 f3 =f1+f2 的过程，每次的 f1、f2 肯定是不同的，如前所述，就要考虑上一次的操作对象通过什么样的变化规律可以得到这一次的操作对象。仔细想想，实际上与前面讲过的例 6.3 中求最大公约数的规律是相似的。

程序如下：

```
#include <stdio.h>
int main()
{
  int f1 = 1,f2 = 1,f3;
  int i;
  printf("\n%-10d%-10d",f1,f2);
  for (i = 3;i <= 20;i++)
  {
      f3 = f1 + f2;
      printf("%-10d",f3);
      if( i % 5 == 0 ) printf("\n");
      f1 = f2;
      f2 = f3;
  }
  return 0;
}
```

程序运行结果如图 6.4 所示。

1	1	2	3	5
8	13	21	34	55
89	144	233	377	610
987	1597	2584	4181	6765

图 6.4　Fibonacci 数列前 20 项

【例 6.7】 判断一个整数是否素数。

分析：从数学性质来看，一个数是素数的前提是除了 1 与它本身之外不再有其他的因子。程序就依此性质来判定，即依次以整数 2、3……n−1 作为除数对 n 做除法，如果都不能满足整除条件，说明这些都不是 n 的因子，满足素数条件，n 是素数；否则，如果除法过程有数满足了整除条件，说明至少找到了一个 1 与本身之外的其他因子，可以判定 n 不是素数。

由此，循环重复的操作是整除的判定，循环的范围由除数的变化区间确定。可以引入一个标记变量来标记除法过程中是否发生整除的状态。基本程序如下：

```
#include <stdio.h>
int main()
{
  int n,i;
  int flag;                        //标记变量
```

```
   scanf("%d",&n);
   flag=1;                               //标记变量初始化,假定n是素数
   for (i=2;i<=n-1;i++)
      if( n % i == 0 ) flag=0;           //若整除发生,标记变量值改变
   /*若循环之后标记变量未改变,说明没有整除发生,n是素数;否则不是素数*/
   if(flag)                              //条件即(flag==1)
      printf("%d is a prime\n",n);
   else
      printf("%d is not a prime\n",n);
    return 0;
}
```

运行本程序,可以实现素数的判定了。但从数学性质进一步分析,整数n的因子一定是成对出现的,而这两个因子一定是一小一大分布的,并且两者的界限是$\sqrt{n}$。由此可知,如果在$\sqrt{n}$时还未找到n的因子,则$\sqrt{n}$之后一定不会再有n的因子,这样可以将循环范围大大缩小。由此,可得修改后的程序如下:

```
#include <stdio.h>
#include <math.h>                       //求平方根需要数学库中的函数sqrt,应包含其头文件
int main()
{
   int n,i;
   int flag;                            //标记变量
   scanf("%d",&n);
   flag=1;                              //初始化,假定n是素数
   for (i = 2; i<= sqrt(n);i++)         //循环次数减少了
         if( n % i == 0 )
           flag = 0;                    //若整除发生,标记变量值改变
   /*若循环之后标记变量未改变,说明没有整除发生,n是素数;否则不是素数*/
   if (flag)                            //条件即(flag==1)
    printf("%d is a prime\n",n);
   else
    printf("%d is not a prime\n",n);
   return 0;
 }
```

6.5.2 for语句的灵活运用

for循环控制结构是最灵活的,可以根据需要省略其控制部分的表达式,下面讨论常见的几种省略形式。

(1) 省略for控制结构中的表达式1。

省略后形成了如下所示的for循环结构:

```
for (; 表达式2; 表达式3)
    循环体
```

由于在此形式中省略了用于for循环结构初始化的部分,因而程序中的for循环结构之前必须要有实现for循环结构初始化部分功能的语句存在,例如例6.2中的循环控制部分

可以改为如下所示的程序段：

```
scanf("%d",&n);
i = 1;sum = 0;
for ( ; i <= n ; i++) sum +  = i;
```

(2) 省略 for 控制结构中的表达式 2。

省略后形成了如下所示的 for 循环结构：

```
for (表达式 1; ; 表达式 3)
        循环体
```

由于在 for 循环结构中控制部分的表达式 2 用于控制循环的执行，省略表达式 2 后使得控制条件永远为真(非 0)，从而构成了死循环。同样，只要表达式 2 是一个非 0 值常量表达式，也使得控制条件永远为真(非 0)，进而构成了死循环。例如，如下所示的死循环结构：

```
for (表达式 1; 1 ; 表达式 3)
     循环体
```

(3) 省略 for 控制结构中的表达式 3。

省略后形成了如下所示的 for 循环结构：

```
for (表达式 1; 表达式 2 ;)
     循环体
```

由于在 for 循环结构中控制部分的表达式 3 用于实现对循环控制条件的修改，在循环的控制部分省略表达式 3 则需要在循环体中实现对循环控制变量的修改功能，否则控制条件永远为真(非 0)，从而构成了死循环。例如，例 6.2 中的循环控制部分可以改为如下所示程序段：

```
scanf("%d",&n);
sum = 0;
for (i = 1; i <= n;)
{
    sum += i;
    i++;
}
```

(4) 省略 for 控制结构中的所有表达式。

省略后形成了如下所示的 for 循环结构：

```
for (  ;  ;  )
       循环体
```

由于省略了 for 循环结构中控制部分的所有表达式，其中也包括用于控制循环执行条件表达式 2，所以构成了典型的 for 语句表示的死循环结构。

【例 6.8】 在一行输出 10 个“*”。

仔细观察以下 5 种代码，并体会 for 语句的灵活性以及与 while 语句之间的转换。

代码(1)：

```
#include<stdio.h>
int main()
{
   int i ;
   for (i = 0; i<10; i++)
     printf(" * ");
   printf("\n");
   rerurn 0;
}
```

代码(2)：

```
#include<stdio.h>
int main()
{
    int i = 0;
    for (; i<10; i++)
        printf(" * ");
    printf("\n");
    return 0;
}
```

代码(3)：

```
#include<stdio.h>
int main()
{
   int i ;
   for (i = 0; i<10; )
   {
       printf(" * ");
       i++;
   }
   printf("\n");
   return 0;
}
```

代码(4)：

```
#include<stdio.h>
int main()
{
   int i = 0 ;
   for ( ; i<10;  )
   {
      printf(" * ");
      i++;
   }
   printf("\n");
   return 0;
}
```

代码(5)：

```
#include <stdio.h>
int main()
{
    int i ;
    for (i = 0; i < 10; printf(" * "),i++);
    printf("\n");
    return 0;
}
```

6.5.3 逗号表达式在 for 语句中的使用

逗号运算符扩展了 for 循环的灵活性，因为它使你可以在一个 for 循环中使用多个初始化或更新表达式，例如例 6.8 中的代码(5)。例 6.2 修改为 for 语句后，可以再改为如下的程序段：

```
scanf(" %d",&n);
for (sum = 0,i = 1; i <= n;i++)
{
    sum += i;
}
```

还可以再修改为如下程序段：

```
scanf(" %d",&n);
for (sum = 0,i = 1; i <= n; sum += i, i++)
{
    ;
}
```

6.6 空语句在循环中的使用

前面介绍过，只有分号的语句为空语句。上面介绍逗号表达式在 for 语句中的使用时提到了例 6.8 中的代码(5)中的 for 语句的代码：

```
for (i = 0; i < 10; printf(" * "),i++);
```

在 for 语句的后面跟有的分号即为一个空语句。由于 C 语言的灵活性，for 语句的书写形式也可以这样写：

```
for (i = 0; i < 10; printf(" * "),i++)
  ;                                    //空语句
```

由此可见，空语句可以编写空循环体的循环。后者可读性更强，因为直接放在 for 循环语句的后面很容易被忽略。

假设将例 6.7 中的循环体中的标记变量 flag＝0 修改为 break(break 在循环中表示终止循环，将在后面详细介绍它的使用)：

```
for (i = 2; i<= sqrt(n);i++)          //循环次数减少了
   if( n % i == 0 )
       break;                          //若整除发生,终止循环
```


如果把条件 n % i == 0 放到循环控制表达式中,那么循环体就会变空:

```
for (i = 2; n % i == 0 &&i<= sqrt(n);i++)      //循环次数减少了
    ;                                           //空循环
```

一般情况下把普通循环转为空循环看起来使程序比较简洁,但不会提高效率。

注意:如果不小心在if、while和for语句后面放置一个分号会使if、while和for语句提前结束。

6.7 循环语句的选择

一般情况下,前面介绍的3种循环可以互换。但分析题目时还是要考虑应该选择哪一种。首先要确定你需要先判断循环条件再执行循环体还是需要先执行一次循环体再判断循环条件。一般情况下,需要先判断循环条件再执行循环体,因为如果在循环开始的地方进行判断,程序的可读性更强。在很多应用中,如果一开始就不满足判断符,那么跳过整个循环是重要的,因此需要先考虑是用for和while循环。

假定你需要一个先判断条件再执行循环体的循环,应该使用for还是while循环?这是个人习惯的问题,因为二者可以做的事情是相同的。要使for循环看起来像while循环,可以去掉它的第一个和第三个表达式。比如for语句的一般使用形式,同样可以表示成while语句的形式:

```
表达式 1;
while (表达式 2)
{
  语句
  表达式 3;
}
```

比较流行的风格是在循环涉及初始化和更新变量时使用for循环较为适当,而在其他条件下使用while循环更好一些。对那些涉及用数组下标计数的循环,使用for循环是一个更自然的选择。例如:

```
for (int count = 1; count <= 100; count++)
```

而while循环对以下的条件来说是很自然的:

```
while (scanf (" % d",&num) != EOF)
```

【例6.9】 由键盘任意输入一串字符,分别统计其中的大写字母、小写字母、数字、其他字符的个数。

分析:例5.5中分析了如何判断一个字符是大写字母、小写字母、数字和其他字符,本例的要求更进一步。程序定义4个整型变量,用于统计4种字符的数量。当然,在程序还没有进行统计之前,应将它们初始化为0,再定义1个字符变量用于接收键盘输入的字符,利

用循环输入一串字符，每输入一个字符，利用 if 结构对输入的字符进行判断和统计。我们无法从题目中明确循环的次数，因此可以设定直到输入 Enter 符时为止，这样使用 while 循环是最佳的选择。

程序如下：

```
#include<stdio.h>
int main()
{
    char c;
    int digcount = 0;
    int uppcount = 0;
    int lowcount = 0;
    int othercount = 0;
    printf("\n input :\n");
    while ((c = getchar()) != '\n')                    //循环控制条件
    {
        if ( c>= '0' && c<= '9')
             digcount++;
        else if( c >= 'A' && c <= 'Z')
             uppcount++;
        else if  ( c>= 'a' && c<= 'z')
             lowcount++;
        else
             othercount++;
    }
    printf("\nDigit character is %d\n",digcount);
    printf("\nUpper is %d.\n",uppcount);
    printf("\nLower is %d.\n",lowcount);
    printf("\nOther  character is %d.\n",othercount);
    return 0;
}
```

6.8 循环嵌套

在一个循环结构的循环体内又包含另外一个完整的循环结构，称为循环的嵌套。内嵌的循环还可以再嵌套循环，这就是多重循环，其中最常用的循环嵌套是两重循环，其中，外层的循环称为外循环，被嵌套的循环称为内循环。

在 C 程序中，三种循环语句 while()语句、do…while()语句和 for()语句可以相互嵌套，构成多重循环。

1. 嵌套循环的执行过程

嵌套循环执行的过程是：每进入一次外层循环，内层循环要按照赋初值、判断循环条件、执行内层循环体这三个过程进行，直到内层循环条件不成立；接下来顺序地执行外层循环体中在内层循环后的其他运算，外层循环体执行结束后返回外层循环条件判断，依此类推，直至外层循环条件为假。

2. 循环嵌套应注意的几个问题

(1) 内、外循环的循环控制变量不能同名。如果同名，则循环控制变量在外循环赋值后，进入内循环中又要被赋值，就会影响外循环的实际执行次数。

(2) 内循环应完全置于外循环内，内、外循环不得交叉。如外循环中内嵌了两个以上并列的内循环，并列的内循环也应完全并列，不得交叉。

(3) 循环嵌套中，内、外循环的执行次数是很重要的。为了提高程序执行的效率，常常把循环执行次数多的循环放入内层，而执行次数少的循环放在外层。

(4) 循环嵌套的层数没有限制，但通常使用二重或三重循环。太多的嵌套层数，增加了阅读程序、调试程序的困难。

3. 循环嵌套设计举例

循环嵌套在程序设计，特别是比较复杂问题的程序设计中有非常广泛的应用。这里只就几个典型实例对最常用的二重循环嵌套的设计方法做一点分析与归纳。

如果确定用二重循环来解决问题，在设计中首先要处理好如下几个细节：

(1) 明确外循环要实现的目标，搞清楚外循环的循环次数。

(2) 明确内循环要实现的目标，搞清楚内循环的循环次数。

(3) 建立内外循环之间的联系，一般而言，内循环的循环次数都是与外循环变量有关的，要找到内循环变量与外循环变量的关系。

【例6.10】 输入打印行数n，按照如下的规律打印出n行图形：

```
*
* *
* * *
* * * *
* * * * *
```

分析：这是一个n行图形的打印问题，可以用循环来控制输出的行数。由于每行的输出图形是不同的，可以用一个嵌套的内循环来控制一行图形中“*”的输出个数。通过观察可以发现不同行图形中“*”的输出个数之间是有规律的，这个规律即为“*”的输出个数与所在的行数存在关系，由此可以得到内循环控制范围与外循环变量值之间的关系。

程序如下：

```
#include <stdio.h>
int main()
{
   int i,j,n;
   scanf("%d",&n);                          //输入行数
   for( i = 1; i <= n; i++)                  //外循环控制输出行数,每次输出一行
     {
     for (j = 1; j <= i; j++)                //内循环控制每行输出的"*"个数
         printf("* ");
     printf("\n");                          //输出1行后的换行
     }
   return 0;
}
```

如果要输出的图形如下，需要对上面的程序做哪些修改呢？

```
1
1 2
1 2 3
1 2 3 4
1 2 3 4 5
1 2 3 4 5
1 2 3 4
1 2 3
1 2
1
```

分析：有了例6.10的基础，对上面图形的分析就很清楚了。首先看到前5行与例6.10是类似的，只不过这里打印的是有规律的数字。每一行打印数字的个数与行序是一样的，每一列打印的数字与其所在的列序是一样的。用外循环控制行数，用内循环控制列数，内循环的循环条件是与外循环变量有关系的，即打印的列数与行序一样。同理，对于后五行，也可以设置一个双重循环来进行控制输出。第一行打印5个数字，第二行打印4个数字，以此类推，最后第五行打印1个数字。

程序如下：

```
#include <stdio.h>
int main()
{
    int r,c,n;
    scanf("%d",&n);                          //输入行数
    for( r = 1; r <= n; r++)                  //外循环控制输出行数,每次输出一行
    {
      for (c = 1; c <= r; c++)                //内循环控制每行输出数字
          printf("%d ",c);
      printf("\n");                           //输出1行后的换行
     }
    for( r = 1; r <= n; r++)                  //外循环控制输出行数,每次输出一行
    {
      for (c = 1; c <= n+1-r; c++)            //内循环控制每行输出数字
          printf("%d ",c);
      printf("\n");                           //输出1行后的换行
     }
    return 0;
    }
```

由此，大家可以总结出这一类问题的解法。

【例6.11】 编写程序，从键盘输入6名学生的5门课程成绩，分别统计出每个学生的平均成绩。

分析：每个学生都有5门课程，即可借助双层嵌套循环实现，该题给出了学生成绩管理系统的一部分功能。

程序如下：

```
#include<stdio.h>
int main()
{
    int i,j;
    float score,sum,ave;
    for ( i = 0; i<6; i++)                    //外循环为学生的人数
    {
        sum = 0;
        printf("Please input 5 scores of student No. %d\n",i+1);
        for ( j =0; j<5; j++)                 //内循环为课程数,每个学生都有5个成绩
        {
            scanf("%f",&score);
            sum += score;
        }
        ave = sum / 5;
        printf("No. %d ave= %5.2f.\n",i+1,ave);
    }
  return 0;
}
```

6.9 break 和 continue 语句

前面已经学习了如何设置正常结束循环的条件，但是，有些时候也会在循环中间设置退出的点，break 语句可以用于跳出循环，把程序控制转移到循环体末尾之后。而 continue 语句虽然无法跳出循环，但它可以结束本次循环，把程序控制转移到循环体末尾之前。

1. break 语句

break 语句又称中断语句，其一般形式如下：

```
break;
```

功能：强制中断当前的循环结构或 switch 结构，直接结束循环或 switch 结构。

说明：break 语句只能用在 switch 语句或三种循环语句的循环体中。在循环体中，可通过使用 break 语句立即终止循环，直接跳出循环语句，转去执行循环语句的下一语句。流程如图 6.5 所示。

2. continue 语句

continue 语句的一般形式如下：

```
continue;
```

功能：结束本次循环，即不再执行循环体中 continue 语句之后的语句，转入下一次循环条件的判断和执行。流程如图 6.6 所示。

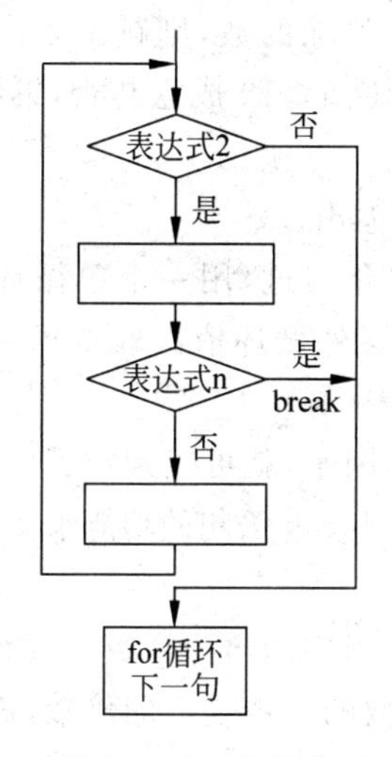

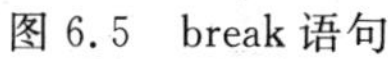
图 6.5 break 语句

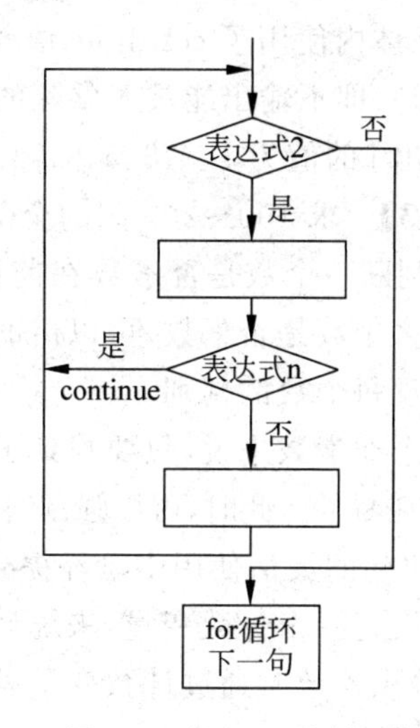

图 6.6 continue 语句

【例 6.12】 break 和 continue 的比较：观察代码 a 和代码 b 运行结果有何不同？为什么？

代码 a：

```
#include <stdio.h>
int main()
{
  int i;
  for (i = 1; i <= 10; i++)
  {
      if( i % 4 == 0 ) break;
      printf("i = %d\n", i);
  }
  return 0;
}
```

代码 b：

```
#include <stdio.h>
int main()
{
  int i;
  for (i = 1; i <= 10; i++)
  {
      if( i % 4 == 0 ) continue;
      printf("i = %d\n", i);
  }
  return 0;
}
```

程序分析：分析程序的执行结果，可以看出，代码(a)在循环体内使用了 break 语句，程序遇到第一个能被 4 整除的数，则跳出循环，结束整个循环，因此只输出 i 的值为 1、2、3；代码(b)在循环体内使用了continue语句，程序遇到能被4整除的数，则跳出本次循环，不执行其后的语句(即不输出能被4整除的数)，流程转到去判断i≤10成立与否，继续下一次循环，因此，输出i的值为1、2、3、5、6、7、9、10。

【例6.13】 求100~200间的全部素数，按每行5个输出。

分析：判断一个数是否素数在前面刚刚在例6.7中介绍过，用一个单循环可以实现。本例是判断多个数是否素数，可以借助前面的方法，加一层外循环依次取得每一个数，在内循环中来实现每个数的判别。

对于一个非素数来说，只要找到了第一个可以整除的因子，就可以判定了。后面数就没有必要继续判断了。此时，可以强制终止循环，可以借助于break语句的功能来实现例6.7，这一点在for语句的灵活使用中已经提到过。

同时要设置一个计数变量，来统计获得的素数数目。当判断出一个数为素数时，该变量计数加一，输出素数时通过计数变量做一下判断，如果素数的个数是5的倍数，需要换行。

程序如下：

```
#include <stdio.h>
#include <math.h>
int main()
{
  int m,k,i,count = 0;                               //计数变量赋初值
  for(m = 101; m <= 200 ;m = m + 2)
  {
      k = sqrt(m);
      for(i = 2; i <= k; i++)
         if(m % i == 0)  break;                      //发现m的一个因子就结束整个循环
      if( i >= k+1)          //如果if中条件成立,则表示循环过程没有发现m的因子,m为素数
      {
          printf(" %d  ",m);
          count++;                                   //输出新素数,并计数加一
          if( count %5 == 0)
               printf("\n");                         //限定每行输出5个素数
      }
  }
  printf("\n");
  return 0;
}
```

6.10 本章小结

流程控制是C语言的重要组成部分，从程序的执行流程来看，程序一般有3种控制结构，即顺序结构、分支结构和循环结构。本章主要学习了循环结构。C语言提供了3种循环结构，它们之间可以相互替换。3种循环可以相互嵌套形成多重循环。在循环执行过程中，可以使用转向语句break和continue等控制流程。其主要内容是：

- while()语句；
- do…whie ()语句；

- 逗号运算符与逗号表达式；
- for()语句；
- 循环嵌套；
- break 和 continue 语句。

通过本章的学习，要掌握 C 语言的流程控制，合理地组合使用 3 种基本结构，有效地进行程序设计。

第7章 函　　数

前面几章学习了 printf 函数、scanf 函数、getchar 函数以及 putchar 函数等,并且程序都是由一个 main 函数构成的。但实用程序往往由多个函数组成,每个函数完成不同的功能,需要时可以直接调用。可以说 C 程序的全部工作都是由各式各样的函数完成的,所以也把 C 语言称为函数式语言。

本章将学习如何编写自己的函数,包括函数的特点、函数的分类、函数的定义和调用、函数的返回、函数的嵌套调用和递归调用以及变量的作用域与存储类别等。

7.1 函数概述

7.1.1 什么是函数

函数是 C 语言中模块化程序设计的最小单位,是用于完成特定任务的小程序。简单来说,函数就是一连串语句,这些语句被组合在一起,并被指定一个名字。C 语言的函数不完全等同于数学函数。

程序中的某些函数会执行某些动作,比如 printf 函数可以把数据显示在屏幕上;还有一些函数可以返回一个数值以供程序使用。例如下面的程序。

【例 7.1】 求两个实数的和。

程序如下:

```
#include <stdio.h>
float add(float a,float b);                    //函数的声明
int main()
{
  float itotal = 0,ic,id;
  scanf("%f%f",&ic,&id);
  itotal = add(ic,id);                          //函数的调用
  printf("%f",itotal);
  return 0;
}

float add(float ia,float ib)                   //函数的定义
{
  float itotal = 0;
  itotal = ia + ib;
  return itotal;                                //返回一个值给主调函数 main()
}
```

程序中，add 就是一个函数，它执行了求和的操作，并使用 return 返回一个值。类似求和的运算程序在前面的几章中，已经列举了很多，并且它们不使用函数会使程序显得更加短小精简。那为什么需要使用函数？

7.1.2 为什么使用函数

为什么使用函数？前面章节中的程序都是相对规模较小的程序，而在实际项目开发中，程序通常都是小至几十万行，大至几百万行甚至更多的代码组成。当程序员面对一个规模复杂的任务时，可以把大任务划分为小任务，小任务划分为更小的任务，并提炼出公共任务，分而治之。

C 程序的设计原则是采用函数模块式结构，使程序的层次结构清晰，便于程序的编写、阅读、调试、代码重用，这正体现了分而治之的思想。首先可以利用函数把程序划分成小块，这样便于人们理解和修改程序，每一个小问题就是一个模块；第二，函数的使用可以省去重复代码的编写，如果程序中需要多次使用某种特定的功能，那么只需要编写一个合适的函数即可。函数可以在某个程序需要的任何地方调用，当然也可以在其他的程序来调用它。

例如：要求利用 C 语言设计一个简单的计算器程序，完成实数的加、减、乘、除运算。第 5 章中例 5.9 介绍过只用 main 函数实现的参考代码。本章考虑对每种运算采用调用函数的方式实现。

为实现四则运算，从功能上可以将程序分成以下 5 个模块。

(1) 主模块：完成数据输入、函数调用、数据输出。

(2) 加法模块：进行加法运算。

(3) 减法模块：进行减法运算。

(4) 乘法模块：进行乘法运算。

(5) 除法模块：进行除法运算。

在 C 语言中，本程序的每个模块均可用函数实现，充分体现了模块化程序设计思想。

部分参考代码如下：

```
#include <stdio.h>
int main(void)
{
  float ic,id;
  scanf("%f%f",&ic,&id);
  add(ic,id);                          //求和函数的调用
  substract(ic,id);                    //减法函数的调用
  multiply(ic,id);                     //乘法函数的调用
  divide(ic,id);                       //求除函数的调用
  return 0;
}
```

程序运行时会根据输入的数据分别执行 add()、substract()、multiply()和 divide()四个函数来进行加、减、乘和除的运算。当然，还需要把四个函数的实现细节如同例 7.1 那样写完整，但上述描述性的函数可以让我们初步理解函数的组织结构。后面的内容会慢慢扩展到如何去完成这些函数的细节，并要学会如何正确定义函数、如何调用函数和如何进行函数间数据的传递。

7.1.3 函数的特点

C函数具有以下特点：

(1) main函数是C程序的主函数，main函数可以调用其他函数，但不允许被其他函数调用。

(2) C程序的执行总是从main函数开始，完成对其他函数的调用后再返回到main函数，最后由main函数结束整个程序。一个C源程序有且只能有一个main函数。

(3) 在C语言中，所有的函数定义，包括主函数main在内，都是平行的。但在函数体内，不能再定义另一个函数，即不允许函数嵌套定义。

(4) 在C语言中，主函数main可以调用其他函数，其他函数可以互相调用，但都不能调用main函数。main函数是被操作系统调用的。

7.1.4 函数的分类

C程序是由函数组成的。一个程序可以包含多个函数，每个函数各司其职。但main函数就像一个总管，程序的执行总是在main函数入口开始，中间无论如何调用函数，最后总要在main函数出口结束(这句话可以根据后期的函数的特点来决定如何调整)。抛开main函数的特殊性，仍然可以可从不同的角度对函数进行分类。

1. 从函数定义的角度分类

C语言函数可分为标准库函数和用户自定义函数。

(1) 标准库函数是由C系统提供的函数，可在C程序中直接调用，比如printf函数、scanf函数等。符合ANSI C标准的C编译器都必须提供这些库函数。

(2) 用户自定义函数是由用户按设计需要编写的函数。这是本章讨论的重点。

2. 从函数返回值的角度分类

C语言函数分为有返回值函数和无返回值函数。

(1) 有返回值函数。函数被调用执行后将向调用者返回一个执行结果，称为函数返回值。

(2) 无返回值函数。此类函数主要用于完成某项特定的处理任务，执行完成后不向调用者返回函数值。

3. 从主调函数和被调函数之间数据传送的角度分类

C语言函数分为无参函数和有参函数。

(1) 无参函数。在函数定义、函数说明及函数调用中均不需要参数。

(2) 有参函数。在函数定义、函数说明及函数调用时均需要参数。

7.2 函数定义和调用

7.2.1 函数定义

和使用变量一样，函数必须先定义后使用。函数定义的基本格式如下：

```
返回值类型  函数名(类型 形式参数1,类型 形式参数2,…)
```

```
{
 声明语句序列
 可执行语句序列
}
```

例如,求两个数积的函数如下:

```
double multiply(double a, double b)          //a、b是实型形参
{
 return a * b;
}
```

说明:

(1) 返回值类型。返回值是运算的结果。返回值类型也称为函数类型。无返回值则需要用 void 定义返回值的类型。

注意:函数不能返回数组,只能返回一个值。

(2) 函数名。由用户定义的标识符,函数名后有一对圆括号,不能省略。C 语言中规定:函数装载到内存后占用一段连续的内存区,函数名是该函数所占内存区的首地址。

(3) 形式参数。函数的入口。函数头部参数表里变量称为形式参数,简称形参。多个形参之间用逗号间隔开。在进行函数调用时,主调函数赋予这些形式参数实际值。

当然函数名后面的圆括号中也可以没有入口参数。没有入口参数的函数称为无参函数,可用 void 代替函数头部中形参表中的内容,它告诉编译器不接收来自调用程序的任何数据。

注意:

① 即使几个形参具有相同的数据类型,也必须对每个形参进行类型说明,例如下面的例子就是错的。

```
(int x, int y)                               //是正确的函数形参说明
(int x, y)                                   //是错误的函数形参说明
```

② 形参是变量,只是形式上规定了函数调用时,需要传递的数据类型及顺序,形参没有具体值。

③ 形参只有在被调用时才分配内存单元,在整个函数体内都可以使用,在调用结束时释放所分配的内存单元,因此形参只有在函数内部有效。

(4) 函数体:函数体可以包含声明的变量和语句。例如交换两个变量的值:

```
int swap(int a, int b)                       //a、b是整型形参
{
 int t;                                      //变量的声明
 t = a;                                      //执行语句
 a = b;
 b = t;
}
```

对于返回类型为 void 的函数,其函数体可以为空,称为空函数。如:

```
void print_fun(void)
```

```
{
}
```


程序开发中的空函数是有意义的。程序员会因为在某一时间内无法完成函数,所以为它预留空间,以便后来可以回来编写它的函数体。

(5) 函数定义可以在程序中的任何地方,只要它是完整的。但函数不能嵌套定义,即定义在另外一个函数的内部。比如下面的例子是错误的,swap函数不能定义在print_fun函数的内部。

```
void print_fun(void)
{
  int swap(int a,int b)                    //定义在函数print_fun内部,是错误的
  {
    int t;                                 //变量的声明
    t = a;                                 //执行语句
    a = b;
    b = t;
  }
}
```

7.2.2 函数调用

定义一个函数后,就可以在程序调用这个函数。把调用函数的函数称为主调函数,把被调用函数称为被调函数。

1. 函数调用形式

函数调用时由函数名和其后面的实际参数列表组成,其一般形式如下:

```
函数名(实际参数表)
```

例如:

```
average(x,y) ;
print_fun() ;
```

说明:

(1) 实际参数是函数调用时的参数,简称实参。实参和形参必须一一对应,要求两者数量相同,类型一致。

(2) 在C语言中,如果调用标准库函数,只需要在程序的最前面用#include命令将相应的头文件包含。

2. 实参的特点

形参和实参的功能是作数据传送。函数调用时,主调函数将实参的值传递给被调函数的形参并执行函数定义中所规定的程序过程。

函数的实参具有以下特点:

(1) 实参形式上可以是常量、变量、表达式、函数等,无论实参是何种类型的量,在进行函数调用时,它们都必须具有确定的值,以便把这些值传递给形参。

(2) 实参和形参的个数、类型、顺序必须严格一致。

【例 7.2】 定义函数 $F(x)=2x^2+5x+3$，在主函数中调用函数 f(x)。

程序代码如下：

```
#include <stdio.h>
double f(double x)                              //定义函数 f(x),x 为形参
{
  double y;
  y = 2 * x * x + 5 * x + 3;
  return y;
}
int main()
{
  double a,y;
  scanf("%lf",&a);
  y = f(a);                                     //调用函数 f,a 为实参
  printf("a = %lf,y = %lf\n",a,y);
  return 0;
}
```

3. 函数的参数传递

在C程序中，参数间的数据传递是值拷贝传递，即将实参值复制一份传递给形参，函数调用结束后，形参值不传给实参，因此实参传递值给形参的过程是一个单向传递过程。

函数之间的参数传递过程如下：

(1) 计算实参的值。

(2) 主调函数调用被调函数，系统为形参分配存储空间，通过参数传递，将实参值传递给形参变量。

(3) 在被调函数中通过对形参的操作实现对数据的引用和加工。

(4) 函数调用结束，从被调函数返回主调函数，主调函数接收函数返回值，系统释放形参所占内存单元。

【例 7.3】 编写函数 swap，注意能否实现 2 个整数的交换。

程序代码如下：

```
#include <stdio.h>
void swap(int a,int b)
{
  int t;
  printf("(2) a = %d,b = %d\n",a,b);        //输出形参 a、b 值
  t = a; a = b; b = t;                      //交换形参 a、b 的值
  printf("(3) a = %d,b = %d\n",a,b);        //输出形参 a、b 值
}
int main()
{
  int x = 10,y = 20;
  printf("(1) x = %d,y = %d\n",x,y);
  swap(x,y);                                //x、y 作实参调用函数
  printf("(4) x = %d,y = %d\n",x,y);
  return 0;
}
```

运行结果:

```
(1) x = 10,y = 20
(2) a = 10,b = 20
(3) a = 20,b = 10
(4) x = 10,y = 20
```

结果分析: 在函数 swap 中,数值确实交换;但返回主函数后,实参值不变。

7.2.3 函数的声明

函数调用时,函数的定义可以在主调函数的前面,也可以在主调函数的后面。由于C语言要求函数先定义后调用,如果主调函数在函数定义的后面,那么函数的声明可以省略;如果函数定义在主调函数的后面,就需要在函数调用前,加上函数原型的声明。

1. 函数声明的形式

函数声明的一般形式如下:

```
类型说明符 被调函数名(类型 形参,类型 形参,…);
```

或

```
类型说明符 被调函数名(类型,类型,…);
```

说明: 括号内给出形参类型和形参名,或只给出形参类型。

例如 max 函数的说明如下:

```
int max(int a,int b);
```

或

```
int max(int,int);
```

int max(int a,int b)声明语句在参数类型的后面加上了变量名。这些变量名只是虚设的名字,它们不必和函数定义中使用的变量名相匹配。

函数的声明一般是在调用自定义函数时要做的事情,对库函数的调用不需声明,但必须把该函数的头文件用#include 命令包含在源文件首部。

注意: 函数声明和函数定义是完全不同的。函数定义包括函数首部和函数体,完整的定义了函数的输入、输出和具体实现;而函数声明是为了编译的需要。

【例 7.4】 函数声明与函数定义的不同。

程序代码如下:

```
#include <stdio.h>
double devide(double a,double b);            //函数声明
int main()
{
  double x,y,dev;
  scanf("%lf%lf",&x,&y);
  dev = devide (x,y);                        //调用函数 devide ,x、y 为实参
  printf("dev = %lf\n",dev);
  return 0 ;
```

```
}
double devide(double a,double b)              //函数定义,返回 2 个数的商
{
 return (a/b);
}
```

2. 函数声明的目的

函数的声明主要是说明函数的类型和参数的情况,以保证程序编译时能判断对该函数的调用是否正确。比如例 7.4,被调函数将从主调函数接受某种类型的参数,编译器检查函数调用语句中实参的类型和数量与函数原型是否匹配。因此在不需要参数和返回值时,最好用 void 标明,否则编译器会默认为函数的返回值为 int 型。

如果把例 7.4 的 devide 函数定义放在主调函数 main 的上面,函数的声明可以没有。这时如果参数类型不匹配但都是数值型,编译器会把实际参数值转换成和形参类型相同的数值,比如把例 7.4 程序修改如下:

```
#include <stdio.h>
/* 被调函数在主调函数的前面,下面声明可以没有 */
/* double devide (double a,double b); */
double devide (int a, int b)               //函数定义,参数类型修改为 int 类型
{
 return (a/b);
}

int main()
{
  double x,y,dev;
  scanf("%lf%lf",&x,&y);
  dev = devide(x,y);                       //调用函数 devide ,x、y 为实参
  printf("dev = %lf\n",dev);
  return 0 ;
}
```

假如输入:

```
6.6 3.0
```

那么形式参数 a 的值为 6,b 的值为 3,运行程序输出结果:

```
dev = 2.000000
```

但如果保留了函数的声明,上述例子会在函数调用时因为参数类型与声明时不一致而无法执行。由此可见,函数声明可以使编译器发现函数使用时可能出现的错误或疏漏。而这些问题如果不被发现的话,是很难跟踪调试出来的。

在编写程序时,一般都把主函数写在最前面,这样做的好处是可以使整个程序的结构和功能都能清晰地展现在读者面前。

7.2.4 return 语句

前面讨论了从主调函数到被调函数的通信方法。需要沿着相反方向传递信息时,可以

使用函数返回值。函数值只能通过 return 语句返回主调函数。但如果函数在定义时属于 void 类型,则不需要返回值。

return 语句的一般形式如下:

```
return 表达式;
```

或

```
return (表达式);
```

return 语句的功能是将表达式的值作为函数值返给主调函数,结束函数运行。

注意:

(1) 在函数体中允许有多个 return 语句,但遇到一个 return 语句,函数马上返回,因此每次调用函数只能返回一个函数值。

(2) return 返回值类型和函数定义中的函数类型应保持一致。如果两者不一致,则以函数类型为准,自动进行类型转换。

(3) 若定义不需要返回函数值的函数,应明确定义为空类型,类型说明符为 void。

7.3 嵌套调用与递归调用

7.3.1 嵌套调用

C 语言的函数定义都是互相平行、独立的。C 语言不能嵌套定义函数,但可以嵌套调用函数,即在被调函数中又调用其他函数。

【例 7.5】 已知组合数 $C_m^n=\dfrac{m!}{n!(m-n)!}$,对于任意 m、n,求 C_m^n 的值。

分析: 用两个自定义函数求解,定义 fac 函数求一个数的阶乘,定义 cmn 函数求组合数 C_m^n,在主函数 main 中调用 cmn 函数,在 cmn 函数中调用 fac 函数。

程序如下:

```
#include <stdio.h>
double fac(int k)                               //定义 fac()函数求 k 的阶乘
{
  int i;
  double f;
  for(i = 1,f = 1;i <= k;i++)
    f * = i;
  return(f);
}
double cmn(int m,int n)                         //定义 cmn()函数求组合数
{
  double res;
  res = fac(m)/(fac(n) * fac(m - n));           //调用 fac()函数
  return  res;
}
```

```
int main()
{
  int m,n;
  double t;
  printf("Input m n:");
  scanf("%d%d",&m,&n);
  t = cmn(m,n);                        //调用求组合数的函数 cmn()
  printf("C(%d,%d) = %lf\n",m,n,t);
  return 0;
}
```

运行结果：

```
Input m n:8 3
C(8,3) = 56.000000
```

程序分析：主函数 main 先利用语句"t=cmn(m,n);"调用 cmn 函数，在 cmn 函数中 3 次调用 fac 函数。

这种在一个被调函数中再调用其他函数的情况称为函数的嵌套调用。函数的调用关系如图 7.1 所示。

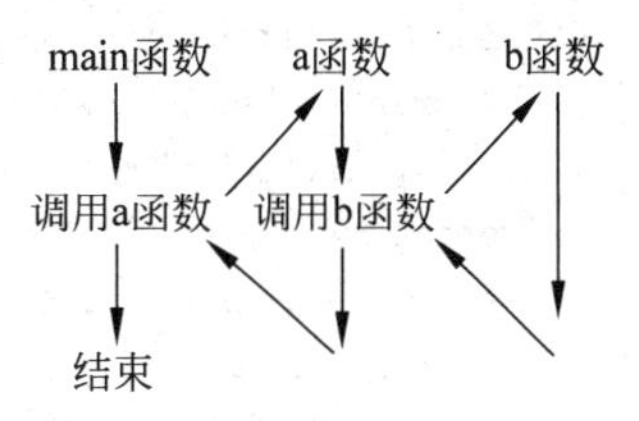

图 7.1　函数的嵌套调用

在图 7.1 中表示了两层嵌套调用的示意图。其执行过程如下：

(1) 执行 main 函数的开始部分。

(2) 执行到 main 函数中的调用 a 函数的语句时，即转去执行 a 函数。

(3) 执行 a 函数的开始部分。

(4) 在执行到 a 函数中调用 b 函数的语句时，又转去执行 b 函数。

(5) 执行 b 函数，完成 b 函数的全部操作。

(6) 返回到 a 函数中调用 b 函数的位置。

(7) 继续执行 a 函数，直到 a 函数结束。

(8) 返回到 main 函数中调用 a 函数的位置，继续执行 main 函数，直到 main 函数结束。

具有嵌套调用函数的程序，需要分别定义多个不同的函数，每个函数完成不同的功能，它们合起来解决复杂的问题。

7.3.2　递归调用

一个函数除了可调用其他函数外，C 语言还支持函数直接或者间接调用自己，这种函数自己调用自己的形式称为函数的递归调用。带有递归调用的函数也称为递归函数。递归有时很难处理，有时却很方便实用，所以需谨慎处理。

递归一般可以代替循环语句使用。有些情况下使用循环语句比较好，而有些时候使用递归更有效。递归方法虽然使程序结构优美，但其执行效率却没有循环语句高。

1. 递归调用的过程

递归的基本思想是将复杂的操作分解为若干简单操作的多次重复。递归从思想上很好理解，但只看递归字面程序却常常让我们无法理解递归的执行过程。下面通过两个例子来分析递归的执行过程。

【例7.6】 递归执行情况分析例题。

程序如下：

```
#include <stdio.h>
void print(int w);
int main()
{
  print(3);
  return 0;
}
void print(int w)                                //递归函数
{
  int  i;
  if ( w != 0)                                   //递归结束条件
 {
  for (i = 1; i <= w; ++i)
    printf ("%d, ", w);
      printf ("\n");
  print (w-1);                                   //递归调用
  for (i = 1; i <= w; ++i)
    printf ("%d, ", w);
      printf ("\n");
  }
}
```

运行结果：

```
3, 3, 3,
2, 2,
1,
1,
2, 2,
3, 3, 3,
```

下面分析程序中递归的具体执行过程。首先main()函数使用参数3调用了函数print()。于是print()中形式参数的值为3,故打印输出“3,3,3,”。然后print()的第1级使用参数w—1即2调用了print()第2级。这使得w在第2级调用中被赋值为2,并打印输出“2,2,”。与此类似,第3级调用输出“1,”。

当开始执行第4级调用时,w的值是0,不输出任何数据。这时不再继续调用print()函数,并执行返回,此时第4级调用结束,把控制返回给该函数的调用函数,也就是第3级调用函数。第3级调用函数的前一个执行语句是输出1,,并执行第4级调用。因此它继续执行其后续的代码,即又一次输出1,。当第3级调用结束后,第2级调用函数开始继续执行后续语句,即输出了“2,2,”。以此类推,最后回到第1级调用函数,继续输出“3,3,3,”。

需要注意的是,每一级函数都有自己的私有变量w。如果你还是感到困惑,可以假象为嵌套调用,即print3()调用了print2(),print2()调用了print1(),print1()调用了print0()。print0()执行后返回print1()继续执行。而print1()执行完后,开始返回print2()继续执行。最后,print2()返回到print3()继续执行。递归过程也是如此,只不过,print0()、print1()、 print2()和 print3()是相同的函数。

求阶乘是我们非常熟悉的数学题目，下面利用递归的思想来分析并实现它。

【例 7.7】 用递归调用求 n!。

定义：f(n)=1 * 2 * 3 * … * (n−1) * n=n!

f(n−1)=1 * 2 * 3 * … * (n−1)=(n−1)!

则有：f(n)=n * f(n−1)

边界 f(1)=1

分析：要求 f(n)，先要求 f(n−1)；而要求 f(n−1)，先求 f(n−2)，……，以此类推，要求 f(2)，先求 f(1)，遇到 1 的阶乘，其值为 1，到达了递归的边界。再用 f(n)=n * f(n−1)规律公式，从里向外倒推回去，得到 f(n)的值。

程序如下：

```
#include <stdio.h>
long f(int n)                              //用递归求解 n!
{
  long p;
  if (n == 1)                              //边界条件
    p = 1;
  else
    p = n * f(n - 1);
  return p;
}
int main()
{
  int n;  long ff;
  scanf(" % d",&n);
  ff = f(n);
  printf("ff = % ld\n",ff);
  return 0;
}
```

对应以上递归过程的分析，用图 7.2 来描述递归的过程再形象不过。

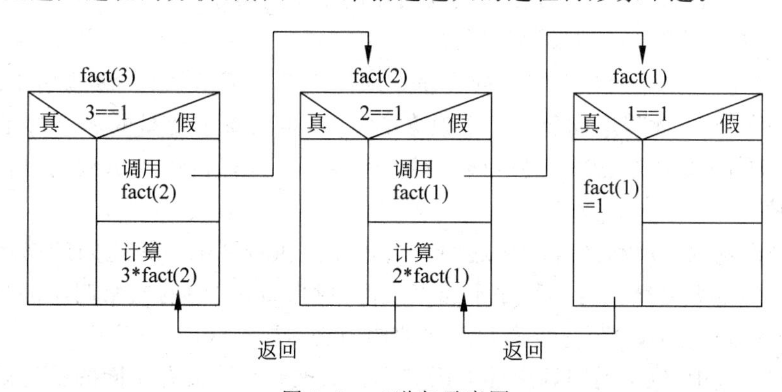

图 7.2 n!递归示意图

2. 递归的基本原理

刚接触递归一般都会感到困惑，下面再通过一个例子分析递归的基本原理。

【例7.8】 打印输出n的值。

程序如下：

```
#include <stdio.h>
void first_and_last(int);
int main(void)
{
  first_and_last(1);
  return 0;
}
void first_and_last(int  n)
{
  printf("level %d:n location %p\n",n,&n);    /*1*/
  if(n<4)
  first_and_last(n+1);
  printf("level %d:n location %p\n",n,&n);    /*2*/
}
```

运行结果：

```
level 1:n location 0012FF30
level 2:n location 0012FED8
level 3:n location 0012FE80
level 4:n location 0012FE28
level 4:n location 0012FE28
level 3:n location 0012FE80
level 2:n location 0012FED8
level 1:n location 0012FF30
```

例7.8与例7.6比较相似，都是在函数调用之前有一个输出，函数调用之后有一个输出。这样的例子有助于我们理解递归的原理。例7.8中，main()函数调用第1级函数，先执行输出语句，输出level1，然后因为满足递归条件所以执行递归调用第2级函数，输出level2，再调用第3级。依次类推，直到n==4结束递归。然后函数一级一级返回，在返回过程中执行每个层次调用剩下的语句，按开始输出相反的顺序输出。

根据例7.8与例7.6的结果，可以得出：

(1) 每一级的函数调用都有自己的变量。对于例7.8而言，第1级调用中的n不同于第2级调用中的n，因此程序创建了4个独立的变量，虽然每个变量的名字都是n，但是它们分别具有不同的值。当程序最终返回到对first_and_last()的第1级调用时，原来的n仍具有其初始值1。

(2) 每一次函数调用都会有一次返回。当程序流执行到某一级递归的结尾处时，它会转移到前第1级递归继续执行。程序不能直接返回到main()中的初始调用部分，而是逐级返回，即从first_and_last()某一级递归返回到调用它的那一级。

(3) 递归函数中，位于递归调用前的语句和各级被调函数具有相同的执行顺序。例如，在例7.8中，打印语句1位于递归调用语句之前，它按照递归的调用顺序被执行了4次，即依次为第1级、第2级、第3级和第4级。

(4) 递归函数中，位于递归调用后的语句的执行顺序和各个被调用函数的顺序相反。

例如，打印语句2位于递归调用语句之后，其执行顺序是：第4级、第3级、第2级和第1级。递归调用的这种特性在解决涉及反向顺序的编程问题时很有用。例7.6形象地展示了递归的这个特点。

(5) 虽然每一级递归都有自己的变量，但是函数并不会得到复制。函数代码是一系列的计算机指令，而函数调用就是从头执行这个指令集的一条命令。一个递归调用会使程序从头执行相应函数的指令集。除了为每次调用创建变量，递归调用非常类似于一个循环语句。实际上，递归有时可被用来代替循环，反之亦然。

(6) 递归函数中必须包含可以终止递归调用的语句，否则就会和死循环一样只能强制终止。通常情况下，递归函数会使用一个if条件语句或其他类似的语句以便当函数参数达到某个特定的值时结束递归函数调用。比如在例7.8中，first_and_last(n)调用了first_and_last(n+1)。最后，实际参数的值达到4时，条件语句if(n<4)得不到满足，从而结束递归。

3. 递归调用意义

既然循环和递归都可以用来实现函数，那么选择哪一个合适呢？一般来讲，选择循环更好一些。首先，因为每次递归都拥有自己的变量集合，所以就占有较多的内存；每次递归调用需要把新的变量集合存储在堆栈中。其次，由于进行每次函数调用时需要花费一定的时间，所以递归的执行速度比较慢。

那还有必要学习递归吗？在一些需要逆序处理的问题上使用递归具有非常巧妙的手段，而且在某些情况下，不能使用简单的循环语句代替递归。

【例7.9】 输入一个整数，将该整数的数字逆序输出。

分析：若正整数n只有1位，则“逆序输出”问题可简化为输出1位整数。对大于10的正整数n，逻辑上可分为两部分，即个位上的数字和个位以前的全部数字。将个位以前的全部数字作为一个整体，再分为两部分即个位上的数字和个位以前的全部数字，以此类推，直到n成1位数为止。

算法归纳如下：

```
if (n为一位正整数)
   输出n;
else
 {
   输出n的个位数字;
   对剩余数字组成的新整数n再执行"逆序输出"操作;
  }
```

程序如下：

```
#include <stdio.h>
void printn(int x);
int main()
{
  int n;
  scanf("%d",&n);
  if (n<0)
    {
      n=-n;  putchar('-');
```

```
    }
    printn(n);
    printf("\n");
    return 0;
}
void printn(int x)
{
    if (x>= 0&&x<= 9)
        printf(" %d",x);
    else
    {
        printf(" %d ",x%10);
        printn(x/10);
    }
}
```

运行结果：

```
23456↙
6 5 4 3 2
```

思考：怎样一次逆序输出原整数？例如：输入 12345，输出 54321。

当一个问题蕴含了递归关系且结构比较复杂时，采用递归程序设计可以使程序变得简洁，增加程序的可读性；递归调用能使代码紧凑，很容易地解决一些用非递归算法难以解决的问题。例如在后面的专业课程里将要学习的树、图等数据结构知识以及问题本身就是递归结构的汉诺塔等。

注意：递归调用是以牺牲存储空间为基础的，因为每一次递归调用都要保存相关的参数和变量；递归本身不会加快程序执行速度，由于反复调用函数，还会增加时间开销。

7.4 变量与函数

C的强大功能之一在于它允许你控制程序的细节。C的内存管理系统正是这种控制能力的例子，它通过让你决定哪些函数知道哪些变量以及一个变量在程序中存在多长时间来实现这种控制。使用内存存储是程序设计的又一元素。

7.4.1 变量的作用域和存储类别

变量的作用域是指变量能够起作用的程序范围。如果一个变量在某源文件或某函数范围内有效，则称该文件或函数为该变量的作用域，可以在变量的作用域内引用该变量，而在作用域之外不能引用该变量。从作用域的角度区分，变量可分为局部变量和全局变量。

把在函数内部定义的变量(包括函数体内声明的变量以及函数的参数)称为该函数的局部变量。例如例 7.6 中函数 print()的 w 和 i。传递参数是给函数传送信息的一种方法，函数还可以通过外部变量(又称全局变量)进行通信。外部变量的声明是在任何函数体外的。

如果一个变量在某一时间范围内在内存中一直存在，则这一时间段称为该变量的生存期。一个变量若在整个程序的运行时间内一直存在，此变量称为静态变量；若一个变量只在某函数的执行过程中才存在，此变量称为动态变量。静态变量存放在内存中的静态存储区，动态变量存放在内存中的动态存储区。变量的生存期由其存储类别决定，变量的存储类别有 4 种，它们分别是：auto、static、register、extern。

7.4.2 局部变量的作用域和存储类别

局部变量是指在函数内部定义的变量，因此又称为内部变量。

1. 局部变量的作用域

局部变量只能在定义它的函数内引用，即它的作用域是本函数。函数的形式参数也是函数的局部变量，也只能在函数内引用。

例如：

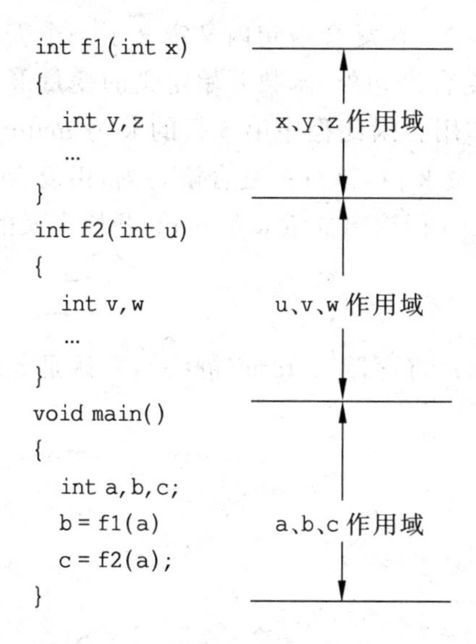
int f1(int x)
{
int y,z
…
}
x、y、z 作用域
int f2(int u)
{
int v,w
…
}
u、v、w 作用域
void main()
{
int a,b,c;
b = f1(a)
c = f2(a);
}
a、b、c 作用域

说明：在函数 f1 内定义了 3 个变量 x、y、z，x 是形参，y、z 是一般变量。在 f1 的范围内 x、y、z 有效，即变量 x、y、z 的作用域限于 f1 函数内。同理，变量 u、v、w 的作用域限于 f2 函数内。变量 a、b、c 的作用域限于 main 函数内。

关于局部变量的作用域，说明如下：

(1) 主函数 main 中定义的变量只能在主函数中使用，不能在其他函数中使用。同时，主函数中也不能使用其他函数中定义的变量。因为主函数也是一个函数，主函数与其他函数是平行关系。

(2) 形参变量是属于被调函数的局部变量，实参变量是属于主调函数的局部变量。

(3) 允许在不同的函数中使用相同的变量名，它们代表不同的变量，分配不同的内存单元，互不干扰。

(4) 在函数内部的复合语句中也可定义变量，其作用域是该复合语句。

【例 7.10】 复合语句内定义的变量的作用域。

```
#include <stdio.h>
int main()
{
 int i = 2, j = 3, k;
```

```
    k = i + j;
    {
      int k = 10;     //        } 复合语句内定义的k的作用域
      printf("(1) k = %d\n",k); }
    }
    printf("(2) k = %d\n",k);
    return 0;
}
```

运行结果：

```
(1) k = 10
(2) k = 5
```

程序分析：在main函数开始定义了i、j、k三个变量，在复合语句内又定义了一个变量k并赋初值为10。注意这两个k是不同的变量。在复合语句外，函数开始定义的变量k起作用；在复合语句内是复合语句内定义的变量k起作用。因此程序第5行的k为main开始定义的，其值应是i、j变量之和5；第8行输出的变量k值，该行在复合语句内，由复合语句内定义的k起作用，其值是10，故输出值为10。第10行输出变量k是main开始定义的，其值应该是5。

2. 局部变量的存储类别

局部变量的存储类别有三种：auto(自动)、register(寄存器)、static(静态)，默认是auto(自动)。

(1) auto类型的局部变量。

定义格式：[auto] 类型说明符 变量名表;

例如：auto int a,b,c;

说明：

① auto类型局部变量最为常用，auto可以省略不写，前面函数中定义的变量都没有指明存储类别，其存储类别隐含为auto。

② auto类型局部变量存储在动态存储区中。当它们所在的函数被调用时，系统自动为其分配存储空间；当函数执行完毕，系统自动释放存储空间。自动变量是动态分配存储空间的，其生存期是函数被调用期间。

③ 使用自动变量可以节约存储空间。同一个内存单元，在某函数运行时分配给其中的自动变量，该函数运行完毕又可以分配给其他变量。

④ 在同一函数的两次调用之间，自动变量的值不保留。因为在第二次调用前，第一次调用所分配的内存单元已被释放了，第二次调用所分配的内存单元可能与第一次不同。即使相同，单元也有可能被其他变量使用过。

⑤ 自动变量定义时如果赋了初值，则相当于每调用一次函数都对该变量执行一条赋值语句；如果没有赋初值，它的值是不固定的。

【例7.11】 auto类型局部变量的使用。

```
#include <stdio.h>
void test()
```

```
{
  auto int va = 1;
  printf("va = %d\n",va);
  va = va + 2;
}
int main()
{
  test();
  test();
  test();
  return 0;
}
```

运行结果：

```
va = 1
va = 1
va = 1
```

程序分析：由于 va 是自动变量，所以每次调用 test 函数，va 都被赋一次初值 1，调用三次 test 函数输出 va 的值总是 1。

（2）register 类型的局部变量。

定义格式：register 类型说明符 变量名表；

例如：register int a,b,c;

register 类型的局部变量，性质与自动变量基本相同，只是它存放在 CPU 的寄存器中，CPU 存取寄存器的速度比存取内存的速度要快，因此，使用寄存器变量可以加快程序运行速度，它可用于使用频率较高的变量，如循环变量。由于计算机中的寄存器数目有限，不同的计算机系统或 C 编译器能够用于寄存器变量的寄存器个数不同，有些甚至没有，如果程序中定义的寄存器变量太多，系统会将多出的变量处理成自动变量。

（3）static 类型的局部变量。

定义格式：static 类型说明符 变量名表；

例如：static int a,b,c;

说明：

① static 类型的局部变量为静态局部变量，存储在静态存储区。静态局部变量分配在固定的存储空间，在程序的整个运行期间，该存储空间一直保留而不被释放，直到程序运行结束。静态局部变量是静态分配存储空间的，其生存期为整个程序的运行期间。

② 静态局部变量通常用于需要保留函数上一次调用结束时的值。由于其占用永久性存储空间，因此下一次调用时，变量的值就是上一次调用结束时的值，两次调用期间变量的值保持连续。

③ 如果静态局部变量定义时赋了初值，则初始化是在程序运行前进行的，不占用程序的运行时间，而且只赋一次初值，调用函数时不再赋初值。如果没有对静态局部变量赋初值，则系统将该变量所占用的每个字节都清 0，即对于数值型的变量相当于赋初值 0，对于字符型变量相当于赋初值'\0'。

【例 7.12】 static 类型的局部变量的使用。

```
#include <stdio.h>
void test()
{
  static int va = 1;
  printf("va = %d\n", va);
  va = va + 2;
}
int main()
{
  test();
  test();
  test();
  return 0;
}
```

运行结果：

```
va = 1
va = 3
va = 5
```

程序分析：由于 va 是静态局部变量，每次调用 test 函数时 va 使用上次调用的值，所以调用三次 test 函数中输出 va 的值分别是 1、3、5。

7.4.3 全局变量的作用域和存储类别

全局变量是指在函数外部定义的变量，因此又称为外部变量。

1. 全局变量的作用域

全局变量的作用域是从源程序文件定义该变量的位置开始，到本源程序文件结束，即位于全局变量定义后的所有函数都可以使用该变量。例如：

```
int a = 5, b = -7;                    //全局变量
void f1()                             //函数 f1 定义
{
  ⋮
}
float x, y;                           //全局变量
int f2()                              //函数 f2 定义
{
 int b;
  ⋮
 }
int main()                            //主函数
{
  ⋮
}
```

程序分析：a、b、x、y 都是在函数外部定义的全局变量；a 的作用域为 f1 函数、f2 函数和 main 函数；b 的作用域为 f1 函数和 main 函数，因为 f2 函数中又定义了名为 b 的局部变量，

所以在函数 f2 内，全局变量 b 不起作用；x、y 的作用域是 f2 函数和 main 函数。

关于全局变量的作用域，说明如下：

(1) 使用全局变量可以增加各个函数之间的数据传输渠道，在一个函数中改变一个全局变量的值，在其他函数中可以使用。

(2) 全局变量在程序执行过程中一直占用内存单元，而不是仅在需要时才开辟内存单元。

(3) 如果在同一个源文件中，全局变量与局部变量同名，则在局部变量的作用范围内，全局变量被“屏蔽”，即全局变量不起作用。

(4) 全局变量使函数的通用性降低了，因为有些函数在执行时可能会依赖全局变量。如果将该函数移到其他文件中，就要将有关的全局变量移过去，但若该全局变量与其他文件的变量同名时，会出现问题，从而降低程序的可靠性和通用性。

2. 全局变量的存储类别

全局变量存放在静态存储区，在程序的整个运行过程中都占用内存单元，生存期为整个程序的运行期间。

全局变量具有两种存储类别：static(静态)和 extern(外部)，默认是 extern(外部)。全局变量的存储类别用来对其作用域进行限制或扩充。

(1) static 类型的全局变量。

定义全局变量时加上 static 存储类别(称为静态全局变量)，就可以将其作用域限制在定义该变量的文件中，不能被其他文件引用。例如：

```
//文件 1                     文件 2
static int s;                static int s;
int main()                   int f1()
 {                            {
  ⋮                            ⋮
 }                            }
```

说明：

① 文件 1 和文件 2 中都定义了一个名为 s 的静态全局变量。这两个变量的作用域分别是定义它们的文件 1 和文件 2，分别占据各自的存储空间，互相独立。

② 利用静态全局变量可以使某一部分程序中所使用的数据相对于其他部分程序隐蔽起来，不能被其他文件所使用，因而不至于引起数据上的混乱，为程序的模块化和通用性提供了方便。

(2) extern 类型的全局变量。

一个较大的程序通常由多个源程序文件组成。全局变量的作用域是从其定义点到本文件结束。那么，如何将其作用域扩充到整个文件范围内或其他文件中？用 extern 对全局变量加以声明，就可以将其作用域扩充到整个文件或其他文件。

【例 7.13】 extern 类型全局变量的使用。

```
#include <stdio.h>
extern a;                               //声明 extern 类型全局变量 a
void f1()
{
  a = 10;
```

```
    printf("\nf1  a= %d",a);
}
void f2()
{
    printf("\nf2  a= %d",a);
}
int a=5;                              //定义全局变量a
void f3()
{
    printf("\nf3  a= %d\n",a);
}
int main()
{
    printf("\nm   a= %d",a);
    f1();
    f2();
    f3();
    return 0;
}
```

运行结果:

```
m    a=5
f1   a=10
f2   a=10
f3   a=10
```

分析:在程序开始对全局变量a进行声明,说明变量a是一个在别的地方已经定义了的全局变量,从而将全局变量a的作用域扩充到整个文件。

若在一个文件中定义一个全局变量,而在其他文件中对该变量加以声明,就可以将该全局变量的作用域扩充到其他文件。例如:

```
//文件1              文件2              文件3
int x;               extern x;          extern x;
int main()           int f1()           int f2()
 {                    {                  {
 ⋮                    ⋮                  ⋮
 }                    }                  }
```

在文件1中定义了全局变量x,而在文件2和文件3开始处对该变量进行了声明,从而可以在文件2和文件3中使用该全局变量x。

变量"定义"与变量"声明"的区别:"int x;"是对变量的定义;而"extern x;"是对变量的声明。对全局变量的定义在整个程序中只能有一处,在文件2和文件3中不能再定义同名全局变量;而对全局变量的声明可以有多处。定义变量时要分配存储空间;而声明变量只是告诉编译器该变量已在别处定义(在引用之前定义或在其他文件中定义)。

7.5 随机数函数

在对各种自然现象、技术系统进行模拟时,经常需要用到各种类型的随机数。ANSI C程序提供了rand()函数来产生随机数,可以根据需要生成各种随机数。事实上,rand()是一个“伪随机数发生器”，这意味着可以预测数字的实际顺序(计算机不具有自发性)，但这些数字在可能的取值范围内均匀地分布。

1. 基本随机数函数

在标准函数库中有两个和随机数相关的函数，其函数声明如下：

```
int rand(void);                              //伪随机数生成函数
void srand(unsigned int seed);               //种子函数
```

这两个函数的原型包含在头文件 stdlib.h 中。

说明：调用函数 rand()可以生成一个在 0 和正整数 RAND_MAX(32767)之间均匀分布的伪随机整数，多次使用函数 rand()可以生成多个整数组成的伪随机整数序列，但是该伪随机数序列是固定值。使用种子函数 srand()可以改变调用 rand()所产生的随机数序列的起始点，从而使伪随机数序列更“随机”一些，例如，使用随时间变化的值作为 srand()函数的参数。

【例 7.14】 利用基本随机函数产生伪随机整数。

程序代码如下：

```
#include<stdio.h>
#include<stdlib.h>
#include<time.h>
int main()
{
 int k=0;
 printf("time=%ld\n",time(NULL));
 srand(time(NULL));                          //将系统当前时间设置为随机数种子
 for (k=0;k<10;k++)
     printf("%d\n",rand());                  //利用伪随机函数 rand()产生随机整数
  printf("%d\n",RAND_MAX);                   //RAND_MAX 是系统预定义的常数值 32767
  return 0;
}
```

说明：

(1) time(NULL)用于返回从 1970 年 1 月 1 日 0 时 0 分 0 秒到此时的秒数。

(2) srand(time(NULL))用于将系统时间设置为随机数种子，因为系统时间在变，所以每次调用产生不同随机数。

(3) rand()用于产生伪随机整数。

【例 7.15】 产生伪随机小数。

分析：在 rand()函数的基础上将随机整数处理成随机小数，使用除法公式 rand()/RAND_MAX。

程序代码如下：

```
#include<stdio.h>
#include<stdlib.h>                           //产生随机数的库函数头文件
#include<time.h>                             //使用时钟 time,需要有头文件 time.h
int main()
```

```
{
    int k = 0;
    printf("time = %ld\n",time(NULL));          //系统当前的时间
    srand(time(NULL));                          //将系统当前时间设置为随机数种子
    for (k = 0;k < 10;k++)
        printf("%f\n",(float)rand()/RAND_MAX);
    return 0;
}
```

2. 均匀分布随机数的产生

因为函数 rand()所产生的伪随机数是在 0 和 RAND_MAX 之间均匀分布的整数序列，所以将其转换为在任何其他区间中均匀分布的随机数序列只是一个简单的数学变换。

【例 7.16】 给定区间[a,b]，生成在该区间均匀分布的随机实数。

函数 r_rand()根据给定的参数，将 0 和 RAND_MAX 之间的整数线性映射到区间[a,b]。程序代码如下：

```
double r_rand(double a,double b)
{
    return (rand() * (b - a)/RAND_MAX) + a;
}
```

【例 7.17】 求 π 的近似值。

在图 7.3 中，有一个正方形，面积 $A=1$；有一个 1/4 的圆，面积 $B=\pi/4$；若有一个正方形的容器，在其中夹有一个极薄的圆弧隔板，将容器划分为两部分，在下小雨的时候将这样的容器搬至屋外，经过一定时间后底面为 1/4 圆的容器内的水重为 C；作为一个整体的底面为正方形的容器的水重为 D。C 与 D 之比应该等于 B 与 A 之比。

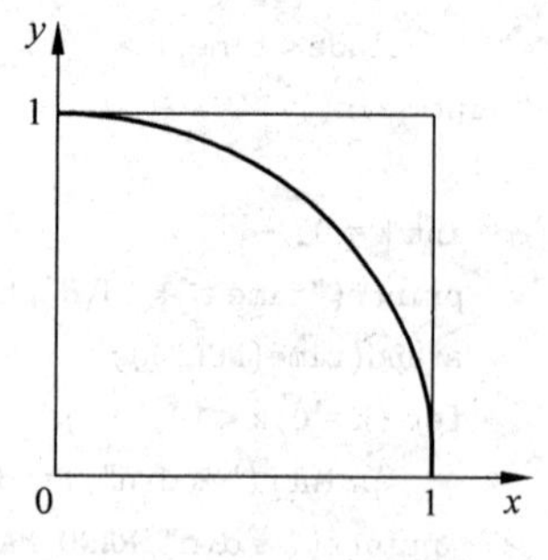

图 7.3 求 π 的近似值

即：$C/D=B/A=(\pi/4)/1$，得：$\pi=4C/D$。

分析：利用随机函数产生随机数 x 和 y($0\leqslant x、y\leqslant 1$)，$x$、$y$ 模拟雨点落在正方形容器中的位置，雨点(x,y)会按比例落进 1/4 圆内，累计数以百万计的雨点，得到 C 和 D 的值，从而利用公式 $\pi=4C/D$ 计算出 π 的近似值。关键是找出雨点落入扇形区域的根据。如果 $\sqrt{x^2+y^2}\leqslant 1$ 则 $C=C+1$。

程序如下：

```
#include <stdio.h>
#include <stdlib.h>
#include <time.h>
#include <math.h>
int main()
{
    long k = 0,c = 0,d = 0;  float pai,x,y;
    srand(time(NULL));
    for (k = 0;k < 1000000;k++)
    {
```

```
        d++;
        x=(float)rand()/32767;
        y=(float)rand()/32767;
        if (sqrt(x*x+y*y)<=1)   c++;
      }
      pai=4.0*c/d;
      printf("pai 近似值: %f\n",pai);
      return 0;
}
```

7.6 本章小结

C 程序中,所有程序都是以函数为单位进行组织的,函数分为库函数和自定义函数。本章主要介绍如何使用库函数、如何自定义函数、如何实现函数调用以及变量的作用域等问题。本章主要内容如下。

1. C 函数特点

C 程序的执行总是从主函数 main 开始,完成对其他函数的调用后再返回到主函数 main,最后由主函数 main 结束整个程序。一个 C 源程序有且只能有一个主函数 main。

在 C 语言中,所有的函数定义都是平行的,不允许嵌套定义。函数间可以互相调用,但不能调用主函数 main,主函数 main 是被操作系统调用的。

2. 标准库函数

标准库函数是由 C 系统提供的、用户无须定义、在用户程序中可以直接引用的函数。标准库函数的说明都分门别类集中在一些称为“头文件”的文件中,在程序中调用系统标准库函数时要在使用前用编译预处理命令"#include <头文件名>"。

3. 函数定义和调用

(1) 在函数体中,通过 return 语句返回函数值;对于没有返回值的函数,也可以用 return 语句终止函数的执行返回主调函数。

(2) 在调用函数中,要注意形参和实参的类型、个数、顺序应当一致。

(3) 在调用函数时,如果函数调用位置在函数定义之前,必须先进行函数声明。

(4) 函数参数的传递是将实参值拷贝给形参值,是单向值传递。

4. 函数的嵌套与递归

嵌套调用是一个被调函数在它执行未结束之前又调用另一个函数,这种调用关系可嵌套多层。

递归调用是一个函数在执行未结束又调用自己。设计递归程序的前提是找出正确的递归算法,这是设计递归程序的基础;确定算法的递归结束条件,这是决定递归程序能否正常结束的关键。

5. 变量的作用域和存储类别

变量的作用域是指变量能够起作用的程序范围。局部变量的作用域是其所定义的函数体内;全局变量的作用域是从源程序文件定义该变量的位置开始,到本源程序文件结束,即位于全局变量定义后的所有函数都可以使用该全局变量。

如果一个变量在某一时间范围内在内存中一直存在，则这一时间段称为该变量的生存期。变量的生存期由其存储类别决定。

6. 随机数函数

在对各种自然现象、技术系统进行模拟时，经常需要用到各种类型的随机数。ANSI C 程序提供了 rand()函数来产生随机数，可以根据需要生成各种随机数。

通过本章的学习，要掌握函数的定义及其使用方法，注意变量的有效范围，理解模块化程序设计的思想，能设计出简单的模块化程序。

第8章 数　组

在前面的章节中，已经介绍和使用的数据类型有整型、实型、字符型等，它们都属于基本数据类型。如果在编程任务中只需要存储与处理少量的数据，通过基本类型定义少量简单变量即可实现数据的存储与表示。但在任务需要存储与处理大批量数据时，如果再用定义一批简单变量的方式来表示数据，变量的符号定义会相当烦琐，数据的操作过程描述也不方便。比如下面的例子：

【例 8.1】 人数统计：要求编程输入某个班级学生程序设计基础课程的考试成绩，统计平均分之下的人数并输出。

如果题目只是求平均分并不统计平均分之下的人数，就不需要保存每个人的成绩，这样不管该班级总共多少个人，只需要一个简单变量在循环中依次保存所输入的每一个成绩，在输入的同时完成累加求和，循环结束再求平均即可，可以用如下简单的代码实现。

```
#include <stdio.h>
#define N 40
int main()
{
    int i;
    float sum = 0,aver,score;
    for( i = 1;i <= N;i++)
        {
            scanf("%f",&score);
            sum = sum + score;
        }
    aver = sum/N;
    printf("%f\n",aver);
    return 0;
}
```

但是，本题目的要求是输出班里在平均分以下的人数，就需要在计算出平均分的同时，把每个人的成绩保存下来，然后才能通过这些已保存的成绩与平均分作比较，统计出低于平均分的人数。怎么来保存这些成绩？如何与平均分作比较？即使班里只有 5 个人，如果用上面简单变量的数据表示方法，这 5 个成绩的保存就得借助 5 个不同名的简单变量来完成，每个成绩与平均分的比较就得通过 5 个各自独立的语句来实现，代码如下：

```
#include <stdio.h>
int main()
{
```

```
    int count = 0;                                    //计数变量,用以统计平均分之下的人数
    float sum = 0,aver;                               //sum用以成绩求和,aver用以放平均值
    float score1,score2,score3,score4,score5;         //用以存储5人的成绩
    scanf("%f%f%f%f%f",&score1,&score2,&score3,&score4,&score5);
    sum = sum + score1;                               //之下包括当前行在内的5个语句,累加求和
    sum = sum + score2;
    sum = sum + score3;
    sum = sum + score4;
    sum = sum + score5;
    aver = sum/5;                                     //5人的平均成绩
    if ( score1 < aver ) count++;                     //5个语句,判断平均分之下的成绩并计数
    if ( score2 < aver ) count++;
    if ( score3 < aver ) count++;
    if ( score4 < aver ) count++;
    if ( score5 < aver ) count++;
    printf("%d\n",count);                             //输出平均分之下的人数
    return 0;
}
```

用简单变量来存放元素,实际上在定义变量时就为该变量分配了存储数据所需要的内存单元,定义之后用变量名就可以存取对应内存单元内的数据。这类变量虽然形式简单,但从以上代码就可以感觉到:如果数据量较大时仍然用简单变量来存储,就得定义较多的不同变量,并且多个简单变量定义后,从内存分配的存储单元位置是无序的,不同简单变量对应的存储单元之间没有确定的关联关系,不同简单变量的命名也不存在有规律的统一符号表示。这种方式既不方便进行变量定义的描述,更不方便对它们进行一致性操作的描述。

本例还仅仅只有5个数据,现实任务中需要存储与处理的数据量动辄成千上万,在一个程序中定义这么多不同名的变量显然并不现实,用何种方式可以简洁地表示这些数据就成为程序设计中一个重要而紧迫的问题。

为此,C语言提供了数组。数组能够把具有相同类型的若干变量按有序的形式组织起来形成一种整体的结构。数组属于构造数据类型,数组的构成元素可以是基本数据类型或构造数据类型。数组用统一的数组名和不同的下标来唯一地确定数组中的每个元素,数组里的每个元素都可以看作是一个简单变量,可以参与同类型数据允许的所有运算。这样对一个数组里存放的批量数据元素来说,它们的数组名是一样的,不同的只是下标的值。由此在批量数据的任务中,通过不变的数组名加循环过程中变化的下标,就可以直接实现对批量数据元素的表示与操作,这是数组编程最基础、也是最核心的理念。

上面的例题用数组的代码如下,大家对比前面的程序体会一下数组的作用。

```
#include <stdio.h>
#define N 1000
int main()
{
    int i,count = 0;
    float sum = 0,aver,score[N];
    for( i = 0;i < N;i++)
        {
        scanf("%f",&score[i]);
```

```
        sum = sum + score[i];
    }
    aver = sum/N;
    for( i = 0;i < N;i++ )
    {
        if (score[i] < aver )
                count++;
    }
    printf(" % f\n",count);
    return 0;
}
```

8.1 一维数组的定义、引用与初始化

8.1.1 一维数组的定义

与简单变量一样，数组能够存放数据元素，也需要借助内存空间。通过数组定义语句，可以在使用之前向操作系统申请批量的内存单元，内存单元的数目由编程者在定义语句中指定，所分配的批量内存单元从存储位置上看是连续的。其中定义中给出的数组名是一个地址常量，该数组名代表本数组所分配连续内存空间的第一个内存单元的地址，又称为数组的首地址，其余的单元地址从首地址开始往后顺次排列。

在C语言中，数组必须先定义后使用，数组定义的作用就是向操作系统申请连续的多个内存单元，用数组名标记首地址，建立数组元素与所分配每一个内存单元的对应关系，之后就可以利用"数组名+下标"的方式来存取这些连续内存单元中的数据。

一维数组的定义形式如下：

```
类型说明符 数组名[常量表达式];
```

例如：如果程序开始已经有如下的预编译指令定义了符号常量N

```
#define N 100
```

则可以定义如下的一些数组：

```
int   a[10];
float   b[N];
double   c[20 + 10];
char   str[80];
```

说明：

(1) 类型说明符可以是任一种基本数据类型或构造数据类型，用以指定数组元素的类型。不同的数据类型对应的存储单元大小(字节数)是有区别的，比如char类型占1个字节，int类型占4个字节，float类型占4个字节，short int类型占2个字节。

(2) 数组命名规则遵循标识符命名规则，数组名代表数组的首地址，整个数组占用以首地址开始的一段连续的内存单元，每一个单元对应一个数组元素，如下面的数组定义语句：

```
int   a[10];
```

就会分配连续的10个整型内存单元,由于每个int类型单元占4个字节,10个单元共40个字节。这10个整型内存单元依次对应了a[0]、a[1]、a[2]、……、a[9]这10个数组元素,如图8.1所示。

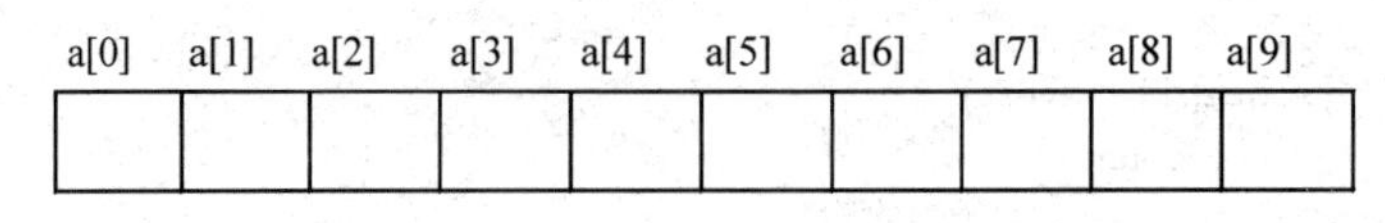

图8.1 一维数组的存储形式

(3) 数组元素初始下标从0开始,下标值的意义通俗讲就是当前数组元素与数组首元素的相对距离,比如数组第i个元素的下标为i-1,代表第i个元素的存储位置相对于第1个元素相距i-1个整型内存单元。

(4) 常量表达式指定了数组的长度,在数组定义中以常量的形式给出数组长度,其意义就是在申请连续的内存单元时,必须要将用户想申请的内存单元数目明确告知操作系统,这样操作系统才能按照用户所需数目分配内存。

(5) 在传统C语言语法中,常量表达式中可以包括常量和符号常量,不能包含变量,不允许对数组的大小作动态定义。

例如,传统语法中下面定义数组的方式是错误的。

```
int n;
scanf(" % d",&n);
int  a[n];
```

8.1.2 一维数组元素的引用

数组的主要目的是为了方便处理批量数据,但并不能够试图通过一个简单语句就可以实现数组批量数据的整体处理,即使这些批量数据是完全一样的处理方式。通常程序中对批量数据的整体处理,是通过对其包含的每一个数据元素逐个处理来实现的。也就是说,如果要对数组所存储的批量数据进行操作,基本的方法就是依次找到数组所包含的每一个元素并进行操作,完成了每一个数据元素的操作,也就完成了对数组的整体操作。

数组的单个数据元素简称数组元素,数组元素也是一个变量,是组成数组的基本数据单元,因其带有下标,因此又称为下标变量。数组元素(下标变量)与同类型的简单变量在基本用法上完全相同。

一维数组的数组元素引用形式:

```
数组名[下标]
```

这里,数组元素的下标表示元素在数组中的位序,下标可以是常量、变量或者表达式等形式,但下标值的类型只能是整型。

注意:这里的数组元素表示与前面刚刚提到的数组定义在形式上有些相似,但两者具有完全不同的含义。在数组定义中出现的方括号数值是一个长度值,代表了申请内存时某一维的最大个数(比如一维数组定义里该值就是该数组所申请空间所对应的数组元素个数);而在引用数组元素时出现的方括号数值是一个下标值,代表了该元素在数组中的相对位置。前者只能是常量,后者可以是常量、变量或表达式。例如:

```
int a[10];                          //定义数组 a,方括号里的数值 10 代表数组长度
a[3] = 20;
```

下标越界：初学者开始使用数组时，最常见的编程错误就是试图引用一个超出范围的数组下标。例如在以下的数组定义之后：

```
int a[6];
```

使用数组 a 时，可以使用的下标只能是 0～5 之间的一个整数。如果在循环里变化循环变量 i 来访问所有数组元素，那么 i 的取值只能是 6 个整数之一：0,1,2,3,4 或者 5。如果 i 的取值为其他结果，就会出错，这种下标访问超出数组定义范围的错误就是下标越界。比如下面的语句：

```
a[6] = 20;
```

从内存管理的角度看，下标越界访问的内存空间（如 a[6]）并不是不存在，通过“数组名＋越界的下标”也能指向一个内存单元。但该内存单元并不是该数组所申请连续单元的一个合法部分，更糟的是也许操作系统已经将该空间分配给其他的数组或者变量，这时通过越界下标对该存储单元数据的访问将会直接破坏内存数据管理的安全性，甚至给程序运行带来不可预知的灾难。

注意：*初学者使用数组时常见的越界错误，常常是忽略了数组下标的起始值是从 0 开始的，而把下标值 1 当成了起始下标，这样试图用 a[N]的形式访问第 N 个元素就出现了访问越界。比如：*

```
#include <stdio.h>
#define N 1000
int main()
{
    int i;
    float a[N];                              //可用下标范围 0～N-1
    for( i = 1;i <= N;i++)                   //最后一次循环 i = N 时访问越界
        {
            scanf("%f",&a[i]);
        }
    ……
```

数组名表示该数组所申请的连续存储空间的首地址，对同一数组的不同元素来说，它们的数组名是一样的。这些数组元素的不同之处在于它们的下标不同，不同的下标指向了同一数组的不同元素。因此要引用同一数组不同的数组元素，基本的思想就是变换下标，程序中是通过“数组名＋下标”的方式唯一指定了要访问的数组元素在内存中的位置，在下标变化的过程中找到每一个数组元素，从而实现对数组元素的引用。

如果要操作的是数组整体，可以对每一个下标所指向的数组元素都进行操作；如果要操作的只是部分数组元素，就对下标满足条件的数据元素进行操作。变换下标的方式可以借助循环来实现，因此就可以在循环过程中用同一个组语句完成对数组整体处理的任务。

【例8.2】 数组输出：正序和逆序输出数组元素。

分析：正序就是数组下标从小到大变化的数组元素序列，逆序就是数组下标由大到小变化的数组元素序列，利用循环分别完成这两个过程。

程序如下：

```
#include <stdio.h>
int main()
{
    int i,a[10];
    for (i = 0;i <= 9;i++)
          scanf("%d",&a[i]);                    //输入数组元素初值
    for (i = 0;i <= 9;i++)
      {
          if (i == 9)
                printf("%d\n",a[i]);
          else
                printf("%d ",a[i]);              //顺序输出数组元素
      }
    for (i = 9;i >= 0;i--)
      {
          if (i == 0)
                printf("%d\n",a[i]);
          else
                printf("%d ",a[i]);              //逆序输出数组元素
      }
  return 0;
}
```

8.1.3 一维数组的初始化

在简单变量的使用中，可以在定义变量的同时进行初始化，比如：

```
int  count = 0;
```

这种做法可以保证程序对变量的使用从一个正确的初始值开始，当程序运行结果错误时，它有助于追踪错误，可以避免在程序中使用未初始化带来的变量垃圾值，减少程序出错时计算机崩溃的机会，是一种良好的编码习惯。

同样道理，在定义数组的同时，进行数组的初始化也非常有必要。从最简单的意义来理解，通过数组初始化，可以给刚刚在定义中获得内存单元的数组元素赋以初始值，避免程序中由于对垃圾值的引用而带来的错误。

数组元素的初始化可以用以下方法实现。

1. 在定义数组时对数组元素赋以初值

例如：

```
int a[10] = {0,1,2,3,4,5,6,7,8,9};
```

初始化后的效果如图 8.2 所示。

a[0]	a[1]	a[2]	a[3]	a[4]	a[5]	a[6]	a[7]	a[8]	a[9]
0	1	2	3	4	5	6	7	8	9

图 8.2　一维数组的初始化(1)

相当于

```
int a[10];
a[0] = 0; a[1] = 1; a[2] = 2; a[3] = 3; a[4] = 4;
a[5] = 5; a[6] = 6; a[7] = 7; a[8] = 8; a[9] = 9;
```

2. 只给一部分元素赋值

例如：

```
int a[10] = {0,1,2,3,4};
```

初始化后的效果如图 8.3 所示。

a[0]	a[1]	a[2]	a[3]	a[4]	a[5]	a[6]	a[7]	a[8]	a[9]
0	1	2	3	4	0	0	0	0	0

图 8.3　一维数组的初始化(2)

说明：定义 a 数组有 10 个元素，但花括弧内只提供 5 个初值，这表示只给前面 5 个元素赋初值，剩余 5 个元素值为 0。

3. 使一个数组中全部元素值为 0

例如：

```
int a[10] = {0,0,0,0,0,0,0,0,0,0};
```

或借助默认的赋值形式写为

```
int a[10] = {0};
```

初始化后的效果如图 8.4 所示。

a[0]	a[1]	a[2]	a[3]	a[4]	a[5]	a[6]	a[7]	a[8]	a[9]
0	0	0	0	0	0	0	0	0	0

图 8.4　一维数组的初始化(3)

4. 在对全部数组元素赋初值时可以不指定数组长度

例如：

```
int a[] = {1,2,3,4,5,6,7,8,9,10};
```

相当于

```
int a[10] = {1,2,3,4,5,6,7,8,9,10};
```

初始化后的效果如图 8.5 所示。

a[0]	a[1]	a[2]	a[3]	a[4]	a[5]	a[6]	a[7]	a[8]	a[9]
1	2	3	4	5	6	7	8	9	10

图 8.5　一维数组的初始化(4)

注意：若数组长度与所提供初值个数不同，则数组长度不能省略。

5. 指定初始化式

有时只需要对较少的某些中间位置的元素进行非0初始化，其余元素为0，如：

```
int a[10] = {0,0,10,0,20,0,0,0,0,30};
```

这里只希望下标为2、4、9位置的元素值分别初始化为10、20、30，其余元素为初始化为0。如果面对数据量很大的大数组时，以上的初始化方式不仅语句冗长，而且一不小心就容易出错。好在C99用指定初始化式化解了这一问题，上面的例子用指定初始化式写为：

```
int a[10] = { [2] = 10,[4] = 20,[9] = 30 };
```

初始化后的效果如图8.6所示。

a[0]	a[1]	a[2]	a[3]	a[4]	a[5]	a[6]	a[7]	a[8]	a[9]
0	0	10	0	20	0	0	0	0	30

图 8.6　一维数组的初始化(5)

除了可以使初始化语句变得更加简短、更加易读之外，指定初始化式还有一个优点：初始化赋值的顺序不再是一个问题，上面的例子也可以写为

```
int a[10] = { [9] = 30,[4] = 20,[2] = 10 };
```

数组初始化的作用是避免程序使用数组元素的垃圾数据而带来的运行错误，除此以外，根据题目需求，在程序里合理地进行数组初始化，还可以使程序结构更加简洁合理。比如下面的例子。

【例 8.3】 月份天数：输入一个非闰年的月份 month(1<=month<=12)，输出该月份的天数。

题目初看非常简单，首先想到的方法是：由于求天数的月份要在程序执行时输入，事先无法预知，所以需要在输入月份后用条件进行判断，根据条件语句判断出的月份值输出天数。程序如下：

```
#include <stdio.h>
int main()
{
    int month,days;
    scanf("%d",&month);
    if (  month == 1 ||month == 3 ||month == 5 ||month == 7 ||month == 8
        ||month == 10|| month == 12)
        days = 31;
    else
        if (month == 4 ||month == 6 ||month == 9 ||month == 11)
            days == 30;
```

```
        else
            if (month == 2)
                days = 28;
    printf("month = %d,days = %d\n",month,days);
    return 0;
}
```

上面的代码思路虽然简单,但条件判断语句表述比较冗长,不能显示出程序编码的简洁之美。怎么让代码变得更加简洁?用数组存放天数,用数组初始化来预置天数,就可以取消其中所有的条件判断。代码如下:

```
#include <stdio.h>
int main()
{
    int month;
    int days[12] = {31,28,31,30,31,30,31,31,30,31,30,31};
    scanf("%d",&month);
    printf("month = %d,days = %d\n",month,days[month - 1]);
    return 0;
}
```

这段代码是否读起来显得清晰了许多?试着在代码里用好数组初始化,让你的编码呈现简洁之美。

8.2 一维数组的应用

8.2.1 Fibonacci 数列

【例 8.4】 再叙 Fibonacci 数列:用数组输出 Fibonacci 数列的前 20 个数,该数列前 2 个数据项为 1。从第 3 项开始,每项都是该项的前两项之和,输出该数列的前 20 项,每行输出 5 个数据。

分析:所谓斐波那契数列是指数列最初两项的值为 1,以后每一项为前两项的和,即 1,1,2,3,5,8,13,…。在第 6 章循环程序设计已经介绍了用简单变量完成该任务的方法,那时在程序中用变量 f1 和 f2 表示数列的前两项,用变量 f3 表示前两项的和,设置 f1、f2 的初始值为 1,在循环中每次用递推公式:f3 =f1+f2 求得新一项的值,并将 f2 的值赋给 f1、f3 的值赋给 f2,逐次循环就能够求出所要求的斐波那契数列,第 6 章的程序如下:

```
#include <stdio.h>
int main()
{
  int f1 = 1,f2 = 1,f3;
  int i;
  printf("\n%-10d%-10d",f1,f2);
  for (i = 3;i <= 20;i++)
  {
      f3 = f1 + f2;
      printf("%-10d",f3);
      if( i % 5 == 0 ) printf("\n");
      f1 = f2;
```

```
        f2 = f3;
    }
    return 0;
}
```


上面程序虽然可以实现数列的输出,在实际应用中却存在一点小小的瑕疵,即由于只用了3个变量,循环结束之后只能保留最后3项的数列值,循环过程中前面已经求得的数列值无法保存。如果题目要求能够保存所求Fibonacci数列的每一项,该怎么办呢?这就是批量数据存储的问题,更适合借助数组来解决。

类似Fibonacci数列的数学问题中,一般是通过项数改变来表示不同数列元素的,数列的项数通常是数组的下标,因此数列的每项都可以用数组里不同的数组元素来存储,在循环中通过数组元素下标的变换就可以存取不同的数列项。数组实现的程序如下:

```
#include <stdio.h>
int  main()
{
    int i,f[20] = {1,1};                       //数列前2项的初值为1,1
    for (i = 2;i < 20;i++)
        f[i] = f[i - 2] + f[i - 1];            //从第3项开始求值,保存在相应数组元素中
    for (i = 0;i < 20;i++)
      {
          printf(" %10d",f[i]);
          if ( (i + 1) % 5 == 0 )
              printf("\n");                    //每行输出5个数据
      }
    return 0;
}
```

运行结果:

```
  1      1      2      3      5
  8     13     21     34     55
 89    144    233    377    610
987   1597   2584   4181   6765
```

如果在oj系统多组输入的题目要求下,用数组会显得更加高效。比如题目要求为多组输入,每输入1个整数m(1<m<40),输出多组Fibonacci数列第m项的值。这时用前简单变量的方式去做,由于不能保存中间每一项的数列值,对每一次输入都需要重新循环计算一遍,当输入组数较多时会花费太多的时间。而用数组的方式,只需要一次循环把范围内所有数列值求出保存起来,之后对应每一组输入都不需要再循环计算,只需访问对应数组元素即可,程序执行效率明显提高。程序代码如下:

```
#include <stdio.h>
int  main()
{
    int i;                                     //数列前2项的初值为1,1
    long long int f[40] = {1,1};
    for (i = 2;i < 40;i++)
        f[i] = f[i - 2] + f[i - 1];            //从第3项开始求值,保存数组中
    while(scanf(" %d",&m)!= EOF)
      {
          if( (m > 0)&&(m <= 40) )
```

```
            printf("%lld\n",f[m-1]);        //范围内的元素已保存,不需计算直接输出
        }
    return 0;
}
```

8.2.2 统计问题

在批量数据的实际编程中经常见到数据统计问题,一般来说批量数据中每个元素的取值都在同一个有限的整型区间范围内,要求统计出这些数据中与每个取值对应的数据元素个数。在这类问题的求解中,明确数组与问题的关系并准确定义数组元素值所代表的意义,显得尤为重要。

【例 8.5】 选票统计:某个学院学生会换届,需要从 10 个候选人(编号 1～10)中选出一名新的学生会主席,全院 1000 名学生每人一票,每票只能选择一人,请你统计出每个候选人所得的票数。

用简单变量的编程方法也可以实现,就是定义 10 个计数变量来分别统计每个人的票数,输入一张选票时判断一下该票选了几号,对应的计数变量加 1 即可。但同前面几个程序一样,用简单变量来完成代码,思路虽然简单,但代码冗长,没有简洁之美。

这里用数组来实现,定义一个一维数组 count[10],数组元素 count[0]到 count[9]依次存放 1 号到 10 号候选人所得的票数,10 个计数器初值全部置 0。输入一个票的选择值后,只需要使得对应的计数数组元素加 1 即可,不需要任何判断。代码如下:

```
#include <stdio.h>
#define  N  1000
int main()
{
    int i,number;                       //i 循环变量,number 每张票选的候选人号码
    int count[10] = {0};                //计数数组初始化
    for( i = 1; i <= N; i++)            //输入 1000 张选票并统计
      {
         scanf( "%d",&number );
         count[number - 1]++;           //计数元素下标从 0 开始,比对应号码小 1
      }
    for( i = 1; i <= 10; i++)           //输出每个候选人所得票数
       printf(" candidate = %d,votes = %d\n",i,count[i - 1]);
    return 0;
}
```

可以看出,由于在定义计数数组的同时,已经建立了用户输入的数值与该值对应的计数数组元素位置之间的关联关系,输入后不需要做任何条件比较,就可直接对相应的计数数组元素完成计数累加的操作,因此使得代码变得更加直观简洁了。需要注意的是本问题中,由于输入的就是 1,2,3,…,10 这 10 个候选人号码值,而对应的计数数组元素的位序恰好比号码值小 1,两者的关系相对简单。在稍稍复杂些的计数问题中,输入元素与其计数元素位置之间的关系就不是这样明显,需要好好分析问题特征,从中梳理出两者之间的关系。

【例 8.6】 字符统计:输入一个只包含大写英文字符的字符串,其长度不超过 200,统计出每个大写英文字符在该串中出现的次数并输出。

分析:

(1) 与前一个题目类似,本题目仍然是统计多类不同值的数据,需要多个计数器,不方

便使用多个简单的计数变量,需要定义一个计数数组。

(2) 数据值的区间只有26个大写英文字符,计数数组的长度可以定义为26。

(3) 计数数组的下标范围为:0,1,2,…,25,每个输入是一个大写英文字符(范围是:'A','B',…,'Z'),可以试着用count[0]来存放'A'的个数,count[1]来存放'B'的个数,…,count[25]来存放'Z'的个数。

有了上面的认识之后,接着需要解决的关键问题是:如何建立大写英文字符值'A'~'Z'到计数数组位置下标0~25的一致性对应关系?其实用心观察之后,发现规律很简单:由于所有大写英文字符依次排列就是一个按照其ASCII码值由小到大顺次加一的序列,所以任何一个大写英文字符减去'A',就是该字符对应的计数数组元素的位置下标。程序如下:

```
#include <stdio.h>
#define  N  200
int main()
{
    char string[N+1];                         //定义字符数组存放字符串
    int i=0,count[26]={0};                    //循环变量、计数数组初始化
    scanf("%s",string);
    while( string[i]!='\0')                   //字符串的最后一个字符是结束标志'\0'
      {
          if( string[i]<'A' || string[i]>'Z')   //非大写字符不统计
                i++;continue;
          count[string[i]-'A']++;             //通过大写字符得到计数位置并计数
                i++;
      }
    for( i=0; i<=25; i++)                     //输出每个字符及其个数
        printf(" %c,%d\n",i+'A',count[i]);
    return 0;
}
```

与以上两个例题类似,在区间计数问题中如果把握好元素值与计数数组下标之间的关联关系,解决问题的代码会更加简洁、清晰。

8.2.3 排序问题

【例8.7】 选择排序:用选择法将10个整数从小到大排序输出(选择排序)。

分析:这是一个排序问题,排序是计算机操作中经典的基本算法。实现排序的算法有很多,先看最基础的选择法排序。其实,对选择法排序我们已经有所接触,先来看如下的程序:

```
#include <stdio.h>
int main()
{
    int x,y,z;
    int temp;
    printf("\n input 3 numbers:");
    scanf("%d%d%d",&x,&y,&z);
    if (x>y)
      { temp = x; x = y; y = temp;}
    if (x>z)
```

```
        { temp = z; z = x; x = temp;}
    if (y>z)
        { temp = y; y = z; z = temp;}
    printf("small to big: %d, %d, %d\n",x,y,z);
    return 0;
}
```

这是选择结构讲过的程序,其功能是三个数按照由小到大的顺序输出,实际上就是 3 个数的排序问题。程序由三个相似的 if 语句来构成,这三个 if 语句的格式虽然是相似的,但它们之间的顺序是不可以交换的。主要的原因是这三个 if 语句的顺序如此排列有确定的目的,前两个 if 语句在一起的功能是要找到三个数的最小值放在 x 中,第三个 if 语句的功能是要找到剩余两个数的最小值放在 y 中,剩余的最大值存放在 z 中。简而言之,3 个数的排序实际上是 2 次找最小值的过程,即先找最小值,再找次小值,剩余的是最大值。

n 个数的选择排序也正是采用了这样的算法思路:n 个数排序 n－1 次找最小值的过程,即先找 n 个数里面的最小值,再找剩余 n－1 个数里面的最小值,再找剩余 n－2 个数里面的最小值,以此类推,最后找剩余 2 个数里面的最小值,剩余一个数就是 n 个数里面的最大值。

每一次找最小值的方法仍然借助于 3 个数排序中找最小值的方式,即假定当前元素最小,让它与之后的剩余元素逐个比较,如果后面的元素比它更小,两者交换。

由此可知,n 个数的选择排序是一个两重循环的问题:外循环控制求最小值的次数,n－1 次求最小值用 n－1 次外循环实现,假设外循环变量为 i,则 i 的循环范围为 0～n－2;内循环完成求一个最小值的过程,假定当前元素 a[i]是最小值,假设内循环变量为 j,让 a[i]与其后的所有元素 a[j]逐个比较,j 的范围即为 i＋1～n－1。

由此,很自然就可以得到如下的程序:

```
#include <stdio.h>
int main()
{
    int i,j,t,a[10],n = 10;
    for (i = 0;i <= n - 1;i++)
      {
        scanf("%d",&a[i]);
      }
    for (i = 0;i <= n - 2;i++)
      {
        for (j = i + 1;j <= n - 1;j++)
          {
            if (a[i]>a[j])
              {
                t = a[i];
                a[i] = a[j];
                a[j] = t;
              }
          }
      }
    for (i = 0;i <= n - 1;i++)
      {
        printf("%d  ",a[i]);
```

```
        }
    return 0;
}
```


从运行结果来看,排序的目的达到了。可是本程序还存在一点缺陷,比如,对于图8.7所示的10个数的待排序列:

a[0]	a[1]	a[2]	a[3]	a[4]	a[5]	a[6]	a[7]	a[8]	a[9]
10	9	8	7	6	5	4	3	2	1
↑i	↑j								

图 8.7　选择排序执行前数组初始状态

在第一轮最小值的过程中,以a[0]为基元素,与后面的9个元素逐个比较,如果后面的元素小于a[0],就进行交换,过程如图8.8所示。

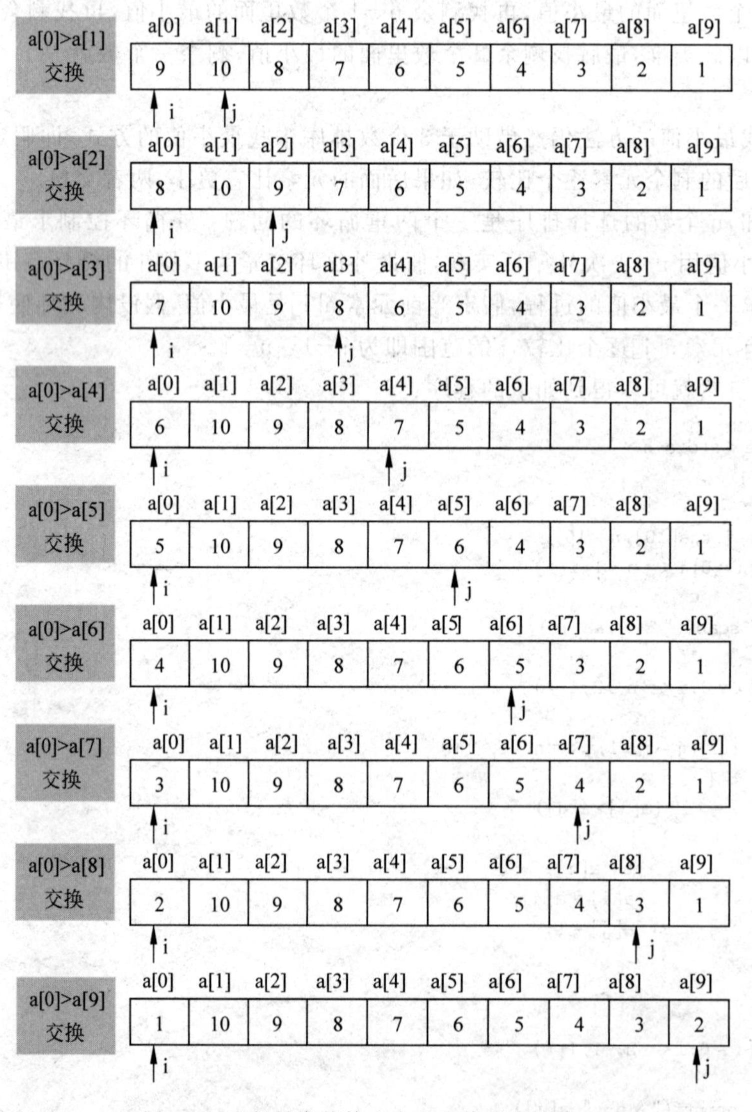

图 8.8　选择排序找第1个最小值的过程展示

按照上述的排序方法，是 9 次找最小值的过程，但是找最小值的过程却存在一些“多余”的操作。以图 8.8 所示找第一个最小值的过程为例，元素 a[0]（初值为 10）依次与后面的 a[1]（初值为 9）、a[2]（初值为 8）、……、a[0]（初值为 1）比较，每次 a[0]都比后面的元素要大，每次比较都要做交换，在 10 个数中找第 1 个最小值就需要 9 次交换的过程。而我们的初衷是找到 10 个数里面的最小值放在第一个位置，如果最小值不在第一个位置，只需找到该最小值，让该值与第一个元素交换 1 次即可。

以上还仅仅是找一次最小值的过程，n 个数的选择排序需要 n－1 次找最小值，同找第 1 个最小值的过程类似，其余的 n－2 次找最小值也会存在大量多余的数据交换过程。如果数组数据量较大时就会有大量的多余交换带来的时间浪费，影响了程序的运行效率。

程序设计的初衷不仅是能够解决问题，更需要用高效的方法来解决问题。于是对上述程序可以做如下的改进：

每一次找最小值最多只需要一次交换，即初始位置的元素与最小值元素做交换。这样在找最小值过程中就要把最小值的位置标记下来，为此可以定义一个标记变量（以 k 为例），来标记本轮比较中最小值的位置，开始假设初始元素最小，将其下标作为标记变量 k 的初始值。然后让后面的所有元素与标记变量 k 所标记位置的最小值做比较，如果比最小值还小，只需将新的最小值下标赋予标记变量 k 即可。过程如图 8.9 所示。

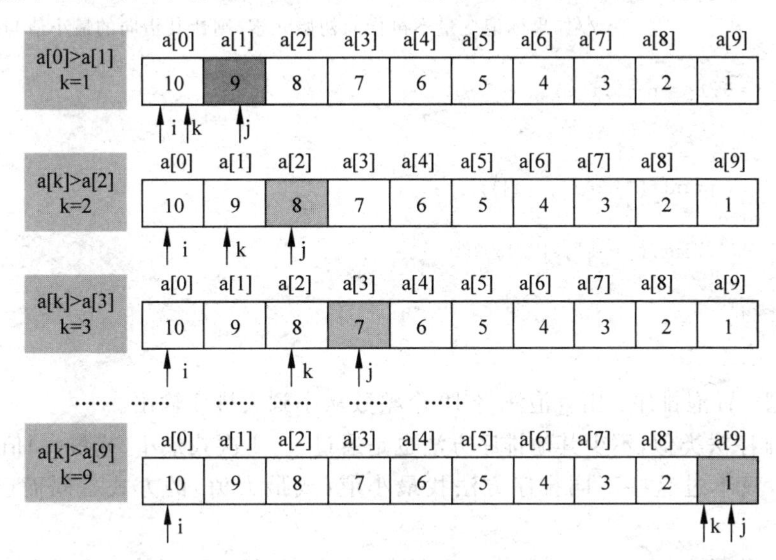

图 8.9　选择排序改进后找第 1 个最小值时确定 k 的位置的过程展示

当外循环结束之后，判断标记变量的位置，如果不再指向初始元素，说明最小值不在初始位置，这时让初始元素与标记变量所标记位置的元素做一次交换即可，否则不需交换。在上面的过程中最后 k＝9 而 i＝0，只需交换 a[i]与 a[k]一次即可。这一次交换就可以将最小值放在 a[0]里面了，如图 8.10 所示。

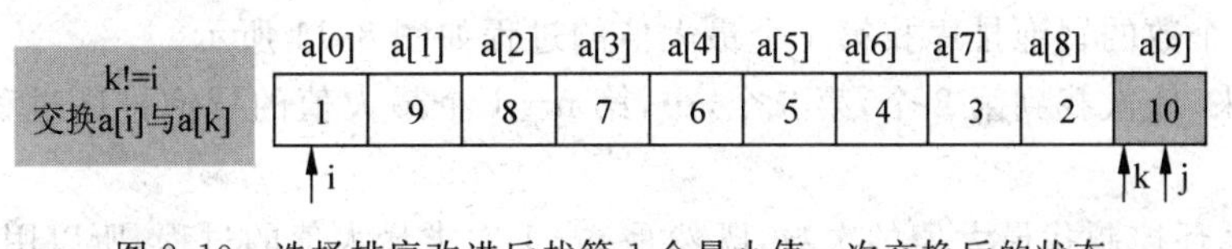

图 8.10　选择排序改进后找第 1 个最小值一次交换后的状态

改进的选择排序程序如下：

```
#include <stdio.h>
int main()
{
    int i,j,k,t,a[10],n=10;
    for (i=0;i<=n-1;i++)
        scanf("%d",&a[i]);
    for (i=0;i<=n-2;i++)
      {
         k=i;                          //标记变量初始化,假设初始元素最小
         for (j=i+1;j<=n-1;j++)
           {
             if (a[k]>a[j])
                k=j;                   //若后面的元素小于最小值,将其下标赋予标记变量
           }
         if (k!=i)
           {
             t=a[k];
             a[k]=a[i];
             a[i]=t;
           }              //如果标记变量不再指向初始元素,则让其指向的最小值与初始元素交换
      }
    for (i=0;i<=n-1;i++)
      {
         if( i==n-1)
             printf("%d\n",a[i]);
         else
             printf("%d ",a[i]);
      }
    return 0;
}
```

【例8.8】 冒泡排序：用冒泡法将10个整数从小到大排序输出。

与选择排序法类似,不少其他排序方法也是通过n－1次找最小(或最大)值的方式实现排序目标的,只不过这些不同排序方法找最小值(或最大值)的方式不同而已,比如冒泡排序。

冒泡排序找最大值的方式是从第一个元素开始每相邻两个元素一次比较,如果后面的数据元素小于前面的数据元素,则两者交换,如此一直比较直到当前序列的最后一个位置。这时序列里面的最大元素就放在了最后的位置。剩余的n－1个元素重复上述过程,又会把剩余元素里面的最大值(n个里面第二大者)放在了倒数第二个位置,以此类推,第n－1次只需要比较第一与第二个元素,把大者(n个里面的第n－1大者)放在第二个位置,则在第一个位置所存放的一定是所有元素的最小值。这样n个元素的顺序就依次排好了。

比如10个数的冒泡排序找第1个最大值的过程如图8.11所示。

由此看来,依次找到第2个,第3个,…,第n－1个最大值的冒泡排序过程也是一个双重循环：

(1) 外循环控制找最大值的次数,既然是n－1次求最大值的过程,所以用n－1次外循

	a[0]	a[1]	a[2]	a[3]	a[4]	a[5]	a[6]	a[7]	a[8]	a[9]
初始状态 j=0	10	9	8	7	6	5	4	3	2	1
a[0]>a[1] 交换	9	10	8	7	6	5	4	3	2	1
a[1]>a[2] 交换	9	8	10	7	6	5	4	3	2	1
a[2]>a[3] 交换	9	8	7	10	6	5	4	3	2	1
a[3]>a[4] 交换	9	8	7	6	10	5	4	3	2	1
a[4]>a[5] 交换	9	8	7	6	5	10	4	3	2	1
a[5]>a[6] 交换	9	8	7	6	5	4	10	3	2	1
a[6]>a[7] 交换	9	8	7	6	5	4	3	10	2	1
a[7]>a[8] 交换	9	8	7	6	5	4	3	2	10	1
a[8]>a[9] 交换	9	8	7	6	5	4	3	2	1	10

图 8.11　冒泡排序找第 1 个最大值的过程

环实现，假设外循环变量为 i，则 i 的循环范围为 0～n－2。

(2) 内循环完成求一个最大值的过程，假定 i 为当前外循环变量，内循环的任务是在 a[0]，a[1]，…，a[n－i－1]的数组元素范围内找到最大值，并放在当前区间的最后元素 a[n－i－1]中。假设内循环变量为 j，则 j 的范围为 0～n－i－2。

注意：由于冒泡排序的元素比较是相邻元素的比较，所以在条件中比较的元素是 a[j]与 a[j＋1]，并且当 j＝n－i－2 时，a[j＋1]（即 a[n－i－1]）参与比较，所以 j 的最大下标是 n－i－2。

冒泡排序的程序如下：

```
#include <stdio.h>
int main()
{
    int i,j,t,a[10],n = 10;
    for(i = 0;i <= n - 1;i++)
       scanf(" %d",&a[i]);
    for (i = 0;i <= n - 2;i++)
      {
```

```
            for (j = 0;j <= n - i - 2;j++)
              {
                if (a[j]> a[j + 1])
                  {
                    t = a[j];
                    a[j] = a[j + 1];
                    a[j + 1] = t;
                  }
              }
          }
        for (i = 0;i <= n - 1;i++)
          {
            if( i == n - 1 )
                printf(" %d\n",a[i]);
            else
                printf(" %d ",a[i]);
            }
        return 0;
    }
```

从上述几个程序的设计中可以发现,数组的程序设计都是与循环结合在一起的,通过循环变量值的改变,可得到不同的下标,不同的下标就对应了不同的数组元素。如果找到了数组元素,对其进行操作就是一件比较容易的事情了。从这个角度来说,数组程序设计的核心问题就是如何在合理的区间做下标变换的问题。

8.2.4 查找问题

由于数组存储的是批量数据,实际应用中经常需要去查询某个值是否在批量数据中存在,如果存在的话要找到其在数组里的位置,这是几乎所有的工具软件都具备的最基本的数据管理功能,这就是查找操作。

【例 8.9】 顺序查找:在数组里存放着 N 个各不相同的整数,在多组输入中每次输入一个整数 x,利用顺序查询查找 x 在数组里是否存在,如果存在则返回其在数组的下标;如果不存在则返回值为-1。

用自定义函数来描述查找的过程,在主函数中调用该自定义函数完成查找。程序如下:

```
    #include < stdio.h >
    #define N 10
    int search(int a[],int n,int x)
    {
        int i;
        for( i = 0;i < n;i++)
            if(a[i] == x)   return i;
        return -1;
    }
    int main()
    {
        int i,k,t,b[N];
```

```
    for(i = 0;i <= N - 1;i++)
        scanf(" %d",&b[i]);
    while (scanf(" %d",&t)!= EOF)
    {
        k = search(b,N,t);
        if( k ==- 1)
            printf("Not Found!\n");
        else
            printf(" %d\n",k);
    }
    return 0;
}
```

上面的顺序查找思路比较简单，初学者容易理解。但由于查找过程需要与数组里的每一个元素逐个比较，当数组容量很大时，查找过程所花费的时间开销很大。当问题需要频繁地查找操作时，怎么能够提高查找效率，在数组中更快地查询到目标元素呢？下面介绍的二分查找就是一种比较高效的查找方法。

【例 8.10】 二分查找：在数组里按照由小到大存放着 N 个各不相同的整数，在多组输入中每次输入一个整数 x，利用顺序查询查找 x 在数组里是否存在，如果存在返回其在数组的下标，如果不存在返回值为－1。

二分查找的查找过程中采用跳跃式方式查找，即先以有序数列的中点位置为比较对象，如果要找的元素值小于该中点元素，则将待查序列缩小为左半部分，否则为右半部分。通过一次比较，将查找区间缩小一半，所以称这种查找方法为二分查找或折半查找。二分查找是一种高效的查找方法，它可以明显减少比较次数，提高查找效率。

当然，不是对所有的数据序列都适合二分查找，二分查找的数据序列必须是有序的序列。

假设待查值为 x，有序序列数组名为 a，第一个数组元素的下标为 s，最后一个数组元素的下标为 t，用 mid 表示区间的中间元素的位置，初始时 mid＝(s＋t)/2。则二分查找的具体查找步骤如下。

(1) 取得有序序列的中间位置 mid 的数据 a[mid]，与待查找的数据 x 进行比较，如果两者相等(a[mid]＝＝x)表示找到，返回此时的 mid 值，查找结束。

(2) 如果两者不相等(a[mid]!＝x)，则存在两种可能：

① 中间位置的元素大于待查找的数据元素(a[mid]＞x)，说明如果该元素存在，只可能在中间位置之前的半个区间[s,mid－1]，此时 s 不变、t＝mid－1，到前半区间做继续查找。

② 中间位置的元素小于待查找的数据元素(a[mid]＜x)，说明如果该元素存在，只可能在中间位置之后的半个区间[mid＋1,t]，此时 t 不变、s＝mid＋1，到后半区间做继续查找。

重复以上(1)、(2)过程，直到找到满足条件的记录，即查找成功，或直到确认区间不存在该元素为止，此时查找不成功，查找结束。

下面以包含 10 个元素的数组 a 的查找为例，来了解一下二分查找的查找过程。

假设有序数组初始状态如图 8.12 所示。

(1) 查找一次就找到的情况(查找的元素 x＝45)。

执行第一次比较，由于初始 s＝0，t＝9，所以 mid＝(0＋9)/2＝4，中间元素即 a[4]的值

	a[0]	a[1]	a[2]	a[3]	a[4]	a[5]	a[6]	a[7]	a[8]	a[9]
key=45	10	15	26	36	45	60	72	80	85	96
	s									t

图 8.12　有序数组初始状态

恰好就是要找的元素值 45,满足 a[mid]==x 的条件,说明查找成功,返回此时 mid 的值,查找结束,如图 8.13 所示。

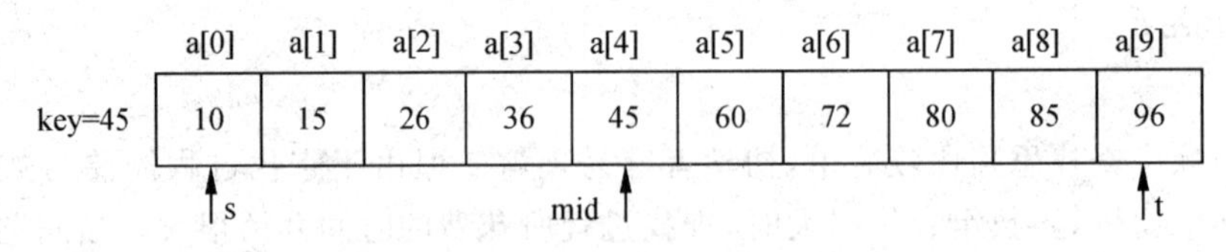

图 8.13　二分查找(1)

(2) 查找多次后找到的情况(以查找元素 x=26 为例)。

执行第一次比较,同上 s=0,t=9,所以 mid=(s+t)/2=4。中间元素 a[4]的值 45>26,由于 a 数组是顺序有序数组,26 如果在数组存在的话,只可能在当前区间中间位置之前的左半区间[0,3]出现,如图 8.14 所示。

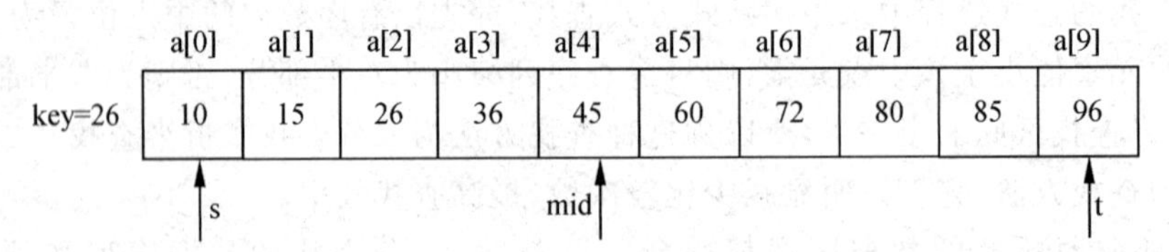

图 8.14　二分查找(2)

执行第 2 次比较,到左半区间继续查找,将查询区间由[0,9]改为左半区间[0,3],获取新的区间边界:s 不变仍然为 0,t=mid−1=3。根据新的 s 与 t 的值得到新的 mid,mid=(s+t)/2=1,如图 8.15 所示。

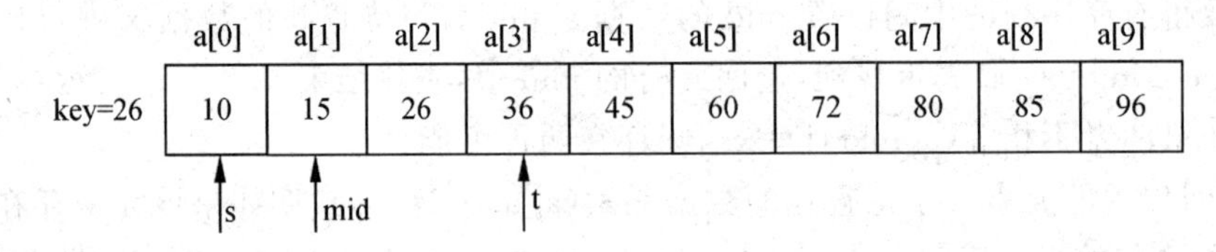

图 8.15　二分查找(3)

此时新区间的中间元素 a[1]的值 15<26,说明 26 只可能在当前区间[0,3]的右半区间[2,3]出现,到右半区间继续查找,此时 t 不变仍然为 3,s=mid+1=1+1=2。根据新的 s 与 t 的值得到新的 mid,mid=(s+t)/2=2,如图 8.16 所示。

执行第 3 次比较,此时 mid 位置的元素 a[2]==26,找到要查找的元素,返回其下标 2,查找结束。

(3) 查找失败的情况(以查找元素 30 为例)。

查找元素 30 的第一、二次比较过程的图示与元素 26 的前次调用相同,不再赘述。

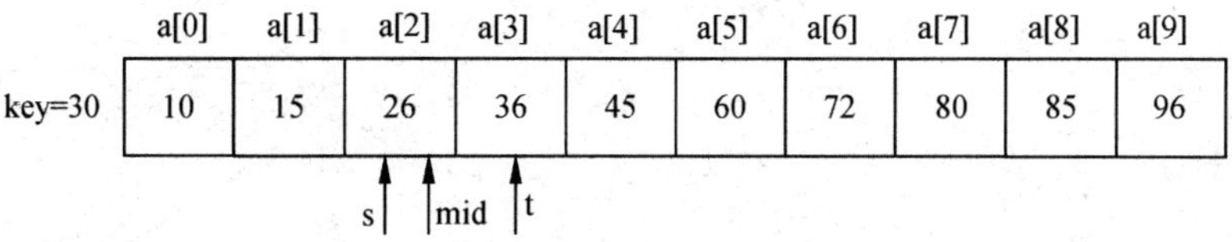

图 8.16　二分查找(4)

执行第三次比较,mid=(2+3)/2=2,a[2]<30,说明只可能在当前区间[2,3]的右半区间[3,3]出现,到右半区间继续查找。此时 t 不变仍然为 3,s=mid+1=2+1=3。根据新的 s 与 t 的值得到新的 mid,mid=(s+t)/2=3,如图 8.17 所示。

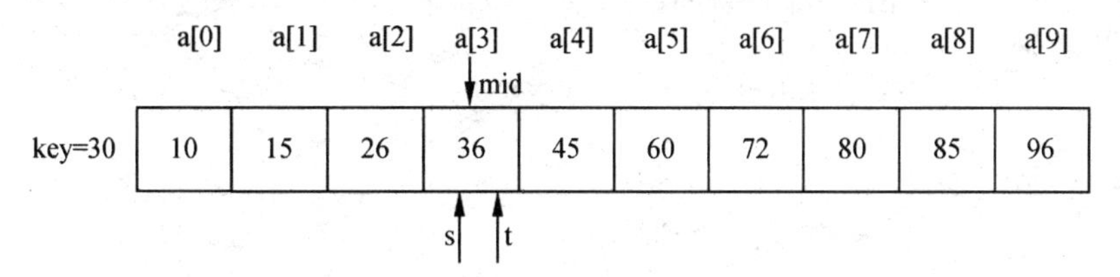

图 8.17　二分查找(5)

执行第四次比较,mid=(3+3)/2=3,a[3]>30,说明只可能在当前区间[3,3]的左半区间出现,到左半区间继续查找。此时 s 不变仍然为 3,t=mid−1=3−1=2。此时,查找的上界 t 与下界 s 不再满足(s≤t)的关系,说明在数组中不存在要找的元素 30,返回−1,表示查找失败,如图 8.18 所示。

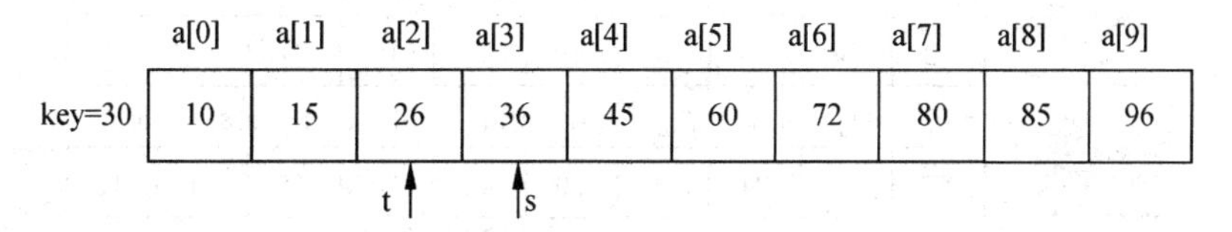

图 8.18　二分查找(6)

上述过程能够理解之后,不难写出二分查找的自定义函数:

```
#include <stdio.h>
#define N  10
int Binsearch(int a[],int n,int x)  //在有序数组 a 中进行二分查找成功时返回元素的位置,失败
                                    //时返回 -1
{
    int  s = 0,t = n - 1;
    int mid;
    while ( s <= t )
    {
        mid = ( s + t )/2;
        if ( a[mid] == x )
            return mid;
        if ( a[mid] < x )
            s = mid + 1;
        else
            t = mid - 1;
```

```
    }
    return -1;
}
int main()
{
    int i,m,key;
    int a[N] = { 10,15,26,36,45,60,72,80,85,96 };
    while(scanf("%d",&key)!= EOF)
    {
        m = Binsearch(a,N,key);
        if( m==-1)
                printf("Not Found!\n");
        else
                printf("%d\n",m);
    }
    return 0;
}
```

8.2.5 逆置与移位

为了更加深入地理解下标变换在数组程序设计中的作用,再来看下面的例子。

【例 8.11】 数组逆置:将一个一维数组的元素按照相反的顺序存放在原来数组中。例如,逆置前后的数组数据对比如图 8.19 所示。

	a[0]	a[1]	a[2]	a[3]	a[4]	a[5]	a[6]	a[7]	a[8]	a[9]
逆置前的数组	12	31	15	20	44	30	18	21	55	37
逆置后的数组	37	55	21	18	30	44	20	15	31	12

图 8.19 一维数组逆置前后的数据对比

分析:仔细观察逆置前后数组元素的变化,会发现逆置过程的规律。实际上逆置的过程就是数组元素位置互换的过程,对于如上 10 个元素的数组 a,先后交换 a[0]与 a[9]、a[1]与 a[8]、a[2]与 a[7]、a[3]与 a[6]、a[4]与 a[5]……这样数组的逆置可以通过多次数组元素值的两两交换来实现。

为实现此过程,应该明确如下的两个问题:

(1) 两个互相交换的数组元素之间有什么关系?从上面的图示可以看到数组有 10 个元素时,交换的两个数组元素即为 a[i]与 a[10-i-1],扩展到数组有 n 个数时,需要交换的两个数组元素即为 a[i]与 a[n-i-1]。

(2) 要经过多少次两两交换呢?由于每次交换都是完成两个数组元素的操作,所以从图示可以看到 10 个数的数组需要交换 5 次,那么 n 个数的数组需要 n/2 次交换。这实际上就给出了循环的范围。

由此可以得到如下的程序:

```
#include <stdio.h>
int main()
```

```
{
    int i,t,a[10],n = 10;
    for (i = 0;i <= n - 1;i++)
        scanf("%d",&a[i]);
    for (i = 0;i < n/2;i++)
        {
            t = a[i];
            a[i] = a[n - i - 1];
            a[n - i - 1] = t;
        }
    for (i = 0;i <= n - 1;i++)
        {
            if(i == n - 1)
                printf("%d\n",a[i]);
            else
                printf("%d ",a[i]);
        }
    return 0;
}
```

注意：如果第二个 for 循环的范围写成常用的 for(i=0;i<n;i++)，运行结果会有何不同？请读者自己上机验证，思考：为什么会产生这样的不同？

上面的程序通过一个循环变量 i 表示了两个数组元素 a[i]与 a[n−i−1]，能否用两个循环变量来分别表示需要交换的两个数组元素呢？当然可以。

如图 8.20 所示，设置两个循环变量 i、j 表示要交换的两个数组元素的下标，i 的初值为 0，j 的初值为 9，完成 a[i]与 a[j]的交换之后，让 i 与 j 同时改变(i++、j−−)，指向要交换的下面两个数组元素，如此循环一直到 i 不再小于 j 时结束。

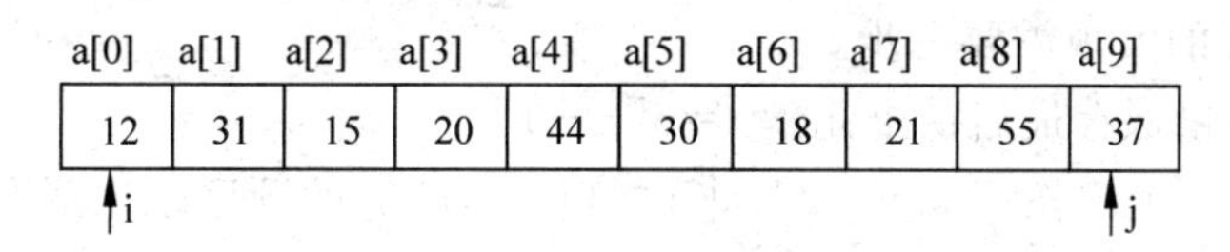

图 8.20　双下标实现一维数组逆置

程序如下：

```
#include <stdio.h>
int main()
{
  int i,j,t,a[10],n = 10;
  for (i = 0;i <= n - 1;i++)
    scanf("%d",&a[i]);
  i = 0;
  j = n - 1;                          //两个下标的初始化,分别指向第一个与最后一个元素
  while (i < j)                       //当 i >= j 时,所有数组元素两两交换结束
    {
        t = a[i];
        a[i] = a[j];
        a[j] = t;                     //对应数组元素的交换过程
        i++;
```

```
        j--;                    //下标改变,指向下一次要交换的两个元素
    }
  for (i=0;i<=n-1;i++)
    {
        if (i==n-1)
            printf("%d\n",a[i]);
        else
            printf("%d ",a[i]);
    }
  return 0;
}
```


【例 8.12】 数组移位:将指定个数的数组尾部元素移到数组首部。

例如,原数组 a 如图 8.21 所示。

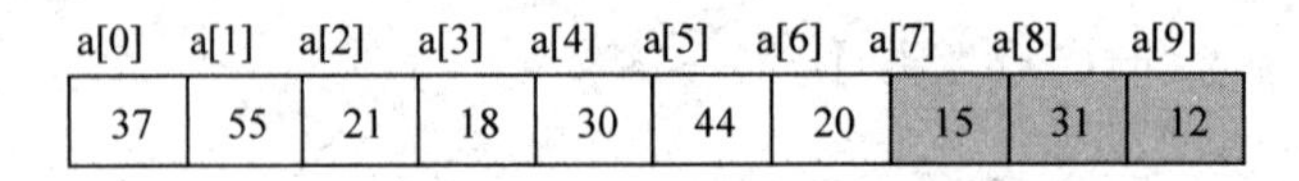

a[0]	a[1]	a[2]	a[3]	a[4]	a[5]	a[6]	a[7]	a[8]	a[9]
37	55	21	18	30	44	20	15	31	12

图 8.21 移位前的一维数组

要将最后 3 个数组元素移动到数组首部,使数组变成如图 8.22 所示状态。

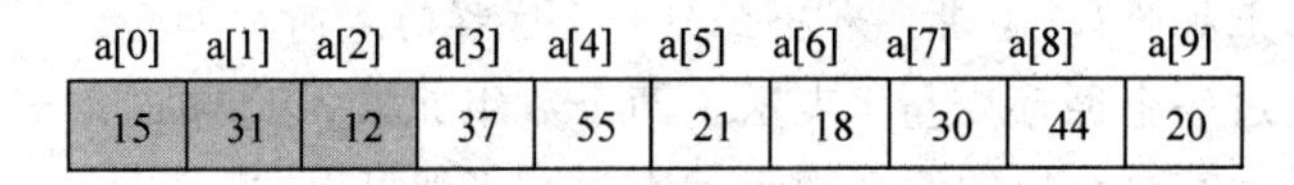

a[0]	a[1]	a[2]	a[3]	a[4]	a[5]	a[6]	a[7]	a[8]	a[9]
15	31	12	37	55	21	18	30	44	20

图 8.22 移位后的一维数组

分析:

先来看移动一个元素的情况,即将最后一个元素 a[n−1]移动到 a[0]位置,其余元素顺次后移。这个过程的实现需要三步。

(1) 用中间变量保存最后一个元素 t=a[n−1];

(2) 将其余数组元素按照 a[n−2],a[n−3],…,a[0]的顺序依次后移,实现如下赋值:a[n−1]=a[n−2],a[n−2]=a[n−3],…,a[1]=a[0]。程序语句简单描述为

```
for ( i=n-2;i>=0;i-- )
   a[i+1]=a[i];
```

(3) 将中间变量保存的原来最后元素的值放入第一位置:a[0]=t。

要将 m 个数组尾部元素移到数组首部,只需将上述(1)~(2)步执行 m 次即可。程序如下:

```
#include<stdio.h>
#define N  10
int  main()
{
    int  t,i,m,a[N]={10,20,30,40,50,60,70,80,90,100};
    scanf("%d",&m);
    while ( m>0 )
      {
        t=a[N-1];
```

```
        for ( i = N - 2;i >= 0;i -- )
            a[i + 1] = a[i];
        a[0] = t;
        m -- ;
      }
    for ( i = 0;i < N;i++ )
      {
        if (i == N - 1)
          printf(" %d\n",a[i]);
        else
          printf(" %d ",a[i]);
      }
    return 0;
}
```

8.2.6 元素删除

【例 8.13】 数组删除：数组 a 的元素各不相同，删除值为 x 的数组元素。

例如原数组如图 8.23 所示。

a[0]	a[1]	a[2]	a[3]	a[4]	a[5]	a[6]	a[7]	a[8]	a[9]
10	20	30	40	50	60	70	80	90	100

图 8.23　移位前的一维数组

要将值为 50 的数组元素删除，其后的元素顺次前移，使数组变成如图 8.24 所示状态。

a[0]	a[1]	a[2]	a[3]	a[4]	a[5]	a[6]	a[7]	a[8]	a[9]
10	20	30	40	60	70	80	90	100	100

图 8.24　移位后的一维数组

分析：输入 x，将 x 与每个数组元素 a[0]，a[1]，…，a[n－1]进行比较，若 x＝＝a[i]，则将 a[i＋1]到 a[n－1]依次向前移动，即 a[j]＝a[j＋1](j＝i，i＋1，…，n－2)，同时数组元素个数减 1。

程序如下：

```
#include <stdio.h>
int  main()
{
    int a[10],j,i,n = 10,x;
    for ( i = 0;i < n;i++ )
        scanf(" %d",&a[i]);
    scanf(" %d",&x);
    for ( i = 0;i < n;i++ )
      {
        if (x == a[i])
         {
           for (j = i;j < n - 1;j++ )
             {
```

```
                a[j] = a[j + 1];      //数组元素依次向前移动
            }
          n-- ;                       //数组元素个数减1
        }
    }
    for (i = 0;i < n;i++)
    {
        if (i == n - 1)
            printf(" %d\n",a[i]);
        else
            printf(" %d ",a[i]);
    }
    return 0;
}
```

思考：数组元素值为x的元素有多个怎么办?

8.3 二维数组

在现实问题中,有些批量数据在表示时,需要有两个下标来标识数据元素的位置,这样的数组称为二维数组。例如线性代数中经常用到的矩阵,就是一个具有行、列属性的结构,恰好可以用二维数组来表示。

8.3.1 二维数组的定义

二维数组的定义形式如下：

```
类型说明符 数组名[常量表达式1][常量表达式2]
```

说明：常量表达式1表示第一维下标的长度,常量表达式2表示第二维下标的长度。

例如：

```
int a[3][4];
```

定义了一个三行四列的数组,数组名为a,数组元素类型为整型。该数组有3×4个数组元素,即：a[0][0]、a[0][1]、a[0][2]、a[0][3]、a[1][0]、a[1][1]、a[1][2]、a[1][3]、a[2][0]、a[2][1]、a[2][2]、a[2][3],如图8.25所示。

a[0][0]	a[0][1]	a[0][2]	a[0][3]
a[1][0]	a[1][1]	a[1][2]	a[1][3]
a[2][0]	a[2][1]	a[2][2]	a[2][3]

图8.25　3行4列的二维数组

二维数组逻辑上是行与列构成的二维结构,但内存空间里各个单元的地址却是从0开始一维的形式。因此逻辑的二维数组存储到一维的地址空间里也只能是一维的结构,其存储与一维数组是类似的。

同一维数组类似,二维数组也是数组名代表数组的首地址,整个数组占用以该首地址开始的一段连续的内存单元，从存储结构来看，二维数组是按行排列的，即放完一行之后顺次放入第二行，每行中的元素也是依次存放，如图 8.26 所示。

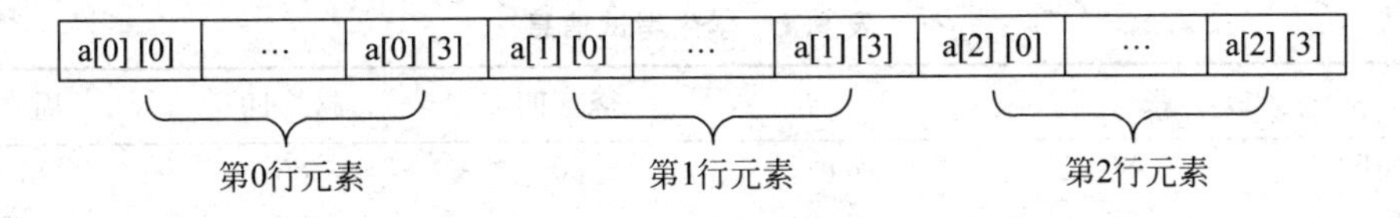

图 8.26 二维数组元素在内存中的排列

从宏观意义上看，如果把图 8.26 所示的二维数组里的每一行看成一个“大元素”，则由 a[0][0]，a[0][1]，…，a[2][3]等 12 个“小元素”构成的二维数组，也可以看作是只有 3 个“大元素”组成的特殊一维数组。这个特殊一维数组是有 3 个“大元素”组成，每个“大元素”又是一个小的一维数组，代表了二维数组中一行。

C 语言约定，代表每一行的“大元素”可以用“二维数组名＋行下标”的一维形式来表示。例如，可以把上面的二维数组 a 看作是一个特殊一维数组，它有 3 个大元素，每个大元素代表一行，分别记为：a[0]、a[1]、a[2]。每个元素又是一个包含 4 个元素的一维数组，例如：一维数组 a[0]的元素为 a[0][0]、a[0][1]、a[0][2]、a[0][3]，如图 8.27 所示。

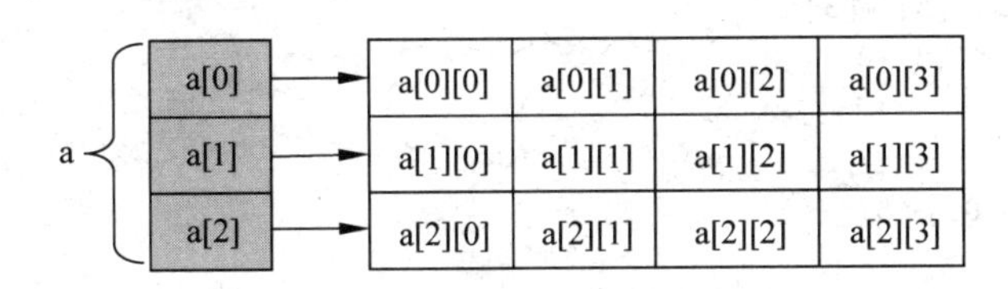

图 8.27 二维数组看作一维数组

注意：此时的 a[0]、a[1]、a[2]不能当作下标变量使用，它们是二维数组按行分解形成的多个一维数组(也被称为行向量)的数组名。

8.3.2 二维数组元素的引用

二维数组具有行与列的特征，要访问二维数组元素应该指定其具体的行、列的位置，所以二维数组元素也称为双下标变量，要通过“二维数组名＋行下标＋列下标”的方式来进行访问。其表示的形式如下：

```
数组名[行下标][列下标]
```

说明：行下标与列下标均应为整型表达式，分别表示要访问的元素所在的行与列的位置。

对于二维数组，数组名代表了该数组占用的连续存储空间的首地址，不同的数组元素是通过不同的行下标、列下标来区别的。要访问二维数组的各个数组元素，基本的思想就是变换行、列下标。

与一维数组相似，二维数组变换下标的方式也是通过循环来实现的。只不过一维数组元素只有一个下标，通过单循环就可以完成引用。而二维数组元素有行与列两个下标，一般要通过双重循环来完成对数组元素的引用。

【例 8.14】 成绩统计：有三门考试课，每门课有 5 人参加考试，成绩如表 8.1 所示。求各门课的平均成绩和每人的平均成绩。

表 8.1 学生考试信息

	张 三	王 五	李 四	赵 四	周 正
Math	80	64	50	85	76
C	75	65	63	87	77
Java	92	71	40	78	85

分析：利用数组 a[3][5]存放三门课五人的各科成绩、数组 v[3]存放每门课程的平均成绩、数组 m[5]存放每人三门课程的平均成绩，则数组 v 的元素值是数组 a 的行元素平均值，数组 m 的元素值是数组 a 的列元素平均值。

程序如下：

```
#include <stdio.h>
int  main()
{
    int i,j,a[3][5];
    double av,am,v[5],m[3];
    for (i = 0;i < 3;i++)
      {
        av = 0;
        for (j = 0;j < 5;j++)
          {
            scanf(" %d",&a[i][j]);
            av = av + a[i][j];          //求各科成绩和
          }
        v[i] = av/5;                    //求各科平均分
      }
    for( i = 0;i < 5;i++)
      {
        av = 0;
        for (j = 0;j < 3;j++)
           av = av + a[j][i];           //求每人成绩和
        m[i] = av/3;                    //求每人平均成绩
      }
    for (i = 0;i < 3;i++)
        printf(" %f  ",v[i]);           //输出每门课程平均成绩
    printf("\n");
    for (i = 0;i < 5;i++)
        printf(" %f  ",m[i]);           //输出每人平均成绩
    return 0;
}
```

8.3.3 二维数组的初始化

二维数组初始化是在数组类型定义时给各下标变量赋以初值。二维数组可按行分段赋值，也可按行连续赋值。下面以对数组 a[3][4]初始化为例进行介绍。

1. 按行分段赋值

```
int a[3][4] = {{80,75,92,32},{61,65,71,88},{15,59,63,70}};
```

赋值后的元素如图 8.28 所示。

2. 按行连续赋值

```
int a[3][4] = {80,75,92,32,61,65,71,88,15,59,63,70};
```

二维数组初始化赋值说明如下：

(1) 可以只对部分元素赋初值，未赋初值的元素自动取 0 值。例如：

```
int a[3][4] = {{5,1},{4,8,2},{3}};
```

赋值后的元素值如图 8.29 所示。

80	75	92	32
61	65	71	88
15	59	63	70

图 8.28　二维数组初始化(1)

5	1	0	0
4	8	2	0
3	0	0	0

图 8.29　二维数组初始化(2)

(2) 对全部元素赋初值，则第一维的长度可以不给出。例如：

```
int a[3][3] = {1,2,3,4,5,6,7,8,9};
```

可以写为

```
int a[][3] = {1,2,3,4,5,6,7,8,9};
```

8.3.4　二维数组程序举例

【例 8.15】 矩阵最大值：对一个 3×4 矩阵，编写程序求其中最大元素值，以及最大值所在行号和列号。

分析：矩阵用二维数组表示，即用一个 3 行 4 列的二维数组存储 3×4 的矩阵。二维数组找最大值的方式与一维数组的思想基本相同。只是一维数组通过单循环可以实现元素的访问，而二维数组必须通过双重循环来实现。记录最大值所在的行号和列号的方法与一维数组求最大值相似，现在引入两个专门变量来保存行号与列号，在比较时若最大值改变，保存行号、列号的两个变量要同时改变，追踪记录新的最大值所在的行、列位置信息。

程序如下：

```
#include <stdio.h>
int  main()
{
    int i,j,row = 0,col = 0,max;          //行、列号变量赋初值
    int a[3][4] = {{6,7, -9,4},{9, -8,7,6},{ -10,10, -15,2}};
    max = a[0][0];                        //最大值变量赋初值
    for (i = 0; i <= 2; i++)
    for (j = 0; j <= 3; j++)
       if (a[i][j] > max)                 //三个变量跟踪记录新的最大值及其行号、列号
```

```
            {
                max = a[i][j];
                row = i;
                col = j;
            }
    printf("max = %d, row = %d, col = %d\n",max,row,col);
    return 0;
}
```

运行结果：

```
max = 10,row = 2,col = 1
```

【例 8.16】 矩阵转置：将一个二维数组行和列元素互换，存到另一个二维数组中。

分析：数组 a 是原数组，若 a 的行列数分别是 m、n；b 是 a 行列变换之后的数组，则 b 的行列数分别是 n、m。在循环中，b[j][i]=a[i][j]。

程序如下：

```
#include <stdio.h>
int  main()
{
    int a[3][4] = {{8,1,6,7},{3,5,7,8},{4,9,2,5}};
    int b[4][3],i,j;
    printf("array a:\n");
    for (i = 0;i <= 2;i++)
      {
          for (j = 0;j <= 3;j++)
            {
              printf("%5d",a[i][j]);
              b[j][i] = a[i][j];      //行、列交换
            }
          printf("\n");               //输出一行后换行
      }
    printf("array b:\n");
    for (i = 0;i <= 3;i++)
      {
          for (j = 0;j <= 2;j++)
            {
                printf("%5d",b[i][j]);
            }
          printf("\n");               //输出一行后换行
      }
    return 0;
}
```

运行结果：

```
array a:
    8    1    6    7
    3    5    7    8
    4    9    2    5
```

```
array b:
    8    3    4
    1    5    9
    6    7    2
    7    8    5
```

思考：怎样将一个 n×n 二维数组行列值互换？

8.4 数组与函数

数组可以作为函数的参数进行数据传送。数组用作函数参数有两种形式，一种是把数组元素(下标变量)作为实参；另一种是把数组名作为函数的形参和实参。

8.4.1 数组元素作函数实参

函数的实参可以是表达式，数组元素可以是表达式的组成部分，因此数组元素也可以作为函数的实参，数组元素作实参与变量作实参一样，是单向传递，即"值传送"方式。

【例 8.17】 数组比较：有两个数组 a、b，各有 10 个元素，将它们对应地逐个相比(即 a[0]与 b[0]比较、a[1]与 b[1]比较……)。如果 a 数组中的元素大于 b 数组中的相应元素的数目多于 b 数组中元素大于 a 数组中相应元素的数目(例如，a[i]>b[i]共 6 次，b[i]>a[i]共 4 次，其中 i 为不同的值)，则认为 a 数组大于 b 数组，分别统计出两个数组相应元素大于、等于、小于的次数，要求利用函数完成数组元素的比较。

分析：将对应数组元素作为参数在函数中进行比较，根据返回的比较结果统计两个数组相应元素大于、等于、小于的次数。

程序如下：

```
#include <stdio.h>
int large(int x,int y)                    //比较两个数的大小关系
{
    int flag;
     if (x>y)
        {
            flag=1;
        }
     else
        {
            if (x==y)
                flag=0;
           else
              flag=-1;
        }
    return flag;
}
int  main()
{
    int a[10],b[10],i,m=0,n=0,k=0;
     for ( i=0;i<=9;i++)
```

```
        scanf("%d",&a[i]);          //给数组 a 输入 10 个数
    for ( i=0;i<=9;i++)
        scanf("%d",&b[i]);          //给数组 b 输入 10 个数
    for ( i=0;i<=9;i++)
      {
        if (large(a[i],b[i]) == 1)
              m++;
        else
          if (large(a[i],b[i]) == 0)
              n++;
          else
              if (large(a[i],b[i]) == -1)
                  k++;
      }
    printf("a[i]>b[i]=%d\n,a[i]==b[i]=%d\n,a[i]<b[i]=%d\n",m,n,k);
   return 0;
}
```

8.4.2 数组名作为函数参数

用数组名作函数参数与用数组元素作实参有几点不同：

(1) 用数组元素作实参时，只要数组元素的类型和函数的形参类型一致，对数组元素的处理是按普通变量对待的。用数组名作函数参数时，则要求函数的形参和实参都必须是类型相同的数组，都必须有明确的数组说明。

(2) 在普通变量或数组元素作函数参数时，对于形参变量和实参变量，编译系统分配两个不同的内存单元，在函数调用时发生的值传送是把实参值传递给形参。在用数组名作函数参数时，因为数组名是数组的首地址，传递的是地址值，即把主调函数中实参数组的首地址赋予被调函数中的形参数组名。形参数组名取得该首地址之后，形参数组和实参数组用不同的符号对应了一段相同的内存单元，因此在被调函数中通过形参数组元素值的改变，修改了该内存单元中的数据后，在主调函数中用实参数组名去访问该内存单元就得到了改变后的元素值。

在图 8.30 中，设 a 为实参数组，类型为整型，a 占有以 2000 为首地址的一块内存区。b 为形参数组名。当发生函数调用时，进行地址传送，把实参数组 a 的首地址传送给形参数组名 b，于是 b 也取得地址 2000。于是 a、b 两数组共同占有以 2000 为首地址的一段连续内存单元。从图中还可以看出：a 和 b 下标相同的元素实际上也占相同的两个内存单元，即 a[0]等于 b[0]、a[1]等于 b[1]、a[2]等于 b[2]、……、a[9]等于 b[9]。

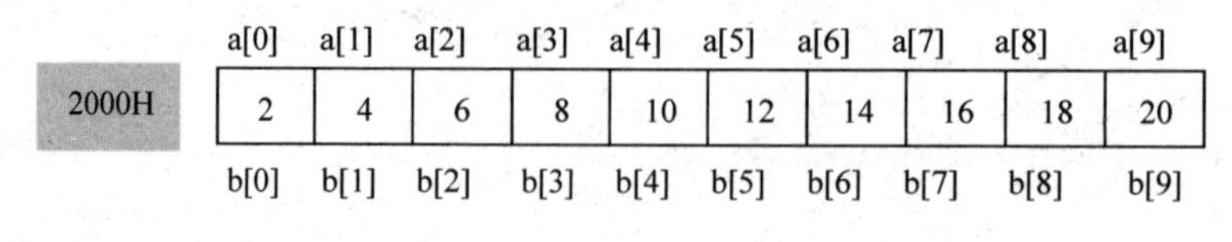

图 8.30 实参数组与形参数组的对应

【例 8.18】 排序函数：利用函数完成数组元素从小到大的排序。

程序如下：

```
#include <stdio.h>
```

```
#define N  10
void sort(int b[],int n);
int  main()
{
    int i,a[N];
    for ( i=0; i<N; i++)                //利用循环输入 10 个数组元素
        scanf("%d",&a[i]);
    for ( i=0; i<N; i++)
      {
        if (i==N-1)
              printf("%d\n",a[i]);
        else
              printf("%d ",a[i]);
      }
    sort(a,N);                          //调用函数对 10 个数组元素进行排序
    for ( i=0; i<N; i++)                //输出利用函数排序后的 10 个数组元素
      {
        if (i==N-1)
              printf("%d\n",a[i]);
        else
              printf("%d ",a[i]);
        }
    return 0;
}
void sort(int b[],int n)                //对数组参数进行排序操作
{
    int i,j,t;
    for( i=0; i<n-1; i++)
      {
        for ( j=i+1; j<n; j++)
          {
            if ( b[i]>b[j] )
              {
                  t=b[i];
                  b[i]=b[j];
                  b[j]=t;
              }
          }
      }
    for ( i=0; i<n; i++)                //输出利用函数排序后的 10 个数组元素
      {
        if (i==n-1)
            printf("%d\n",b[i]);
        else
            printf("%d ",b[i]);
      }
 }
```

程序分析：在主函数 main 中，定义并输入数组各元素值，输出数组元素值；调用函数 sort，sort 函数形参为整型数组及其长度 n。在函数 sort 中，将形参数组 b 进行从小到大排

序并输出；从函数 sort 返回主函数 main 后再输出实参数组 a 的各个元素时，其值也已经从小到大完成排序。

用数组名作为函数参数时，注意以下两点：

(1) 形参数组和实参数组的类型必须一致，否则会引起错误。

(2) 形参数组和实参数组的长度可以不相同，因为在调用时，只传送实参首地址。当形参数组的长度与实参数组不一致时，虽不至于出现语法错误(编译能通过)，但程序运行结果可能与设计要求不相符。

8.5 本章小结

数组是具有相同类型的数据有序集合。数组按维数可分为一维数组、二维数组和多维数组；按数组元素的类型可分为整型数组、实型数组、字符数组等，其中用字符数组处理字符串是第10章的重点，本章主要内容如下。

1. 数组的定义和使用

数组必须先定义后使用，C语言对数组的引用有两种形式：一是对整个数组的引用，引用时写出数组名即可，此时数组名一般作为函数调用的参数；另一是对数组单个元素的引用，如 a[3]、b[2][1]。C语言规定数组的下标从0开始，下标最大值是数组定义中的长度减1。

2. 数组元素的存储

数组元素在内存中是顺序存储的。一维数组的元素是按下标递增的顺序连续存储；二维数组中元素排列的顺序是按行存储。

3. 数组与函数

数组元素作为实参、数组名作为函数参数是数组与函数的综合使用，数组元素作为实参传递的是数组元素值，数组名作为函数参数传递的是数组首地址。

通过本章的学习，要掌握数组的定义及其使用，利用循环、数组、函数可以进行同类型批量数据的查找、排序、删除、插入等操作。

第9章 指针

指针类型是C语言中广泛使用的一种数据类型，也是C语言最主要的特色之一。利用指针变量可以更加直观地表示各种复杂的数据结构；能很方便地使用数组和字符串；能对计算机的内存管理进行有效控制，实现动态的内存分配与回收；通过指针变量作为函数参数，能够使函数间的数据传递变得更加简单高效。指针是C语言学习中非常重要的一部分，能否正确理解和使用指针体现了初学者的程序设计基础水平是否达到了新的层次。这一部分知识，需要初学者更加深入地理解存储程序的基本原理与内存工作机制，内容显得稍有难度。但只要在学习过程中用心理解基本原理与基本概念，多编程、多上机调试，指针也还是不难掌握的。

9.1 地址与指针

9.1.1 变量、数组、函数与地址

程序和数据都是在内存中存储的，计算机的内存是以字节为基本单位的一片连续的内存空间。为了正确地访问这些内存空间中的数据，系统以字节为单位对内存空间进行编号，不同的编号表示不同的内存位置。程序运行时可以根据编号准确地找到对应存储单元的位置，并对该存储位置中的内容进行读写，这种对内存的编号被称为内存地址。就像为了管理好一个教学楼一样，要对楼内的每一个教室进行编号，不同的编号就对应着不同的教室，这个教室的编号就起到类似内存地址的作用。

在图9.1中，分别给出了变量、数组与函数在内存中的地址形式。其中，如果程序中有如下变量声明语句：

```
int x;
short int y = 36;
```

系统会分别分配长度与声明中变量类型相匹配的两个内存单元，比如将2000H为基址的4个字节提供给int型变量x，将2004H为基址的2个字节提供给short int型变量y，那么2000H、2004H就分别被称为变量x、变量y的地址。之后本程序中对x、y这两个变量的存取操作就是分别对基址为2000H、2004H的内存单元中数据的存取操作。

同样的，如果程序中有如下的数组声明语句：

```
int a[10];
```

系统会给该数组分配10个连续的整型内存单元，总长度为40字节。假设该数组分配的起

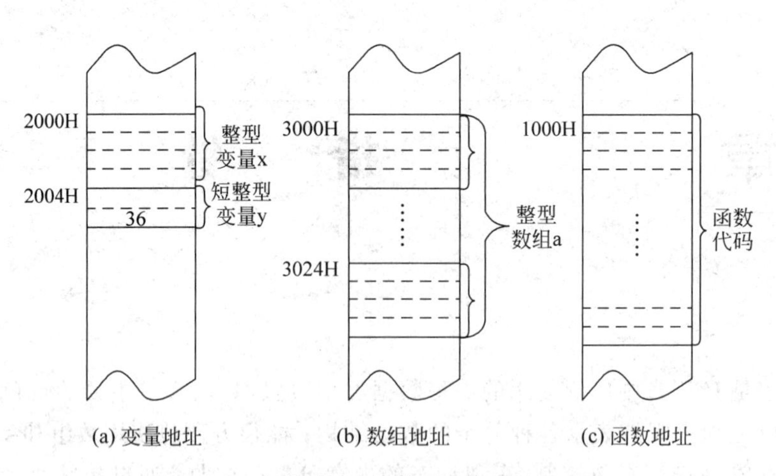

图 9.1 变量、数组、函数的内存地址与表示

始地址为3000H,则3000H、3004H、……、3024H分别对应数组元素a[0],a[1],…,a[9]的内存单元地址。之后本程序中对每这些数组元素的存取操作就是对相应地址的内存单元中数据的存取操作。

在程序设计中,变量与数组是实现内存数据存取的主要工具,正是由于不同变量所分配的内存地址是不同的,程序员才可以通过不同的变量名来识别并访问各个内存单元中存放的离散数据。同样的,不同数组所分配的内存地址也是不同的,程序员才可以通过不同的数组名来识别并访问不同位置起始的连续内存单元存放的批量数据。

从另一个角度来说,表示数据操作过程的程序代码本身也是存放在内存中的,不同操作过程的代码段存放在内存的不同位置,一般以不同的函数名加以标记。函数定义后,该函数名对应了内存中某一段连续存储单元的起始地址,该地址开始的区域里依次存放着构成本函数主体的指令语句序列。不同的函数名对应了不同的代码起始地址,所获取的指令语句序列是不同的,所代表的数据处理过程也是不同的。

从这个意义上来说,变量、数组与函数都有自己的地址,也都是通过地址来存取数据或指令的,因此深入了解地址及借助地址实现设计,是编程环节中非常重要的一环。

9.1.2 变量的地址和变量的值

内存区的每一个字节有一个编号,称为该内存单元的"地址",在C程序中定义变量时,编译系统就会根据变量的类型在内存中分配一定字节数的内存空间,不同类型的变量在内存中所分配的空间大小也不同,如在一般的C编译器中int型变量分配4个字节,short int型变量分配2个字节,char型变量分配1个字节等。

不同变量所分配的内存单元的位置各不相同,每个变量所分配的内存单元的起始地址称为该变量的地址。比如在图9.1(a)中,int型变量x所分配的内存单元为2000H～2003H共4个字节的空间,其中起始地址2000H被称为变量x的地址。每个变量所分配的内存单元中存放的数据称为该变量的值。

变量的地址与变量的值,是每一个变量都具备的基本属性,两者除了静态内涵意义上的明显不同,在程序动态执行过程中的管理者与分配时机也有本质区别。变量的地址是程序编译阶段通过内存单元分配的方式由系统确定的,一旦确定之后不可以进行修改;变量的值是程序运行阶段通过初始化或者赋值语句的方式由程序员确定的，在程序执行过程中可以随时通过重新赋值的方式加以改变。

图 9.1(a)中共给出了 2 个变量，对定义时完成初始化的短整型变量 y 来说，其分配所得的内存单元为 2004H 为基址的 2 个字节，该基址开始的 2 字节内存单元中存放的是短整数 36。于是 2004H 就被称作短整型变量 y 的地址，而 36 则被称作变量 y 的值。对变量 y 而言，2004H 这个变量地址是由系统分配确定且用户无权更改的，而 36 这个变量的值则是由程序员来确定并可以通过之后的赋值语句重新修改的。

如果变量在第一次使用之前已经进行了定义，而并未进行初始化，这时由于内存单元分配的完成使得变量的地址已经确定了，但此时变量的值却是随机的。比如对图 9.1(a)中虽已定义却未初始化的整型变量 x 来说，该变量已经分配了 2000H 为基址的 4 字节内存单元，变量 x 的地址 2000H，但由于未初始化使得变量 x 的值为随机值。

由此可知，变量的地址和变量的值是两个不同的概念。变量的地址给出的是该变量分配的存储单元在内存里面的位置，而变量的值则是该变量所分配的存储单元中所存数据的内容。

9.1.3 变量的访问方式

对变量进行访问，其目的是对变量的值进行读或写的操作，但单纯的变量符号本身并不具备值的存储功能。只有通过变量定义为变量分配了内存空间，才建立了该变量符号与所分配内存单元的关联关系，此后对变量值的读写操作，实际上是对变量对应内存单元存储的数据进行存取操作。

由此看来，对变量的值进行读写，首先应该找到这些变量所对应的内存单元在存储器中的位置，这个找到变量对应内存单元位置的过程就是变量寻址的过程。

按照查找变量所对应内存单元地址的不同方式，可以把变量值的访问模式分成两种：直接访问和间接访问。

1. 直接访问

这是一种简单且常用的访问方式，在变量定义后，即可通过变量名来完成对应内存单元的数据存取操作。程序给出变量名后，经过编译系统编译后会转换得到该变量对应内存单元的地址，通过该地址便可找到变量所分配的内存单元，进而可以实施对该内存单元所存放的变量值的存取操作。例如，对于输出语句

```
printf("%d\n",m);
```

通过之前变量定义语句，假设系统已经为变量 m 分配的内存单元基址为 2000H，执行到本输出语句时，根据变量与所分配内存单元的对应关系，会找到变量 m 所对应内存单元的地址 2000H(如图 9.2 所示)，然后从该地址开始的连续 4 个字节中取出所存放的数据 36(即变量 m 的值)，完成该值的输出操作。这种通过变量名直接实现对应内存单元内数据存取的访问方式称为“直接访问”。

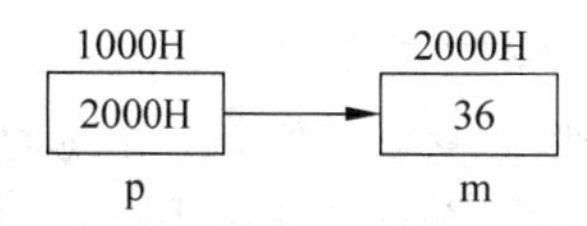

图 9.2　变量的地址与变量的值

2. 间接访问

C 语言规定，在程序中定义整型变量、实型变量、字符型变量等，就可以从内存申请对应

类型的内存单元,分别存储相应类型的数据。此外,还可以在程序中定义一种专门存放内存单元地址的变量,由于该类型变量存放的是内存单元的地址,对具体数据的引用就需要两次对内存的访问:第一次是访问该变量对应的内存单元,从中取得所存放的数据,该数据是其他内存单元的地址值;第二次是通过第一次所取得的地址值,找到该地址对应的另一个内存单元,访问该内存单元里面存放的数据,这个数据才是需要操作的目标数据。这种先通过变量名做内存的第一次访问获取地址、再通过地址做内存的第二次访问才引用数据的方式被称为"间接访问"。

比如,可以定义一个特别的变量p,专门用来存放int型变量m的地址。如图9.2所示,假设变量p定义后系统分配的内存单元基址为1000H,可以通过下面语句将变量m的地址(2000H)存放到p变量对应的内存单元中:

```
p = &m;
```

执行该语句后,变量p的值2000H就是另一个变量的地址值(即变量m所占内存单元的首地址)。此时要访问地址为2000H的内存单元存放的数据,除了可以通过与该单元地址关联的变量名m进行直接访问之外,也可以通过变量名m之外的其他变量符号(比如存放m地址的变量p)进行间接访问。对2000H内存单元数据的间接访问过程包含两次对内存的访问:第一次是通过变量p访问其对应的内存单元(即地址为1000H的内存单元),读取出该单元存放的地址值2000H;第二次是访问地址为2000H的内存单元(该单元就是另一变量m所分配的内存单元),从中取出所存放的值36。这个值就是变量m的值,但这次对变量m值的访问并未用到变量名m本身。

9.1.4 指针和指针变量

如图9.2所示的变量p,存放int型变量m的地址,按照间接访问方式,通过p存放的变量m的地址便可访问变量m,也可以说是变量p指向了变量m。因此在C语言中,常常将地址形象化地称为"指针",一个变量的地址称为该变量的"指针"。

在C语言中,允许用一个变量来存放指针,这种变量称为指针变量,一个指针变量的值就是某个内存单元的地址或指针。例如变量p存放变量m的地址,则变量p就是一个指针变量。

严格地说,一个指针就是一个地址,是一个常量。而如果想操作不同的指针,就需要借助于存放指针的指针变量。一个指针变量首先是一个变量,即该变量存放的数据是可以随时修改的;其次由于指针变量存放的数据是地址,在其数据修改的过程中就可以存放不同的地址,也就可以指向不同的变量了。或者说,在一个指针变量值的改变过程中,使其指向了不同位置的内存单元,从而可以实现对这些不同位置内存单元的间接访问,这也是引入指针变量的主要目的。

指针变量的值是一个地址,这个地址不仅可以是变量的地址,也可以是数组或函数的地址。在一个指针变量中存放一个数组或一个函数的首地址有何意义呢?因为数组或函数不但与变量一样都需要在内存中存放,而且还需要连续的存储空间,如图9.1所示。通过访问指针变量取得了数组或函数的首地址,也就找到了该数组或函数。这样一来,凡是出现数组、函数的地方都可以用一个指针变量来表示,只要在该指针变量中赋予数组或函数的首地址即可。

在C语言中,数据结构与数组一样,往往都占有一组连续的内存单元。用“地址”这个概念并不能很好地描述一种数据结构,而“指针”虽然实际上也是一个地址,但它却是一个数据结构的首地址,它是“指向”一个数据结构的,因而概念更为清楚,表示更为准确。这也是引入“指针”概念的一个重要原因。

9.2 指针变量

变量的指针就是变量的地址,专门存放地址值的变量是指针变量。由于指针变量的值就是某个其他变量的地址,也称指针变量指向了该地址对应的变量。

为了表示指针变量和它所指向的变量之间的关系,在程序中用“*”符号表示“指向”,例如,i_pointer 代表指针变量,i 是一个整型变量,指针变量 i_pointer 存放了变量 i 的地址,则称 i_pointer 指向了变量 i。而对变量 i 的访问,除了通过变量名 i 的直接访问方式外,还可以通过存放 i 地址的指针变量 i_pointer 实现间接访问,此时 * i_pointer 即为 i_pointer 所指向的变量,亦即变量 i 的间接符号表示形式。

因此,下面两个语句作用相同:

```
i = 3;                          //直接访问方式
* i_pointer = 3;                //间接访问方式
```

第二个语句的含义是将 3 赋给指针变量 i_pointer 所指向的变量,如图 9.3 所示。

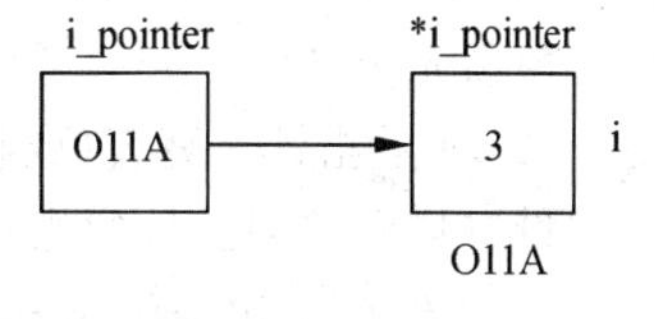

图 9.3 指针变量

9.2.1 指针变量的定义

与普通变量一样,指针变量也要先定义再使用。对指针变量的定义包括三个内容:

(1) 指针类型说明,即定义的变量为一个指针变量。

(2) 指针变量名。

(3) 指针变量所指变量的数据类型。

其一般形式如下:

```
类型说明符   *变量名;
```

其中,* 表示这是一个指针变量,变量名即为定义的指针变量名,类型说明符表示本指针变量所指变量的数据类型。例如:

```
int * p1;
```

表示 p1 是一个指针变量,它的值是某个整型变量的地址。或者说 p1 指向一个整型变量。至于 p1 究竟指向哪一个整型变量,由定义之后向 p1 赋予的地址值来决定。

再如:

```
int  * p2;                     //p2 是指向整型变量的指针变量
float  * p3;                   //p3 是指向实型变量的指针变量
char  * p4;                    //p4 是指向字符变量的指针变量
```

应该注意的是,一个指针变量只能指向定义中所约定类型的变量,即只能存放约定类型的地址值,如p3只能指向实型变量,不能时而指向一个实型变量,时而又指向一个字符变量。

9.2.2 指针变量的引用

指针变量同普通变量一样,使用之前不仅要定义说明,而且必须赋予具体的值。未经赋值的指针变量不能进行赋值之外的其他引用操作,否则会造成系统混乱。指针变量的赋值只能赋予地址,决不能赋予任何其他数据(包括整型数值),否则将引起错误。在C语言中,变量的地址是由编译系统分配的,对用户完全透明,用户无法预知系统为变量分配的具体地址。

1. 指针变量常用的运算符

指针变量常用的运算符有如下两种。

(1) &:取地址运算符。

C语言中提供了地址运算符&来取得对应变量的地址。其一般形式如下:

```
&变量名;
```

如"&a"表示变量a的地址,"&b"表示变量b的地址。"&"运算符之后的运算变量本身必须预先定义。

(2) *:指针运算符(或称"间接访问"运算符)。

设有指向整型变量的指针变量p,如要把整型变量a的地址赋予p,可有以下两种方式。

① 指针变量初始化的方法。

指针变量一般都需要初始化,初始化的一般方式如下:

```
int a;
int * p = &a;
```

初始化完成后,指针变量p的初值就是变量a的地址。注意a的声明一定要在p的声明之前。否则,代码就会编译错误。

使用未初始化的指针变量是非常危险的,要比使用未初始化的普通变量危险得多。如果在声明指针变量时没有合适的地址对它初始化,可以将其初始化为NULL,如:

```
int * p = NULL;
```

NULL是标准库里定义的一个符号常量,值为0,表示不指向任何内存位置。这样可以避免由于使用未初始化的指针变量而对内存的意外覆盖。

② 赋值语句的方法。

```
int a;
int * p;
p = &a;
```

虽然从表面上看地址也是一个整数的形式,但地址与单纯整数还是有本质区别的。首先,地址不光有值的意义来表示不同的存储位置,同时还有类型的属性,用以确定从该地址开始的多少字节是一个完整的数据存储单元,这是单纯整数无法具备的属性。其次,内存单元的分配是由系统控制的，具体分配给变量的单元地址由操作系统根据当前内存使用状况以及内存分配算法来确定，如果用户随意地址赋值将会给内存管理带来混乱，甚至是灾难性的后果。因此，无论从哪一点来说，都不允许把一个整数直接赋予指针变量，故下面的赋值是错误的：

```
int * p;
p = 1000;
```

被赋值的指针变量前不能再加“ * ”说明符，如写为“ * p=&a”也是错误的。

2. 指针变量的常用赋值方式及其意义

假设：

```
int i = 200, x;
int * ip;
```

这里定义了两个整型变量 i 与 x，以及一个指向整型变量的指针变量 ip。普通变量 i 与 x 中可存放整数，而指针变量 ip 中只能存放整型变量的地址。可以把 i 的地址赋给 ip：

```
ip = &i;
```

此时指针变量 ip 指向整型变量 i，假设变量 i 的地址为 1800，这个赋值可形象理解为图 9.4 所示的联系。

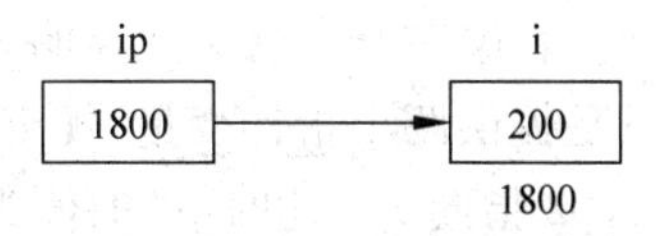

图 9.4　指针变量的赋值

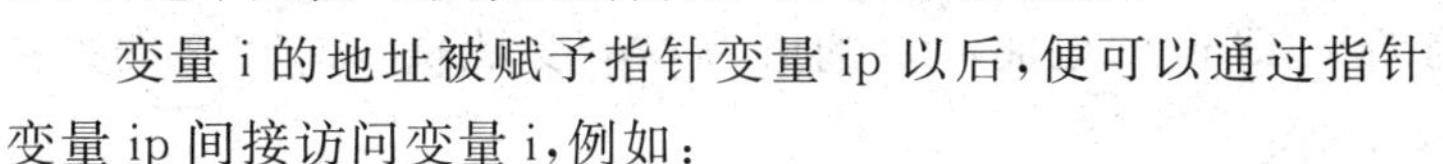

变量 i 的地址被赋予指针变量 ip 以后，便可以通过指针变量 ip 间接访问变量 i，例如：

```
x = * ip;
```

上面的赋值表达式等价于

```
x = i;
```

只不过，前者是间接访问方式(用指针变量来访问其所指向的普通变量)，而后者是直接访问方式(直接访问普通变量)。

另外，一般变量存放的数据是可以通过再次赋值改变的，指针变量也可以通过再次赋值改变所存放的地址值，这时又称改变了指针变量的指向。如：

```
ip = &x;
```

赋值后，指针变量 ip 存放的便是整型变量 x 的地址了，即指针变量 ip 改变了指向，不再指向变量 i，而指向了整型变量 x。此时 * ip 表示的就是现在指针变量 ip 所指的变量 x，而不是之前所指的变量 i 了。

指针变量定义之后，有以下两种常用的赋值方式。

(1) 赋值方式一。

【例 9.1】　指针变量常用赋值方式的比较。

程序如下：

```
# include < stdio.h >
int main()
```

```
{
    int m,n, * p1, * p2;                              //声明指针变量 p1 和 p2
    m = 'a';
    n = 'b';
    p1 = &m;
    p2 = &n;
    printf("m = %d n = %d\n",m,n);
    printf(" * p1 = %d * p2 = %d\n", * p1, * p2);     //输出初始 p1 和 p2 指向的变量的值
    p2 = p1;
    printf("m = %d n = %d\n",m,n);
    printf(" * p1 = %d * p2 = %d\n", * p1, * p2);     //输出最后 p1 和 p2 指向的变量的值
    return 0;
}
```

运行结果：

```
m = 97   n = 98
 * p1 = 97  * p2 = 98
m = 97   n = 98
 * p1 = 97  * p2 = 97
```

程序在开头处虽然声明了两个指针变量 p1 和 p2，但它们并未指向任何一个整型变量。只是提供两个指针变量，规定它们可以指向整型变量。程序第 7、8 行的作用就是使 p1 指向 m，p2 指向 n。此时 p1 的值为 &m(即 m 的地址)，p2 的值为 &n，变量 m、n、p1、p2 的关系如图 9.5(a)所示。

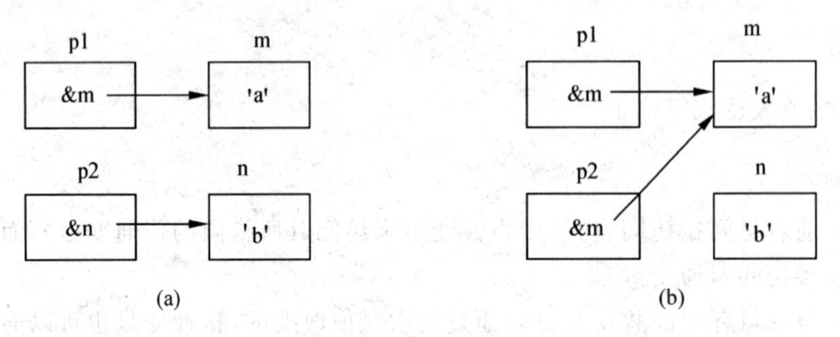

图 9.5 指针变量与其指向的变量

第 11 行执行赋值表达式“p2=p1;”，改变了指针变量 p2 的值，实际就是改变了指针变量 p2 的指向，使 p2 指向 p1 所指向的变量 m，此时 * p2 就等价于 m，而不是原来的 n 了。此时，变量 m、n、p1、p2 的关系如图 9.5(b)所示。第 13 行输出 * p1 和 * p2 的值，都是输出变量 m 的值。

注意：程序第 7、8 行的“p=&m”和“p2=&n”不能写成“ * p1=&m”和“ * p2=&n”。

(2) 赋值方式二。

如果例 9.1 中第 11 行的语句“p2=p1;”做一下修改，改为如下程序：

```
#include <stdio.h>
int main()
{
    int m,n, * p1, * p2;                              //声明指针变量 p1 和 p2
```

```
    m = 'a';
    n = 'b';
    p1 = &m;
    p2 = &n;
    printf("m = %d n = %d\n",m,n);
    printf(" * p1 = %d  * p2 = %d\n", * p1, * p2);      //输出初始 p1 和 p2 指向的变量的值
    * p2 = * p1;
    printf("m = %d n = %d\n",m,n);
    printf(" * p1 = %d  * p2 = %d\n", * p1, * p2);      //输出最后 p1 和 p2 指向的变量的值
    return 0;
}
```

运行结果：

```
m = 97   n = 98
 * p1 = 97  * p2 = 98
m = 97   n = 97
 * p1 = 97  * p2 = 97
```

对比例 9.1 的程序以及运行结果，看看两种情况的运行结果有什么区别，结合程序语句的修改试着分析为什么会出现这样的情况。

在完成赋值前，变量的状态仍然如图 9.5(a)所示，但完成赋值后，变量的状态不再是图 9.5(b)的形式，而是如图 9.6 所示。

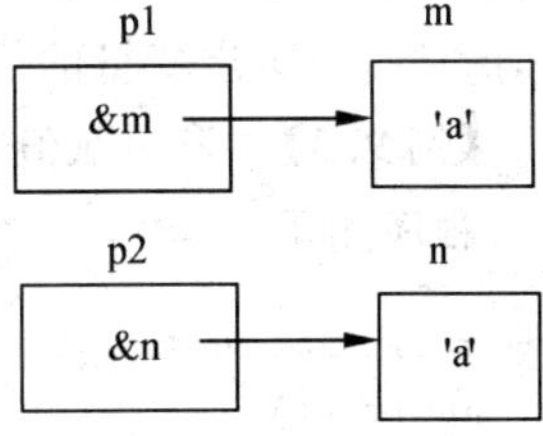

图 9.6　指针变量指向变量的值的变化

(3) 结论。

指针变量(以 p1、p2 为例)的应用中常用的赋值方式有两类：形如"p2=p1；"的对指针变量的赋值，以及形如" * p2= * p1；"的对指针变量所指变量的赋值，这两种赋值的作用是完全不同的：

① 形如"p2=p1；"的对指针变量的赋值，会改变指针变量的指向(p2 不再指向变量 n，而指向了变量 m)，但并不会改变指针变量原来所指变量的值(变量 n 的值不变)。

② 形如" * p2= * p1；"的对指针变量所指变量的赋值，会改变指针变量所指变量的值(n 的值改变)，但不会改变指针变量原来的指向(p2 仍然指向变量 n)。

在实际应用中，首先应该明确到底是需要对指针变量赋值还是对指针变量所指变量赋值，然后再选择合适的赋值形式，这是指针应用中最基本却是非常重要的一点。

【例 9.2】 从键盘输入两个整数，按由小到大的顺序输出。

分析：可以直接使用两个变量存放两个整数进行，这里使用指针变量处理问题，并通过指针变量引用两个变量。

程序如下：

```
#include <stdio.h>
int  main()
{
    int * p1, * p2,a,b,temp;
    scanf(" %d  %d",&a,&b);
    p1 = &a;                                  //使指针变量指向整型变量
    p2 = &b;
```

```
    if( * p1 > * p2)                        //交换指针变量指向的整型变量
      {
        temp = * p1;
        * p1 = * p2;
        * p2 = temp;
      }
    printf("a = %d b = %d\n",a,b);
    printf(" * p1 = %d  * p2 = %d\n", * p1, * p2);
    return 0;
}
```

运行结果：

```
输入：2  -7↙
输出：a =- 7 b = 2
* p1 =- 7  * p2 = 2
```

在程序中，当执行赋值操作 p1＝&a 和 p2＝&b 后，指针变量 p1、p2 指向了变量 a、b，这时引用 * p1 与 * p2，实际上就是引用变量 a 与 b。 * p1 与 * p2 值进行交换，此时的赋值是指针变量的第二种赋值形式，即不修改指针变量的指向，但改变了指针变量所指变量的值，p1 与 p2 所指变量的值发生交换，亦即变量 a 与 b 交换。

【例 9.3】 采用赋值方式完成例 9.2。

程序如下：

```
# include < stdio.h >
int main()
{
    int  * p1, * p2,a,b, * temp;
    scanf(" %d   %d",&a,&b);
    p1 = &a;
    p2 = &b;
    if(a > b)
      {
          temp = p1;
          p1 = p2;
          p2 = temp;
      }
    printf("a = %d b = %d\n",a,b);
    printf(" * p1 = %d * p2 = %d\n", * p1, * p2);
    return 0;
}
```

运行结果：

```
输入：2  -7↙
输出：a = 2 b =- 7
* p1 =- 7  * p2 = 2
```

程序中，当指针交换指向后，p1 和 p2 分别指向了原来对方所指的变量，即 p1 指向了变量 b，而 p2 指向了变量 a，这样一来，* p1 就表示变量 b，而 * p2 就表示变量 a。这样的赋值方式只会修改指针变量的指向，却并没有修改指针变量所指变量的值，即 a 和 b 的值没有修改，如图 9.7 所示。

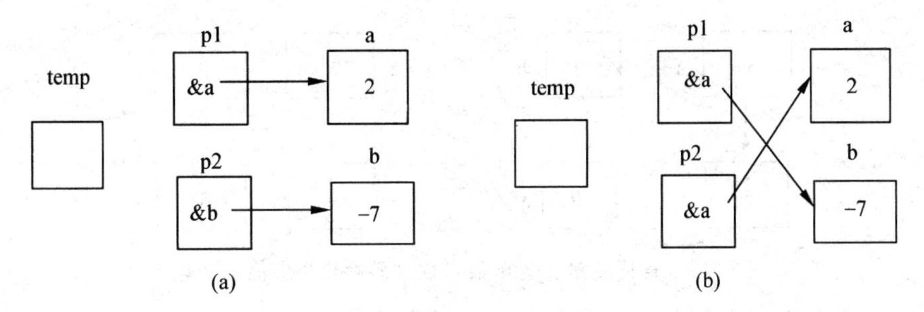

图 9.7 指针变量的赋值方式

9.2.3 指针变量作为函数参数

前面已经讲过，普通变量作为函数参数时，函数的形参与实参是不同的两个变量，操作系统会为之分配不同的内存单元。函数调用时实参与对应的形参会发生联系，但两者的联系仅在发生函数调用之初发生，这时实参将自己的值传递给对应位置的形参变量，传值完成之后，两者就不再有直接联系。也就是说，形参变量的值如果在函数调用过程中发生改变，将不会影响对应的实参。

指针变量也可以作为函数参数，下面讨论指针变量作函数参数与普通变量作函数参数的异同。

1. 普通变量作为函数参数

下面给出一个普通变量作为函数参数完成的函数调用的实例：

```
void swap(int x,int y)
{
    int temp;
    temp = x;
    x = y;
    y = temp;
    printf("\nx = %d,y = %d\n",x,y);
}
int main()
{
    int a,b;
    scanf("%d,%d",&a,&b);
    if(a<b)
        swap(a,b);
    printf("\na = %d,b = %d\n",a,b);
    return 0;
}
```

运行结果：

```
5 9↙
x = 9 y = 5
```

```
a = 5 b = 9
```

形参与实参的变化如图9.8所示。

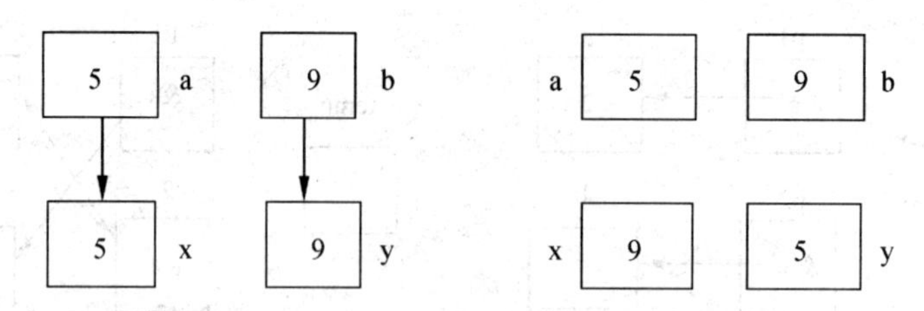

图9.8 普通变量作为函数参数时形参与实参值的变化

2. 指针变量作为函数参数,函数中改变形参指针变量所指变量的值

函数的参数不仅可以是整型、实型、字符型等普通数据类型,还可以是指针类型。这时形参与实参的关系仍然同上面一样。只不过,由于参数是指针变量,其值是一个指针值,函数调用时实参传递给形参变量的不再是一个普通数值,而是一个地址值。

【例9.4】 输入两个整数,按大小顺序输出。用指针类型的数据作函数参数处理。

程序如下:

```
void swap(int *p1,int *p2)
{
    int temp;
    temp = *p1;
    *p1 = *p2;
    *p2 = temp;
}
int main()
{
    int a,b;
    int *pointer_1,*pointer_2;
    scanf("%d,%d",&a,&b);
    pointer_1 = &a;pointer_2 = &b;
    if(a<b)
        swap(pointer_1,pointer_2);
    printf("\n%d,%d\n",a,b);
    return 0;
}
```

对程序的说明:

swap函数的作用是交换两个变量(a和b)的值。swap函数的形参p1、p2是指针变量。程序运行时,先执行main函数,输入a和b的值。然后将a和b的地址分别赋给指针变量pointer_1和pointer_2,使pointer_1指向a,pointer_2指向b,如图9.9(a)所示。

接着执行if语句,由于a<b,因此执行swap函数。注意实参pointer_1和pointer_2是指针变量,在函数调用时,将实参变量的值传递给形参变量。采取的依然是“值传递”方式。因此虚实结合后形参p1的值为&a,p2的值为&b。这时p1和pointer_1指向变量a,p2和pointer_2指向变量b,如图9.9(b)所示。

接着执行swap函数的函数体使*p1和*p2的值互换,也就是使a和b的值互换,如

图 9.9(c)所示。

函数调用结束后，p1 和 p2 不复存在(已释放)，如图 9.9(d)所示。

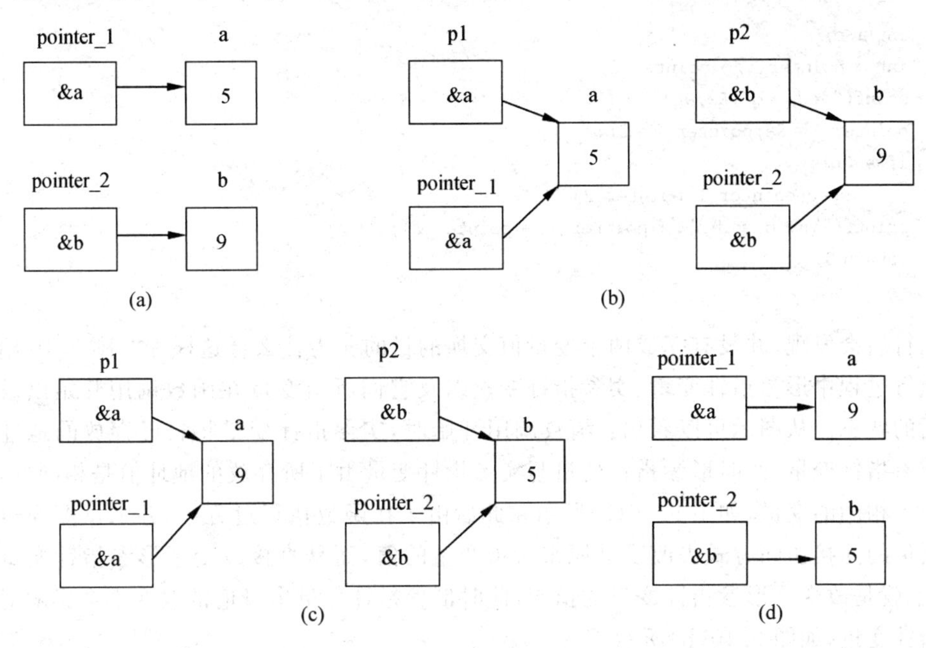

图 9.9　指针变量作为函数参数时形参与实参值的变化(1)

最后在 main 函数中输出的 a 和 b 的值是已经过交换的值。

注意：如果上面的 swap 函数改为如下结构，程序会出错，请找出下列程序段存在的问题：

```
int swap(int *p1,int *p2)
{
   int *temp;
   *temp= *p1;                                        //此语句有问题
   *p1 = *p2;
   *p2 = temp;
}
```

3. 指针变量作为函数参数，函数中改变形参指针变量的值

既然指针变量有两种赋值方式，在例 9.4 的 swap 函数中采用了对形参指针变量所指变量的赋值方式，可以达到交换变量值的目的。那么，如果在 swap 函数中采用对形参指针变量的赋值方式，效果又当如何呢？请看下面的例子。

【例 9.5】 用指针变量作参数，实现例 9.4。

程序如下：

```
void swap(int *p1,int *p2)
{
   int *p;
   p=p1;
   p1=p2;
   p2=p;
```

```
}
int main()
{
    int a,b;
    int * pointer_1, * pointer_2;
    scanf(" % d, % d",&a,&b);
    pointer_1 = &a;pointer_2 = &b;
    if(a < b)
         swap(pointer_1,pointer_2);
    printf("\n % d, % d\n", * pointer_1, * pointer_2);
    return 0;
}
```

运行后会发现,并没有完成两个变量值交换的目的。为什么会这样呢?图9.10给出了重新执行过程中形参指针变量、实参指针变量以及它们所指变量在函数调用开始以及调用完成后的状态。从图示可以看出:函数调用开始时,实参指针变量将自己存放的地址值传递给形参指针变量,此时形参指针变量与实参指针变量由于所存放的地址值是相同的,因此都指向了相同的变量,如图9.10(a)所示。此后由于在函数执行过程中,并未试图通过形参指针变量的间接访问方式去改变其原来所指变量的值,而是直接改变了形参指针变量本身的值,也就是改变了形参指针变量的指向,此时形参指针变量本身值的改变不会影响对应的实参指针变量,如图9.10(b)所示。

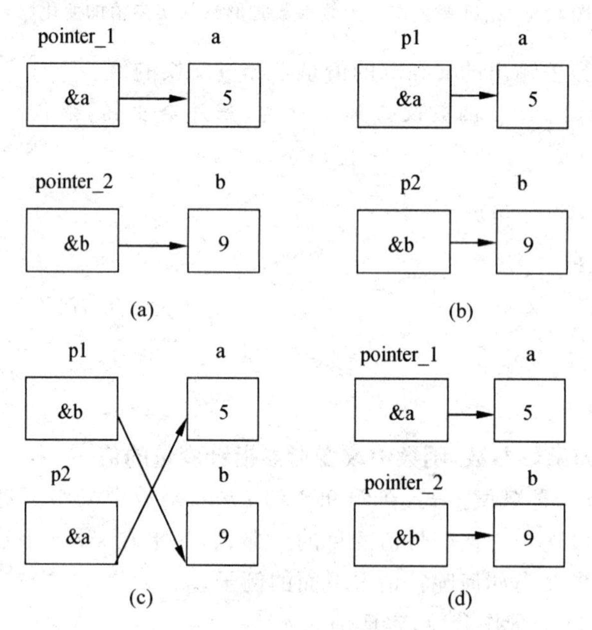

图9.10 指针变量作为函数参数时形参与实参值的变化(2)

结论:

(1) 指针变量作为函数参数时,形参与实参的关联仍然只发生在函数调用之初,其作用是将实参指针值传递给形参指针变量。

(2) 由于参数传递完成之后形参指针变量与实参指针变量的值相同,即两个不同的指针变量指向了同一个内存单元。在函数中如果通过形参指针变量的间接访问方式来修改其所指变量的值，实际上也就是修改了实参指针变量所指变量的值。

(3) 如果在函数中修改的是形参指针变量本身的值，也就是修改了形参指针变量的指向，由于形参与实参在参数传递完成后已没有关系，实参指针变量不会有任何改变。

一般的设计中，如果要将被调函数中对变量的改变传递回主调函数，就要用指向需改变变量的指针变量作为函数参数，并且要在函数中通过形参指针变量的间接访问方式来修改其所指变量的值，这时就会在函数以外通过实参指针变量的间接访问，得到在函数中修改后的变量值。

【例 9.6】 输入 a、b、c 三个整数，按大小顺序输出。

程序如下：

```
void swap(int *pt1,int *pt2)
{
    int temp;
    temp = *pt1;
    *pt1 = *pt2;
    *pt2 = temp;
}
void exchange(int *q1,int *q2,int *q3)
{
    if(*q1 < *q2)swap(q1,q2);
    if(*q1 < *q3)swap(q1,q3);
    if(*q2 < *q3)swap(q2,q3);
}
int main()
{
    int a,b,c, *p1, *p2, *p3;
    scanf("%d,%d,%d",&a,&b,&c);
    p1 = &a;p2 = &b; p3 = &c;
    exchange(p1,p2,p3);
    printf("\n%d,%d,%d\n",a,b,c);
    return 0;
}
```

9.3 指向数组的指针变量

一个变量对应着内存中的一个内存单元，变量的地址就是对应内存单元的地址；一个数组对应内存中连续的多个内存单元，从整体来说数组的地址就是这连续的多个内存单元中第一个单元的地址，或称为数组的起始地址；从个体来说，数组的每一个数组元素都对应一个内存单元，该地址称为数组元素的地址。所谓数组的指针是指数组的起始地址，数组元素的指针是数组元素的地址。

9.3.1 指向数组元素的指针

数组是由顺序存储的多个数组元素(下标变量)组成的，每个数组元素对应着不同的内存单元。数组元素的地址是指它所对应的内存单元的地址,数组名就是这块连续内存单元的首地址。

数组指针变量说明的一般形式:

```
类型说明符   *指针变量名;
```

其中类型说明符表示所指数组的类型。从定义形式可以看出,指向数组的指针变量和指向普通变量的指针变量的说明方式是相同的。

例如:

```
int a[10];                          //定义a为包含10个整型数据的数组
int *p;                             //定义p为指向整型变量的指针
```

应当注意,因为数组为int型,所以指针变量也应为指向int型的指针变量。下面是对指针变量赋值:

```
p=&a[0];
```

把a[0]元素的地址赋给指针变量p。也就是说,p指向a数组的第0号元素,如图9.11所示。

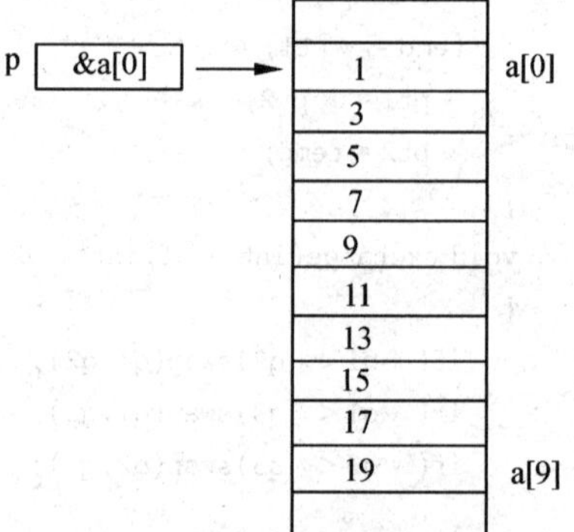

图9.11　指向数组元素的指针

C语言规定,数组名代表数组的首地址,也就是第0号元素的地址。因此,下面两个语句等价:

```
p=&a[0];
p=a;
```

在定义指针变量时可以赋给初值:

```
int *p=&a[0];
```

它等效于:

```
int *p;
p=&a[0];
```

当然,定义时也可以写成:

```
int *p=a;
```

从图9.11中可以看出:

作为地址值的p、a、&a[0]均指向同一单元,它们是数组a的首地址,也就是数组元素a[0]的地址。应该说明的是:虽然都表示地址,但p是指针变量,该变量的存储的地址值由程序员在语句中通过初始化或者赋值的方式给定,之后也可以改变;而a、&a[0]都是指针常量,其对应的地址值在为数组分配内存单元时由系统指定,其后不允许程序员通过语句进行修改,在编程时应予以注意。

9.3.2 通过指针引用数组元素

C语言规定:如果指针变量p已指向数组中的一个元素,则p+1指向同一数组中的下一个元素,而p+i指向同一数组的第i+1个元素。引入指针变量后,就可以用两种方法来访问数组元素，如图 9.12 所示。

如果 p 的初值为 &a[0]，则

(1) p+i 和 a+i 都是 a[i]的地址，或者说它们指向 a 数组中序号为 i 的元素。

(2) *(p+i)或*(a+i)就是 p+i 或 a+i 所指向的数组元素，即 a[i]。例如，*(p+5)或*(a+5)就是 a[5]。

(3) 指向数组的指针变量也可以带下标，如 p[i]与*(p+i)等价。

根据以上叙述，引用一个数组元素可以用以下 2 种方法：

(1) 下标法，即用 a[i]形式访问数组元素。在前面介绍数组时都是采用这种方法。

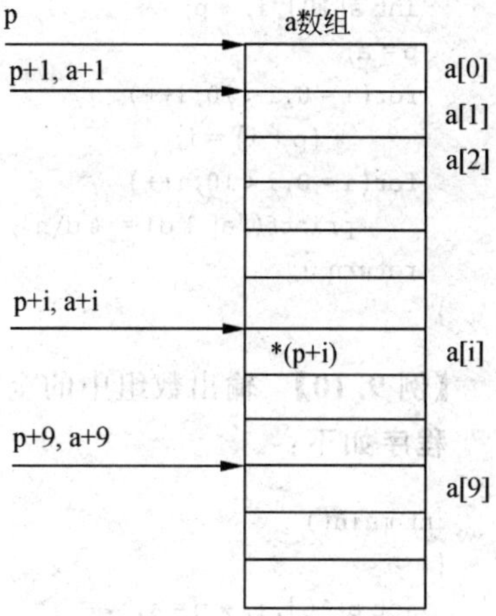

图 9.12　通过指针引用数组元素

(2) 指针法，即采用*(a+i)或*(p+i)形式，用间接访问的方法来访问数组元素，其中 a 是数组名，p 是指向数组的指针变量，其初值 p=a。

【例 9.7】 输出数组中的全部元素(下标法)。

程序如下：

```
int main()
{
  int a[10],i;
  for(i=0;i<10;i++)
      a[i]=i;
  for(i=0;i<5;i++)
      printf("a[%d]=%d\n",i,a[i]);
  return 0;
}
```

【例 9.8】 输出数组中的全部元素。要求通过数组名计算元素的地址，找出元素的值。

程序如下：

```
int main()
{
  int a[10],i;
  for(i=0;i<10;i++)
       *(a+i)=i;
  for(i=0;i<10;i++)
      printf("a[%d]=%d\n",i,*(a+i));
  return 0;
}
```

【例 9.9】 输出数组中的全部元素。要求用指针变量+下标来指向元素。

程序如下：

```
int main()
{
```

```
    int a[10],i, * p;
    p=a;
    for(i=0;i<10;i++)
        * (p+i) = i;
    for(i=0;i<10;i++)
        printf("a[ %d] = %d\n",i, * (p+i));
    return 0;
}
```

【例9.10】 输出数组中的全部元素。要求用游动指针变量指向不同元素。

程序如下：

```
int main()
{
    int a[10],i, * p=a;
    for(i=0;i<10;)
    {
        * p=i;
        printf("a[ %d] = %d\n",i++, * p++);
    }
    return 0;
}
```

几个注意的问题：

(1) 指针变量可以实现本身的值的改变。如p++是合法的；而a++是错误的。因为a是数组名,它是数组的首地址,是指针常量。

(2) 要注意指针变量的当前值。请看下面的程序。

【例9.11】 找出下面程序的错误。

程序如下：

```
int main()
{
    int * p,i,a[10];
    p=a;
    for(i=0;i<10;i++)
        * p++ = i;
    for(i=0;i<10;i++)
        printf("a[ %d] = %d\n",i, * p++);
    return 0;
}
```

【例9.12】 改正以上程序的错误。

程序如下：

```
int main()
{
    int * p,i,a[10];
    p=a;
    for(i=0;i<10;i++)
        * p++ = i;
```

```
    p = a;
    for(i = 0;i < 10;i++)
        printf("a[ %d] = %d\n",i, * p++);
    return 0;
}
```

(3) 从例 9.11 可以看出,虽然定义数组时指定它包含 10 个元素,指针变量却可以指到数组以后的内存单元,系统并不认为非法。但这种超出数组正常范围的指针访问容易带来潜在的内存数据安全性问题,因此是要避免使用的。

(4) * p++,由于"++"和"*"同优先级,结合方向自右而左,等价于 *(p++)。

(5) *(p++)与 *(++p)作用不同。若 p 的初值为 a,则 *(p++)等价 a[0], *(++p)等价 a[1]。

(6) (*p)++表示 p 所指向的元素值加 1。

(7) 如果 p 当前指向 a 数组中下标为 i 的元素,则

*(p--)相当于 a[i--];

*(++p)相当于 a[++i];

*(--p)相当于 a[--i]。

9.3.3 指向数组的指针变量作为函数参数

数组名可以作函数的实参和形参。如:

```
main()
{
    int array[10];
      ⋮
    f(array,10);
      ⋮
}
f(int arr[],int n);
{
   ⋮
}
```

array 为实参数组名,arr 为形参数组名。数组名就是数组的首地址,实参向形参传送数组名实际上就是传送数组的地址,形参得到该地址后也指向同一数组,如图 9.13 所示。

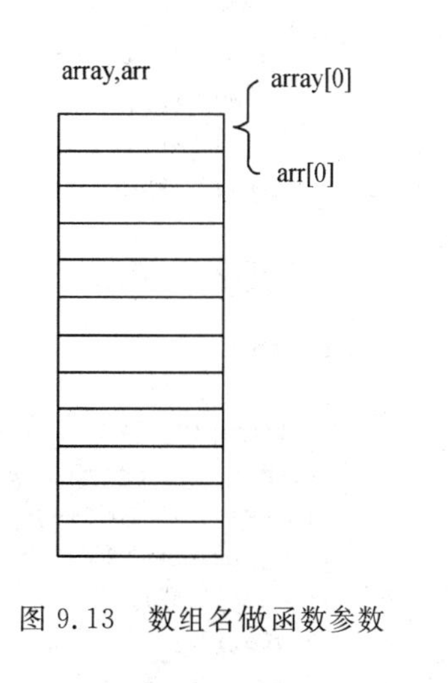

图 9.13 数组名做函数参数

同样,指针变量的值也是地址,指向数组的指针变量,其存放的地址值即为数组的首地址,当然也可作为函数的参数使用。

【例 9.13】 指针变量作为函数参数。

程序如下:

```
float aver(float * pa);
int main()
{
    float score[5],av, * sp;
```

```
    int i;
    sp = score;
    printf("\ninput 5 scores:\n");
    for(i = 0;i<5;i++)
        scanf("%f",&score[i]);
    av = aver(sp);
    printf("average score is %5.2f",av);
    return 0;
}
float aver(float *pa)
{
    int i;
    float av,s = 0;
    for(i = 0;i<5;i++)
        s = s + *pa++;
    av = s/5;
    return av;
}
```

【例9.14】 将数组a中的n个整数按相反顺序存放。

算法为：将a[0]与a[n－1]对换，再将a[1]与a[n－2]对换，依此类推，直到将a[(n－1/2)]与a[n－int((n－1)/2)]对换。本例中用循环处理此问题，设两个"位置指示变量"i和j，i的初值为0，j的初值为n－1。将a[i]与a[j]交换，然后使i的值加1，j的值减1，再将a[i]与a[j]交换，直到i＝(n－1)/2为止，如图9.14所示。

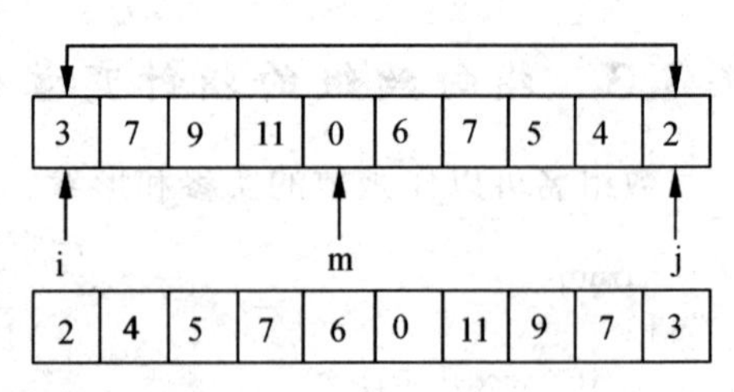

图9.14 数组的逆置

程序如下：

```
int inv(int x[],int n)                          //形参x是数组名
{
    int temp,i,j,m = (n - 1)/2;
    for(i = 0;i<= m;i++)
    {
        j = n - 1 - i;
        temp = x[i];
        x[i] = x[j];
        x[j] = temp;
    }
    return 0;
}
int main()
{
    int i,a[10] = {3,7,9,11,0,6,7,5,4,2};
    printf("The original array:\n");
    for(i = 0;i<10;i++)
        printf("%d,",a[i]);
    printf("\n");
    inv(a,10);
```

```
    printf("The array has benn inverted:\n");
    for(i = 0;i < 10;i++)
        printf(" %d,",a[i]);
    printf("\n");
    return 0;
}
```

【例 9.15】 对例 9.14 可以作一些改动。将函数 inv 中的形参 x 改成指针变量。

程序如下：

```
int inv(int *x,int n)                          //形参 x 为指针变量
{
    int *p, *q,temp;
    p = x;
    q = x + n - 1;
    while(p < q)
    {
        temp = *p;
        *p = *q;
        *q = temp;
        p++;
        q--;
    }
    return 0;
}
int main()
{
    int i,a[10] = {3,7,9,11,0,6,7,5,4,2};
    printf("The original array:\n");
    for(i = 0;i < 10;i++)
        printf(" %d,",a[i]);
    printf("\n");
    inv(a,10);
    printf("The array has benn inverted:\n");
    for(i = 0;i < 10;i++)
        printf(" %d,",a[i]);
    printf("\n");
    return 0;
}
```

运行情况与前一程序相同。

【例 9.16】 从多个数中找出其中最大值和最小值。

分析：调用一个函数只能得到一个返回值，本列中用全局变量在函数之间“传递”数据。

程序如下：

```
int max,min;                                   //全局变量
int max_min_value(int array[],int n)
{
    int *p, *array_end;
    array_end = array + n;
```

```
    max = min = * array;
    for(p = array + 1;p < array_end;p++)
        if ( * p > max)
          max = * p;
        else
            if ( * p < min)
               min = * p;
    return 0;
}
int main()
{
    int i,number[10];
    printf("enter 10 integer umbers:\n");
    for(i = 0;i < 10;i++)
        scanf(" % d",&number[i]);
    max_min_value(number,10);
    printf("\nmax = % d,min = % d\n",max,min);
    return 0;
}
```

说明：

(1) 在函数 max_min_value 中求出的最大值和最小值放在 max 和 min 中。由于它们是全局变量,因此在主函数中可以直接使用。

(2) 函数 max_min_value 中的语句：

```
max = min = * array;
```

array 是数组名,它接收从实参传来的数组 number 的首地址，* array 相当于 *(&array[0])。该语句与

```
max = min = array[0];
```

等价。

(3) 在执行 for 循环时,p 的初值为 array+1,也就是使 p 指向 array[1],如图 9.15 所示。以后每次执行 p++,使 p 指向下一个元素。每次将 * p 和 max 与 min 比较。将大者放入 max,小者放 min。

(4) 函数 max_min_value 的形参 array 可以改为指针变量类型。实参也可以不用数组名,而用指针变量传递地址。

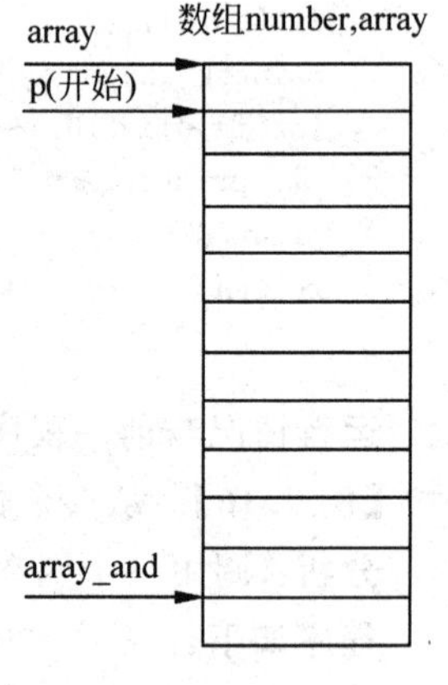

图 9.15 数组与指针

【例 9.17】 用另一种方式实现例 9.16。

程序如下：

```
int max,min;                                            //全局变量
int max_min_value(int * array,int n)
{
    int * p, * array_end;
    array_end = array + n;
    max = min = * array;
```

```
    for(p = array + 1;p < array_end;p++)
        if( * p > max)
            max = * p;
          else
         if ( * p < min)
                min = * p;
    return 0;
}
int main()
{
    int i,number[10], * p;
    p = number;                                          //使 p 指向 number 数组
    printf("enter 10 integer umbers:\n");
    for(i = 0;i < 10;i++,p++)
        scanf(" % d",p);
    p = number;
    max_min_value(p,10);
    printf("\nmax = % d,min = % d\n",max,min);
    return 0;
}
```

归纳起来,如果有一个实参数组,想在函数中改变此数组的元素的值,实参与形参的对应关系有以下 4 种。

(1) 形参和实参都是数组名。

```
int main()                  f(int b[],int n)
{int a[10];                 {
   ⋮                        ⋮
f(a,10)                     }
   ⋮
}
```

a 和 b 指的是同一数组。

(2) 实参用数组,形参用指针变量。

```
int main()                  f(int  * p,int n)
{int a[10];                 {
   ⋮                        ⋮
f(a,10)                     }
   ⋮
}
```

(3) 实参、形参都用指针变量。

```
int main()                  f(int  * p,int n)
{int a[10], * q;            {
   ⋮                        ⋮
q = a;
f(q,10)                     }
 ⋮
}
```

(4) 实参为指针变量,形参为数组名。

```
int main()                      f(int b[],int n)
{int a[10], * q;                {
   ⋮                            ⋮
q = a;
f(q,10)                         }
⋮
}
```

【例9.18】 用指针变量作实参改写例9.14(将n个整数按相反顺序存放)。

程序如下:

```
int inv(int * x,int n)
{
    int m,temp, * p, * q;
    p = x;
    q = x + n - 1;
    while( p<q )
      {
         temp = * p;
         * p = * q;
         * q = temp;
         p++;
         q++;
      }
    return 0;
}
int main()
{
    int i,arr[10] = {3,7,9,11,0,6,7,5,4,2}, * p;
    p = arr;
    printf("The original array:\n");
    for(i = 0;i < 10;i++,p++)
         printf(" %d,", * p);
    printf("\n");
    p = arr;
    inv(p,10);
    printf("The array has benn inverted:\n");
    for(p = arr;p < arr + 10;p++)
          printf(" %d,", * p);
    printf("\n");
    return 0;
}
```

注意:main函数中的实参指针变量p是有确定值的。即如果用指针变量作实参,必须先使该指针变量有确定值,指向一个已定义的数组。

【例9.19】 用选择法对10个整数排序。

程序如下:

```
int main()
```

```
{
    int *p,i,a[10] = {3,7,9,11,0,6,7,5,4,2};
    printf("The original array:\n");
    for(i = 0;i < 10;i++)
        printf("%d,",a[i]);
    printf("\n");
    p = a;
    sort(p,10);
    for(p = a,i = 0;i < 10;i++)
     {
        printf("%d  ",*p);
        p++;
     }
    printf("\n");
    return 0;
}
void sort(int x[],int n)
{
    int i,j,k,t;
    for(i = 0;i < n - 1;i++)
      {
        k = i;
         for(j = i + 1;j < n;j++)
           if(x[j]> x[k])
            k = j;
        if(k!= i)
          {
             t = x[i];
             x[i] = x[k];
             x[k] = t;
          }
      }
}
```

说明：函数 sort 用数组名作为形参，也可改为用指针变量，这时只需将函数的首部改为：sort(int *x,int n)，其他语句不需要修改。

9.3.4 指向多维数组的指针变量

本小节以二维数组为例介绍多维数组的指针变量。

1. 多维数组的地址

设有整型二维数组 a[3][5]定义如下：

```
int a[3][4] = {{0,1,2,3 },{4,5,6,7},{8,9,10,11}}
```

前面介绍过，基于数据的逻辑关系与存储结构的特点，一个二维数组可以从两个角度来看待：

(1) 从单个元素的角度来看，m 行 n 列的二维数组可以看成由 m×n 个单元素构成的结构，每一个数组元素 a[i][j]是由数组定义时所约定类型的变量。与普通变量一样，每一个数组元素都有自己的内存地址,比如元素 a[i][j]的地址就是 &a[i][j]。

(2) 从另一个角度来看,由于C语言对二维数组的存储采用了行优先的存储模式,即一个 m×n 的二维数组在存储时先存储第一行的元素,再依次存储第二行、第三行、……、第 m 行的元素。由于二维数组每一行的元素个数是相同的,可以把二维数组的每一行看成一个行向量(这里即是一个长度为 n 的一维数组),这样一个二维数组就可以看成由多个行向量一维数组构成的结构,其中每一个行向量都是一个一维数组。比如上面定义的二维数组 a 可分解为3个行向量,这三个行向量可以通过"二维数组名+一维行下标"(即 a[0]、a[1]、a[2]的方式)加以表示。每一个行向量 a[0]、a[1]、a[2]都是一个一维数组,分别含有4个元素。例如 a[0]数组,含有 a[0][0]、a[0][1]、a[0][2]、a[0][3]共4个元素,如图9.16所示。

基于这两种看待二维数组的不同视角,对应二维数组的地址也就存在两种不同属性。

(1) 行地址。

从二维数组的角度来看,a 代表二维数组首元素的地址,现在的首元素不是一个简单的整型元素,而是由4个整型元素所组成的行向量一维数组,因此 a 代表的是第0行的首地址。a+1 代表第1行的首地址。如果二维数组的首行的首地址为1000,则在常用的C编译环境中,a+1 为1016,因为第0行有4个整型数据,因此 a+1 的含义是 a[1]的地址,即 a+4×4=1016。a+2 代表 a[2]的首地址,它的值是1032,如图9.17所示。

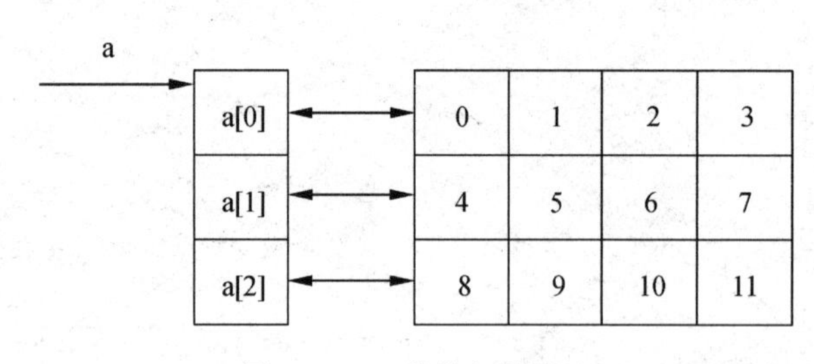

图9.16 二维数组的地址

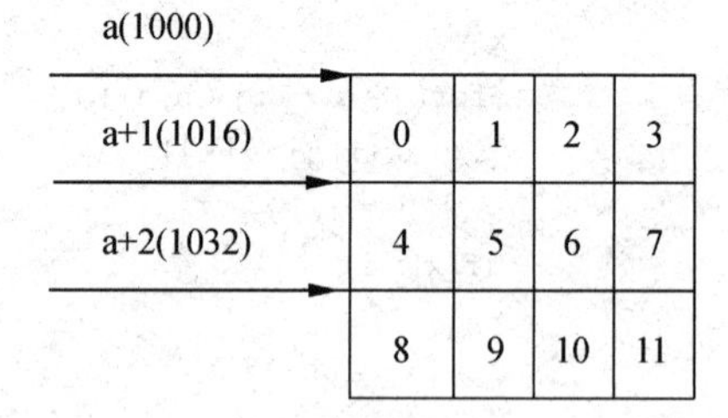

图9.17 二维数组的行地址

行地址是一个二级指针,它是行向量一维数组的地址,而不是某一个元素的地址。例如,a+1 是行向量 a[1]的地址,a[1]是第1行元素 a[1][0]到 a[1][3]共4个元素组成的一维数组的数组名,即行的首地址。a+1、a[1]与 a[1][0]的关系如图9.18所示。

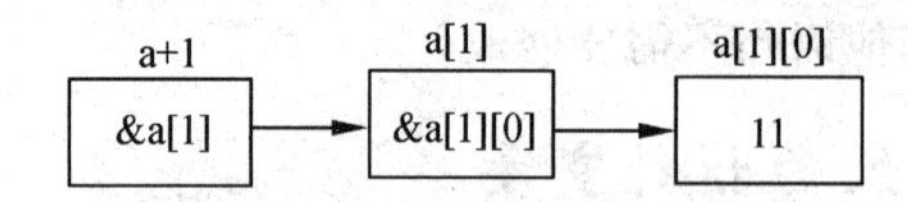

图9.18 二维数组的行地址与数组元素关系示意图

(2) 列地址。

a[0]、a[1]、a[2]是行向量一维数组名,而C语言又规定了数组名代表数组首元素地址,因此 a[0]代表行向量一维数组 a[0]中第0列元素的地址,即 &a[0][0]。依次类推,a[1]的值是 &a[1][0],a[2]的值是 &a[2][0]。

a[0]是第0个行向量一维数组的数组名和首地址,因此就是1000。则在该行向量一维数组中序号为1的元素的地址显然应该用 a[0]+1 来表示,如图9.19所示。此时 a[0]+1 中的1代表相对于本行向量一维数组第一个元素的偏移量,偏移一个整数单元,即4个字节。若 a[0]的值是 1000,a[0]+1 的值是 1004。则 a[0]+0、a[0]+1、a[0]+2、a[0]+3 分别是第 0 个行向量一维数组中 4 个元素(a[0][0]、a[0][1]、a[0][2]与 a[0][3])的地址(即 &a[0][0]、&a[0][1]、&a[0][2]、&a[0][3]),这样的地址表示被称为列地址。列地址是二维数组元素的地址,可以利用列地址指向某一个实际的二维数组元素。

由前所述,*(a+0)和 *a 是与 a[0]等效的,都表示一维数组 a[0]第 0 个元素的首地址。&a[0][0]是二维数组 a 的第 0 行第 0 列元素首地址。因此,a[0]、*(a+0)、*a、&a[0][0]的地址值是相等的,地址属性也都是列地址。

(3) 元素的地址。

a[0]也可以看成是 a[0]+0,是一维数组 a[0]的第 0 号元素的地址,而 a[0]+1 则是 a[0]的第 1 号元素地址,由此可得出 a[i]+j 则是行向量一维数组 a[i]的第 j 号元素地址,即 &a[i][j],如图 9.19 所示。

由于 a[i]与 *(a+i)的地址值与地址属性都是相同的,所以 a[i]+j 与 *(a+i)+j 的地址值与地址属性也是相同的。由于"*(a+i)+j"是二维数组 a 中 a[i][j]的地址,所以,该元素的值等于"*(*(a+i)+j)"。同样,a[i][j]的值也可以表示成 *(a[i]+j)的形式。

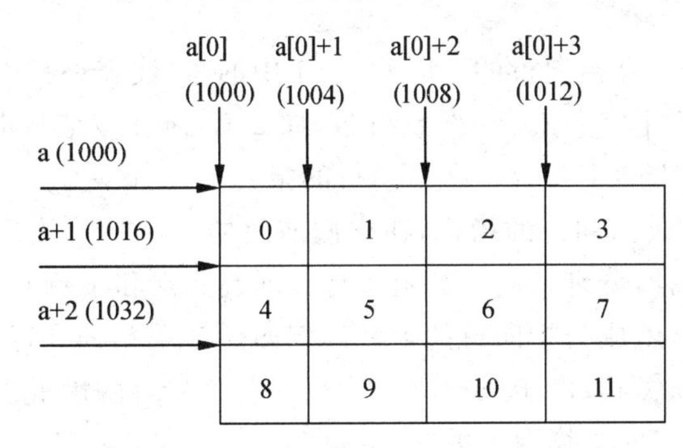

图 9.19 二维数组的行地址和列地址

因此,对于任意元素 a[i][j]的地址可以有 *(a+i)+j(通过行指针表示)、a[i]+j(通过列指针表示)和 & a[i][j]等多种形式。

(4) 有关行地址和列地址的讨论。

① C 语言规定,在二维数组中,a[i]是一种地址计算方法,表示数组 a 第 i 行第 0 个元素的地址。因为二维数组 a 中事实上不存在元素 a[i],就不能把 &a[i]理解为元素 a[i]的地址。但是,&a[i]和 a[i]在二维数组 a 中输出地址值是相等的,但表示不同的含义,a[i]即 &a[i][0],是列指针。&a[i]表示 a+i,是行指针。应注意它们所指向的对象是不同的,即虽然值相等,但指针的类型是不同的。

② a[i]从形式上看是 a 数组中序号为 i 的元素。如果 a 是一维数组名,则 a[i]代表 a 数组序号为 i 的元素所占的内存单元的内容。a[i]是有物理地址的,是占内存单元的。但如果 a 是二维数组,则 a[i]是代表一维数组名,此时它只是一个地址,并不代表某一元素的值(如同一维数组名只是一个指针常量一样)。因此,对于二维数组 a 来说,a、a+i、&a[i]是行地址,a[i]、*(a+i)、*(a+i)+j、* a[i]+j、&a[i][j]都是列地址。而 *(*(a+i)+j 和 *(a[i]+j)是二维数组元素 a[i][j]的值,如表 9.1 所示。

表9.1 二维数组的行地址和列地址举例

表示形式	含义	地址
a	二维数组名,指向一维数组a[0],即行首地址	1000
a[0], *(a+0), *a	第0行0列元素地址	1000
a+1, &a[1]	第1行首地址	1016
a[1], *(a+1)	第1行0列元素a[1][0]的地址	1016
a[1]+2, *(a+1)+2, &a[1][2]	第1行2列元素a[1][2]的地址	1024
*(a[1]+2), *(*(a+1)+2), a[1][2]	第1行第2列元素a[1][2]的值	元素值6

③ 同样,“*(a+i)”只是a[i]另一种表示形式,不要简单地认为“*(a+i)”是“a+i所指单元中的内容”。在一维数组中,“a+i”所指的是一个数组元素的内存单元,在该单元中有具体值,上述说法是正确的。而对于二维数组,“a+i”不是指向具体内存单元而指向行向量。在二维数组中,a+i、a[i]、*(a+i)、&a[i]、&a[i][0]的值相等,即它们是同一元素a[i][0]的地址值。从表9.1中可以看出,a+1和*(a+1)的值都是同一个地址值1016,两者的不同之处在于a+1的地址值是具备行属性的,而*(a+1)所表示的地址值是具备列属性的。

④ 二维数组名(如a)是指向行的。因此a+1中的“1”代表一行中全部元素所占的字节数(图9.19中表示为16个字节)。一维数组名(如a[0]、a[1])是指向列元素的。a[0]+1中的1代表一个元素所占的字节数。在指向行的指针前面加一个“*”,就转换为指向列的指针。例如,a和“a+1”是指向行的指针,在它们前面加一个“*”就是“*a”和“*(a+1)”,它们就成为指向列的指针,分别指向a数组0行0列的元素和1行0列的元素;反之,在指向列的指针前面加“&”,就成为指向行的指针。例如a[0]是指向0行0列元素的指针,在它前面加一个“&”,得“&a[0]”,由于“a[0]”与“*(a+0)”等价,因此“&a[0]”与“&*a”等价,也就是与a等价,它指向二维数组的。

【例9.20】 二维数组的行地址与列地址应用举例。

程序如下:

```
int main()
{
    int a[3][4] = {0,1,2,3,4,5,6,7,8,9,10,11};
    printf("%d,",a);
    printf("%d,", *a);
    printf("%d,",a[0]);
    printf("%d,",&a[0]);
    printf("%d\n",&a[0][0]);
    printf("%d,",a + 1);
    printf("%d,", *(a + 1));
    printf("%d,",a[1]);
    printf("%d,",&a[1]);
    printf("%d\n",&a[1][0]);
    printf("%d,",a + 2);
    printf("%d,", *(a + 2));
    printf("%d,",a[2]);
    printf("%d,",&a[2]);
```

```
    printf("%d\n",&a[2][0]);
    printf("%d,",a[1]+1);
    printf("%d\n",*(a+1)+1);
    printf("%d,%d\n",*(a[1]+1),*(*(a+1)+1));
    return 0;
}
```

2. 指向多维数组元素的指针变量

多维数组的元素实际上也是变量，当然可以用指针变量指向多维数组的元素。

如果要输出指定的某个数值元素(例如 a[2][1])，则应事先计算该元素在数组中的相对位置(即相对于数组起始位置的相对位移量)。如下定义一个二维数组和一个指针变量：

```
int a[10][20], *p;
```

则计算数组元素 a[i][j]在数组中的相对位置的计算公式为

```
i*20+j
```

例如，对图 9.20 所示的 3×3 二维数组 a，它的元素 a[2][1]对 a[0][0]的相对位移量为 2×3+1=7。如果开始时使指针变量 p 指向 a[0][0]，为了得到 a[2][1]的值，可以用 *(p+2×3+1)表示。而(p+7)是 a[2][1]的地址。a[i][j]的地址为

```
&a[0][0]+i×3+j
```

C 语言规定数组下标从 0 开始，对计算二维数组每个元素的相对位置比较方便，只要知道 i 和 j 的值，就可以直接用公式计算出 a[i][j]相对于数组第一个元素的相对位置。

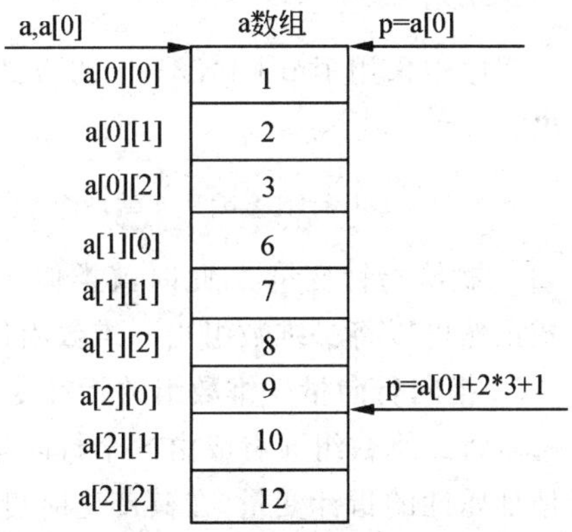

a,a[0] →	a数组	← p=a[0]
a[0][0]	1	
a[0][1]	2	
a[0][2]	3	
a[1][0]	6	
a[1][1]	7	
a[1][2]	8	
a[2][0]	9	← p=a[0]+2*3+1
a[2][1]	10	
a[2][2]	12	

图 9.20 二维数组的数组元素位置

由于二维数组的元素在内存中占一片连续的内存单元，所以数组中元素地址也是连续的，在利用指针变量访问数组元素时，可以在数组声明的范围内改变指针变量的值。例如，若指针变量 p 的当前值为 &a[1][2]，则 p++运算后的值就是 &a[2][0]。若指针变量 p 的当前值为 a[0]，则“*(p+5)”含义就是“*(p+1×3+2)”，即为 a[1][2]。这样访问二维数组的数组元素时，就可以通过指针变量的修改来进行了。

【例 9.21】 用指针变量输出二维数组元素的值。

程序如下：

```
#include <stdio.h>
int main()
{
    int a[3][3] = {
                    {1,2,3},
                    {6,7,8},
                    {9,10,12}
                 };
```

```
    int *p,i,j;
    p=a[0];                                     /*指针指向a[0][0]*/
    for(i=0;i<3;i++)
        for(j=0;j<3;j++)
            printf("a[%d][%d]=%d\n",i,j,*(p+i*3+j));
    return 0;
}
```

运行结果:

```
a[0][0]=1
a[0][1]=2
a[0][2]=3
a[1][0]=6
a[1][1]=7
a[1][2]=8
a[2][0]=9
a[2][1]=10
a[2][2]=12
```

程序中采用了p+i×3+j的方式访问二维数组的数组元素。也可以利用下面语句输出:

```
printf("\na[%d][%d]=%d",i,j,p[i*3+j]);
```

将a[0]赋给指针变量p,此时就类似于指针变量指向一个一维数组,参看图9.20。这样的方式虽然可以将二维数组当一维数组使用,但有时会失去二维数组处理问题的优越性。

3. 指向行向量一维数组的指针变量

若将二维数组a看成由3个行向量一维数组a[0]、a[1]、a[2]组成的,也可以设置具备行地址属性的指针变量,在其变化时可以直接按照行来实现地址变化,这类指针变量成为指向行向量一维数组的指针变量。假设p为指向长度为4的行向量一维数组的指针变量,其定义形式如下:

```
int (*p)[4];
```

该定义语句表示p是一个指向行向量一维数组的指针变量,它指向的是包含4个元素的一维数组。若之前已有如下的二维数组定义:

```
int a[10][4];
```

且当前p指向该二维数组的第1个行向量一维数组a[0],此时p的值等于a,而p+i则指向二维数组中第i+1个行向量一维数组a[i]。同理,如果i与j分别在二维数组行列下标的有效范围内,则“*(p+i)+j”也表示二维数组i行j列的元素的地址,而“*(*(p+i)+j)”则是i行j列元素的值。

指向一维数组的指针变量说明的一般形式如下:

类型说明符 (*指针变量名)[长度]

其中,“类型说明符”为指针变量所指向的一维数组的元素的数据类型。“*”表示其后的变量是指针类型。“长度”表示所指向的一维数组长度,也就是二维数组的列数。应注意格式中“(* 指针变量名)”两边的括号不可少,如缺少括号则表示是指针数组(本章后面介绍),意义就完全不同了。

利用指向行向量一维数组的指针变量 p 访问二维数组 a,由于其本身所具备的地址属性是行属性,因此应该用地址属性相同的行地址对其进行赋初值。例如:

```
p = a + 1;
```

则指针变量 p 指向 a[1],行向量一维数组 a[1]的元素 a[1][0]至 a[1][3]可以分别表示成(* p)[0]、(* p)[1]、(* p)[2]、(* p)[3]。此时, * p 相当于 a[1]。

【例 9.22】 输出指定二维数组元素的值。

程序如下:

```
#include <stdio.h>
int main()
{
    int a[2][5] = {0,1,2,3,4,5,6,7,8,9};
    int ( * p)[5],i,j;
    printf("please enter i,j:\n");
    scanf(" %d %d",&i,&j);
    p = a;
    printf("a[ %d][ %d] = %2d\n",i,j, * ( * (p + i) + j));
    printf("\n");
    return 0;
}
```

运行结果:

```
please enter i,j:
1 4
a[1][4] = 9
```

说明:二维数组 a 在内存中按行存放,定义指向一维数组的指针变量 p,并执行“p=a;”语句。利用二级指针变量 p 可以表示数组元素。则“ * (p+i)+j”就是 a 数组第 i 行第 j 列元素的地址,这是指向列元素的指针,由此不难理解:“ * (* (p+1)+4)”是 a[1][4]的值。

4. 用指向一维数组的指针作函数参数

数组名可以作为函数参数,多维数组名也可以作函数参数传递。在用指向一维数组的指针变量作形参以接受实参数组名传递来的地址时,有两种方式:

(1) 用指向变量的指针变量,即多级指针。

(2) 用指向一维数组的指针变量。

【例 9.23】 找出整型二维数组中的最小值及该最小值在二维数组中的位置。

程序如下:

```
#include <stdio.h>
int Maxi,Maxj;                    /* 定义全局变量,存放最小值在二维数组中的位置 */
int main()
{
    int max_a(int( * prt)[5]);
    int a[3][5],i,j,max;
```

```
    printf("please enter 15 numbers:\n");
    for(i = 0; i < 3; i++)
        for(j = 0; j < 5; j++)
            scanf("%d", &a[i][j]);
    max = max_a(a);
    printf("max = %d,Maxi = %d,Maxj = %d\n",max,Maxi,Maxj);
    return 0;
}
int max_a(int ( * prt)[5])
    {
    int i,j,m;
    m = ** prt;                        /* 相当于 a[0][0] */
    for(i = 0; i < 3; i++)
        for(j = 0; j < 5; j++)
            if ( * ( * (prt + i) + j) < m)
            {
              m =  * ( * (prt + i) + j);
              Maxi = i;
              Maxj = j;
            }
    return m ;
}
```

运行结果：

```
please enter 15 numbers:
1 3 5 7 9 -2 -6 7 8 11 22 33 55 12
max =- 6,Maxi = 1,Maxj = 1
```

说明：二维数组在内存中按行存放，定义指向一维数组的指针变量 prt，只要知道二维数组的列数，利用二级指针变量 prt 可以表示数组元素。程序中的 prt+i 是二维数组 a 的 i 行的起始地址(由于 prt 是指向一维数组的指针变量，因此 prt 加 1，就指向下一行)。则“*(prt+i)+j”就是 a 数组第 i 行第 j 列元素的地址，这是指向列元素的指针，由此不难理解：“*(*(prt+1)+3)”是 a[1][3]的值。

【例 9.24】 若一个班有 3 名学生，每人考 5 门课，查找并输出有不及格课程学生的全部成绩。

程序如下：

```
#include <stdio.h>
int main()
{
    int find(float ( * p)[5],int n);
    float score[ ][5] = {
                        {69,37,79,60,58},
                        {39,87,90,81,99},
                        {90,99,100,98,78}
                      };
    find(score,3);
    return 0;
}
```

```
int find(float (*p)[5],int n)
{
   int i,j,flag;
   for(j=0;j<n;j++)
     {
       flag=0;
       for(i=0;i<5;i++)
           if(*(*(p+j)+i)<60)
               flag=1;
       if(flag==1)
           {
               printf("No. %d fails,his scores are:\n",j+1);
               for(i=0;i<5;i++)
                   printf(" %4.1f",*(*(p+j)+i));
               printf("\n");
           }
     }
    return 0;
}
```

运行结果：

```
No.1 fails,his scores are:
69.0,37.0,79.0,60.0,58.0
No.2 fails,his scores are:
39.0,87.0,90.0,81.0,99.0
```

说明：在 main 函数中，定义二维数组 score 并通过初始化输入 3 名学生的成绩。调用 find 函数以查找有不及格课程的学生。在函数 find 中形参 p 被声明为指向一个 float 型一维数组的指针变量。即函数 find 的形参 p 是指向包含 5 个元素的一维数组的指针变量。实参传给形参 n 的值为 3，即 3 名学生。函数调用开始时，将实参 score 的值(代表该二维数组名，是行起始地址)传给 p，使 p 也指向 score[0]。p＋n 是 score[n]的起始地址。

另外，在函数 find 中，flag 是标志不及格的变量。先使 flag＝0，若发现某一学生有一门不及格，则使 flag＝1。最后检查 flag，如为 1，则表示该学生有不及格的记录，输出其全部课程成绩。变量 j 代表学生号，i 代表课程号。

通过指针变量访问数组元素，速度快，且程序简明。用指针变量作形参，所处理的数组大小可以变化。利用数组与指针的紧密联系，可使编写的 C 程序方便灵活。

9.4 函数指针变量

9.4.1 函数指针与指向函数的指针变量

在 C 语言中，需要实现存储的除了数据还有程序，数据存放在内存的数据区，程序存放在内存的代码区。C 语言的程序是由函数构成的，不同的函数在内存代码区存放位置是不同的。每个函数在代码区的起始位置被称为函数的地址，可以把函数的这个首地址(或称入口地址)赋予一个指针变量，使该指针变量指向该函数。然后通过指针变量就可以找到并调用这个函数,这种指向函数的指针变量称为“函数指针变量”。

函数指针变量定义的一般形式如下:

```
类型说明符 (*指针变量名)(函数形参表);
```

其中,“类型说明符”表示被指函数的返回值的类型。“(*指针变量名)”表示“*”后面的变量是定义的指针变量。最后的括号表示指针变量所指的函数的形参个数及类型。

例如:

```
int (*p)(int,int);
```

表示指针变量p是一个可以指向函数的指针变量,该函数有两个整型的参数,且函数的返回值类型是整型。如果有一个返回整型数据的函数f1,则可以通过p调用f1函数,形式如下:

```
p = f1;
```

f1是一个有两个整型参数且返回值为整型的函数名,表示该函数的入口地址。

使用指向函数的指针变量还应注意以下两点:

(1) 函数指针变量不能进行算术运算,这一点与数组指针变量是不同的。数组指针变量加减一个整数可使指针移动指向后面或前面的数组元素,而函数指针的移动是毫无意义的。

(2) 定义中“(*指针变量名)”两边的括号不可少,其中的“*”不应该理解为求值运算,在此处它仅是一种指针变量的说明符号。

9.4.2 用函数指针变量调用函数

如果已经将函数的起始地址赋予了指向函数的指针变量,除了用函数名可以调用函数外,利用指向函数的指针变量也可以调用该函数。用指向函数的指针变量调用函数的一般形式如下:

```
(*指针变量名)(实参表列)
```

用函数指针变量(比如p是一个这样的变量)调用函数时,除了将(*p)代替所需代替函数的函数名之外,其余的格式要求与用函数名调用该函数完全一样。

指向函数的指针变量在定义之后赋值之前并不固定指向哪一个函数,仅仅表示定义了一个专门用来存放特定函数入口地址的变量。此后哪一个函数(该函数的返回值以及参数应该符合定义要求)的地址赋给它,它就指向哪一个函数。在一个程序中,如果有多次对该指针变量的赋值情况发生,该指针变量当然可以先后指向符合要求的多个不同函数。

先通过一个简单的例子来看一下函数的调用情况。

【例9.25】 用指针形式实现对函数调用的方法。

程序如下:

```
int max(int a,int b)
{
    if(a > b)
```

```
            return a;
    else
            return b;
}
int main()
{
    int max(int a, int b);
    int( * p)(int, int);            //定义函数指针变量
    int x, y, z;
    p = max;
    printf("input two numbers:\n");
    scanf("%d%d", &x, &y);
    z = ( * p)(x, y);               //用指针变量调用函数
    printf("maxmum = %d", z);
    return 0;
}
```

从上述程序可以看出,用函数指针变量形式调用函数的步骤如下:

(1) 先定义函数指针变量,如例 9.25 程序中第 9 行“int (* p)(int,int);”定义 p 为函数指针变量。

(2) 把被调函数的入口地址(函数名)赋予该函数指针变量,如程序中第 11 行“p=max;”。

(3) 用函数指针变量形式调用函数,如程序第 14 行“z=(* p)(x,y);”。

(4) 调用函数的一般形式如下:

```
( * 指针变量名)(实参表)
```

几点注意事项:

(1) 定义指向函数的指针变量,并不意味着这个指针变量可以指向任何函数,它只能指向在定义时指定的类型的函数。如“int(* p)(int,int);”表示指针变量 p 只能指向函数返回值为整型且有两个整型参数的函数。在程序中把哪一个函数(该函数的值是整型的且有两个整型参数)的地址赋给它,它就指向哪一个函数。在一个程序中,一个指针变量可以先后指向同类型的不同函数。

(2) 如果要用指针变量调用函数,必须先使指针变量指向该函数。如:

```
p = max
```

这就把 max 函数的入口地址赋给了指针变量 p。

(3) 在给函数指针变量赋值时,只须给出函数名而不必给出参数,例如:

```
p = max;                        //将函数入口地址赋给 p
```

因为是将函数入口地址赋给 p,而不牵涉实参与形参的结合问题。如果写成

```
p = max(a, b);
```

就错了。“p=max(a,b)”是将调用 max 函数所得函数值赋给 p,而不是将函数入口地址赋给 p。

(4) 用函数指针变量调用函数时,只须将“(* p)”代替函数名即可(p 为指针变量名),

在“(＊p)”之后的括号中根据需要写上实参。例如：

```
c = ( * p)(a,b);
```

表示“调用由 p 指向的函数，实参为 a、b。得到的函数值赋给 c”。

(5) 对指向函数的指针变量不能进行算术运算，如 p＋n、p ＋＋、p－－等运算是无意义的。

(6) 用函数名调用函数，只能调用所指定的一个函数，而通过指针变量调用函数比较灵活，可以根据不同情况先后调用不同的函数。

【例 9.26】 输入两个整数，然后让用户选择 1 或 2，选 1 时调用 max 函数，输出二者中的大数，选 2 时调用 min 函数，输出二者中的小数。

分析：这是一个示意性的简单例子，说明怎样使用指向函数的指针变量。定义两个函数 max 和 min，分别用来求大数和小数。在主函数中根据用户输入的数字是 1 或 2，使指针变量指向 max 函数或 min 函数。

程序如下：

```
#include <stdio.h>
int main()
{
   int max(int,int);                  //函数声明
   int min(int ,int);                 //函数声明
   int( * p)(int,int);                //定义指向函数的指针变量
   int a,b,c,n;
   printf("please enter a and b : ");
   scanf(" %d, %d" ,&a,&b);
   printf("please choose 1or 2:");
   scanf(" %d",&n);                   //输入 1 或 2
   if (n==1)
         p = max;                     //如输入 1, 使 p 指向 max 函数
   else
         if (n==2)
               p = min;               //如输入 2, 使 p 指向 min 函数
   c = ( * p)(a,b);                   //调用 p 指向的函数
   printf("a= %d,b= %d\ n",a,b);
   if (n==1)
        printf("max= %d\ n",c);
   else
        printf("min= %d\n",c);
   return  0;
}
int max(int x,int y)
{
   int z;
   if (x>y)
        z = x;
   else
        z = y;
   return (z);
```

```
}
int min(int x,int y)
 {
   int z;
   if (x<y)
        z = x
   else
        z = y;
   return (z);
}
```

9.4.3 用指向函数的指针变量作函数参数

函数指针变量通常的用途之一是把指针作为参数传递到其他函数。前面介绍过，函数的参数可以是变量、指向变量的指针变量、数组名、指向数组的指针变量等。指向函数的指针变量也可以作为参数，以实现函数地址的传递，这样就能够在被调函数中使用实参函数。

【例 9.27】 定义一个函数 fun，调用时，每次实现不同的功能。输入两个数，第 1 次调用 fun 时求两数之和，第 2 次调用 fun 时则求两数的平均值。

程序如下：

```
#include <stdio.h>
int main()
{
   int add(int,int);
   int aver(int,int);
   int fun(int x,int y,int (*f)(int,int));
   int a,b;
   printf("enter 2 integers:\n");
   scanf("%d %d",&a,&b);
   printf("sum = ");
   fun(a,b,add);
   printf("aver = ");
   fun(a,b,aver);
   return 0;
}

int  add(int x,int y)
{
   int z;
   z = x + y;
   return(z);
}
int  aver(int x,int y)
{
   int z;
   z = x + y;
   return (z/2);
}
int fun(int x,int y,int(*f)(int,int))
```

```
{
    int result;
    result = ( * f)(x,y);
    printf(" % d\n",result);
    return 0;
}
```

运行结果：

```
enter 2 integers:
4  9↙
sum = 13
aver = 6
```

函数 fun 处理两个整数,并返回一个整型值。同时又要求 fun 具有通用处理能力,所以可以考虑在调用“ * f”时将相应的处理方法(“处理函数”)传递给 fun。

(1) fun 函数要接受函数作为参数,即 fun 应该有一个函数指针作为形式参数,以接受函数的地址。这样 fun 函数的函数原型应该是：

```
int fun(int x,int y,int ( * f)());
```

(2)“指向函数的指针变量作为函数参数”的使用过程：

函数指针变量的定义——在通用函数 fun 的形参定义部分实现；

函数指针变量的赋值——在通用函数的调用的虚实结合时实现；

用函数指针调用函数——在通用函数内部实现。

(3) main 函数调用通用函数 fun 处理计算两数之和的过程如下。

① 将函数名 add(即函数 add 的地址)连同要处理的两个整数 a、b 一起作为 fun 函数的实参,调用 fun 函数。

② fun 函数接受来自主调函数 main 传递过来的参数,包括两个整数和函数 add 的地址,函数指针变量 f 获得了函数 add 的地址。

③ 在 fun 函数的适当位置调用函数指针变量 f 指向的函数,即调用 add 函数。本例直接调用 add 并将值返回。这样调用点就获得了两数之和的结果,由 main 函数 printf 函数输出结果。

(4) main 函数调用通用函数 fun 处理计算平均值的过程基本一样。

利用指向函数的指针变量作函数参数的方法,符合结构化程序设计原则,是程序设计中常使用的方法。

9.5 返回指针值的函数

所谓函数类型是指函数返回值的类型。在 C 语言中一个函数的返回值类型不但允许是整型、字符型、实型等,还可以是一个指针(即地址)。

定义返回指针值函数的一般形式如下：

```
类型说明符 * 函数名(形参表)
{
```

```
            /* 函数体 */
}
```

其中,函数名之前加了"*"号表明这是一个返回值为指针的函数。类型说明符表示了返回的指针值所指向的数据类型。

如:

```
int *ap(int x,int y)
{
        /* 函数体 */
}
```

表示 ap 是一个返回指针值的函数,它返回的指针指向一个整型变量。

【例 9.28】 本程序是通过指针函数,输入一个 1~7 之间的整数,输出对应的星期名。

程序如下:

```
int main()
{
     int i;
     char *day_name(int n);
     printf("input Day No:\n");
     scanf("%d",&i);
     if(i<0) exit(1);
     printf("Day No: %2d-->%s\n",i,day_name(i));
     return 0;
}
char *day_name(int n)
{
   static char *name[] = {
                           "Illegal day",
                           "Monday",
                           "Tuesday",
                           "Wednesday",
                           "Thursday",
                           "Friday",
                           "Saturday",
                           "Sunday"
                     };
    return ((n<1||n>7)?name[0]:name[n]);
}
```

本例中定义了一个返回指针值的函数 day_name,它的返回值是一个字符串的地址。该函数中定义了一个静态指针数组 name。name 数组初始化赋值为 8 个字符串,分别表示各个星期名及出错提示。形参 n 表示与星期名所对应的整数。在主函数 main 中,把输入的整数 i 作为实参,在 printf 语句中调用 day_name 函数并把 i 值传送给形参 n。day_name 函数中的 return 语句包含一个条件表达式,n 值若大于 7 或小于 1 则把 name[0]指针返回主函数输出出错提示字符串"Illegal day";否则返回主函数输出对应的星期名。主函数中的第 7 行是个条件语句,其语义是:如果输入为负数(i<0)则中止程序运行退出程序。exit 是一个库函数,exit(1)表示发生错误后退出程序,exit(0)表示正常退出。

应该特别注意函数指针变量与返回指针值的函数在写法和意义上的区别。例如：

```
int( * p)()
```

和

```
int * p()
```

是两个完全不同的量。

“int (* p)()”是一个变量说明,说明 p 是一个指向函数入口的指针变量,该函数的返回值是整型量,“(* p)”的两边的括号不能少。

“int * p()”则不是变量说明而是函数说明,说明 p 是一个返回指针值的函数,其返回值是一个指向整型量的指针,“ * p”两边没有括号。作为函数说明,在括号内最好写入形式参数,这样便于与变量说明区别。

对于返回指针值的函数定义,“int * p()”只是函数头部分,一般还应该有函数体部分。

9.6 指针数组和指向指针的指针

9.6.1 指针数组的概念

1. 指针数组定义

一个数组的数组元素值均为指针,则称该数组为指针数组。指针数组的每一个数组元素都存放一个地址,是一组有序的地址的集合,也可将指针数组的每一个元素看成一个指针变量,当然这些指针变量必须指向相同数据类型。

指针数组说明的一般形式如下：

类型说明符　* 数组名[数组长度]

其中,类型说明符为指针值所指向的变量的类型。例如：

```
int   * pa[3];
```

表示 pa 是一个指针数组,它有三个数组元素,每个元素值都是一个指针,指向整型变量。

通常可用一个指针数组来指向一个二维数组。指针数组中的每个元素被赋予二维数组每一行的首地址,因此也可理解为指向一个一维数组。

【例 9.29】 用指针变量表示二维数组。

程序如下：

```
int main()
{
    int a[3][3] = {1,2,3,4,5,6,7,8,9};
    int * pa[3] = {a[0],a[1],a[2]};
    int * p = a[0];
    int i;
    for(i = 0;i < 3;i++)
        printf(" % d, % d, % d\n",a[i][2 - i], * a[i], * ( * (a + i) + i));
```

```
    for(i = 0;i < 3;i++)
        printf(" % d, % d, % d\n", * pa[i],p[i], * (p + i));
    return 0;
}
```

本例程序中,pa 是一个指针数组,三个元素分别指向二维数组 a 的各行。然后用循环语句输出指定的数组元素。其中"* a[i]"表示 i 行 0 列元素值;"*(*(a+i)+i)"表示 i 行 i 列的元素值;"* pa[i]"表示 i 行 0 列元素值;由于 p 与 a[0]相同,故 p[i]表示 0 行 i 列的值;*(p+i)表示 0 行 i 列的值。读者可仔细领会元素值的各种不同的表示方法。

应该注意指针数组和二维数组中指向行向量的指针变量的区别。

二维数组指向行向量的指针变量是单个的变量,其一般形式中"(* 指针变量名)",两边的括号不可少。而指针数组类型表示的是多个指针(一组有序指针),在一般形式中"* 指针数组名"两边不能有括号。例如:

```
int ( * p)[3];
```

表示一个指向二维数组行向量的指针变量。该二维数组的列数(或行向量的长度)为 3。而

```
int * p[3]
```

表示 p 是一个指针数组,有三个下标变量 p[0]、p[1]、p[2],均为指针变量。

2. 指针数组处理多个字符串

指针数组的主要用途,是用来处理字符串。前面已经介绍过,在 C 语言中单个的字符串可以由字符数组或字符指针来表示,如果在程序中要处理多个字符串,该如何表示呢?如果用一般的多个一维字符数组或多个字符指针变量来表示,虽然可以表示但表示形式非常笨拙,而且不方便操作的实现。为了更简洁地表示,我们自然会想到二维字符数组以及指针数组。

用二维字符数组表示多个字符串的基本思路是:二维数组可以看成是由多个行向量组成的一维数组,每一个行向量可以来存放一个字符串,对于

```
char a[m][n];                    //m,n 为维界值,非变量
```

这样一个 m 行 n 列的二维字符数组,便可以存储 m 个长度不超过 n−1 的字符串。这样一来便可通过下标变量 i 的变换(从 0 到 m−1)用 a[i]的形式来表示 m 个不同的字符串,非常方便地实现了多个串的表示,也非常容易在循环里实现对多个串的操作。

指针数组既然是一组有序的地址集合,如果每一个地址都是一个字符串的地址,当然一组地址就可以用来表示多个不同字符串。这时指针数组的每个元素都是一个字符指针,被赋予一个字符串的首地址。对于

```
char * p[m];                     //m 为维界值,非变量
```

这样一个包含 m 个元素的指针数组,便可以存储 m 个字符串,并且只需通过下标 i(从 0 到 m−1)的变换用 p[i]的形式可实现 m 个不同字符串的表示。与二维字符数组相比较,指向字符串的指针数组的初始化更为简单。例如在例 9.28 中即采用指针数组来表示一组字符串。其初始化赋值如下:

```
char * name[] = {"Illegal day",
                 "Monday",
                 "Tuesday",
                 "Wednesday",
                 "Thursday",
                 "Friday",
                 "Saturday",
                 "Sunday"};
```

完成这个初始化赋值之后,name[0]即指向字符串"Illegal day",name[1]指向"Monday",……。

3. 指针数组作函数参数

指针数组也可以用作函数参数,下面举例说明其用法。

【例 9.30】 输入 5 个国名并按字母顺序排列后输出。

程序如下:

```
#include<stdio.h>
#include "string.h"
int main()
{
    int sort(char * name[],int n);
    int print(char * name[],int n);
    static char * name[] = {
                     "CHINA",
                     "AMERICA",
                     "AUSTRALIA",
                     "FRANCE",
                     "GERMAN"
                    };
    int n = 5;
    sort(name,n);
    print(name,n);
    return 0;
}
void sort(char * name[],int n)
{
    char * pt;
    int i,j,k;
    for(i = 0;i < n - 1;i++)
       {
         k = i;
        for(j = i + 1;j < n;j++)
              if(strcmp(name[k],name[j])> 0)
                  k = j;
         if(k!= i)
           {
              pt = name[i];
              name[i] = name[k];
              name[k] = pt;
           }
```

```
        }
}
void  print(char *name[],int n)
{
     int i;
     for (i=0;i<n;i++)
         printf("%s\n",name[i]);
}
```

说明：

在以前的例子中采用了普通的排序方法，逐个比较之后交换字符串的位置。交换字符串的物理位置是通过字符串复制函数完成的。反复的交换将使程序执行速度很慢，同时由于各字符串(国名)的长度不同，又增加了存储管理的负担。

用指针数组能很好地解决这些问题。把所有的字符串存放在一个数组中，把这些字符数组的首地址放在一个指针数组中，当需要交换两个字符串时，只须交换指针数组相应两元素的内容(地址)即可，而不必交换字符串本身。

本程序定义了两个函数，一个名为 sort 完成排序，其形参为指针数组 name，即为待排序的各字符串数组的指针，形参 n 为字符串的个数，如图 9.21(a)所示。另一个函数名为 print，用于排序后字符串的输出，其形参与 sort 的形参相同。主函数 main 中，定义了指针数组 name 并作了初始化赋值。然后分别调用 sort 函数和 print 函数完成排序和输出。

值得说明的是，在 sort 函数中，对两个字符串比较，采用了 strcmp 函数，strcmp 函数允许参与比较的字符串以指针方式出现。name[k]和 name[j]均为指针，因此是合法的。字符串比较后需要交换时，只交换指针数组元素的值，而不交换具体的字符串(如图 9.21(b)所示)，这样将大大减少时间开销，提高运行效率。

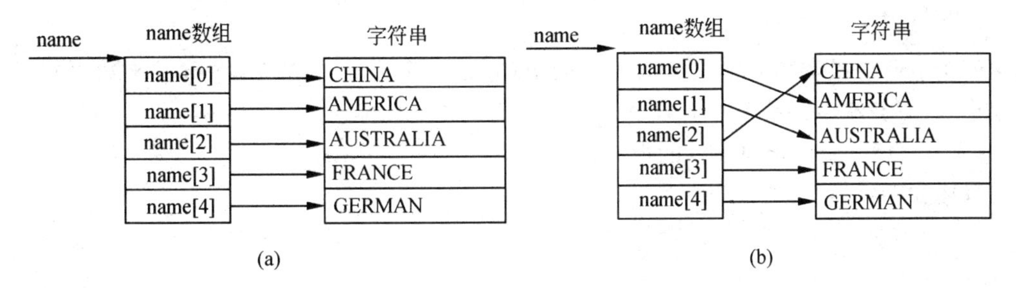

图 9.21　指针数组作为函数参数

9.6.2　指向指针的指针

如果一个指针变量存放的又是另一个指针变量的地址，则称这个指针变量为指向指针的指针变量。

在前面已经介绍过，通过指针访问变量称为间接访问。由于指针变量直接指向变量，所以称为“单级间址”。而如果通过指向指针的指针变量来访问变量则构成“二级间址”，如图 9.22 所示。

图 9.23 给出了一个例子。从图 9.23 可以看到，name 是一个指针数组，它的每一个元素是一个指针数据，其值为地址。name 是一个数据，它的每一个元素都有相应的地址。数

组名 name 代表该指针数组的首地址。name+1 是 mane[i]的地址。name+1 就是指向指针型数据的指针(地址)。还可以设置一个指针变量 p,使它指向指针数组元素。p 就是指向指针型数据的指针变量。

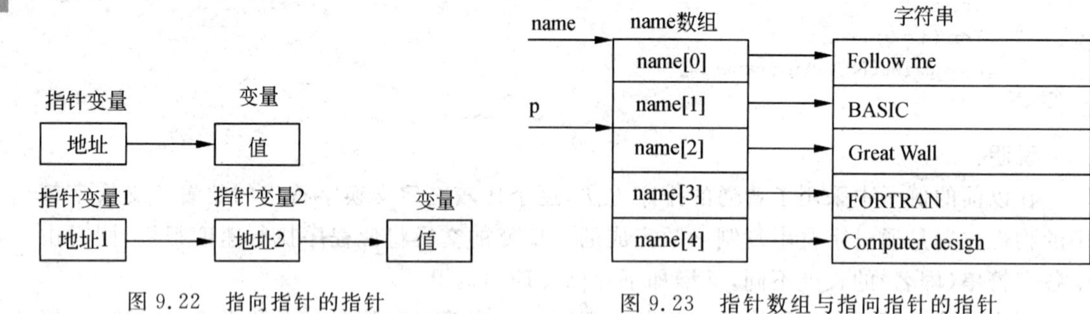

图 9.22　指向指针的指针

图 9.23　指针数组与指向指针的指针

怎样定义一个指向指针型数据的指针变量呢？形式如下：

```
char ** p;
```

其中,p 前面有两个"*"号,相当于"*(*p)"。显然"*p"是指针变量的定义形式,如果没有最前面的"*",那就是定义了一个指向字符数据的指针变量。现在它前面又有一个"*"号,表示指针变量 p 是指向一个字符指针型变量的。"*p"就是 p 所指向的另一个指针变量。

如果有：

```
p = name + 2;
printf(" %o\n", * p);
printf(" %s\n", * p);
```

则第一个 printf 函数语句输出 name[2]的值(它是一个地址),第二个 printf 函数语句以字符串形式(%s)输出字符串"Great Wall"。

【例 9.31】 使用指向指针的指针。

程序如下：

```
int main()
{
   char * name[ ] = {
                  "Follow me",
                  "BASIC",
                  "Great Wall",
                  "FORTRAN",
                   "Computer design"
                 };
   char * * p;
   int i;
   for(i = 0;i < 5;i++)
     {
        p = name + i;
        printf(" %s\n", * p);
```

```
    }
  return 0;
}
```

说明：p 是指向指针的指针变量。

【例 9.32】 一个指针数组的元素指向数据的简单例子。

程序如下：

```
int main()
{
  static int a[5] = {1,3,5,7,9};
  int * num[5] = {&a[0],&a[1],&a[2],&a[3],&a[4]};
  int * * p,i;
  p = num;
  for(i = 0;i < 5;i++)
    {
        printf(" % d\t", * * p);
        p++;
    }
  return 0;
}
```

9.7 本章小结

1. 有关指针的数据类型的小结(见表 9.2)

表 9.2 指针数据类型举例

定义	含义
int i;	定义整型变量 i
int * p	p 为指向整型数据的指针变量
int a[n];	定义整型数组 a,它有 n 个元素
int * p[n];	定义指针数组 p,它由 n 个指向整型数据的指针元素组成
int (* p)[n];	p 为指向含 n 个元素的一维数组的指针变量
int f();	f 为返回整型函数值的函数
int * p();	p 为返回一个指针的函数,该指针指向整型数据
int (* p)();	p 为指向函数的指针,该函数返回一个整型值
int ** p;	p 是一个指针变量,它指向一个指向整型数据的指针变量

2. 指针运算的小结

(1) 指针变量加(减)一个整数。

例如：p++、p--、p+i、p-i、p+=i、p-=i。

一个指针变量加(减)一个整数并不是简单地将原值加(减)一个整数,而是将该指针变量的原值(是一个地址)和它指向的变量所占用的内存单元字节数加(减)。

(2) 指针变量赋值。

将一个变量的地址赋给一个指针变量,举例如下：

```
p = &a;                         //将变量 a 的地址赋给 p
p = array;                      //将数组 array 的首地址赋给 p
p = &array[i];                  //将数组 array 第 i 个元素的地址赋给 p
p = max;                        //max 为已定义的函数,将 max 的入口地址赋给 p
p1 = p2;                        //p1 和 p2 都是指针变量,将 p2 的值赋给 p1
```

注意:不能用如下形式给指针变量赋值。

```
p = 1000;
```

(3) 指针变量可以有空值。

即该指针变量不指向任何变量,例如:

```
p = NULL;
```

(4) 两个指针变量可以相减。

如果两个指针变量指向同一个数组的元素,则两个指针变量值之差是两个指针之间的元素个数。

(5) 两个指针变量比较。

如果两个指针变量指向同一个数组的元素,则两个指针变量可以进行比较。指向前面的元素的指针变量“小于”指向后面的元素的指针变量。

第10章 字 符 串

计算机处理数据的类别有各种各样，如数字、文字、图像、声音和视频等。C语言对文字的处理一般使用字符串来表示。一个或多个字符序列称为字符串，它是C语言里面最有用、最重要的数据类型之一。表示和存储字符串的方法有很多，基本的方法是使用字符串常量、字符数组、字符指针与字符串数组来表示和存储。

本章将介绍字符串常量、字符串变量、字符串的输入输出、C库提供的字符串处理函数以及字符指针与字符数组。

10.1 字符串常量

10.1.1 字符串与字符串结束标志

字符串是以空字符('\0')作为结束标志的char数组，前面所学的数组和指针知识都可以用到字符串上。在C语言中，没有专门的字符串变量，通常将字符串作为一个char数组来处理。因为'\0'是字符串的结束符，因此当用字符串给字符数组赋初值时，把'\0'也存入数组。

例如：

```
char c[ ] = {"C program"};
```

或写为

```
char c[ ] = "C program";
```

用字符串方式给字符数组赋值比用字符逐个赋值要多占一个字节，该字节用于存放字符串结束标志'\0'。数组c在内存中的实际存放情况如图10.1所示。

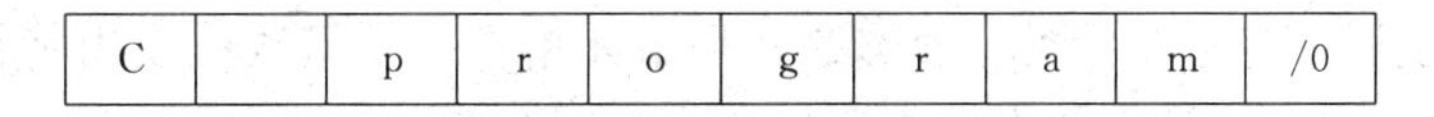

C		p	r	o	g	r	a	m	/0

图10.1 字符串常量在字符数组中的存放

注意： '\0'是由C编译系统自动加上的。由于采用了'\0'标志，所以在用字符串给字符数组赋初值时，不必指定数组长度，由系统自行处理。

10.1.2 什么是字符串常量

第3章介绍过，字符串常量是指由一对双引号括起来的0个或者多个连续的字符序列。

如"hello","345"等都是字符串常量。需要再次强调的是,字符串常量不同于字符常量,比如"a"是字符串常量,而'a'是字符常量。

字符串常量常常作为格式串出现在printf和scanf函数的调用中。比如:

```
printf("This is a string!");
```

其中This is a string! 就是一个格式串。

如果字符串字符中间没有间隔或者间隔的是空格符,ANSI C会将其串联起来。例如,

```
char greeting[50] = "Hello,and " "how are" " you" " today!";
```

和

```
char greeting[50] = "Helo, and how are you today!";
```

是相等的。

如果想在字符串中使用双引号,可以在双引号前加一个反斜线符号,如下所示:

```
printf ("\"Good,Milly,Good!\"Mum said \n");
```

它的输出如下:

```
"Good,Milly,Good!" Mum said.
```

10.1.3 如何存储字符串常量

双引号里的字符序列加上编译器自动通过的结束标志'\0'字符,作为一个字符串存储在内存里。调用printf和scanf函数并且用字符串常量作为参数时,究竟传递了什么?这需要明白字符串常量是如何存储的。

本质上说,C语言把字符串常量作为char数组来处理。当C语言编译器在程序中遇到长度为n的字符串常量时,它会为字符串常量分配n+1的空间。这块内存空间将用来存储字符串常量中的所有字符以及字符结束标志'\0'。空字符'\0'是一个转义字符,它的码值为0,而数字0的码值为48。

例如:

```
printf("abc");
```

当调用printf()函数时,会传递"abc"的地址。然后printf输出地址中的字符序列,遇到'\0'输出结束。

字符串常量属于静态存储类。静态存储是指如果在一个函数中使用字符串常量,即使是多次调用了这个函数,该字符串在程序的整个运行过程中只存储一份。整个引号中的内容作为指向该字符串存储位置的指针。这一点与把数组名作为指向数组存储位置的指针类似。

【例10.1】 字符串常量的存储。

程序如下:

```
/*把字符串看为指针*/
#include <stdio.h>
```

```
int main (void)
{
    printf (" %s, %p, %c \n","We", "are", * "students");
    return 0;
}
```

运行结果：

```
We, 00422030, s
```

分析：%s 格式将输出字符串 We。%p 格式产生一个地址。因为“are”是个地址，那么%p 输出的是字符串中第一个字符的地址（ANSI 之前的实现可能用%u 或%lu 而不用%p)。" students "表示的是字符串常量的首地址，在该地址前面加一个 * 表示取该地址中存放的值。所以最后，* " students"应该产生所指向的地址中的值，即字符串" students "中的第一个字符。

10.2 如何表示字符串变量

在 C 语言中，虽然有字符串常量，但没有专门的字符串类型，所以无法直接用一般变量形式来存储和表示字符串。实现字符串变量间接的表示形式就是本节的字符数组与后面将介绍的字符型指针。

采用字符数组这种方法的难度是当声明存放字符串的数组时要始终保证数组的长度比字符串的长度多一个。当然，字符串的长度通常取决于空字符'\0'的位置而不是用于存放字符串的字符数组的长度。实际上，绝大多数的 C 字符串操作事实上使用的都是指针。

10.2.1 字符数组的定义与引用

字符数组的定义形式与前面介绍的一般数组的定义形式相同，只是字符数组的元素类型只能是字符型，而不能是其他类型。字符数组也可以是二维或多维数组。例如：

```
char a[10];                         //定义字符数组 a,a 数组有 10 个字符元素
char b[5][10];                      //定义字符数组 b,b 是 5 行 10 列的二维数组
```

【例 10.2】 字符数组的定义和字符数组元素的引用。

程序如下：

```
#include <stdio.h>
int  main()
{
 int i,j;
 char a[2][5] = {{'B','A','S','I','C',},{'d','B','A','S','E'}};
 for (i = 0;i <= 1;i++)
   {
     for (j = 0;j <= 4;j++)
       printf(" %c",a[i][j]);
     printf("\n");
   }
return 0;
}
```

运行结果:

```
BASIC
dBASE
```


10.2.2 字符数组的初始化

字符数组可以在声明时初始化,例如:

```
char c[6] = {'a', ' ','b','c','d'};
```

说明:c[0]的值为'a'、c[1]的值为' '、c[2]的值为'b'、c[3]的值为'c'、c[4]的值为'd',c[5]未赋值,系统自动赋予c[5]的值为空字符'\0'。

由于字符串在内存中存储时,后边自动加'\0',字符数组初始化可为

```
char c[ ] = {"a bcd"};
```

或者

```
char c[ ] = "a bcd";
```

字符数组是字符串的一种存储和表现方式。严格地说,不能说字符数组就是字符串。只有当字符型一维数组中的最后一个元素值为'\0'时,它才构成字符串。

(1) 指定数组大小时,一定要确保数组元素数比字符串长度至少多1(多出来的1个元素用于容纳空字符)。未被使用的元素均自动初始化为0。这里的0是char形式的空字符,而不是数字字符0,请参见图10.2 。

```
char pets[15] = "I love Milly!";
```

I		l	o	v	e		M	i	l	l	y	!	\0	\0

图10.2 数组初始化

(2) 定义一个字符数组时,必须让编译器知道它需要多大的空间。一个办法就是定义一个足够大的数组来容纳字符串。

如果指定数组长度恰好与字符串长度一样,例如:

```
char c[5] = {'a', ' ','b','c','d'};
```

或者虽然没有指定数组长度但也没有标志结束的空字符,例如:

```
char c[ ] = {'a', ' ','b','c','d'};        //没有指定数组的长度
```

那我们得到的只是一个字符数组而不是一个字符串。

(3) 如果在进行初始化声明时省略了数组大小,并采用字符串赋值的方式,则该大小由编译器决定。例如:

```
char c[ ] = "a bcd";
```

编译器在编译时会得知数组c的长度为6。字符串处理函数一般不需要知道数组的大小,因为它们能够简单地通过查找空字符来确定字符串结束。

(4) 如果将字符串赋值给了一个一维数组，那么这个一维数组的名字就代表这个首地址。和任何数组名一样，字符数组名也是数组首元素的地址。因此，下面的式子对于数组 c 成立：

```
c == &c[0],   *c == 'a',   and *(c+2) == c[2] == 'b'   /*对应前面的语句*/
```

10.2.3 指针变量与字符串

前面介绍过，在 C 语言中可以用两种方法访问字符串，例如使用字符数组的方式来表示，例如：

```
char string[ ] = "I love China!";                          /*方法 1*/
```

还可以采用指针变量来存储和表示字符串，例如：

```
char * string = "I love China! ";                          /*方法 2*/
```

在第一个语句中 string 是数组名，它代表字符数组的首地址；第二个语句中的 string 是一个字符指针变量，编译时把字符串的首地址赋予 string，如图 10.3 所示。

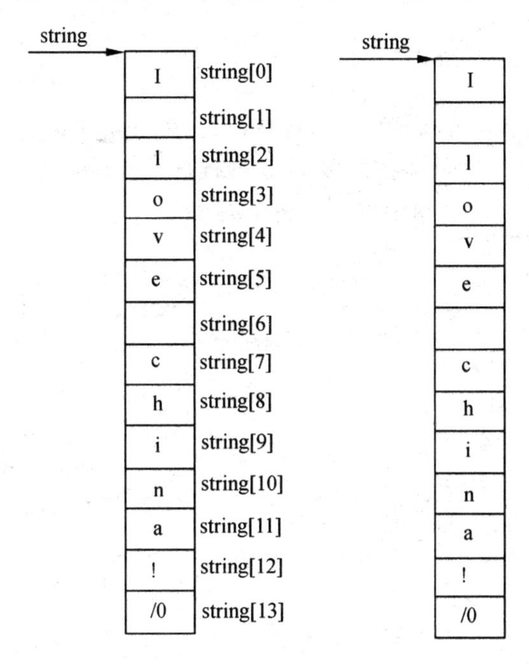

图 10.3　字符数组与字符指针

其中，

```
char * string = "I love China! ";
```

等效于

```
char * string;
string = "I love China!";
```

【例 10.3】 输出字符串中 n 个字符后的所有字符。

程序如下:

```
int main()
{
  char * ps = "this is a book";
  int n = 10;
  ps = ps + n;
  printf(" % s\n",ps);
  return 0;
}
```

运行结果:

```
book
```

说明: 在程序中对 ps 初始化时,即把字符串首地址赋予 ps,当 ps= ps+10 之后,ps 指向字符"b",因此输出为"book"。

注意: 在给指针变量处理字符串时,只能给指针赋值为字符串常量。例如以下代码是错误的:

```
char * string;
gets(string);                                          //错误的赋值方式
```

这是因为指针变量只能给出存储字符串的地址,但上例中 string 是个未经初始化的对象,存储的是一个垃圾数据,地址可以是任何值,在这种情况下程序是无法正常运行的。

【例 10.4】 在输入的字符串中查找有无'k'字符。

程序如下:

```
int main()
{
  char st[20], * ps;
  int i;
  printf("input a string:\n");
  ps = st;                                              //ps 存储了数组 st 的首地址
  scanf(" % s",ps);                                     //可以为有了地址的 ps 赋值
  for(i = 0;ps[i]!= '\0';i++)
    if(ps[i] == 'k')
{
      printf("there is a 'k' in the string\n");
      break;
}
if(ps[i] == '\0')
    printf("There is no 'k' in the string\n");
    return 0;
}
```

【例 10.5】 将指针变量指向一个格式字符串,用在 printf 函数中,用于输出二维数组的各种地址表示的值。但在 printf 语句中用指针变量 PF 代替了格式串。这也是程序中常用的方法。

程序如下：

```
int main()
{
  static int a[3][4] = {0,1,2,3,4,5,6,7,8,9,10,11};
  char * PF;
  PF = "%d,%d,%d,%d,%d\n";
  printf(PF,a, * a,a[0],&a[0],&a[0][0]);
  printf(PF,a+1, * (a+1),a[1],&a[1],&a[1][0]);
  printf(PF,a+2, * (a+2),a[2],&a[2],&a[2][0]);
  printf("%d,%d\n",a[1]+1, * (a+1)+1);
  printf("%d,%d\n", * (a[1]+1), * ( * (a+1)+1));
  return 0;
}
```

运行结果：

```
4354840,4354840,4354840,4354840,4354840
4354856,4354856,4354856,4354856,4354856
4354872,4354872,4354872,4354872,4354872
4354860,4354860
5,5
```

【例 10.6】 把字符串指针作为函数参数的使用。要求把一个字符串的内容复制到另一个字符串中。函数 cpystr 的形参为两个字符指针变量。pss 指向源字符串，pds 指向目标字符串。注意表达式“(* pds= * pss)! ='\0'”的用法。

程序如下：

```
cpystr(char * pss,char * pds)
{
  while(( * pds = * pss)!= '\0')
  {
      pds++;
      pss++;
  }
 }
int main()
{
  char * pa = "QINGDAO",b[10], * pb;
  pb = b;
  cpystr(pa,pb);
  printf("string a = %s\nstring b = %s\n",pa,pb);
  return 0;
}
```

在本例中，程序完成了两项工作：一是把 pss 指向的源字符串复制到 pds 所指向的目标字符串中，二是判断所复制的字符是否为'\0'，若是则表明源字符串结束，不再循环；否则，pds 和 pss 都加 1，指向下一字符。在主函数中，以指针变量 pa、pb 为实参，分别取得确定值后调用 cpystr 函数。由于采用的指针变量 pa 和 pss、pb 和 pds 均指向同一字符串，因此在主函数和 cpystr 函数中均可使用这些字符串。也可以把 cpystr 函数简化为以下形式：

```
cprstr(char * pss,char * pds)
{while (( * pds++ = * pss++)!= '\0');}
```

即把指针的移动和赋值合并在一个语句中。前面提到过'\0'的 ASCII 码为 0,而对于 while 语句只要表达式的值为非 0 就循环,为 0 则结束循环,因此也可省去“! = '\0'”这一条件判断部分,而写为以下形式:

```
cpystr (char * pss,char * pds)
   {while ( * pdss++ = * pss++);}
```

表达式的意义可解释为:源字符向目标字符赋值,移动指针,若所赋值为非 0,则循环;否则结束循环。这样使程序更加简洁。

简化后的程序如下所示:

```
cpystr(char * pss,char * pds)
{
    while( * pds++ = * pss++)
      ;                                        //循环空语句
}
int main()
{
  char * pa = "CHINA",b[10], * pb;
  pb = b;
  cpystr(pa,pb);
  printf("string a = % s\nstring b = % s\n",pa,pb);
  return 0;
}
```

10.2.4 字符串数组

所谓的字符串数组是指字符型的一维指针数组或者二维数组,主要用来访问多个不同的字符串。

1. 用二维数组存储和表示字符串

用二维字符数组存放多个字符串,第二维的长度表示字符串的长度,不能省略,应按最长的字符串长度设定;第一维的长度代表要存储的字符串的个数,可以省略。例如:

```
char weekday[7][10] = {"Sunday", "Monday", "Tuesday", "Wednesday", "Thursday", "Friday",
"Saturday"};
```

可写成

```
char weekday[ ][10] = {"Sunday", "Monday", "Tuesday", "Wednesday", "Thursday", "Friday",
"Saturday"};
```

不能写成

```
char weekday[ ][ ] = { "Sunday", "Monday", "Tuesday", "Wednesday", "Thursday", "Friday",
"Saturday "};
```

字符串数组的初始化遵循数组初始化的语法规则,也可以在每一个字符串双引号外侧加入一对花括号：

```
char weekday[7][10] = {{"Sunday"}, {"Monday"}, {"Tuesday"}, {"Wednesday"}, {"Thursday"},
{"Friday"}, {"Saturday"}};
```

它们在内存的存储形式见图 10.4。

S	u	n	d	a	y	\0	\0	\0	\0
M	o	n	d	a	y	\0	\0	\0	\0
T	u	e	s	d	a	y	\0	\0	\0
W	e	d	n	e	s	d	a	y	\0
T	h	u	r	s	d	a	y	\0	\0
F	r	i	d	a	y	\0	\0	\0	\0
S	a	t	u	r	d	a	y	\0	\0

图 10.4　二维数组存储字符串

在这里 weekday 是一个 7 个元素的数组，每一个元素本身又是一个长度为 10 的字符型数组。在这种情况下，字符串本身也被存储在数组里。

2. 用指针数组存储和表示字符串

下面的例子是用字符型的一维指针数组来存储字符串的形式。

```
char * weekday_2[7] = {"Sunday", "Monday", "Tuesday", "Wednesday", "Thursday", "Friday",
"Saturday" };
```

或者

```
char * weekday_2[7] = {{"Sunday"}, {"Monday"}, {"Tuesday"}, {"Wednesday"}, {"Thursday"},
{"Friday"}, {"Saturday"}};
```

weekday_2 是一个由 7 个指向 char 类型数据的指针组成的数组。也就是说，weekday_2 是个一维数组，而且数组里的每一个元素都是一个 char 类型值的地址。第一个指针是 weekday_2[0]，它指向第一个字符串的第一个字符。第二个指针是 weekday_2[1]，它指向第二个字符串的开始。一般地，每一个指针指向相应字符串的第一个字符：

```
* weekday_2[0] == 'S', * weekday_2 [1] == 'M', * weekday_2 [2] == 'T',
```

依此类推。weekday_2 数组实际上并不存放字符串，它只是存放字符串的地址(字符串存放在程序用来存放常量的那部分内存中)。可以把 weekday_2 [0]看作表示第一个字符串，* weekday_2 [0]表示第一个字符串的第一个字符。由于数组符号和指针之间的关系，也可以用 weekday_2 [0][0]表示第一个字符串的第一个字符，尽管 weekday_2 并没有被定义成二维数组。

3. 两种存储方式的比较

两者差别之一就是二维数组存储选择建立了一个所有行的长度都相同的矩形数组。也就是说，每一个字符中都用 10 个元素来存入，如图 10.4 所示。而指针数组建立的是一个不规则的数组，每一行的长度由初始化字符串决定，这个不规则数组不浪费任何存储空间，

图10.5示意了这种类型的数组。实际上,weekday_2数组元素指向的字符串不必在内存中连续存。

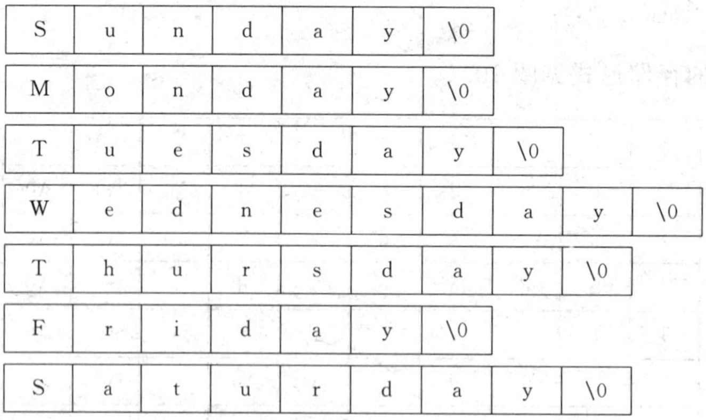

S	u	n	d	a	y	\0			
M	o	n	d	a	y	\0			
T	u	e	s	d	a	y	\0		
W	e	d	n	e	s	d	a	y	\0
T	h	u	r	s	d	a	y	\0	
F	r	i	d	a	y	\0			
S	a	t	u	r	d	a	y	\0	

图10.5 指针数组存储字符串示意图

另外一个区别就是weekday和weekday_2的类型不同;weekday_2是一个指向char的指针的数组,而weekday是一个char类型的数组。用一句话来说,weekday_2存放5个地址,而weekday存放5个完整的字符数组。

10.3 字符串的输入输出

10.3.1 用gets函数和puts函数输入输出字符串

1. 字符串输出函数puts

格式:puts(字符数组名);

功能:把字符数组中的字符串输出到显示器。

【例10.7】 字符串输出函数的应用。

程序如下:

```
#include < stdio. h >
#include < string. h >
int main()
{
 char c[ ] = "JAVA\nC++";
 puts(c);
 return 0;
}
```

运行结果:

```
JAVA
C++
```

分析:puts函数可以使用转义字符如"\n"换行符将输出结果分为两行。

2. 字符串输入函数gets

格式:gets(字符数组名);

功能：从键盘上输入一个字符串存入字符数组中。

【例 10.8】 字符串输入输出函数的应用。

程序如下：

```
#include <stdio.h>
#include <string.h>
int main()
{
  char st[15];
  printf("input string:\n");
  gets(st);
  puts(st);
  return 0;
}
```

运行结果：

```
input string:
How  beautiful!↙
How  beautiful!
```

分析：当输入的字符串中含有空格时，输出仍为全部字符串。说明 gets 函数并不以空格作为字符串输入结束的标志，而是以 Enter 作为输入结束，这与 scanf 函数输入不同。

10.3.2 用 scanf 函数和 printf 函数输入输出字符串

如果用字符数组来存储字符串，该字符数组的输入输出可以使用 scanf 函数和 printf 函数的“%s”格式，一次输入输出字符数组所表示的字符串。

【例 10.9】 字符数组的输入输出。

程序如下：

```
#include <stdio.h>
int main()
{
  char st[15];
  printf("input string:\n");
  scanf("%s",st);                          //st 是数组的首地址
  printf("%s\n",st);
  return 0;
}
```

注意：

(1) 在本例的 printf 函数中，使用的格式字符串为“%s”，表示输出的是一个字符串。而在输出项中给出数组名即可，不能写为：printf("%s",st[0])；。

(2) 本例中由于定义数组长度为 15，因此输入的字符串长度要小于 15，留出一个字节用于存放字符串结束标志'\0'。

(3) 当用 scanf 函数输入字符串时，字符串中不能含有空格，否则空格将作为结束符。

10.4 字符串处理函数

C语言提供了丰富的字符串处理函数,字符串处理函数包含在头文件string.h中,在使用前要用#include预处理命令打开头文件string.h,使用这些函数可以提高编程效率。

1. 字符串连接函数strcat(string catenate的缩写)

格式:strcat(字符数组1,字符数组2);

功能:把字符数组2中的字符串连接到字符数组1中字符串的后面,并删去字符数组1后的结束标志'\0'。

注意:字符数组1应定义足够的长度,否则不能全部装入字符数组2。

【例10.10】 字符串连接函数的应用。

程序如下:

```
#include <stdio.h>
#include <string.h>
int main()
{
  char st1[30] = "My name is: ",st2[10];
  printf("input your name:\n");
  gets(st2);
  strcat(st1,st2);
  puts(st1);
  return 0;
}
```

运行结果:

```
input your name:
Li Milly↙
My name is: Li Milly
```

2. 字符串拷贝函数strcpy(string copy的缩写)

格式:strcpy(字符数组1,字符数组2);

功能:把字符数组2中的字符串拷贝到字符数组1中。字符串结束标志'\0'也一同拷贝。字符数组2可以是一个字符串常量,这时相当于把一个字符串常量赋给一个字符数组。

注意:字符数组1应有足够的长度,否则不能全部装入字符数组2。

【例10.11】 字符串拷贝函数的应用。

程序如下:

```
#include <stdio.h>
#include <string.h>
int main()
{
  char st1[15],st2[] = "C Language";
  strcpy(st1,st2);
  printf("st1: ");
  puts(st1);
```

```
  return 0;
}
```

运行结果：

```
st1: C Language
```

3. 字符串比较函数 strcmp（string compare 的缩写）

格式： strcmp(字符数组 1,字符数组 2)

功能： 按照 ASCII 码顺序比较两个数组中的各个字符，并由函数返回值返回比较结果。

(1) 字符数组 1＝字符数组 2，返回值＝0。

(2) 字符数组 1＞字符数组 2，返回值＞0。

(3) 字符数组 1＜字符数组 2，返回值＜0。

本函数也可用于两个字符串常量的比较以及字符数组与字符串常量的比较。

【例 10.12】 字符串比较函数的应用。

程序如下：

```
#include <stdio.h>
#include <string.h>
int main()
{
  int k;
  char st1[15],st2[] = "abcdefg";
  printf("input a string:\n");
  gets(st1);
  k = strcmp(st1,st2);
  if (k == 0) printf("st1 = st2\n");
  if (k > 0) printf("st1 > st2\n");
  if (k < 0) printf("st1 < st2\n");
  return 0;
}
```

运行结果：

```
input a string:
abdef↙
st1 > st2
```

4. 字符串长度函数 strlen（string length 的缩写）

格式： strlen(字符数组名)

功能： 测试字符数组的实际长度（不含字符串结束标志'\0'），并作为函数返回值。

【例 10.13】 测字符串长度函数的应用。

程序如下：

```
#include <stdio.h>
#include <string.h>
int main()
{
  int k;
```

```
    char st[] = "C language";
    k = strlen(st);
    printf("The lenth of the string is: %d\n",k);
    return 0;
}
```

运行结果:

```
The lenth of the string is: 10
```

注意:如果对st采用单个字符赋值的方式,并且不添加\0,那只是字符数组。strlen测试数组的长度的结果就不准确,见下例。

【例10.14】 测字符串长度函数的应用。

程序如下:

```
#include <stdio.h>
#include <string.h>
int main()
{
    int k;
    char st[] = {'C',' ','l','a','n','g','u','a','g','e'};
    k = strlen(st);
    printf("The lenth of the string is: %d\n",k);
    return 0;
}
```

运行结果:

```
The lenth of the string is: 19
```

可以看出来,st的长度并不是19。所以请大家一定记住strlen只测试字符串的长度。

10.5 字符指针与字符数组的区别

用字符数组和字符指针变量都可实现字符串的存储和运算。但是两者是有区别的。在使用时应注意以下几个问题。

1. 申请字符串存储空间方式的不同

(1) 字符数组是由若干个字符型的数组元素组成的,它通过对字符串包含的多个字符的存储来实现字符串的存储。在以下常用的字符数组初始化方式中:

```
char a[10] = "China";
```

系统首先会根据字符数组a的存储类别申请10个字符的空间,然后将'c'、'h'、'i'、'n'、'a'以及'\0'放入前面的6个单元。数据存放的位置由字符数组的数据存储属性所决定,如果定义的字符数组是全局变量,就从内存的data区的全局或静态区申请;如果字符数组是局部变量,就从内存栈区申请。无论怎样,字符数组存放字符串的空间都是由字符数组申请的。

同一程序中多个不同的字符数组,它们所申请的内存空间是不同的。即使各个字符数组存放了同样内容的字符串，也是在各自不同的空间里分别存放了同样的数据。

【例 10.15】 字符数组的比较。

程序如下：

```
#include <stdio.h>
int main()
{
  char a[10] = "China";
  char b[10] = "China";
  if(a == b) printf("equal!\n");
  else printf("not equal!\n");
  return 0;
}
```

运行结果：

```
not equal!
```

因为 a、b 都是地址，是不同的字符数组，占有不同的内存空间，所以其地址是不同的。例 10.15 的条件语句实际比较的是 a 与 b 所代表字符数组的地址，当然是不同的了，尽管两个不同的字符数组里放的是相同内容的字符序列。

(2) 字符指针变量本身是一个变量，用于存放字符串的首地址，但字符串的存放空间并不是字符指针申请的。对字符指针赋值(或初始化)的数据可以是一个已存在的字符数组的地址，也可以是一个字符串常量。但这两种方式中字符指针均没有申请字符串的存储空间，前一种赋值方式中字符串的存储空间由字符数组申请，后一种赋值方式中由字符串常量申请。字符指针仅仅是通过赋值(或初始化)获取了该存储空间的地址而已。

如果是一个字符串常量，在编译时编译器首先将其从字符串池(data 区的 const 分区)中分配空间，记下其起始地址，然后在代码中使用该地址代表该段字符串常量。再次使用该字符串常量时，只须从原地址引用即可，不再重新分配空间。

【例 10.16】 字符指针的比较。

程序如下：

```
#include <stdio.h>
int main()
{
    char a[10] = "China';
    char b[10] = "China";
    char *p, *q;
    p = a;q = b;
    if(p == q) printf("equal!\n");
    else printf("not equal!\n");
    p = "China";
    q = "China";
    if(p == q) printf("equal!\n");
    else printf("not equal!\n");
    return 0;
}
```

运行结果：

```
not equal!
equal!
```


说明：第一行的输出结果是指针变量p、q分别赋值为字符数组a、b的地址，该存储空间是由字符数组申请的，由于a、b是不同的数组，申请了不同的地址，因此赋给p、q的值是不同的。

第二行输出之前，对指针变量p、q赋值为同一字符串常量"china"，实际上是系统先为字符串常量从字符串池分配空间，然后将该字符串常量的地址赋给p、q。该内存空间是由字符串常量申请的，对于同一字符串常量，编译器只分配一份地址，因此p、q的值是相同的，就得到了第二行的输出结果。

2. 字符数组和字符指针变量的属性不同

字符数组的数组名是一个指针常量，在程序中指针常量的值是不允许修改的，所以给数组名的赋值是错误的。字符指针变量是一个变量，其值在程序中可以根据需要进行修改。

例如：

```
char * ps;   ps = "I am a student";
ps = ps + 7;
printf(" % s",ps);
```

则输出：student。而对于数组：

```
char str[ ] = "I am a student";
str = str + 7;
printf(" % s",str);
```

则是不行的，因为数组名str是一个常量，语句"str=str+7;"是不可能实现的。

3. 字符数组与字符指针变量赋值方式的区别

对字符数组只能对各个元素赋值，不能将一个常量字符串赋值给字符数组。可以将一个常量字符串赋值给字符指针，但含义仅仅是将常量字符串首地址赋值给字符指针。例如：

```
char * ps = "C Language";
```

可以写为

```
char * ps;
ps = "C Language";
```

而对数组方式：

```
char st[ ] = {"C Language"};
```

不能写为

```
char st[20];
st = {"C Language"};
```

只能对字符数组的各元素逐个赋值。

4. 初始化后字符数组与字符指针所表示字符串的修改

不管字符数组的初始化采用了整体赋值还是逐个赋值,初始化完成后字符数组元素的值可以进行修改。如:

```
char a[] = "china";
char b[] = {'c','h','i','n','a','\0'};
a[2] = 'm';
b[2] = 'm';
```

都是合法的修改。

字符指针的初始化如果是利用字符数组实现的赋值,用法与字符数组相同,元素可以修改;但如果字符指针的初始化是利用常量字符串实现的,元素则不可修改。如:

```
char a[] = "china";
char *p = a;
char *q = "china";
p[2] = 'm';                    //合法的修改,修改的是字符数组元素
q[2] = 'm';                    //非法的修改,修改的是常量字符串
```

从以上几点可以看出字符串指针变量与字符数组在使用时的区别,同时也可看出使用指针变量更加方便。

10.6 程序举例

【例 10.17】 查找字符串 2 在字符串 1 中出现的次数。

分析:变量 i 指向字符串 str1 首部,变量 j 指向字符串 str2 首部;将 i+j 指向的字符 str1[i+j]与 j 指向的字符 str2[j]进行比较,若相等则 j 自增 1,直到 j 指向字符串 str2 末尾,如果 str1[i+j]与 str2[j]一直相等,则字符串 2 在字符串 1 中出现一次;i 自增 1,变量 j 再指向字符串 str2 首部,再进行上述比较,直到在字符串 1 找出所有字符串 2。

程序如下:

```
#include <stdio.h>
#include <string.h>
int main()
{
 int i,j,length1,length2;
 int num = 0;                  //字符串 2 在字符串 1 中出现的次数
 char str1[81],str2[81];
 printf("Input 1 string:");
 gets(str1);
 printf("Input 2 string:");
 gets(str2);
 length1 = strlen(str1);
 length2 = strlen(str2);
 for (i = 0;i < length1;i++)
   {
     for(j = 0;j < length2 && str1[i + j] == str2[j];j++);  //循环体为空语句
     if(j == length2)
```

```
num++;
    }
 printf("num = %d\n",num);
 return 0;
}
```

运行结果：

```
Input 1 string:how do you do↙
Input 2 string:do↙
num = 2
```

【例10.18】 输入一行字符，统计其中单词个数，输入的单词之间用空格分隔。

分析：num变量用于统计单词个数；word作为判别是否单词的标志，若出现单词word为1，否则为0。

单词数目由空格出现的次数决定，但是连续的空格作为出现一次计数，一行若以空格开始不统计该空格出现次数。如果某个字符为非空格，而它前面的字符为空格，则表示"新的单词开始了"，此时num累加1。如果当前字符为非空格而其前面的字符也是非空格，则意味着一个单词的继续，num不累加。前面一个字符是否为空格可以从word值获取，若word=0，则表示前一个字符是空格；如果word等于1，意味着前一个字符为非空格，如图10.6所示。

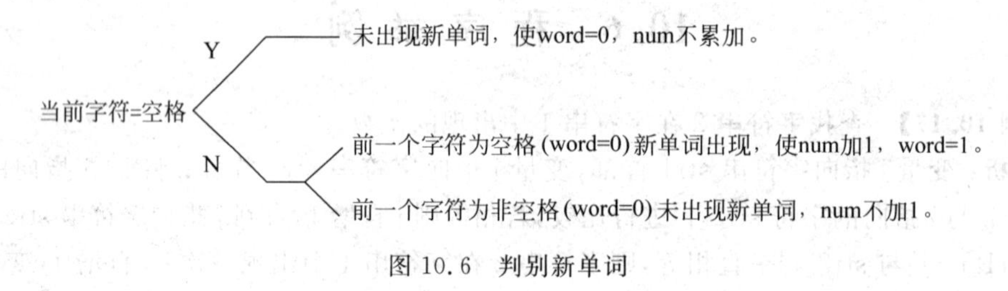

图10.6 判别新单词

程序如下：

```
#include <stdio.h>
int main()
{
  char str[81];
  int i,num = 0,word = 0;
  gets(str);
  for (i = 0;(str[i]!= '\0');i++)
    if (str[i] == ' ') word = 0;
    else if (word == 0)
        {
          word = 1;
          num++;
        }
  printf("Words number: %d\n",num);
  return 0;
}
```

运行结果：

```
how do you do↙
Words number:4
```

【例 10.19】 有三个字符串，要求找出其中最大者。

分析：可以定义一个字符型的二维数组 string 来存储三个字符串，然后通过字符串比较函数 strcmp()来比较三个字符串的大小并排序，排序中交换时需要使用复制函数 strcpy()。可定义二维数组名字为 str，注意二维数组表示三个字符串的地址分别是 str[0]、str[1]和 str[2]。

程序如下：

```
#include <stdio.h>
#include <string.h>
int main()
{
 char string[20];
 char str[3][20];
 int i;
 for(i=0;i<3;i++)                                    //获得字符串
   gets(str[i]);
 if(strcmp(str[0],str[1])>0)                         //比较字符串的大小并交换
   strcpy(string,str[0]);
 else
   strcpy(string,str[1]);
 if(strcmp(str[2],string)>0)
   strcpy(string,str[2]);
  printf("\n the largest string is :\n%s\n",string);
  return 0;
 }
```

运行结果：

```
ZIBO↙
JINAN↙
QINGDAO↙
the largest string is:
ZIBO
```

10.7 本章小结

字符串是 C 里面最有用、最重要的数据类型之一。字符串是以空字符'\0'作为结束标志的字符序列。使用字符串的基本的方法有字符串常量、字符数组、字符指针与字符串数组。

本章主要介绍了字符串常量、字符串变量、字符串的输入输出、C 库提供的字符串处理函数以及字符指针与字符数组。

1. 字符串常量

字符串常量属于静态存储类。静态存储是指如果在一个函数中使用字符串常量,即使是多次调用了这个函数,该字符串在程序的整个运行过程中只存储一份。整个引号中的内容作为指向该字符串存储位置的指针。这一点与把数组名作为指向数组存储位置的指针类似。

2. 字符串变量

在C语言中,虽然有字符串常量,但没有专门的字符串类型,所以无法直接用一般变量形式来存储和表示字符串。实现字符串变量间接的表示形式就是字符数组与字符型指针。

3. 字符串处理函数

C语言提供了丰富的字符串处理函数。字符串处理函数包含在头文件string.h中,在使用前要用#include预处理命令打开头文件string.h,使用这些函数可以提高编程效率。

第 11 章 结构体、共用体和枚举

设计程序最重要的一个步骤是选择一个表示数据的好方法。在多数情况下,使用简单的变量甚至数组都是不够的。C 使用结构体变量进一步增强了表示数据的能力。结构体是可能具有不同值的集合；联合体和结构体很类似,不同之处在于联合体的成员共享一段存储空间。这样的结果是,联合体可以每次存储一个成员,但无法同时存储全部的成员。枚举是一种整数类型,它的值由程序员来命名。

结构体是最重要的一种类型,所以本章主要介绍结构体类型以及结构体变量的定义、初始化、引用以及其他应用,最后简单介绍共用体、枚举以及 typedefine 等相关知识。

11.1 示例问题：学生成绩管理的例子

实际生活中我们经常碰到信息统计的题目。比如学生成绩管理题目：要求输入学生的学号、姓名、五门课的成绩,并计算每个学生五门课的平均分,并按平均分计算名次,若平均分相同则名次并列。最后输出统计结果。

题目中计算平均分和排序在前面的章节中分析过此类题目,所以单就每个学生的平均成绩或者根据成绩排出名次我们都应该比较熟悉。根据前面学习的知识,可以定义一个整型数组保存学生的学号,然后再定义一个二维的字符数组保存学生的姓名,最后定义一个数值型的二维数组保存每个学生五门课的成绩。可最好的方式不是将数据分割存储,而是作为一个整体存放。那就需要一种新的结构形式,其中既可以包括字符串,又可以包括数值型数据,还可以保存这些信息。C 语言的结构体就满足了这种需要。

为了了解 C 语言如何构造结构体并使用它,将问题简化为只要求输入一个学生的信息并输出。后面再将内容慢慢扩展。示例程序如下：

```
#include <stdio.h>
struct student
{
    int num;                                //成员变量学号
    char name[30];                          //成员变量姓名
    float score[5];                         //成员变量分数
 };                                         //结构体类型的定义
int main()
{
  struct student stu;                       //定义 stu 为 studentent 类型的变量
  int i,j;
  printf("Please input the information of studentents:\n");
  scanf("%d%s",&stu.num,stu.name);          //结构体成员变量的引用
```

```
  for( j = 0;j<5;j++)                          //输入该学生5门课的成绩
    scanf(" % f",&stu.score[j]);
  printf("The information of studentents are:\n");
printf("学号\t 姓名\t 科目一\t 科目二\t 科目三\t 科目四\t 科目五\n");
printf(" % d\t % s\t % .2f\t % .2f\t % .2f\t % .2f\t % .2f\n",stu.num,stu.name,
stu.score[0],stu.score[1],stu.score[2],stu.score[3],stu.score[4]);
return 0;
}
```

运行结果：

```
Please input the information of studentents:
1101 Milly ↙
100 99 89 86 85 ↙
The information of studentents are:
学号   姓名    科目一   科目二   科目三   科目四   科目五
1101  Milly  100.00  99.00   89.00   86.00   85.00
```

在上面的参考程序中，结构体 student 包括了三个成员变量：num、name 和 score，分别表示学生的学号、姓名和五门课的成绩。结构体 student 类型定义了一个变量 stu，程序通过 stu 来获得对三个成员变量的引用。

由此得知，在使用结构体表示数据的时候，要先定义结构体类型，再定义该结构体类型的变量，最后才能引用结构体变量的各成员变量。

11.2 结　构　体

11.2.1 结构体类型的定义

分析清楚一个对象信息各个组成部分就形成一个完整的结构体。结构体类型定义的一般形式如下：

```
struct 结构体类型名
{
  数据类型 成员名表 1;
  数据类型 成员名表 2;
  …
  数据类型 成员名表 n;
};
```

成员名表中每个成员都是该结构体的一个组成部分，成员的数据类型必须是已经存在的类型。成员名的命名要符合标识符的命名规定。例如对于一个学生成绩登记表，其结构体类型如下：

```
struct student
 {
      int num;                               //学生的学号
      char name[30];                         //学生的姓名
      float score[5];                        //学生的五门课的成绩
 };
```

说明：struct 是结构体类型的标识，是 C 语言关键字。结构体类型名是 student，该结构由 3 个成员组成，第 1 个成员 num 是整型变量，第 2 个成员 name 是长度为 30 的字符数组，第 3 个成员 score 是长度为 5 的浮点型数组。括号“{}”后的分号表示类型定义结束，是不可少的。

注意：结构体类型定义后，与其他系统定义的数据类型一样，并不占有内存存储空间。

11.2.2 结构体类型变量的定义

定义结构体变量有以下三种方法。

1. 先定义结构体类型，再定义结构体变量

例如，利用前面的结构体类型 student 定义结构体变量：

```
struct student stu1,stu2;
```

说明：定义两个变量 stu1 和 stu2 是 student 结构体类型。

2. 在定义结构体类型时，定义结构体变量

例如：

```
struct student
{
  int num;
  char name[30];
  float score[5];
}stu1,stu2;
```

这种定义形式的一般形式如下：

```
struct 结构体类型名
{
   数据类型 成员名表 1;
   …
   数据类型 成员名表 n;
}变量名表列;
```

3. 不写结构体类型名，直接定义结构体类型变量

例如：

```
struct
{
  int num;
  char name[30];
  float score[5];
}stu1,stu2;
```

这种定义形式的一般形式如下：

```
struct
{
   数据类型 成员名表 1;
   …
```

```
    数据类型 成员名表n;
}变量名表列;
```


第三种方法与第二种方法的区别在于第三种方法中省略了结构体类型名，而是直接给出结构体类型变量。

在上述student结构体类型定义中，所有的成员都是基本数据类型或数组类型。结构体成员实际上也可以是已经定义的一个结构体类型。

例如下面的例子：

```
struct date
{
    int month,day,year;
};
struct
{
    int num;
    char name[20],sex,tele[12];
    struct date birthday;
    float score;                                  //score此例中不是一个数组
}stu1,stu2;
```

说明：先定义一个结构体类型date，date有month、day、year三个成员，在定义变量stu1和stu2时，其成员birthday被说明为date结构体类型。

注意：定义结构体类型变量后，系统在内存中为该变量分配连续的内存单元。结构体类型变量的首地址称为该变量的地址，结构体变量占用的内存空间长度并不简单其全部成员占用的内存空间长度总和，需要根据内存对齐原理来计算。在实际计算时可以直接使用sizeof()得出结构体变量所占的存储空间的大小。

11.2.3 结构体类型变量的引用与赋值

在定义了结构体类型变量以后，可以引用这个变量，并且在引用时也可以对变量进行赋值。

1. 结构体类型变量成员的引用

对结构体类型变量的引用是通过结构体类型变量的成员来实现的。引用结构体类型变量成员的一般形式如下：

```
结构体类型变量名.成员名
```

例如：stu1.num表示变量stu1的num成员，stu1.sex表示变量stu1的sex成员。

注意：如果结构体成员本身又是一个结构体类型，则必须逐级找到最低级的成员才能使用。例如：stu1.birthday.month表示stu1的birthday成员的month成员。

其中，“.”是成员运算符，它在所有运算符中优先级最高，因此可以把stu1.birthday.month作为一个整体来使用。

虽然stu1和stu2是一个结构，但对结构体类型变量的成员的使用可以像普通变量一样。

例如：

```
scanf("%f",&stu1.score);
stu1.score = stu2.score;
x = stu1.score + stu2.score;
```

2. 结构体类型变量的赋值

结构体类型变量的赋值就是给它的成员赋值，赋值方式由结构体类型变量成员的数据类型决定，相同类型的结构体变量可以相互直接赋值。

【例 11.1】 结构体类型变量的使用。

程序如下：

```
#include <stdio.h>
struct student
{
  int num;
  char *name;
  char sex;
  float score;
} stu1,stu2;
int main()
{
  stu1.num = 102;
  stu1.name = "Zhang ping";
  printf("input sex and score\n");
  scanf("%c %f",&stu1.sex,&stu1.score);
  stu2 = stu1;                          //将 stu1 的所有成员的值整体赋予 stu2
  printf("Number = %d\nName = %s\n",stu2.num,stu2.name);
  printf("Sex = %c\nScore = %f\n",stu2.sex,stu2.score);
  return 0;
}
```

分析：用赋值语句给 stu1 的 num 和 name 两个成员赋值，用 scanf 函数动态地输入 stu1 的 sex 和 score 成员值，将 stu1 直接赋给 stu2，使 stu2 的所有成员的值与 stu1 相同，最后分别输出 stu2 的各成员值。

在程序中可以引用结构体类型变量成员的地址，也可以引用结构体类型变量的地址如 &stu1，但是不能用 scanf、printf 直接整体输入输出结构体类型变量的值。例如下面的代码是错误的：

```
scanf("%c %f",&stu1,&stu2);              //错误的代码
```

11.2.4 结构体变量的初始化

前面已经学习过初始化离散变量和数组，例如：

```
int i = 0;
float f[] = {0,1,2,3,4,5,6,7,8,9};
```

结构体类型变量的初始化和其他类型变量一样，也可以在定义时进行初始化。而且结构体变量的初始化形式类似于一维数组初始化的语法。

【例 11.2】 结构体类型变量初始化。

程序如下：

```
#include <stdio.h>
struct student
{
   int num;
   char *name;
   char sex;
   float score;
} stu1 = {102,"Zhang ping",'M',78.5},stu2;    //变量 stu1 进行了初始化
int main()
{
   stu2 = stu1;
   printf("Number = %d\nName = %s\n",stu2.num,stu2.name);
   printf("Sex = %c\nScore = %f\n",stu2.sex,stu2.score);
   return 0;
}
```

运行结果：

```
Number = 102
Name = Zhang ping
Sex = M
Score = 78.500000
```

分析：将 stu1、stu2 定义为同一结构体类型的变量，并对 stu1 作了初始化。在 main 函数中，把 stu1 的值整体赋给 stu2，然后用 printf 语句输出 stu2 各成员的值。

11.2.5 结构体类型数组

再回到 11.1 节中学生成绩管理的例子。现在我们将程序扩展，假设需要编程输入输出的信息不只是一个学生，而是更多的学生。每一个学生就是一个 student 类型的变量，如果是两个学生，则需要定义两个 student 类型的变量，以此类推。批量数据处理时数据的表示应该采用数组，C 语言也支持结构体类型的数组。

结构体数组是结构体与数组的结合，与普通数组的不同之处在于每个数组都是一个结构体类型。结构体类型数组的每一个元素是同一结构体类型的变量。在实际应用中，经常用结构体类型数组表示具有相同数据结构的一个群体，如一个班内每个学生的信息等。

1. 结构体类型数组的定义

结构体类型数组的定义方法和结构体类型变量的定义方法相似。

例如：

```
struct
{
   int num;
   char name[30];
   float score[5];
}stu[5];
```

说明：定义了一个结构体类型数组 stu，stu 共有 5 个元素，stu[0]～stu[4]，每个数组元素都是 student 结构体类型。

也可以采用先定义结构体类型后定义数组，或直接定义结构体类型数组的形式。参照结构体变量的定义形式。

2. 结构体类型数组的初始化

对结构体类型数组可以作初始化，实际上是对数组元素的最低层成员初始化。其格式与二维数组的初始化类似。为方便理解问题的实质，先简化为只输入一个分数，见下例：

```
struct
 {
  int num;
  char name[30];
  float score;                    //只有一个分数
}stu[5] = {                       /* 数组的初始化，后面 1 个数据初始化 score */
                {101,"Li na",45},
                {102,"Li mili",100},
                {103,"Kun kun",92.5},
                {104,"Cheng ling",87},
                {105,"Wang ming",58}
               };
```

现在将问题再扩展到同时初始化 5 个分数，见下例：

```
struct
 {
  int num;
  char name[30];
  float score[5];                 //需要 5 门课的分数
}stu[5] = {                       /* 数组的初始化，后面 5 个数据初始化数组 score */
                {101,"Li na",45,90,87,67,88},
                {102,"Li mili",100,80.5,87,85,84},
                {103,"Kun kun",92.5,78,67,56,80},
                {104,"Cheng ling",87,56,78,89,66},
                {105,"Wang ming",58,34,67,78,77}
               };
```

当对全部数组元素作初始化赋值时，也可不给出数组长度，例如：

```
struct
 {
  int num;
  char name[30];
  float score[5];
}stu[] = {                        //可缺省数组的长度
                {101,"Li na",45,90,87,67,88},
                {102,"Li mili",100,80.5,87,85,84},
                {103,"Kun kun",92.5,78,67,56,80},
                {104,"Cheng ling",87,56,78,89,66},
                {105,"Wang ming",58,34,67,78,77}
               };
```

3. 结构体类型数组的引用与赋值

由于每个结构体数组元素都是结构类型，其使用方法就和相同类型的结构变量一样，例如：

【例11.3】 计算5个学生每人的平均成绩。

程序如下：

```
#include <stdio.h>
struct
 {
   int num;
   char name[30];
   float score[5];
}stu[] = {                          //可缺省数组的长度
                {101,"Li na",45,90,87,67,88},
                {102,"Li mili",100,80.5,87,85,84},
                {103,"Kun kun",92.5,78,67,56,80},
                {104,"Chen ling",87,56,78,89,66},
                {105,"Wang ming",58,34,67,78,77}
              };
int main()
{
   int i,j,c = 0;
   float ave,s;
   for (i = 0;i<5;i++)            /*求每个学生的平均成绩*/
   {s = 0;
    for(j = 0;j<5;j++)
      s += stu[i].score[j];        //对每个学生的5门课成绩累加求和
    ave = s/5;                     //每个学生的平均分数
    printf("num: %d\t",stu[i].num);
    printf("name: %s\t\taverage = %f\n ",stu[i].name,ave);
}
return 0;
}
```

运行结果：

```
num:101     name:Li na         average = 75.400002
num:102     name:Li mili       average = 87.300003
num:103     name:Kun kun       average = 74.699997
num:104     name:Chen ling     average = 75.199997
num:105     name:Wang ming     average = 62.799999
```

分析：定义一个结构体类型数组stu并初始化，stu共5个元素。在main函数中用第一个for语句对逐个学生求平均成绩，第二个for语句累加每个学生存放在数组score中的五门课的成绩到s中，最后计算平均成绩、输出每个学生的学号、姓名以及平均成绩。

注意：对结构体数组中成员变量数组的引用时要描述清楚每一个数组的下标变量。

也可以在数组定义后再通过结构体数组元素的引用来赋值。比如上述例子代码可修改如下：

```
#include <stdio.h>
struct
 {
  int num;
  char name[30];
  float score[5];
}stu[5];                                    //不可缺省数组的长度

int main()
{
  int i,j,c=0;
  float ave,s;
  for (i=0;i<5;i++)                         /*为每个学生的信息赋值*/
  {
   scanf("%d %s",&stu[i].num,stu[i].name);  //输入学号和姓名
   for(j=0;j<5;j++)                         //输入每个学生的5门课的分数
    scanf("%f",&stu[i].score[j]);
  }
 for (i=0;i<5;i++)                          /*求每个学生的平均成绩*/
 {
   s=0;
   for(j=0;j<5;j++)                         //对每个学生的5门课成绩累加求和
     s+=stu[i].score[j];
   ave=s/5;                                 //每个学生的平均分数
   printf("num: %d\n",stu[i].num);
   printf("name: %s\taverage=%f\n",stu[i].name,ave);
  }
 return 0;
}
```

前面已经学习了两种数值型数据排序的方法，那么11.1节关于学生成绩管理的例子你可以做出来了么？

11.2.6 结构体类型指针变量

1. 指向结构体类型变量的指针

一个指针变量用于指向一个结构体类型变量时，称为结构体类型指针变量。结构体类型指针变量中的值是所指向的结构体类型变量的首地址，通过结构体类型指针可以访问该结构体类型变量。

结构体类型指针变量定义的一般形式如下：

```
struct 结构体名 *指针变量名;
```

例如，在前面的例题中定义了student结构体类型，如果要定义一个指向student结构体类型的指针变量pst，可写为

```
struct student *pst;
```

也可在定义student结构体类型的同时定义pst。

结构体类型指针变量必须先赋值后使用，赋值是把结构体类型变量的首地址赋给指针

变量,不能把结构体类型名赋予指针变量。如果 stu 是被定义为 student 类型的结构体变量,则

```
pst = &stu;                                    //正确
pst = &student;                                //错误,不能取结构体类型名的首地址
```

结构体类型名和结构体类型变量是两个不同的概念。结构体类型名只表示一个结构体形式,编译系统并不对它分配存储空间,只有当某变量被说明为这种类型的结构体时,才对该变量分配存储空间。

利用结构体类型指针变量能访问结构体类型变量的各个成员,访问的一般形式如下:

```
(*结构体类型指针变量).成员名
```

或为

```
结构体类型指针变量->成员名
```

例如:

```
(*pst).num
```

或为

```
pst->num
```

注意:(*pst)两侧的括号不可少,因为成员符"."的优先级高于"*"。若写成*pst.num,则等效于*(pst.num),这样含义就发生了变化。

【例 11.4】 使用结构体类型指针变量输出学生的基本信息。包括学号、姓名、性别和分数。

程序如下:

```c
#include <stdio.h>
struct student
{
  int num;
  char *name;
  char sex;
  float score;
} stu1 = {102,"Zhang ping",'M',78.5}, *pst;
int main()
{
  pst = &stu1;
  printf("Number = %d\nName = %s\n",stu1.num,stu1.name);
  printf("Sex = %c\nScore = %f\n\n",stu1.sex,stu1.score);
  printf("Number = %d\nName = %s\n",(*pst).num,(*pst).name);
  printf("Sex = %c\nScore = %f\n\n",(*pst).sex,(*pst).score);
  printf("Number = %d\nName = %s\n",pst->num,pst->name);
  printf("Sex = %c\nScore = %f\n\n",pst->sex,pst->score);
  return 0;
}
```

分析：定义结构体类型 student 和结构体类型变量 stu1 并作初始化，还定义了指向 student 结构体类型的指针变量 pst。在 main 函数中，pst 被赋予 stu1 的地址，因此 pst 指向 stu1，在 printf 语句内用三种形式输出 stu1 的各个成员值。

结构体类型变量的成员有三种访问方式：

```
结构体类型变量.成员名
(*结构体类型指针变量).成员名
结构体类型指针变量->成员名
```

这三种方式是完全等效的。

2. 指向结构体类型数组的指针

指针变量可以指向一个结构体类型的数组，这时指针变量的值是整个结构体类型数组的首地址。结构体类型指针变量也可以指向结构体类型数组的一个元素，这时指针变量的值是该数组元素的首地址。

设 ps 是指向结构体类型数组的指针变量，则 ps 也指向该数组的第 0 号元素，ps+1 指向 1 号元素，ps+i 则指向 i 号元素，这与普通数组的情况是一致的。

【例 11.5】 用指针变量输出结构体类型的数组元素。

程序如下：

```
#include <stdio.h>
struct student
{
  int num;
  char *name,sex;
  float score;
}stu[5]={
          {101,"Zhou ping",'M',45},
          {102,"Zhang ping",'M',62.5},
          {103,"Liou fang",'F',92.5},
          {104,"Cheng ling",'F',87},
          {105,"Wang ming",'M',28},
        };
int main()
{
  struct student *ps;
  printf("No\tName\t\t\tSex\tScore\t\n");
  for (ps=stu;ps<stu+5;ps++)
    printf("%d\t%s\t\t%c\t%f\t\n",ps->num,ps->name,ps->sex,ps->score);
  return 0;
}
```

分析：定义 student 结构体类型的数组 stu 并作初始化，在 main 函数内定义 ps 是指向 student 类型的指针。在循环语句 for 的表达式中，ps 初始化为 stu 数组的首地址（数组的首地址可以用数组名表示），然后循环 5 次，输出 stu 数组中各成员值。

注意：一个结构体类型的指针变量虽然可以用来访问该类型的变量和成员，但是不允许将一个结构体类型成员的地址赋给结构体类型的指针变量。

例如：

```
student *ps,stu[10];        //定义结构体类型的指针变量ps,结构体类型数组stu
ps = &stu[1].sex;           //将一个结构体类型的指针变量指向一个成员,错误
ps = stu;                   //将数组首地址赋给结构体类型的指针变量,正确
ps = &stu[2];               //将数组元素stu[2]的地址赋给结构体类型的指针变量,正确
```

还需要注意的是,在结构体变量的成员变量尽量使用字符数组而不是指针变量存储字符串。在例11.4中使用了指针变量*name存储字符串,并且在定义的同时赋值为字符串常量。但是如果给指针变量的赋值变为如下的方式:

```
…
scanf("%s",stu1.name);
…
```

上面的赋值语句把输入存到哪里去了呢？因为stu1.name是个未经初始化的对象,所以地址可以是任何值,数据也会被存储到任意的地方。前面讲过,对于指针变量必须先赋于一个地址,才能存储数据。因此,在结构体变量中如果要使用成员变量来存储字符串,最好使用字符数组。

11.2.7 结构体类型指针变量作函数参数

在C语言中,允许用结构体类型的变量作函数参数进行整体传送。但是这种传送要将全部成员逐个传送,特别是成员为数组时将使传送的时间和空间开销很大,严重地降低了程序的效率。较好的办法是使用指针,利用指针变量作函数参数进行传送。这时由实参传向形参的只是地址,从而减少了时间和空间的开销。

【例11.6】 利用结构体类型指针变量作函数参数,计算学生的平均成绩和不及格人数。

程序如下:

```
#include <stdio.h>
void ave(struct student *ps);
struct student
{
  int num;
  char name[30];
  char sex;
  float score;
  }stu[5] = {
       {101,"Li ping",'M',45},
       {102,"Zhang ping",'M',62.5},
       {103,"He fang",'F',92.5},
       {104,"Cheng ling",'F',87},
       {105,"Wang ming",'M',28},
    };
int main()
{
  struct student *ps;
  ps = stu;
```

```
  ave(ps);
  return 0;
}
void ave(struct student * ps)
{
  int c = 0,i;
  float ave,s = 0;
  for (i = 0;i<5;i++,ps++)
  {
    s += ps -> score;
    if (ps -> score<60) c += 1;
  }
  printf("s = %f\n",s);
  ave = s/5;
  printf("average = %f\ncount = %d\n",ave,c);
}
```

分析：定义函数ave，ave函数的形参是结构体类型的指针变量ps。main函数中定义了结构体类型指针变量ps，将结构体类型数组stu的首地址赋给ps，以ps作实参调用函数ave，在函数ave中完成计算平均成绩和统计不及格人数并输出结果。

11.3 共 用 体

11.3.1 共用体类型的概念

在C语言中，共用体类型是将不同类型的数据项存放于同一段内存单元的一种构造数据类型。共用体类型与结构体类型有一些相似之处，但两者有本质上的不同。在结构体类型中，各成员有各自的内存单元，一个结构体类型变量占用的内存单元长度是各成员所占内存单元长度之和。而在共用体类型变量中，各成员共享一段内存单元，一个共用体类型变量占用的内存单元的长度是各成员所占用内存单元最长的长度。

注意：共用体类型变量中所谓的共享不是把多个成员同时装入一个共用体类型变量中，而是该共用体类型变量能被赋予任一成员值，每赋予一个成员值，同时覆盖原成员值。

1. 共用体类型的定义

共用体类型定义的一般形式如下：

```
union 共用体类型名
{
  数据类型 成员名表 1;
  数据类型 成员名表 2;
  …
  数据类型 成员名表 n;
};
```

例如：

```
union undata
{
```

```
    int a;
    float b;
    char ch;
};
```


说明：该段代码定义了一个名为undata的共用体类型，它含有3个成员，一个是int类型的成员a，一个是float类型的成员b，一个是char类型的成员ch。

2. 共用体类型变量的定义

共用体类型变量的定义和结构体类型变量的定义方式相同，也有先定义类型再定义变量、定义类型的同时定义变量和直接定义变量三种形式。以undata类型为例，说明如下：

(1) 在类型定义之后再定义共用体变量：

```
union undata u1,u2,u3;            //定义 u1、u2、u3 是 undata 类型变量
```

(2) 在定义共用体类型时，定义共用体变量：

```
union undata
{
    int a;
    float b;
    char ch;
}u1,u2,u3;
```

(3) 不写共用体类型名，直接定义共用体变量：

```
union
{
    int a;
    float b;
    char ch;
} u1,u2,u3;
```

说明：这三段代码定义的u1、u2、u3变量均为undata类型，u1、u2、u3变量占用的内存单元的长度是各成员所占用内存单元最长的长度，即float类型占用的长度。

11.3.2 共用体类型变量的引用

在定义了共用体类型变量以后，可以引用这个变量，对共用体类型变量的引用是通过共用体类型的成员来实现的。共用体类型变量的成员引用形式如下：

```
共用体类型变量名.成员名
```

例如，u1被说明为undata类型的变量之后，可引用u1.a、u1.b和u1.ch。对共用体类型的变量进行赋值时，只能对变量的某一个成员进行，不允许直接对用共用体变量名进行赋值、初始化等操作。

注意：对于一个共用体类型变量，在某一时刻只能赋给一个成员值，即一个共用体类型变量的值就是共用体类型变量的某一成员值。

【例11.7】 共用体类型的定义和使用。

程序如下：

```
#include <stdio.h>
union undata
{
  int a;
  float b;
  char ch;
}u1;
int main()
{
  u1.a = 6;
  printf("u1.a = %d\n", u1.a);
  u1.b = 87.2;
  printf("u1.b = %7.2f\n", u1.b);
  u1.ch = 'W';
  printf("u1.ch = %c\n", u1.ch);
  return 0;
}
```

分析：该代码定义了共用体类型 undata，该共用体共有 3 个成员，分别为整型、单精度型和字符型；定义了共用体类型变量 u1，分别对 u1 变量的成员进行赋值并输出。

11.3.3 共用体类型数据的特点

对于共用体类型数据，在使用时注意以下特点：

(1) 同一个存储空间可以用于存放共用体的不同类型成员，但共用体的成员不能同时在该存储空间。在共用体类型变量中，有效的成员是最后一次存放的成员，在存入一个新的成员后，原有的成员就失去作用。

例如，有以下赋值语句：

```
u1.a = 18;
u1.b = 77.5;
u1.ch = 'Y';
```

在完成以上 3 个赋值语句后，只有 u1.ch 是有效的，u1.a 和 u1.b 已经无意义了。因此在引用共用体类型变量时，应注意当前存放在共用体类型变量中的究竟是哪个成员。

(2) 共用体类型变量的地址和它的各成员的地址都是同一地址，例如：&u1、&u1.a、&u1.ch、&u1.b 都代表同一地址值，但类型不一样。

(3) 不能直接对共用体类型变量名赋值或引用共用体类型变量名来得到一个值，也不能在定义共用体变量时对它初始化。

(4) 共用体类型变量不能作函数参数，也不能使函数返回值为共用体类型，但可以使用指向共用体类型变量的指针，使用时注意指针类型要一致。

例如：

```
int *p;  p = &u1.a;              //正确
```

或者

```
p = (int *)&u1;                  //正确
```

(5) 共用体类型数据的成员可以是结构体类型、共用体类型或其他类型。

11.4 枚　　举

11.4.1 枚举类型的概念和定义

在实际应用中,有些变量的取值被限定在有限个数据范围内。例如,一星期只有7天,一年只有12个月等,为此,C语言提供了枚举类型。在枚举类型的定义中列举出所有可能的取值,被定义为该枚举类型的变量只能从列出的值中取值。

1. 枚举类型的定义

枚举类型定义的一般形式如下:

```
enum 枚举类型名{枚举值列表};
```

说明: enum(emumeration的简写)是枚举类型定义的关键字,枚举值列表是该枚举类型变量的所有可用值,这些值也称为枚举值。

例如:

```
enum weekday{sun,mon,tue,wed,thu,fri,sat};
```

说明: 枚举类型名为weekday,枚举值为sun、mon、tue、wed、thu、fri、sat共7个,即一周中的7天,说明weekday类型的变量取值只能是7个枚举值中的一个。

枚举值是用户定义的标识符,这些标识符并不自动地代表任何含义。例如,不能因为写成sun,就自动代表"星期天"。

2. 枚举类型变量的定义

枚举类型变量可用不同的方式定义,即先定义类型后定义变量、同时定义类型和变量或直接定义变量。

设有变量a、b、c,要被声明为上述的weekday,可采用如下任一种方式:

(1) 先定义类型后定义变量a、b、c:

```
enum weekday a,b,c;
```

(2) 定义类型时定义变量a、b、c:

```
enum weekday{sun,mon,tue,wed,thu,fri,sat}a,b,c;
```

(3) 忽略枚举类型名,直接定义变量a、b、c:

```
enum {sun,mon,tue,wed,thu,fri,sat}a,b,c;
```

11.4.2 枚举类型变量的赋值和使用

枚举类型变量在使用中有以下规定:

(1) 在C编译系统中,枚举值是常量,不能在程序中用赋值语句对它赋值。例如,对枚举类型weekday的枚举值再作以下赋值:

```
sun = 5;                    //错误
```

```
sun = mon;                      //错误
```

(2) 枚举值本身由系统自动定义了一个表示序号的数值,C 语言编译时默认按顺序使枚举值的序号为 0,1,2……。例如:在 weekday 枚举类型中,sun 的序号为 0、mon 序号为 1、sat 序号为 6。

```
a = mon;                        //变量 a 的值为 1
printf("%d",a);                 //输出 1
```

(3) 枚举值的数值序号也可以在定义时由程序指定。例如:

```
enum weekday{ sun = 7,mou = 1,tue,wed,thu,fri,sat};
```

定义 sun 为 7、mon 为 1,以后顺序加 1 至 sat 为 6。

(4) 只能把枚举值赋予枚举变量,不能把枚举值的序号直接赋予枚举变量。例如:

```
a = sum;  b = mon;              //正确
a = 0;    b = 1;                //错误
```

如果一定要把枚举值的序号赋予枚举变量,必须用强制类型转换。例如:

```
a = (enum weekday)2;            //将序号为 2 的枚举值赋予枚举变量 a,相当于 a = tue;
```

(5) 枚举值不是字符常量,也不是字符串常量,使用时不能加单引号、双引号。

(6) 枚举值可以用于作判断比较。例如:

```
if (b == mon) …
if (c > sun) …
```

枚举值的比较规则是按其在定义时的序号比较。

【例 11.8】 枚举类型的定义和使用。

程序如下:

```
#include <stdio.h>
enum color{red,yellow,green,blue,white,black}co1,co2,co3;
int main()
{
  co1 = blue;
  co2 = red;
  co3 = black;
  if (co3 > co1)
      printf("%d %d\n",co3,co1);
  else
     printf("%d %d\n",co3,co2);
  rerurn 0;
}
```

分析:定义枚举类型 color,其中含有 6 个枚举元素;同时定义 3 个枚举类型变量 co1、co2、co3,分别给 3 个枚举变量赋值,然后比较 co1 和 co3 的大小,由于 co3>co1 为真,所以输出 co3 和 co1 的序号 5 和 3,即枚举值 black 和 blue 的序号。

11.5 利用 typedef 自定义类型

C语言不仅提供了丰富的数据类型,而且还允许用户使用自定义类型符 typedef 为已经存在的数据类型取“别名”,可以用“别名”代替原名定义变量,“别名”也称为“新类型名”。

1. typedef 定义新类型的格式

利用 typedef 对已经存在的数据类型定义新类型名的一般形式如下:

```
typedef 原数据类型名   新类型名;
```

说明:原数据类型名是已经存在的类型名,新类型名是用户自定义标识符,一般用大写表示,以便于区别。

例如:

```
typedef int INTEGER;
INTEGER a,b;
```

与

```
int a,b;
```

等价。

这看起来和第3章介绍的#define 相似,但是它们有三个不同之处:

(1) 与#define 不同,typedef 只能用于对已存在的类型名命名新类型名,不能对值命名;

(2) typedef 由编译器执行,#define 由解释器执行;

(3) typedef 使用更灵活。

2. 使用 typedef 定义新类型

如果利用 typedef 定义数组、指针、结构体等类型将带来很大的方便,不仅使程序书写简单,而且意义更为明确,因而增强了可读性。

(1) 定义数组类型。

例如:

```
typedef char NAME[20];          //声明 NAME 是字符数组类型,数组长度为 20
NAME a1,a2;                     //定义 a1、a2 是字符数组类型,数组长度为 20
```

完全等效于

```
char a1[20],a2[20];
```

(2) 定义指针类型。

```
typedef char * STRING;
STRING name,str;
```

等效于

```
char * name, * sign;
```

此处如果修改为

```
#define STRING char *
STRING name,str;
```

则等效于

```
char * name, sign;
```

(3) 定义结构体类型。

例如：

```
typedef struct st
{
  char name[20];
  int age;
  char sex;
  }STUDENT;                    //声明新类型 STUDENT,它代表 st 类型
STUDENT body1,body2, * p;      //利用 STUDENT 定义变量
```

利用 typedef 自定义类型时，应注意以下几点：

(1) 用 typedef 可以声明各种类型名，但不能用来定义变量。用 typedef 可以声明数组类型、字符串类型、结构体类型，使用比较方便。

(2) typedef 只是对已经存在的数据类型增加一个类型名，并没有设计新的数据类型。

(3) 当不同源文件中用到同一类型数据(如数组、指针、结构体、共用体等)时，常用 typedef 声明一些数据类型，把它们单独放在一个文件中，在需要时用 #include 命令将它们包含进来。

【例 11.9】 用结构体类型统计 3 个候选人的得票情况，假设有 10 个人投票。

程序如下：

```
#include <stdio.h>
#include <string.h>
typedef struct  person
{
  char name[20];
  int count;
} per;                         //声明结构体类型名为 per,它代替 person
int main()
{
  per leader[3] = {"Li",0,"Zhang",0,"Fan",0};
  int i,j;
  char lname[20];
  for (i = 1;i <= 10;i++)
   {
    gets(lname);               //输入选票
   for (j = 0;j < 3;j++)
    if (strcmp(lname,leader[j].name) == 0)
                               //若选票与候选人姓名相同
        leader[j].count++;
   }
```

```
    for (i = 0;i < 3;i++)
      printf(" % 5s: % d\n",leader[i].name,leader[i].count);
    return 0;
}
```


程序分析：用结构体类型数组 leader 的元素表示 3 个候选人的信息(姓名、得票数)；在依次输入选票 lname,若选票 lname 与某个候选人的姓名相同,该候选人加一票；最后利用循环输出每个候选人的信息(姓名、得票数)。

11.6 本章小结

结构体和共用体是两种构造数据类型,它们都是由成员组成,成员可以具有不同的数据类型,成员的引用方法相同。枚举是一种基本数据类型,而不是一种构造类型,因为它不能再分解为任何基本类型。

1. 结构体类型数据的定义和使用

结构体类型定义可以使用已定义的任何数据类型,结构体类型变量的各成员都占有自己的内存空间,一个结构体类型变量所占内存空间的总长度等于所有成员占用内存空间长度之和。

结构体类型变量可以用变量名整体赋值,结构体类型变量的各成员变量均可像其所属类型的普通变量一样进行该类型所允许的任何运算。

结构体类型变量可以作为函数参数,函数也可以返回指向结构体的指针变量。

2. 共用体类型数据的定义和使用

在共用体中,所有成员不能同时占用它的内存空间,所有成员不能同时存在,共用体变量的长度等于最长成员的长度。不能在定义共用体类型变量时对其初始化。在引用共用体类型变量时应注意当前存放在共用体类型变量中的究竟是哪个成员。

共用体类型变量不能作为函数参数,函数也不能返回指向共用体的指针变量,但可以定义和使用指向共用体变量的指针,也可以定义和使用共用体数组。

3. 枚举类型数据的定义和使用

枚举是一种基本数据类型,枚举类型变量只能从给定的枚举列表中取值,枚举元素是常量。

4. 类型定义 typedef 的使用

类型定义 typedef 不是定义新的数据类型,只是用于对原有的数据类型起一个新的名字(习惯上常用大写字母表示,区别于系统提供的标准类型),方便后续程序的使用和移植。

通过本章的学习,要掌握结构体、共用体、枚举类型数据的定义及其使用,注意结构体、共用体、枚举类型数据不同的适用对象。

第12章 文件

在程序设计中，往往要对大量数据进行处理。许多程序在实现过程中，依赖于把数据保存到变量中，而变量是通过内存单元存储数据的，数据的处理完全由程序控制。当一个程序运行完成或者终止运行，所有变量的值不再保存。另外，一般的程序都会有数据输入与输出，如果输入输出数据量不大，通过键盘和显示器就可方便解决，而当数据较多时就极为繁琐。例如，学生成绩管理系统要用到学生的学号、姓名以及课程成绩等数据，对于一个几千人的中等规模的院校，可能要对几万到几十万个数据进行处理，数据量很大。

文件是解决上述问题的有效办法，它通过把数据存储在磁盘文件中，得以长久保存。每次运行程序时从磁盘文件中读取数据，程序的输出数据也存入磁盘中，这就为程序运行提供了很大方便。为此，C 语言提供了一系列对磁盘文件进行的操作。

本章将重点介绍文件的概念、文件的分类以及文件操作的相关函数，包括 fopen()、fclose()、fgetc()、fputc()、fprintf()、fscnaf()、fgets()、fputs()、exit()、fflush()、fread()、fwrite()、rewind()、fseek()、feof()。

12.1 文件概述

12.1.1 文件的概念

文件是指一组相关数据的有序集合，文件通常是驻留在外部存储介质(如磁盘等)上的，在使用时才调入内存。比如 stdio.h 就是一个包含一些有用信息的文件的名称。

与计算机内存存储数据不同，文件通常对应于程序的地址空间之外的存储器，比如 U 盘或硬盘。存取数据的细节都是由操作系统来实现的，程序员只需要考虑的是如何在 C 程序中处理文件。

12.1.2 文件的分类

可以从不同的角度对文件进行分类。

从用户的角度，文件可分为普通文件和设备文件两种。普通文件是指驻留在磁盘或其他外部介质上的一个数据集，可以是源文件、目标文件、可执行程序，也可以是一组待输入处理的原始数据，或者是一组输出结果；设备文件是指与主机相关联的各种外部设备，如显示器、打印机、键盘等。

从文件编码的角度，文件可分为文本文件和二进制文件两种。两者的差别在于存储数值型数据的方式不同。文本文件将数值型数据的每一位数字作为一个字符以其 ASCII 码的形式存储,例如源程序文件、记事本文件等都是文本文件,用DOS命令TYPE可显示文件的内容;二进制文件是将数值型数据以二进制形式存放的,例如可执行C程序的内容是存储在二进制文件中的。文本文件中字节表示字符,由于是按字符显示,因此能读懂文件内容;二进制文件字节不一定表示字符,字节组也可以表示整数和浮点数,虽然也可在屏幕上显示,但其内容无法读懂。

前面已经介绍计算机的存储在物理上是二进制的,所以文本文件与二进制文件的区别并不是物理上的,而是逻辑上的。这两者只是在编码层次上有差异。例如整型数据5678以二进制形式存储需要两个字节的存储空间,如表12.1所示;而以文本文件存储则需要四个字节的存储空间,如表12.2所示。

表12.1　二进制文件中数据5678占2个字节

00010110	00101110

表12.2　文本文件中数据5678占4个字节

字　符	'5'	'6'	'7'	'8'
十进制的ASCII码	53	54	55	56
ASCII码转换为二进制	00110101	00110110	00110111	00111000

C系统在处理这些文件时,并不区分类型,都看成是字符流,按字节进行处理。输入输出字符流的开始和结束只由程序控制而不受物理符号(如Enter符)的控制。因此也把这种文件称作"流式文件"。

12.1.3　标准文件I/O

编程从文件读取信息或者将结果写入文件是一种经常性的需求。为此,C提供了功能强大的文件通信方法。使用这种方法可以在程序中打开文件,然后使用专门的I/O函数读取或者写入文件。

C语言通信有交互式I/O和文件I/O两种方式。交互式I/O意味着与人或物理设备通信,人或设备都与运行着的程序并行工作,送给程序的输入可能依赖于程序在此前的输出(例如提示)。到目前为止,我们所讨论的例子都是从标准输入读取数据并向标准输出输出数据。标准高级I/O (standard high-level I/O)使用一个标准的C库函数包和stdio.h头文件中的定义。标准I/O包中包含很多专用的函数,可以方便地处理不同的I/O问题。例如,printf()将各种类型的数据转换成为适合终端的字符串输出。

同时,文件I/O允许C将数据保存到文件中或者从文件中读取数据。标准I/O对输入和输出进行了缓冲。也就是在读写文件时,会把一大块数据复制到缓冲区(一块中介存储区)中,再传给C语言程序或外存上。这种缓冲大大提高了数据传输率。随后程序就可以分析缓冲区中的个别字节,缓冲过程是在后台处理的,所以你会产生逐字节读取的错觉。

ANSI C采用缓冲文件系统,即既用缓冲文件系统处理文本文件,也用它来处理二进制文件。本章主要介绍ANSI C规定的缓冲文件系统以及对它的读写。

12.2 文件指针

在C语言中，用一个指针变量指向一个文件，该指针称为文件指针。通过文件指针可以对文件进行各种操作。定义文件指针的一般形式如下：

```
FILE * 指针变量标识符;
```

说明：FILE是由系统定义的一个结构体，其中含有文件名、文件状态和文件当前位置等信息，在编写源程序时不必关心FILE结构体的细节。例如：

```
FILE * fp;
```

含义：fp是指向FILE结构体的指针变量，通过fp即可找到存放某个文件信息的结构体信息，按结构体信息找到该文件，可以实施对文件的操作。习惯上把fp称为指向一个文件的指针，简称文件指针。

12.3 文件的打开与关闭

12.3.1 文件打开函数(fopen)与程序结束函数(exit)

ANSI C规定了标准输入输出函数库fopen函数用于打开一个文件，这一函数在stdio.h中声明。其调用的一般形式如下：

```
文件指针名 = fopen(文件名,文件打开方式);
```

说明：

(1) 文件指针名必须是被说明的FILE类型的指针变量。

(2) 第一个参数是要打开的文件名，文件名是字符串常量或字符数组，文件名可以包含路径。更确切地说，是包含该文件名的字符串地址。

(3) 第二个参数文件打开方式是用于指定文件打开模式的一个字符串，是指文件的类型和对文件的操作要求。

fopen()函数在打开一个文件时，需将以下三个信息通知编译系统：①需要打开的文件名；②文件打开方式(读还是写等)；③让哪一个文件指针变量指向被打开的文件。例如：

```
FILE * fp;
fp = fopen("c:\\file1.dat","rb");
```

含义：以只读方式打开C盘根目录下的二进制文件file1.dat。两个反斜线“\\”中的第一个表示转义字符，第二个表示根目录。“rb”是文件打开方式，C语言中的文件打开方式见表12.3。

表12.3 文件打开方式及其含义

文件打开方式	含义
“rt”	只读打开一个文本文件，只允许读数据
“wt”	只写打开或建立一个文本文件，只允许写数据，如果文件存在则重写

续表

文件打开方式	含　义
“at”	追加打开或建立一个文本文件,并在文件末尾写数据
“rb”	只读打开一个二进制文件,只允许读数据
“wb”	只写打开或建立一个二进制文件,只允许写数据,如果文件存在则重写
“ab”	追加打开或建立一个二进制文件,并在文件末尾写数据
“rt+”	读写打开一个文本文件,允许读和写
“wt+”	读写打开或建立一个文本文件,允许读写,如果文件存在则重写
“at+”	读写打开或建立一个文本文件,允许读取整个文件,或在文件末追加数据
“rb+”	读写打开一个二进制文件,允许读和写
“wb+”	读写打开或建立一个二进制文件,允许读和写,如果文件存在则重写
“ab+”	读写打开或建立一个二进制文件,允许读取整个文件,或在文件末追加数据

说明：

(1) 文件打开方式由r、w、a、t、b、+六个字符拼成,含义如下。

- r(read)：读;
- w(write)：写;
- a(append)：追加;
- t(text)：文本文件,可省略不写;
- b(binary)：二进制文件;
- +：读和写。

(2) 用“r”打开一个文件时,该文件必须已经存在,且只能从该文件读出信息。

(3) 用“w”打开的文件只能向该文件写入。若打开的文件不存在,则以指定的文件名建立该文件,若打开的文件已经存在,则将该文件删去,重建一个新文件。

(4) 用“a”打开一个文件,若文件已存在,则在文件末尾追加新的信息。以追加方式打开文件时,文件位置指针自动指向文件末尾。若文件不存在,则重建一个文件。

无论采用哪种打开方式,程序成功地打开一个文件后,fopen()函数返回一个文件指针,其他I/O函数用这个指针来指定该文件。文件指针(比如这个例子中的fp)是一种指向FILE的指针。指针fp并不指定实际的文件,而是一个关于文件信息的数据包,其中包括文件I/O使用的缓冲区信息。

因为标准库中的I/O函数使用缓冲区,所以它们需要知道缓冲区的位置,还需要知道缓冲区的当前缓冲能力以及所使用的文件,这样这些函数在必要的时候可以再次填充或者清空缓冲区。fp指向的数据包中包含全部这些信息。

在打开一个文件时,如果出错,fopen函数返回一个空指针值NULL。据此在程序中可以判断是否能顺利打开文件。例如：

```
if((fp = fopen("c:\\file1.dat","rb")) == NULL)
 {
     printf("\n error on open c:\file1.dat !");
     exit(1);
 }
```

程序含义：如果返回的指针为空,则不能正确打开C盘根目录下的file1.dat文件,给出提示信息“error on open c:\file1. dat !”,退出程序。

磁盘已满,文件名非法,存取权限不够或者硬件问题等都会导致 fopen()函数执行失败。

exit()函数关闭所有打开的文件并终止程序。在使用 exit()函数时,通常的约定是正常终止的程序传递值 0,非正常终止的程序传递非 0 值,不同的退出值可以用来标识导致程序失败的不同原因。

按照 ANSI C,在最初调用的 main()中使用 return 0 和调用 exit(0)的效果相同。两者的区别是:如果 main()在一个递归程序中,exit()仍然会终止程序;但 return 将控制权移交给递归的前一级,直到最初的那一级,此时 return 才会终止程序。

12.3.2 文件关闭函数(fclose)

文件使用完毕,应该关闭文件,断开文件指针与文件之间的联系,同时根据需要刷新缓冲区。fclose 函数调用的一般形式如下:

```
fclose(文件指针);
```

例如:

```
fclose(fp);
```

说明:正常关闭文件操作,fclose 函数返回值为 0;如返回非零值,则表示有错误发生。

12.4 文本文件的读写

对文件的读和写是最常用的文件操作,C 语言中提供了多种文件读写函数,使用文件操作函数都要求包含头文件 stdio. h。

12.4.1 字符读写函数(fgetc 和 fputc)

前面章节中的每个 I/O 函数都存在一个相似的文件 I/O 函数,主要的区别在于你需要使用一个 FILE 指针来为这些新函数指定要操作的文件。与 getchar()和 putchar()相似,字符读写函数 fgetc()和 fputc()以字符(字节)为单位,每次可从文本文件读出或写入一个字符,不同之处在于你需要告诉 fgetc()和 fputc()函数它们要使用的文件。

1. 字符读函数(fgetc)

格式:字符变量 = fgetc(文件指针);

功能:从指定的文件中读一个字符。

例如:

```
ch = fgetc(fp);                  //从打开的文件 fp 中读取一个字符并存入 ch 中
```

说明:

(1) 在 fgetc 函数调用前,文件必须是以读或读写方式打开的。

(2) 读取字符的结果也可以不向字符变量赋值。例如:

```
fgetc(fp);                       //读出的字符不保存
```

(3) 在文件内部有一个位置指针,用于指向文件的当前读写字节;在文件打开时,该指针总是指向文件的第一个字节;使用 fgetc 函数后,该位置指针向后移动一个字节;因此可连续使用 fgetc 函数,读取多个字符。

注意:文件指针和文件内部的位置指针不同。文件指针是指向整个文件的,须在程序中定义说明,只要不重新赋值,文件指针的值是不变的;文件内部的位置指针用于指示文件内部的当前读写位置,每读写一次,该指针均向后移动,它不需要在程序中定义说明,由系统自动设置。

2. 字符写函数(fputc)

格式:fputc(字符,文件指针);

功能:把一个字符写入指定的文件中。

说明:

(1) 待写入的字符可以是字符常量或变量。例如:

```
fputc('a',fp);                //是把字符'a'写入 fp 所指文件中
```

(2) 被写入的文件可以用写、追加方式打开,用写方式打开一个已存在的文件时将清除原有的文件内容,写入字符从文件首部开始;如需要保留原有文件内容,希望写入的字符在文件末尾存放,必须以追加方式打开文件。

(3) 每写入一个字符,文件内部位置指针向后移动一个字节。

【例 12.1】 从键盘输入一行字符,写入文本文件中,再从文本文件读出字符显示在屏幕上。

程序如下:

```
#include<stdio.h>
int main()
{
  FILE *fpin, *fpout;
  char ch;
  if((fpin=fopen("d:\\c1.txt","wt"))==NULL)
  {
    printf("Cannot open file strike any key exit!");
    return ;                  //也可以用 exit(1)终止程序
  }
  printf("input a string:\n");
  ch=getchar();               //从键盘输入第一个字符
  while (ch!='\n')
  {
    fputc(ch,fpin);           //将 ch 中的字符写入 fpin 指向的文件
    ch=getchar();             //从键盘输入下一个字符
  }
  fclose(fpin);
  if((fpout=fopen("d:\\c1.txt","rt"))==NULL)
  {
    printf("\nCannot open file !");
    return;
  }
```

```
    ch = fgetc(fpout);              //将文件的第一个字符读入 ch 中
    while(ch!= EOF)                 //字符 ch 不是文件结束标志
    {
      putchar(ch);
      ch = fgetc(fpout);            //将文件的当前字符读入 ch 中
    }
    fclose(fpout);
    return 0;
}
```

在 C 标准函数库中，字符 EOF(stdio.h 中这个定义 # define EOF (－1)表示文件结束符(end of file)。在 while 循环中以 EOF 作为文件结束标志，这种以 EOF 作为文件结束标志的文件，必须是文本文件。在文本文件中，数据都是以字符的 ASCII 代码值的形式存放。我们知道，ASCII 代码值的范围是 0～255，不可能出现－1，因此可以用 EOF 作为文件结束标志。所以例 12.1 中输出文件指针中的内容时用 while(ch!＝EOF)来表示控制循环。

当然也可以在不确定循环的次数时使用 EOF 来控制循环的结束，例如：while(scanf("%d%d", &m, &n)!= EOF)。EOF 的输入因系统而定，windows 下是 ctrl＋z，linux/unix 下是 ctrl＋d。

12.4.2 字符串读写函数(fgets 和 fputs)

1. 读字符串函数(fgets)

gets()函数只接受一个参数，而 fgets()函数接受 3 个参数。fgets()函数的第一个参数和 gets()函数一样，是用于存储输入的地址(char * 类型)；第二个参数为整数，表示输入字符串的最大长度；最后一个参数是文件指针，指向要读取的文件。

格式：fgets(字符数组名,n,文件指针);

功能：从指定的文件中读一个字符串存入字符数组中。

说明：n 表示从文件中读出的字符串不超过 n－1 个字符，在读入的最后一个字符后自动加上字符串结束标志'\0'。例如：

```
fgets(str,n,fp);                  //从 fp 所指的文件中读出 n - 1 个字符存入字符数组 str 中
```

【例 12.2】 从 c1.txt 文件中读出一个含 10 个字符的字符串显示在屏幕上。

程序如下：

```
#include<stdio.h>
int main()
{
  FILE *fp;
  char str[11];
  if((fp = fopen("d:\\c1.txt","rt")) == NULL)  //以读文本文件方式打开文件
  {
    printf("\nCannot open file strike any key exit!");
    return;
  }
  fgets(str,11,fp);               //从 fp 所指的文件中读入一个含 10 个字符的字符串赋给 str
  printf("%s\n",str);
```

```
    fclose(fp);
    return 0;
}
```


分析:定义字符数组str,以读文本文件方式打开d盘上文件c1.txt,从c1.txt中读出10个字符送入str数组,自动在数组最后将加上'\0',然后在屏幕上显示输出str数组。

对fgets函数有两点说明:

(1) 在读出n−1个字符之前,如遇到了换行符或文件结束符,则读出结束。

(2) fgets函数的返回值是字符数组的首地址。

2. 写字符串函数(fputs)

fputs()函数接受两个参数,它们依次是一个字符串的地址和一个文件指针,它把字符串地址指针所指的字符串写入指定文件。与puts()函数不同,fputs()函数打印的时候并不添加一个换行符。

格式:fputs(字符串,文件指针);

功能:向指定的文件写入一个字符串。

说明:字符串可以是字符串常量、字符数组名、字符指针变量。例如:

```
fputs("abcd",fp);                          //把字符串"abcd"写入fp所指的文件之中
```

【例12.3】 在文件c1.txt中追加一个字符串。

程序如下:

```
#include <stdio.h>
int main()
{
  FILE *fp;
  char ch;
  char st[20];
  if((fp=fopen("d:\\c1.txt","at+"))==NULL)//以追加方式打开文件
  {
     printf("Cannot open file strike any key exit!");
     return ;
  }
  printf("input a string:\n");
  scanf("%s",st);
  fputs(st,fp);                            //将st表示的字符串追加到fp所指的文件中
  fclose(fp);
  return 0;
}
```

分析:以追加读写文本文件的方式打开d盘文件c1.txt,输入字符串并用fputs函数把该字符串写入文件c1.txt末尾。

12.4.3 格式化读写函数(fscanf和fprintf)

fscanf函数和fprintf函数与scanf和printf函数的功能相似,都是格式化读写函数。两者的区别在于fscanf函数和fprintf函数的读写对象不是键盘和显示器,而是磁盘文件。

格式：

```
fscanf(文件指针,格式字符串,输入表列);
fprintf(文件指针,格式字符串,输出表列);
```

含义：

fscanf()表示从文件指针所指文件中读取数据到输出编列；

fprintf()表示将输出表列数据写入到文件指针所指文件中。

例如：

```
fscanf(fp,"%d%s",&i,s);                    //从 fp 所指文件读取数据到变量 i 和 s 中
fprintf(fp,"%d%c",j,ch);                   //将变量 j 和 ch 的值写入到 fp 所指文件中
```

【例 12.4】 创建一个文件并向文件中加入单词，然后输出文件内容。用 fscanf 和 fprintf 操作。

程序如下：

```
#include <stdio.h>
#include <stdlib.h>
#define MAX 30
int main()
{
    FILE *fp;
    char words[MAX],words_1[MAX];
    if((fp = fopen("d:\\fwords", "at+")) == NULL)
    {
      printf("Cannot open file !");
      exit(1) ;                                //结束程序
    }
    printf("Enter words to add to the file,then press the Enter");
    while (gets(words) != NULL && words[0] != '\0')
        fprintf (fp, "%s", words);             //往 fp 所指向的文件中写入 i 一个单词
    puts("file contents :");
    rewind(fp);                                //回到文件的开始处
    while(fscanf(fp, "%s", words_1) == 1)      //从 fp 所指文件读取一个单词到 words_1
        puts (words_1);                        //输出单词
    fclose(fp);
    return 0;
}
```

运行结果：

```
Enter words to add to the file,then press the Enter
I am a student

file contents:
I
am
a
student
```

再运行一遍：

```
Enter words to add to the file,then press the Enter
I am a student

file contents:
I
am
a
student I
am
a
student
```

分析：在本程序中，通过 fprintf 函数向文件中加入单词。每次只读写一个单词，因此采用了循环语句来读写全部单词。

该程序使用"at+"模式，程序可以对文件进行读写操作。第一次使用该程序的时候会创建一个 fwords 文件以添加单词。在随后的使用中，可以向以前的内容后面添加(追加)单词。追加模式只能向文件结尾添加内容，但"at+"模式可以读取整个文件。rewind()命令使程序回到文件开始处，这样最后的 while 循环就可以通过 fscanf()和 puts()读取打印文件的内容。注意 rewind()函数接受一个文件指针参数。

12.5 二进制文件的读写

12.5.1 二进制模式与文本模式的区别

对于存储一个变量，比如 int 12，可以直接存 12 的二进制码，也可以存字符 1 和字符 2；

对于读取一个 int 变量，可以直接读 sizeof(int)个字节，也可以一个字符一个字符地读，直到读到的字符不是数字字符。

那么在读写数据时应该怎样确定它的存取方式？前面所使用的标准 I/O 函数都是面向文本的，用于处理字符和字符串。如果要把数字数据保存到一个文件中，是否可以使用 fprintf()函数？其实也可以。用 fprintf()函数和%f 格式保存一个浮点值，不过那样就将它作为字符串存储了。例如，下面的序列将 num 作为一个 8 个字符的字符串 0.333333 存储：

```
double num = 1./3.;
  fprintf (fp, " % .2f",num);
```

使用%.2f 说明符可以把它存储为 4 字符的字符串 0.33。在 num 的值存为 0.33 以后，读取文件的时候就没有办法恢复其完整的精度。总之，fprintf()函数以一种可能改变数字值的方式将其转换成为字符串。

最精确和一致的存储数字的方法就是使用与程序所使用的相同的位格式。所以，一个 double 值就应该存储在一个使用与程序具有相同表示方法的文件中，数据是以二进制形式存储的，没有从数字形式到字符串形式的转换。对于标准 I/O，由 fread()和 fwrite()函数来实现二进制数据的读取。

12.5.2 数据块读写函数(fread 和 fwtrite)

C 语言提供了用于整块数据读写的函数,可用于读写一组数据,如一个数组的多个元素、一个结构体变量等数据。

格式:fread(buffer,size,count,fp);

功能:读数据块。

格式:fwrite(buffer,size,count,fp);

功能:写数据块。

说明:

(1) buffer:是一个指针,在 fread 函数中表示输入数据的首地址,在 fwrite 函数中表示存放输出数据的首地址。

(2) size:数据块的字节数。

(3) count:要读写的数据块块数。

(4) fp:文件指针。

例如:fread(fa,4,5,fp);

含义:从 fp 所指的文件中一次读 4 个字节送入指针 fa 中,连续读 5 次。

【例 12.5】 从键盘输入 5 个学生数据,写入一个文件中,再读出 5 个学生的数据显示在屏幕上。

程序如下:

```
#include<stdio.h>
struct stud
{
 char name[10];
 int num;
 }sw[5],sr[5], *pw, *pr;
int main()
{
  FILE *fp;
  char ch;
  int i;
  if((fp=fopen("d:\\st.dat","wb+"))==NULL)     //以读写方式打开文件
  {
     printf("Cannot open file!");
     return;
  }
  pw=sw;                                        //指针 pw 指向数组 sw
  pr=sr;                                        //指针 pr 指向数组 sr
  printf("input data : name    num \n");
  for (i=0;i<5;i++)                             //将 5 个学生信息输入数组 sw
    scanf("%s%d",sw[i].name,&sw[i].num);
  /*将指针 pw 指向的 5 个数组元素写入 fp 所指的文件中*/
  fwrite(pw,sizeof(struct stud),5,fp);
  rewind(fp);                                   //将文件内部位置指针移到文件首部
  fread(pr,sizeof(struct stud),5,fp);
                          //从 fp 所指的文件中读出数据存入指针 pr 指向的数组中
```

```
    printf("\n name    num\n");
    for(i = 0;i < 5;i++)
        printf(" %s    %5d\n",sr[i].name,sr[i].num);
    fclose(fp);
    return 0;
}
```

分析：程序以读写方式打开d盘二进制文件st.dat，输入5个学生数据并写入文件中，然后把文件内部位置指针移到文件首部，读出5个学生数据显示在屏幕上。

12.6 文件操作的其他函数

12.6.1 判断文件是否结束函数(feof)

前面在程序的while循环中以EOF作为文件结束标志，这种以EOF作为文件结束标志的文件，EOF表示－1。

但是，在C语言中当把数据以二进制形式存放到文件中时，就会有－1值的出现，此时不能采用EOF作为二进制文件的结束标志。为解决这个问题，ANSI C提供一个feof函数，用来判断文件是否结束。feof函数既可用以判断二进制文件是否结束，也可以用以判断文本文件是否结束。

函数feof(fp)用于测试fp所指向的文件内部位置指针是否指向文件结束。如果是文件结束，函数feof(fp)的值为1(真)；如果文件不结束，函数feof(fp)的值为0(假)。

【例12.6】 将一个文件的数据复制到另一个文件中。

程序如下：

```
#include <stdio.h>
int main()
{
FILE   *fpin, *fpout;
char ch;
if((fpin = fopen("d:\\c1.txt","rt")) == NULL)   //打开源文件
{
    printf("Cannot open c1.txt   file !");
    return;
}
if((fpout = fopen("d:\\c2.txt","wt")) == NULL)  //打开目标文件
{
    printf("Cannot open c2.txt   file !");
    return;
}
ch = fgetc(fpin);                                //读出源文件第一个字符
while(!feof(fpin))                               //判断源文件是否结束
{
    putchar(ch);
    fputc(ch,fpout);
    ch = fgetc(fpin);
}
```

```
fclose(fpin);
fclose(fpout);
return 0;
}
```

12.6.2 文件内部指针定位

移动文件内部位置指针的函数主要有两个：rewind 函数和 fseek 函数。

格式：rewind(文件指针);

功能：把文件内部位置指针移到文件首部。

格式：fseek(文件指针,位移量,起始点);

功能：移动文件内部位置指针到指定位置。

说明：

(1) 文件指针：指向被操作的文件。

(2) 位移量：移动的字节数，要求位移量是 long 型数据，以便在文件长度大于 64KB 时不会出错。当用常量表示位移量时，要求加后缀“L”。

(3) 起始点：表示从何处开始计算位移量。起始点有三种：文件首部、当前位置和文件尾，如表 12.4 所示。

表 12.4 文件起始点表示方法

起始点含义	表示符号	数字表示
文件首部	SEEK_SET	0
当前位置	SEEK_CUR	1
文件末尾	SEEK_END	2

例如：fseek(fp,100L,0); //把文件内部位置指针移到离文件首部 100 个字节处

注意：fseek 函数一般用于二进制文件，因为在文本文件中要对字节进行转换，计算的位置不易确定。

fseek()函数允许像对待数组那样对待一个文件，在 fopen()打开的文件中直接移动到任意字节处。在移动位置指针之后，即可用任一种读写函数进行读写。由于一般是读写一个数据块，因此常用 fread 和 fwrite 函数进行读写。

【例 12.7】 从学生文件 st.dat 中，读出第二个学生的数据显示在屏幕上。

程序如下：

```
#include<stdio.h>
struct stud
{
   char name[10];
   int num;
}s;
int main()
{
  FILE *fp;
  if((fp=fopen("d:\\st.dat","rb+"))==NULL)
```

```
    {
      printf("Cannot open file !");
      return;
    }
    rewind(fp);                               //将文件内部位置指针移到文件首部
    fseek(fp,1 * sizeof(struct stud),0);
                                              //将文件内部位置指针指向第 2 个学生信息首部
    fread(&s,sizeof(struct stud),1,fp);       //读出第 2 个学生信息存入 s 中
    printf("name   num\n");
    printf("%s   %5d\n",s.name,s.num);
    fclose(fp);
    return 0;
}
```

分析：定义 s 为 stud 类型变量，以读二进制文件读方式打开文件，从文件首部移动文件内部位置指针到一个 stud 类型长度的位置，然后再读出的数据即为第二个学生的数据。

12.6.3 ftell 函数

ftell 函数用于获得文件当前位置指针的位置，函数返回文件中当前位置指针相对于文件首部的字节数。若 fp 已指向一个正确打开的文件，ftell 函数调用方式如下：

```
long t;
t = ftell(fp);
```

【例 12.8】 计算文件 st.dat 的长度和学生人数。

程序如下：

```
#include<stdio.h>
struct stud
{
  char name[10];
  int num;
};
int main()
{
  long t;
  int n;
  FILE *fpin;
  if((fpin = fopen("d:\\st.dat","rb")) == NULL)
  {
    printf("Cannot open file ,press any key exit!");
    return;
  }
  fseek(fpin,0L,SEEK_END);        //将位置指针移到文件末尾
  t = ftell(fpin);                //文件当前位置指针相对于文件首的字节数,实际上是文件长度
  n = t/sizeof(struct stud);      //以结构体为单位的数据个数
  printf("%ld   %d\n",t,n);
  fclose(fpin);
  return 0;
}
```

12.6.4 int fflush()函数

fflush 的一般格式如下：

```
int fflush (FILE * fp);
```

调用 fflush()函数可以将缓冲区中任何末写的数据发送到一个由 fp 指定的输出文件中去。这个过程称为刷新缓冲区(ffushing a buffer)。如果 fp 是一个空指针，将刷新掉所有的输出缓冲。

12.7 综合示例

现在将第 11 章中学生成绩管理题目的要求进一步扩展：要求输入学生的学号、姓名、五门课的成绩，并计算每个学生五门课的平均分，并按平均分计算名次，若平均分相同则名次并列。结果写入文件并输出打印。

程序如下：

```
#include <stdio.h>
#define max 1000
struct student  {
        int num;
        char name[30];
        float score[5];
        float ave;
        int order;
     }stu[max], * pr, * pw,stur[max],stuw[max],t;

int main()
{
 FILE * fp;
 int i,n,j,flag;
 printf("Please input the number of students:");
 scanf(" %d",&n);
 for( i=0;i<n;i++)
 {
scanf(" %d%s",&stu[i].num,stu[i].name);
for( j=0;j<5;j++)
    scanf(" %f",&stu[i].score[j]);
}
float sum;
for( i=0;i<n;i++)                //每人平均分
{
   sum=0;
    for( j=0;j<5;j++)
     sum+=stu[i].score[j];
    stu[i].ave=sum/5;
    printf("stu[%d].ave=%.2f\n",i,stu[i].ave);
}
```

```
    for(i = 0;i < n - 1;i++)          //排序
    {
       for(j = i + 1;j < n;j++)
     {
       if(stu[i].ave < stu[j].ave) {
               t = stu[i];
              stu[i] = stu[j];
              stu[j] = t;
               }
           }
       }
    int count = 1;
     for(i = 0;i < n;i++,count++)   //依据顺序进行排名,有相同的排名一样
       {
          flag = 0;
          while(stu[i].ave == stu[i + 1].ave)
          {
              stu[i + 1].order = stu[i].order = count;
              i++;
              flag = 1;
          }
          if(flag == 0)
          stu[i].order = count;
       }

    if((fp = fopen("d:\\st.dat","wb + ")) == NULL)
    {
         printf("Cannot open file !");
         return;
     }
    pw = stu;
    fwrite(pw,sizeof(struct student),n,fp);
    //将指针 pw 指向的 n 个数组元素写入 fp
    rewind(fp);
    //将文件内部位置指针移到文件首部
    pr = stur;
    fread(pr,sizeof(struct student),n,fp);
    //从 fp 所指的文件中读出数据存入指针 pr 指向的数组中
    printf("学号\t 姓名\t 科目一\t 科目二\t 科目三\t 科目四\t 科目五\t 平均分\t 名次\n");
    for(i = 0;i < n;i++)
    printf("%d\t%s\t%.2f\t%.2f\t%.2f\t%.2f\t%.2f\t%.2f\t%d\n",stur[i].num,
    stur[i].name,stur[i].score[0],stur[i].score[1],stur[i].score[2],
    stur[i].score[3],stur[i].score[4],stur[i].ave,stur[i].order);
    fclose(fp);
    return 0;
    }
```

12.8 本章小结

磁盘文件是存储在外部介质上的程序或数据的集合；C程序中的文件是由磁盘文件和设备文件组成的。数据文件是磁盘文件的一种,其引入的主要目的一是可使数据永久地保

存在外存储器上，二是可以方便地进行大量数据的输入和保存。

根据文件内数据的组织形式，数据文件可分为文本文件和二进制文件两种，主要内容如下：

1. C文件

文件类型FILE是用typedef定义的有关文件信息的一种结构体类型，不是C语言的新类型，可以在其基础之上定义文件指针。

2. C文件操作函数

C语言对文件的操作都是用库函数来实现的，利用C语言提供的库读写函数可以实现文件信息的输入、输出、修改等操作。

- fopen()函数用于打开文件。
- fclose()函数用于关闭文件。
- fputc()函数和fgetc()函数是对指定文件进行一个字符输入/输出的操作。
- fputs()函数和fgets()函数是对指定文件进行一个字符串输入/输出的操作。
- fprintf()函数和fscanf()函数是对指定文件进行格式化读写操作。
- fread()函数和fwrite()函数是对指定文件进行成块读写操作。
- rewind()函数把文件内部位置指针移到文件首部。
- fseek()函数移动文件内部位置指针到指定位置。
- ftell()函数用于获得文件当前位置指针的位置。
- fflush()函数用于刷新缓冲区。

通过本章的学习，要掌握C数据文件的操作方法，注意操作过程中文件内部位置指针的变化，理解文件操作方法，能进行数据信息存储的程序设计。

3. C操作文件的方式

文本文件用文本方式打开，二进制文件用二进制方式打开。

如果要操作一个二进制文件，那么就以二进制方式打开(理论上也可以用文本方式打开)，读写的时候用函数fread和fwrite进行操作。

如果要操作一个文本文件，那么就以文本的方式打开，读写的时候用读写字符的那些函数fprintf、fscanf、fgetc、fputc、fgets、fputs进行操作。

第13章 链 表

在程序设计的基本工具中，可以实现批量数据存储的结构主要有两类，一是前面介绍过的数组，可以通过连续的地址空间来存放批量数据；二是链表，通过其所包含的多个结点实现对批量数据的存储。

用数组来存储批量数据，必须预先指定数组的大小(即定义数组的长度)，如果事先不能确定元素的个数，就必须要定义一个尽可能大些的数组，以便能够满足可能的存储需求。但这样做又会带来另一个问题：如果实际数组元素没有那么多的话，便造成了大量的存储空间的浪费。

如果用链表来存储批量数据，就可以避免数组空间使用带来的问题，因为链表本身是一种动态的存储结构，不需要预先指定空间大小，可以根据运行的需要动态地分配与释放内存。

本章在介绍动态内存分配的基础上，重点介绍单链表的概念、操作以及基本的应用。

13.1 动态内存分配

13.1.1 C程序的内存划分

一个由C编译的程序占用的内存分为以下几个部分，如图13.1所示。

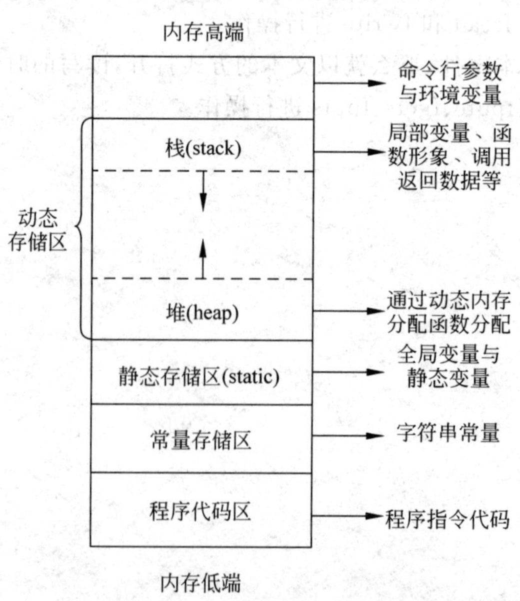

图13.1 C程序的内存映像

(1) 栈区(stack)：由编译器自动分配、释放，通常用于存放函数的参数值、局部变量的值等。

(2) 堆区(heap)：一般由程序员分配、释放，若程序员不释放，程序结束时可能由操作系统回收。

(3) 全局区(静态区)(static)：全局变量和静态变量的存储是放在一块的，初始化的全局变量和静态变量在一块区域，未初始化的全局变量和未初始化的静态变量在相邻的另一块区域。程序结束后由系统释放。

(4) 文字常量区：常量字符串放在这个区域里，程序结束后由系统释放。

(5) 程序代码区：存放函数体的二进制代码。

13.1.2 内存分配方式

在程序运行期间，变量常用的内存分配方式有三种。

(1) 从静态存储区域分配：内存在程序编译的时候就已经分配好，这块内存在程序的整个运行期间都存在，在程序执行结束之后内存空间才会被释放，例如全局变量、static 变量。

(2) 在栈区创建：在执行函数时，函数内局部变量的内存单元都可以在栈区创建，所在的函数执行结束时这些内存单元自动被释放。栈内存分配运算内置于处理器的指令集中，效率很高，但是分配的内存容量有限。

(3) 从堆区分配(亦称动态内存分配)：程序在运行的时候用 malloc 或 new 申请内存，由程序员自己负责用 free 或 delete 释放这部分内存。动态内存的生存期由程序员决定，使用非常灵活。

在之前的程序设计实验中，大家已经发现在定义一个比较大的数组时，用栈区的分配(即局部数组)时经常会出错，原因是栈区的空间比较小，不能满足太大的数组空间需求。改用从静态存储区或者堆区分配虽然都可以解决此问题，但相对来说，由于堆区分配可以做到动态分配与释放，是一种更高效的内存使用方式。

13.1.3 动态内存分配函数

对堆内存的动态分配与释放是通过系统提供的一组库函数来实现的，它们在 stdlib.h (或 malloc.h)头文件中声明，主要有 malloc、calloc、free、realloc 函数。

1. malloc 函数

函数原型如下：

```
void * malloc(unsigned int size);
```

该函数执行后，从堆内存中分配一块 size 大小的内存，并且返回指向该内存起始位置的指针值，该内存中的内容是未知的。如果分配失败，返回值为 NULL。

例如，下面的程序通过动态分配从堆中获取一个整型数组的内存空间：

```
#include <stdio.h>
#include <stdlib.h>
int main()
```

```
{
    int i,j;
    int * array = NULL;
    scanf("%d",&i);
    array = (int * )malloc(i * sizeof(int));
    for(j = 0;j < i;j++)
        scanf("%d",&array[j]);
    for(j = 0;j < i;j++)
        printf("%d\n",array[j]);
    return 0;
}
```

对于 malloc 函数来说,其分配的堆内存的大小是由参数给定的字节数来确定的,该字节数通常由要分配的元素数量以及每个元素所占的字节两个因素构成,i * sizeof(int)即表示分配 i 个整型的空间。

由于 malloc 函数返回的是一个指向 void 类型的指针,而通常接受堆地址的指针变量都是有确定的类型指向的,因此在返回之后赋值之前,通常需要把"void * "指针强制转换为与赋值号左边的指针变量相同的指针类型,例如:

```
(array = (int * )malloc(i * sizeof(int));
```

其中"(int *)"即把返回的地址类型强制转换为整型类型指针,与 array 的类型相一致。

2. free 函数

动态内存使用的特色是在需要时才分配内存,在使用结束后可以释放内存,这样才能保证高效地使用内存。C 程序动态内存的释放是通过 free()函数实现的。

free()函数的原型如下:

```
void free(void * p);
```

函数的作用是释放指针变量 p 所指向的动态空间,该空间应该是之前通过动态分配(如执行 malloc()函数)所获取的堆空间。已分配的堆空间通过 free()函数执行后被释放,被释放的空间能够被之后的变量申请再次使用。

通常,free()函数与 malloc()函数成对在程序中使用,以保证动态分配的内存可以及时得到动态地释放。因此,对上面的程序可以做如下的补充:

```
#include <stdio.h>
#include <stdlib.h>
int main()
{
    int i,j;
    int * array = NULL;
    scanf("%d",&i);
    array = (int * )malloc(i * sizeof(int));
    for(j = 0;j < i;j++)
        scanf("%d",&array[j]);
    for(j = 0;j < i;j++)
        printf("%d\n",array[j]);
    free(array);
```

```
    return 0;
}
```

3. calloc 函数

函数原型如下：

```
void * calloc(unsigned n,unsigned size);
```

功能是在堆内存区通过动态分配方式分配 n 个长度为 size 的连续空间。一般用于动态数组的空间申请。例如，上面的

```
array = (int * )malloc(i * sizeof(int));
```

就可以用

```
array = (int * )calloc(i,sizeof(int));
```

来代替。

4. realloc 函数

如果已经动态分配的内存空间过大或者过小，欲改变已经分配的内存空间的大小，则可以通过 realloc 函数来实现。

函数的原型如下：

```
void *  realloc(void  * p,unsigned int newsize);
```

作用是将指针所指的动态内存空间的大小改变为 newsize，如果缩小空间则返回的地址是原地址；如果扩大空间，则有三种可能：①如果原空间位置有足够的空间可以扩充，返回的地址与扩充前的地址相同；②如果原位置无足够的空间而其他位置有足够的空间，则按照 newsize 指定的大小重新分配空间，将原有数据从头到尾复制到新分配的内存区域，而后释放原来指针所指内存区域，同时返回新分配的内存区域的首地址；③否则说明内存无足够的空间可以分配，分配失败，返回值为 NULL。

例如，下面的程序利用 realloc 扩充内存：

```
#include <stdio.h>
#include <stdlib.h>
int main()
{
    int i;
    int  * pn = (int  * )malloc(5 * sizeof(int));
    printf(" %p\n",pn);
    for(i = 0;i < 5;i++)
        scanf(" %d",&pn[i]);
    pn = (int  * )realloc(pn,100 * sizeof(int));
    printf(" %p\n",pn);
    for(i = 0;i < 5;i++)
        printf(" %3d",pn[i]);
    printf("\n");
    free(pn);
    return 0;
}
```

13.2 单链表概述

链表是实现批量数据存储表示的重要结构,链表有多种形式,这里主要介绍最基本的链表结构——单链表。

单链表中的每一个数据元素是通过一个称之为"结点"的结构来存储表示的,每个结点占据一个内存空间,多个结点所占的存储空间是离散的,结点之间通过专门的指针相互链接构成一个整体。从本质上看,链表就是一个结点的序列。

13.2.1 结点的结构

结点是链表中存放数据元素的基本单元,用一个结构体的形式来表示。一个结点至少应该包含两部分:一是数据域(data),用以存放该结点需要存放的数据元素的数据值;二是指针域(next),通常用以存放下一个结点的存储地址,由此将多个结点构成一个整体,如图13.2所示。

data	next
数据域	指针域

图13.2 结点的结构

假设一个链表结点的数据域只存放一个整数值,该结点结构可以如下定义:

```
struct node
{
    int data;
    struct node * next;
};
```

13.2.2 单链表的结构

链表是一个结点的序列,或者说链表是由多个结构相同的结点通过指针域相互链接构成的一个整体。比如以上面的结点结构形成的链表如图13.3所示。

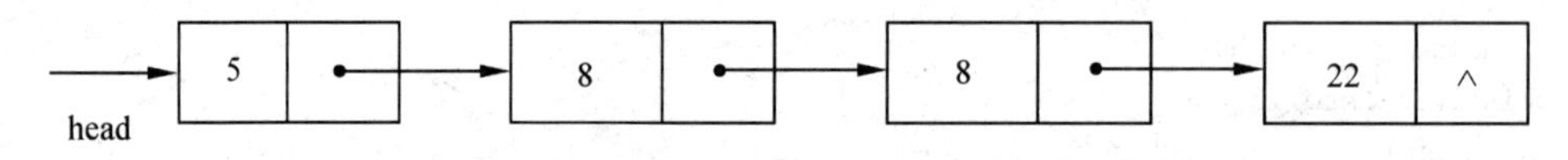

图13.3 简单的链表结构

该链表由4个结点构成,每个结点都包含一个整型的数据域,用以存放本结点的数据元素值,同时每个结点还都包含一个指针域,用来存放下一个结点的地址,最后一个结点的指针域为NULL,记作∧。

在该链表中,给出了一个指针变量head,用以存放链表中第一个结点的地址,通过该指针,可以找到第一个结点,然后再顺着每一个结点的指针域,可以找到其下一个结点,这样可以依次取得并访问链表中的每一个结点。可见,在链表结构中,head指针有着非常重要的作用,和数组结构里的数组名标识数组类似,该指针可以起到链表的标识作用。通常把链表中指向第一个结点的指针称为链表的头指针。

对链表中的每一个结点是通过其指针来实现访问的,可以定义一个指向结点的指针变量，依次指向链表的每一个结点，从而实现对每一个结点的访问，这样的一个指针变量常常被称为游动指针。与数组中通过下标的变化来实现对数组中存放的批量数据元素的访问类似，链表中是通过游动指针的变化，依次指向不同的结点，来实现对其存放的批量数据元素的访问的。

为了更简洁地表示链表的操作过程，有时需要对前述单链表的结构做一点改动，在单链表的第一个实际结点之前增加一个虚结点，该虚结点数据域不存放任何实际数值，其指针域指向单链表的第一个实际结点。该结点被称为单链表的头结点，如图 13.4 所示。引入头结点之后，指向头结点的指针称为头指针。如无特别说明，之后的各种操作均针对带头结点的单链表。

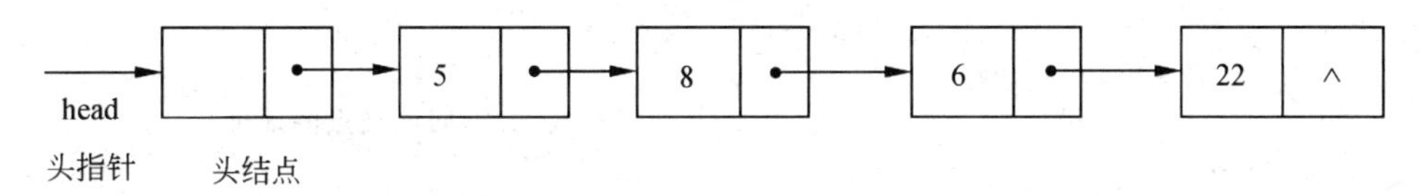

图 13.4　带头结点的单链表

一个带头结点的单链表如果只包含头结点，称为空链表，如图 13.5 所示。

当然，不管是头指针还是游动指针，都是存放结点地址的指针变量，应该是指向结点的指针类型的变量，如上所定义的结点，其对应链表头指针与游动指针可以如下定义：

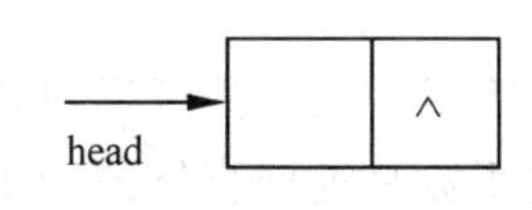

图 13.5　带头结点的空链表

```
struct node   * head, * p;
```

13.3　单链表结点的基本操作

单链表结点的操作有很多，其中最基本的操作主要有三个：查找、插入与删除。这三个操作是链表其他操作功能实现的基础，因此在这里作重点介绍。

13.3.1　单链表结点的查找

虽然都用来存储批量数据元素，但从结构特点上看，单链表与数组还是有着很大的差别。数组由于是用地址连续的空间存放元素，利用“数组名＋下标”的方式可以实现对元素的随机查找；单链表是用地址离散的空间存放元素的，不能直接指向每一个结点的存放地址，只能从头指针所指结点开始逐个往后找到要访问的结点，因此也称单链表是一种“顺序存取”的结构。

单链表的查找过程也是基于这样的存取原则，即必须要从头指针所指结点开始往后逐个查找，才能找到要找的结点信息。因此该过程要用到前面提到的两个重要指针：头指针与游动指针。其中头指针提供了在链表中查找的起始位置，游动指针从该起始位置开始逐个往后“游走”，直到找到要找的结点，或者到了链表结束处停止查找。

【例 13.1】　写一个函数，找到指定单链表中值为 key 的结点，并返回该结点的地址。如果有多个值为 key 的结点，返回找到的第一个结点的地址；如果没有值为 key 结点，返回为 NULL。

程序如下：

```
struct node
 {
      int data;
      struct node * next;
 };
struct node * search(struct node * head, int key)    //head 为单链表的头指针
{
    struct  node * p;                                //p 为游动指针
    p = head -> next;                                //游动指针指向第一个实际结点
    while(p!= NULL)                                  //p 为 NULL 表示链表已经访问结束
    {
        if(p -> data == key)
            return(p);                               //找到,返回该结点的地址
        else
            p = p -> next;                           //未找到,指向下一个结点继续查找
    }
    return NULL;                                     //循环正常结束,说明不存在该结点
}
```

本函数由于要返回找到结点的地址，所以返回值的类型为指针，即在第9章指针中所介绍的函数是返回指针值的函数。在 main 函数调用时实参给定单链表的头指针以及要查找的元素值，便可得到查找的结点的地址信息。其中的语句：

```
p = p -> next;
```

是链表操作中最常用的语句形式，作用是使指针 p 发生改变，由指向当前结点，转而指向其下一个结点。p 与 p->next 的关系如图 13.6 所示。

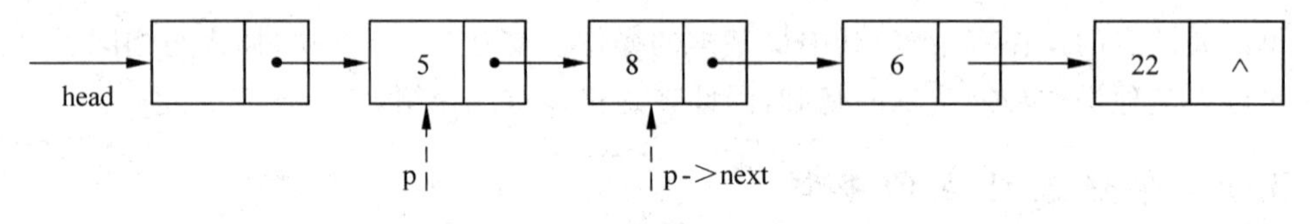

图 13.6　p 与 p->next 所指结点

13.3.2　单链表结点的插入

单链表与数组的不同之处还体现在单链表是一个动态存储的结构，可以在需要时再分配空间，用完后马上释放空间。而且，与数组做元素插入、删除需要移动元素不同，单链表无论是插入还是删除元素，都不需要做元素的移动，实现过程非常简洁。

要在单链表中插入一个元素时，如果已经确定了该元素的插入位置，需要做的事情只有两点：一是为要插入的元素分配空间，生成一个新结点；二是通过指针域的修改，把新结点插入到链表中。

比如对于图 13.5 中 p 所指结点之后插入一个值为 10 的新结点，过程如下。

(1) 开辟新结点：

```
struct  node * q;
```

```
q = (struct node * ) malloc (sizeof(struct node));
q->data = 10;
q->next = NULL;
```

完成后状态如图 13.7 所示。

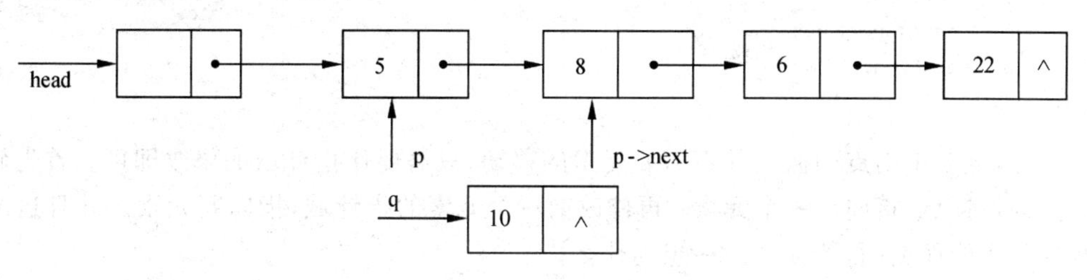

图 13.7　开辟新结点

(2) 修改指针域，将新结点插入链表：

```
q->next = p->next;
p->next = q;
```

执行上面的第一个语句后，链表的状态如图 13.8 所示。

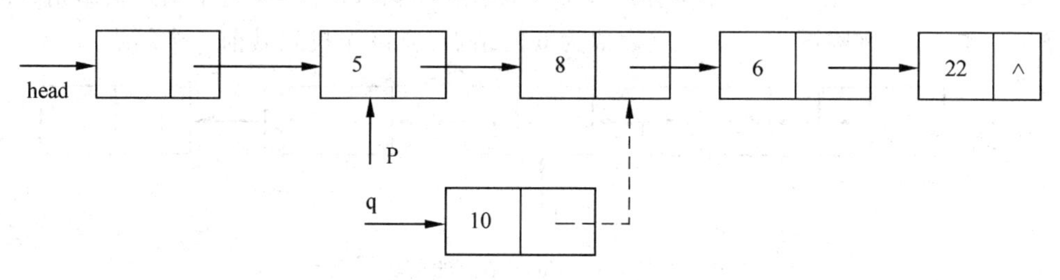

图 13.8　修改指针域(一)

执行上面的第二个语句后，链表的状态如图 13.9 所示。

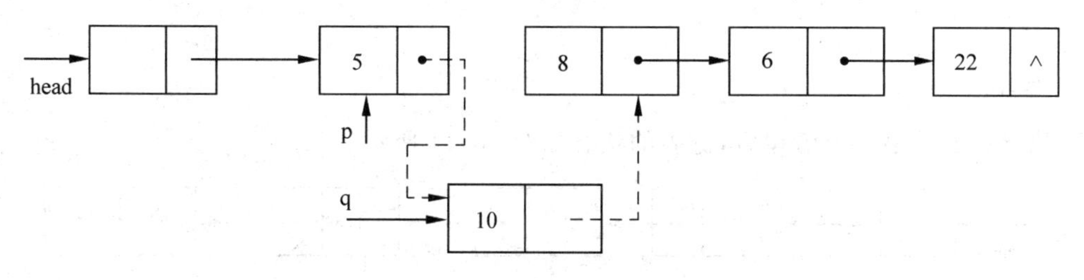

图 13.9　修改指针域(二)

【例 13.2】 根据上述步骤写出一个在链表的 p 结点之后插入一个值为 key 的结点的函数。

程序如下：

```
void insert(struct node * p, int key)
{
    struct node  * q;
    q = (struct node * ) malloc(sizeof(struct node));
    if(!q)
        {
```

```
            printf("不能分配内存空间!");
            exit(0);
        }
    q->data = key;
    q->next = NULL;
    q->next = p->next;
    p->next = q;
}
```

可见,链表中结点的插入并不需要元素的移动,只需要作指针域的修改即可。首先修改新结点的指针域,指向下一个元素;再修改前一个元素的指针域,指向新元素。并且这两者的顺序是不能颠倒的,请读者想一想为什么。

13.3.3 单链表结点的删除

与结点的插入相类似,结点的删除也不需要作元素的移动,而只需要作指针的修改即可。并且作为动态分配的存储结构,当链表的结点不再需要时,可以在删除结点时将其所占的内存空间释放。

要删除结点,首先要找到被删结点的前一个结点,然后再对这前一个结点实施指针的修改操作。比如,要删除图 13.10 中链表值为 6 的结点,应该先找到其前一个结点。

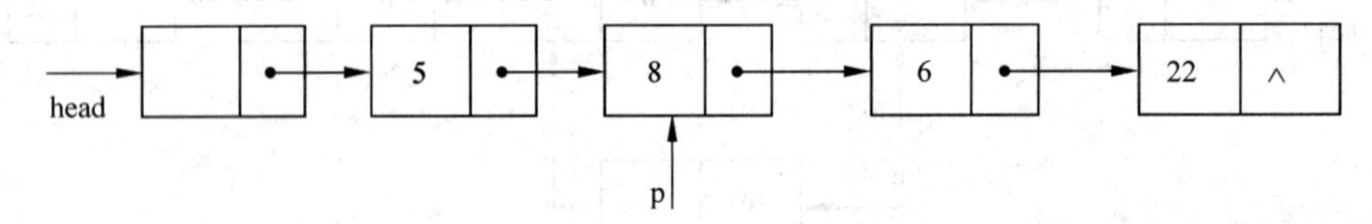

图 13.10 找到欲删结点的前驱结点

删除过程的指针修改如下:

```
q = p->next;
p->next = q->next;
free(q);
```

执行上面的第一个语句后,链表的状态如图 13.11 所示。

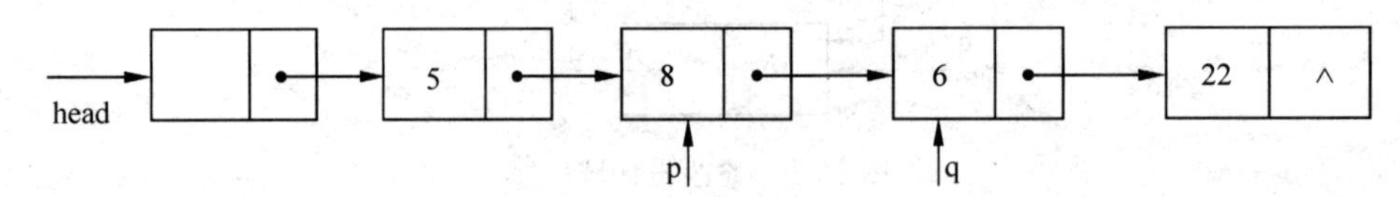

图 13.11 找到欲删结点

执行上面的第二个语句后,链表的状态如图 13.12 所示。

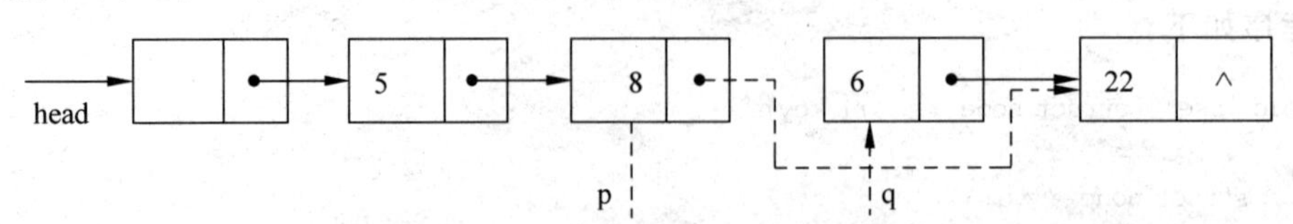

图 13.12 修改前驱结点的指针域

执行上面的第三个语句后,链表的状态如图 13.13 所示。

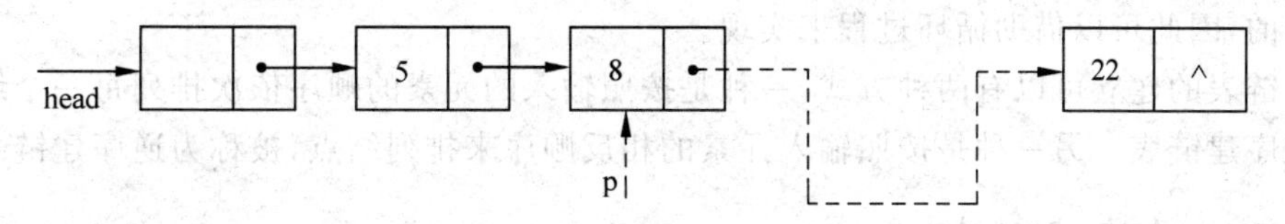

图 13.13　释放被删结点

【例 13.3】 写出删除带头结点的单链表中第一个值为 key 的结点的函数。

分析:删除该结点是通过修改其前驱结点的指针域来实现的,因此,在删除之前首先应找到被删结点的前驱结点。

程序如下:

```
int del(struct node * head, int key)
{
    struct node * p, * q;
    int flag = 0;
    p = head;
    while (p -> next!= NULL)
        {
            if(p -> next -> data == key)
                {
                    flag = 1;
                    break;
                }
            else
                p = p -> next;
        }                   //如果链表存在值为 key 的结点,找到其前驱结点 p,flag 变量置 1;
    if (flag == 1)
        {
            q = p -> next;
            p -> next = q -> next;
            free(q);
            return 1;
        }
    else
        return 0;
}
```

单链表中结点的查找、插入与删除是其他操作实现的基础,在下面的内容中就会感受到。

13.4　单链表的建立

要应用单链表,首先应该建立单链表。单链表的实质是一个结点的序列,建立单链表实质上就是逐个生成每一个结点,并把结点插入链表的过程。可见,单链表的建立是一个结点插入的过程,只不过需要插入的不是一个结点,而是多个结点而已。但多个结点的插入方式是相同的,因此可以借助循环过程来实现。

单链表的建立可以有两种方式,一种是按照输入的元素的顺序依次排列每一个结点,被称为顺序建链表。另一种是按照输入元素的相反顺序来排列结点,被称为逆序建链表。

13.4.1 逆序建链表

1. 逆序建链表的基本思路

(1) 首先建立一个只包含头结点的空链表。

需要执行的操作如下:

```
head = (struct node * ) malloc (sizeof(struct node));
head -> next = NULL;
```

(2) 在空链表头结点之后插入第一个结点。

需要执行的操作如下:

```
p = (struct node * ) malloc(sizeof(struct node));
scanf(" %d",&p -> data);
p -> next = head -> next;
head -> next = p;
```

执行这两步操作后,链表如图13.14所示。

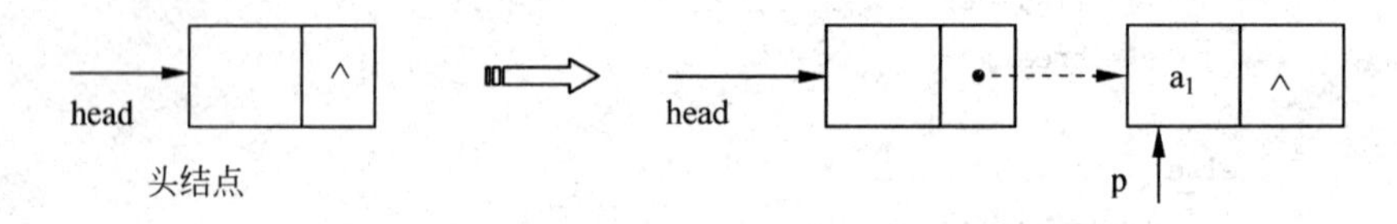

图13.14 带头结点的空链表插入第一个结点

(3) 在上面的链表的头结点之后插入第二个结点。

需要执行的操作与上一组操作完全相同,如图13.15所示。

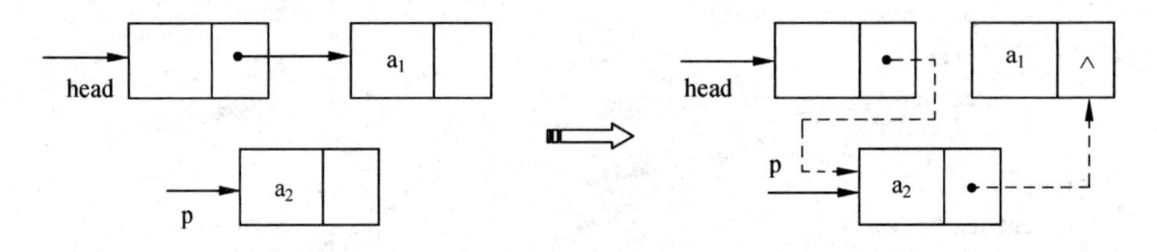

图13.15 带头结点的单链表插入第二个结点

(4) 按照这样的方式还可以继续插入后面每一个结点,而且每个结点的插入要执行的操作是完全一样的。如果有n个数据,全部完成结点插入后链表如图13.16所示。

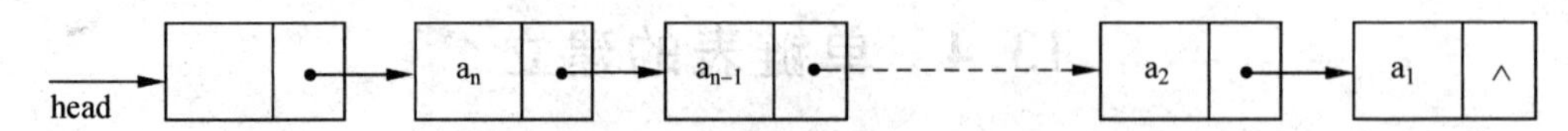

图13.16 逆序建立的带头结点的单链表

2. 应用举例

【例 13.4】 按照上述步骤,写一个逆序建链表的函数。

程序如下:

```
struct node * creat1(int n)
{
    struct node * head, * p;
    int i;
    head = (struct node * )malloc(sizeof(struct node));
    head -> next = NULL;
    for(i = 1;i <= n;i++)
    {
        p = (struct node * )malloc(sizeof(struct node));
        scanf(" % d",&p -> data);
        p -> next = head -> next;
        head -> next = p;
    }
    return (head);
}
```

13.4.2 顺序建链表

顺序建链表也是一个结点逐个插入的过程,只不过逆序建链表每次都是在头结点之后插入,而顺序建链表是在最后一个结点之后插入罢了。

链表中的最后一个结点常被称为尾结点,为了更好地标记插入位置,设置一个专门的指针变量来保存尾结点地址,该指针变量被称为尾指针。需要注意的是,当链表顺序插入结点后,尾指针的值要随之修改,以指向新的尾结点。

1. 顺序建链表的基本思路

(1) 首先建立一个只包含头结点的空链表,此时头指针、尾指针均指向头结点。

需要执行的操作如下:

```
head = (struct node * ) malloc(sizeof(struct node));
head -> next = NULL;
```

(2) 在空链表头结点之后插入第一个结点。

需要执行的操作如下:

```
p = (struct node * ) malloc(sizeof(struct node));
scanf(" % d",&p -> data);
p -> next = NULL;
tail = head;
tail -> next = p;
tail = p;
```

完成前两步操作后,链表如图 13.17 所示。

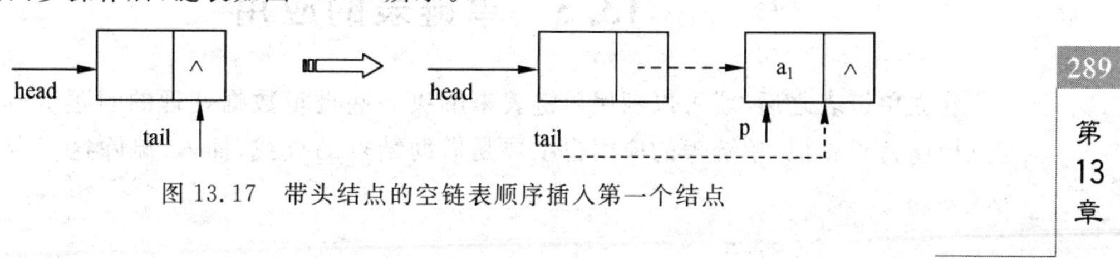

图 13.17 带头结点的空链表顺序插入第一个结点

(3) 在上面的链表的尾结点之后插入第二个结点。

需要执行的操作与上一组操作完全相同,如图13.18所示。

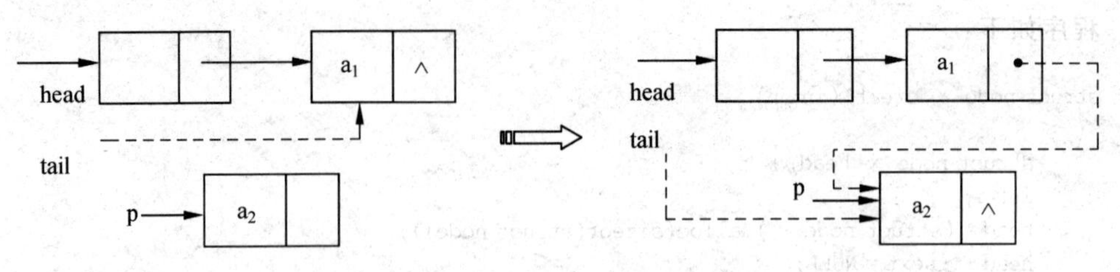

图13.18 带头结点的单链表顺序插入第二个结点

按照同样的方式还可以继续插入后面每一个结点,而且每个结点的插入要执行的操作是完全一样的。如果有n个数据,全部完成结点插入后链表如图13.19所示。

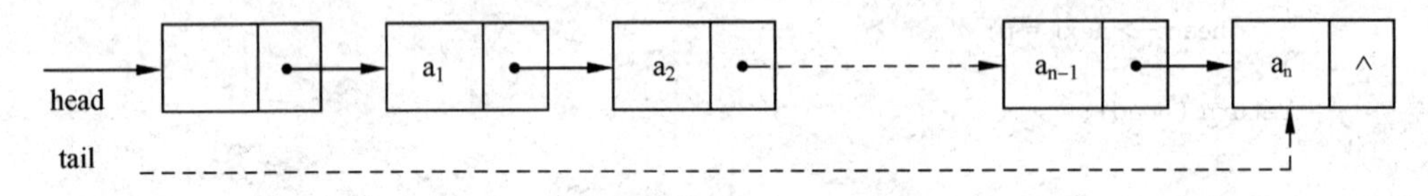

图13.19 顺序建立的带头结点的单链表

2. 应用举例

【例13.5】 按照上述步骤,写一个顺序建链表的函数。

程序如下:

```
struct node * creat2(int n)
 {
     struct node * head, * tail, * p;
     int i;
     head = (struct node * )malloc(sizeof(struct node));
     head -> next = NULL;
     tail = head;
     for(i = 1;i <= n;i++)
         {
             p = (struct node * )malloc(sizeof(struct node));
             scanf("%d",&p -> data);
             p -> next = NULL;
             tail -> next = p;
             tail = p;
         }
     return (head);
}
```

13.5 单链表的应用

建立单链表之后,就可以利用单链表来解决一些批量数据处理的问题了。同单链表的建立操作特点相似,单链表的应用也主要是借助结点的查找、插入、删除这三个基本操作来实现的。

13.5.1 单链表的逆置

与数组的逆置要求类似，单链表的逆置，就是把单链表的结点按照相反的顺序存放，如图 13.20 所示。

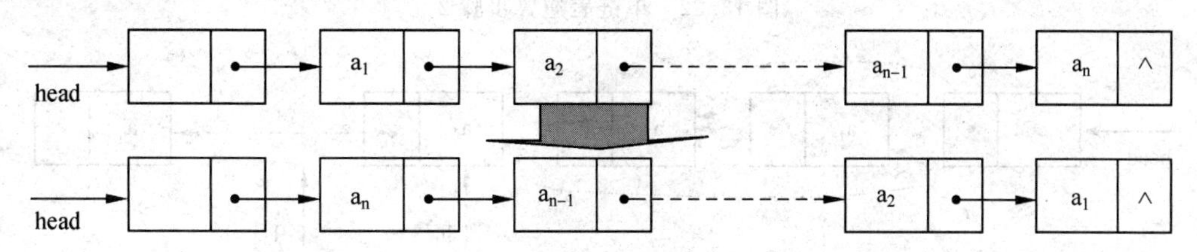

图 13.20 带头结点的单链表的逆置

观察一下逆置前后单链表的结点变化，实际上可以把逆置的过程看成是一个重新建链表的过程。只不过新链表的结点来源不需要申请新的空间与输入新的数据，而是利用原来链表的结点。当然，建链表的方式要采用逆序建的方法。

【例 13.6】 写出逆置带头结点的单链表的函数。

程序如下：

```
void reverse(struct node * head)
{
    struct node * p, * q;
    p = head -> next;
    head -> next = NULL;
    q = p -> next;
    while (p!= NULL)
        {
            p -> next = head -> next;
            head -> next = p;
            p = q;
            if (q!= NULL)
                q = q -> next;
        }
}
```

执行循环之前的语句后，单链表的状态如图 13.21 所示。

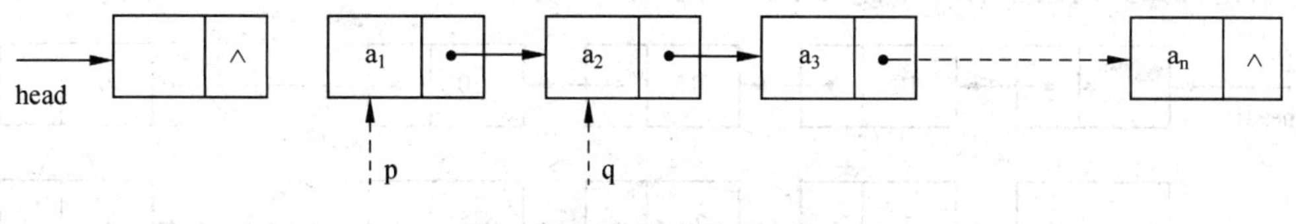

图 13.21 单链表逆置步骤 1

执行第一轮循环后，单链表的状态如图 13.22 所示。

执行第二轮循环后，单链表的状态如图 13.23 所示。

类似地，可以逐个完成后面每一个结点的删除与插入过程，从而实现对单链表的逆置。由此可以注意到，单链表的逆置过程是通过链表结点的插入、删除与查找三种基本操作来实

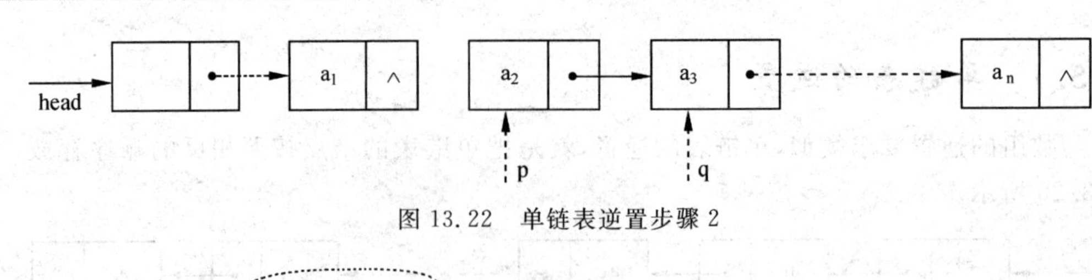

图 13.22　单链表逆置步骤 2

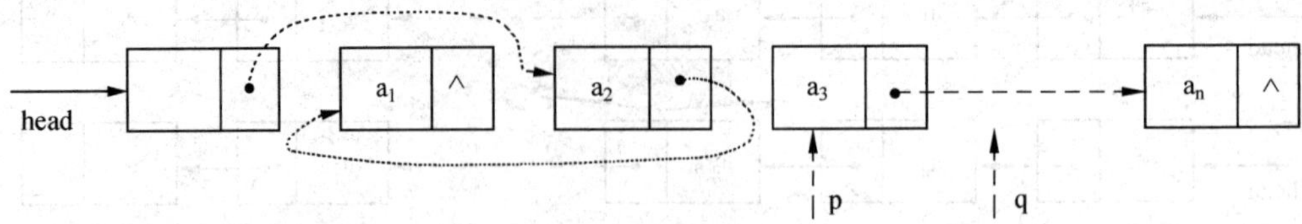

图 13.23　单链表逆置步骤 3

现的。请大家观察一下这里指针 p 与指针 q 的作用有何不同？进一步思考一下游动指针在单链表操作中的巧妙作用与应用方法。

13.5.2　单链表的归并

对于已经存在的多个单链表，有时需要将它们合并成一个大的单链表，这类问题称为单链表的归并。其中应用较多的是有序单链表的归并，即将多个结点有序排列的单链表合并成一个大的单链表，合并后生成的新的单链表结点仍然按照结点有序排列。

下面以两个有序单链表的归并为例来探讨这类问题的解决方法。

由于是生成一个新链表，所以这仍然是一个类似建新链表的过程，与刚刚提到的链表逆置相同，新链表的结点来源不是新分配的空间与新输入的数据，而是来源于旧的链表。与逆置不同之处只不过在于逆置的结点来源是一个旧的链表，而归并的结点来源是两个旧的链表而已。

由于新链表的结点要求有序排列，而两个旧的链表又已经是有序的序列，因此取结点时要从两个链表的第一个结点开始取起，至于到底选择哪一个结点往新链表做结点插入，要通过比较其大小来确定。为此，在两个旧链表中要分别设置两个指针，起到类似逆置程序的指针 p 与指针 q 的作用。

同时，新链表的结点插入是由小到大逐个实现的，每次结点的插入位置都是尾结点的后端，因此建链表的方法得用顺序建链表的方式而不是逆序建链表的方式。需要设置好新链表的尾指针，能够始终标记新链表的尾结点的位置。

假定待归并的两个有序单链表结构如图 13.24 所示。

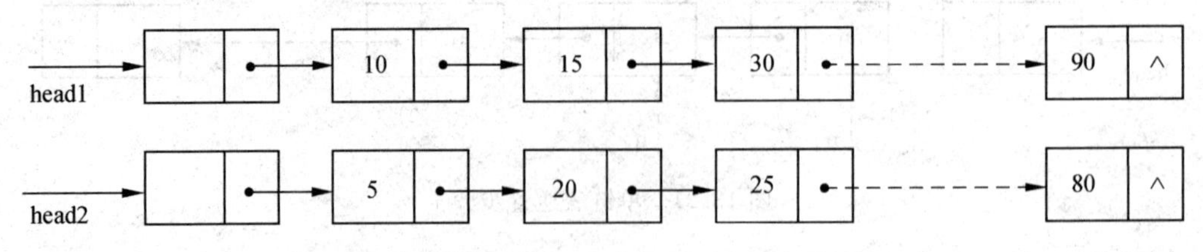

图 13.24　待归并的两个带头结点的有序单链表

既然归并过程是一个建新链表的过程，先借用原来链表头结点生成一个空的新链表，同时两个旧链表指针指向要比较的结点的位置，用 p1 与 p2 指针指向两个链表的当前结点。操作如下：

```
p1 = head1 -> next;
p2 = head2 -> next;
head1 -> next = NULL;
tail = head1;
free(head2);
```

实现的效果如图 13.25 所示。

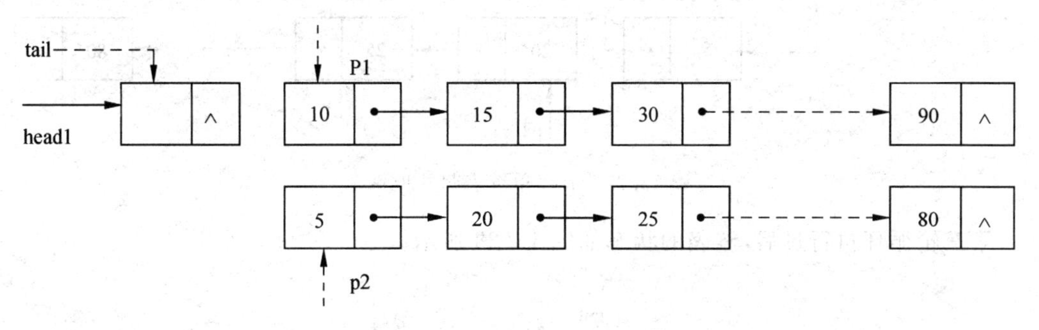

图 13.25　有序单链表归并步骤 1

比较两个单链表的当前结点(即指针变量 p1 与 p2 所指结点)的数据域的值,把数值较小的结点从所在原链表删除并插入到新链表尾结点之后,同时使得新链表的尾指针指向新的尾结点,被删结点的旧链表游动指针往后移动,指向后面的结点。实现的语句如下:

```
while(p1&&p2)
    if ( p1 -> data < p2 -> data )
        {
            tail -> next = p1;
            tail = p1;
            p1 = p1 -> next;
            tail -> next = NULL;
        }
    else
        {
            tail -> next = p2;
            tail = p2;
            p2 = p2 -> next;
            tail -> next = NULL;
        }
```

第一轮循环执行过后,链表的状态如图 13.26 所示。

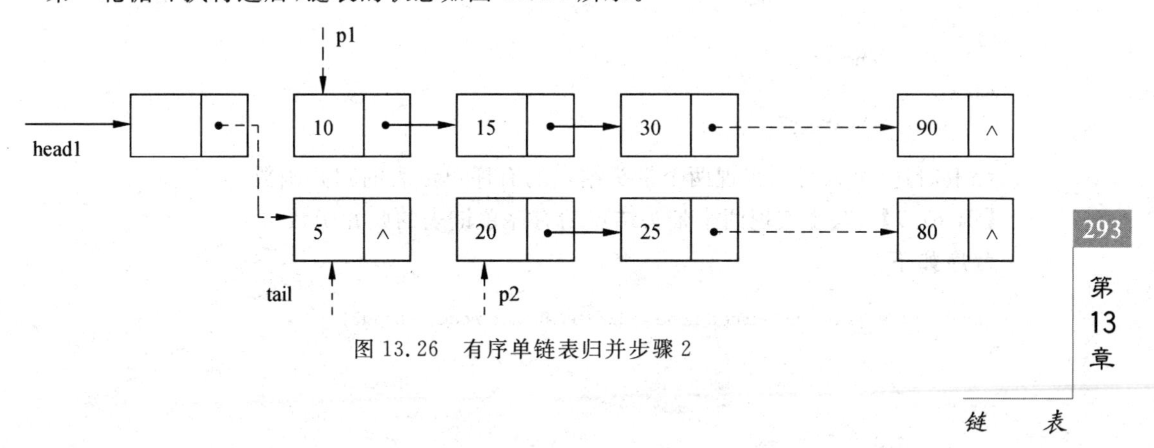

图 13.26　有序单链表归并步骤 2

第二轮循环执行过后,链表的状态如图13.27所示。

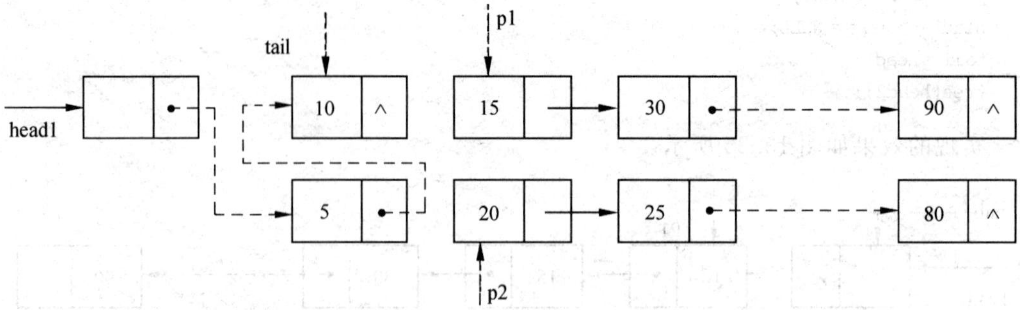

图13.27　有序单链表归并步骤3

第三轮循环执行过后,链表的状态如图13.28所示。

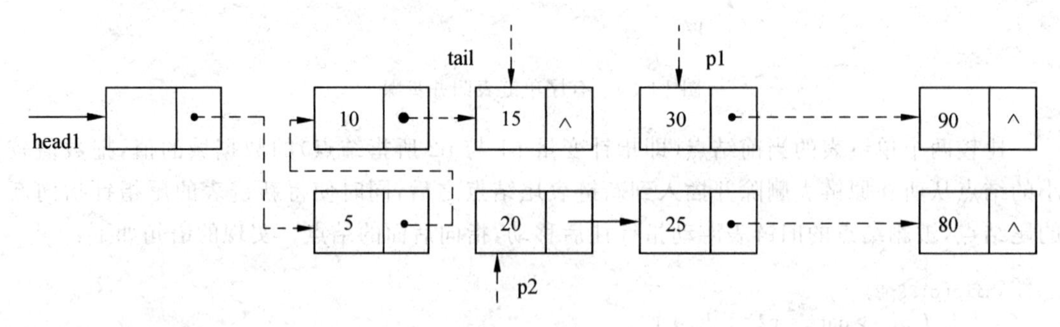

图13.28　有序单链表归并步骤4

注意:在这个过程中,上面所给的两个语句:

```
head1 -> next = NULL;
tail -> next = NULL;
```

目的主要是为了读者更清晰地理解归并过程链表的状态,去掉它们对归并结果没有影响。为了代码更加简练,后面的函数实现中去掉了它们。

如此重复直至循环结束,游动指针变量p1与游动指针变量p2有一个为NULL,说明其中有一个旧的单链表已经取完结点,另一个未取完结点的单链表中剩余的结点一定是大于新链表已有的结点且有序排列,下面只需要将该剩余部分挂到新链表的末端即可。实现的语句如下:

```
if(p1)
    tail -> next = p1;
else
    tail -> next = p2;
```

综上所述,可以得到实现两个带头结点的有序单链表的归并函数。

【例13.7】 写出实现两个带头结点的有序单链表的归并函数。

程序如下:

```
struct node * merge(struct node * head1,struct node * head2)
{
```

```
    struct node   * p1, * p2, * tail;
    p1 = head1 -> next;
    p2 = head2 -> next;
    tail = head1;
    free (head2);
    while (p1&&p2)
     {
         if ( p1 -> data < p2 -> data )
             {
                 tail -> next = p1;
                 tail = p1;
                 p1 = p1 -> next;
             }
         else
             {
                 tail -> next = p2;
                 tail = p2;
                 p2 = p2 -> next;
             }
         }
    if (p1)
        tail -> next = p1;
    else
        tail -> next = p2;
    return (head1);
}
```

13.5.3 单链表的拆分

单链表的归并是将几个链表合并成一个链表,单链表的拆分与归并相反,是将一个单链表拆分成几个小的链表。

根据之前的经验可知,这是一个建立多个子链表的过程,建子链表的过程可以根据题目的要求选择顺序或逆序的方式,结点来源于原始的大链表。为此,可以为各个子链表分别建立各自只包含头结点的空链表,然后依次访问原始链表取得每一个结点,根据结点的特征确定在哪个子链表进行插入。当原始链表访问结束后,所有的结点也分别在自己的子链表上完成了插入,一个链表就拆分成了几个子链表。

【例 13.8】 一个带头结点的单链表存放了一批整数值,其中有负整数也有非负整数,要求将其拆分成两个子链表,一个存放原链表中所有负数,另外一个存放原链表中所有非负数。

程序如下:

```
struct node * split(struct node * head1)
 {
    struct node * head2, * p, * q;
    head2 = (struct node * ) malloc (sizeof(struct node));
    head2 -> next = NULL;
    p = head1 -> next;
```

```
        head1->next=NULL;
        q=p->next;
        while (p!=NULL)
        {
            if(p->data>=0)
            {
                p->next=head1->next;
                head1->next=p;
            }
            else
            {
                p->next=head2->next;
                head2->next=p;
            }
            p=q;
            if(q!=NULL)
                q=q->next;
        }
        return (head2);
    }
```

13.6 循环链表与约瑟夫环问题

13.6.1 循环链表

一般单链表的最后一个结点的指针为NULL,如果操作中需要对单链表结点中的数据重复地访问,访问到最后一个结点后再回到第一个结点,这时,可以让最后一个结点的指针域存放第一结点的地址,也就是最后一个结点的后继指针又指向了第一个结点,这样的链表称为循环链表。单向循环链表如图13.29所示。

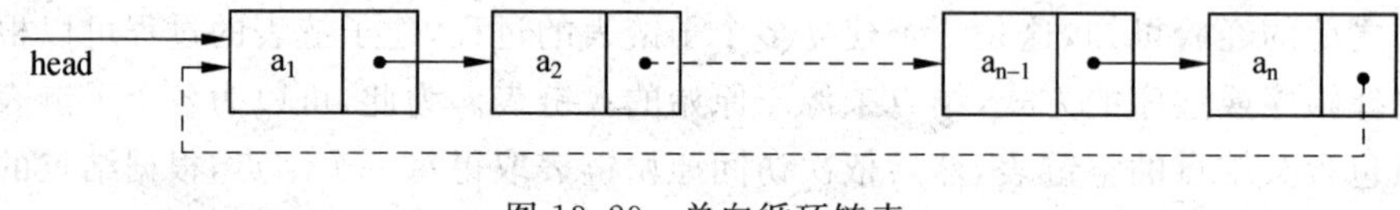

图13.29 单向循环链表

循环链表的运算与单链表的运算基本一致。两者的区别有以下几点:

(1) 建立一个循环链表时,必须使其最后一个结点的指针指向头结点,而不是像单链表那样置为NULL。此种情况还适用于在最后一个结点后插入一个新的结点。

(2) 循环链表判断是否到表尾的条件,是判断该结点链域的值是否是头结点,当链域值等于头指针时,说明已到表尾。而非像单链表那样判断链域值是否为NULL。

13.6.2 约瑟夫环问题

约瑟夫(Josephus)环问题是一个数学中经典的应用问题,问题的描述有多种方式,“猴子选大王”是其中典型的代表之一。

猴子选大王的描述为:n只猴子围成一圈,顺时针方向从1到n编号。之后从1号开始沿顺时针方向让猴子从 1，2，…，m 依次报数，凡报到 m 的猴子，都让其出圈，取消候选资格。然后不停地按顺时针方向报数，让报出 m 者出圈，最后剩下一个就是猴王。

假设猴子的数目为 8，即 n＝8，报数到 3 出圈，即 m＝3，对 8 只猴子按照从 1 到 8 编号。从编号为 1＃的猴子开始顺时针依次报数，则第一个出圈的是 3＃，第二个出圈的是 6＃，第三个出圈的是 1＃，然后依次出圈的是 5＃、2＃、8＃、4＃，最后只留下一直猴子是 7＃，它就是要选的猴王，如图 13.30 所示。

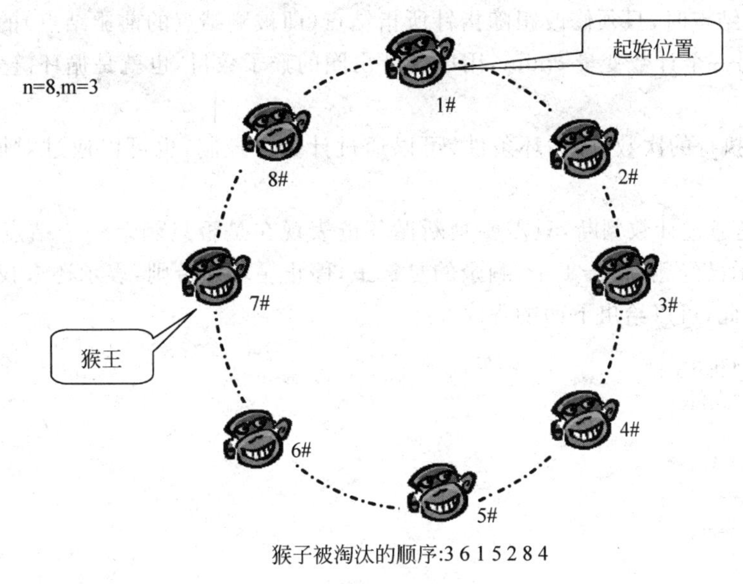

图 13.30　猴子选大王

分析：

该过程需要重复对猴子群体进行报数，而且在报数过程中要对满足出圈条件的猴子进行出圈操作，很自然想到用循环链表来进行模拟。这样既可以方便循环访问，又容易实施出圈（即删除）操作。

（1）循环链表中结点的数据域主要存放相应猴子在圈中的初始序号，指针域指向下一个猴子，以完成链表中结点的链接，所以结点定义如下：

```
struct mon
{
    int num;
    struct mon * next;
};
```

根据前面讲过方法建立单链表之后，让最后一个结点的指针域再指向第一个结点，就可以建立图 13.31 所示的单向循环链表。

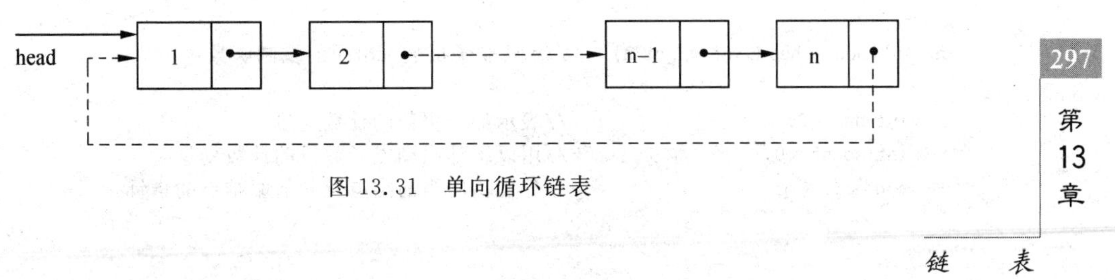

图 13.31　单向循环链表

(2) 根据任务的要求,在题目中需要设置几个必要的变量,具体包括:

① 设置一个游动指针,在对链表从第一个结点开始逐个结点循环遍历时,用以指向当前正在被访问的结点。

② 设置一个计数变量 num,对结点进行计数,如果报数到 m,则需要删除游动指针所指向的结点。

③ 设置另一个跟随指针,用以指向当前结点的前驱结点。因为要删除链表中的结点,当要删除当前结点时,只须修改跟随指针所指结点(即被删结点的前驱结点)的指针域即可。

④ 设置另一个计数变量 count,用以统计出圈的猴子数目,也就是循环链表中被删除的结点数目。

(3) 循环执行的次数(即循环条件)可以通过计数来控制,也可以通过对循环链表本身的判定来实现:

① 如果是通过计数判断,只需要判断循环链表现在是否只剩余一个结点,如果只剩余一个结点,表示已经删除 n−1 个,剩余的是猴王,停止循环。否则,表示还未找到猴王,需要继续循环。由此,可以给出下面的程序:

```
#include "stdio.h"
#include "malloc.h"
struct mon
{
    int num;
    mon *next;
};
mon *creat(int n)                    //循环链表的创建函数
{
    int i;
    mon *p, *tail, *head;
    p=(mon *)malloc(sizeof(mon));
    p->num=1;
    p->next=NULL;                    //第一个结点的生成
    head=p;
    tail=p;
    for(i=2;i<=n;i++)                //顺序建链表,完成其余 n-2 个结点的插入
      {
        p=(mon *)malloc(sizeof(mon));
        p->num=i;
        tail->next=p;
        tail=p;
        p->next=NULL;
      }
    tail->next=head;                 //最后一个结点的指针域指向第一个结点
    return head;
}
int sel(mon *head,int m,int n)      //n 只猴子报数 m 出圈的控制函数
{
    int num=0;                       //表示猴子报数的计数变量
    int count=0;                     //用以统计出圈猴子数目的计数变量
    mon *p,*q;                       //分别指向当前结点及其前驱结点的指针
```

```
    q = head;
    while(q -> next!= head)
        q = q -> next;              //前驱指针指向尾结点
    printf("被删除的猴子序号依次是: ");
    while(count < n - 1)
    {
        p = q -> next;
        num++;
        if(num % m == 0)            //找到一个被删结点,完成删除、计数、输出
        {
            q -> next = p -> next;
            printf(" % 3d", p -> num);
            free(p);
            count++;
        }
        else
            q = p;
    }
    return q -> num;                //最后一个结点的数据域即为留在圈内猴王的序号
}
int main()
{
    int n, m;
    mon * head;
    scanf(" % d % d", &n, &m);
    head = creat(n);
    printf("\n 猴王是 % d\n", sel(head, m, n));
    return 0;
}
```

② 如果通过链表本身判断,圈内剩余一个猴王,即循环链表只剩余一个结点,此时循环链表结构如图 13.32 所示。

从图中可以很明显看出其基本特征是:

```
q -> next = = q;
```


图 13.32　只剩余一个结点的循环链表

因此,只需要对上面的程序的 sel 函数中的循环条件:

```
while(count < n - 1)
```

改为

```
while(q -> next!= q)
```

即可,其他的过程完全相同。

13.7　本章小结

链表是一种重要的批量数据组织形式,也是一种具有动态存储特性的结构。与数组的存储方式相比较,链表不必预先申请空间,也不需要连续的内存空间,在批量数据存储中具

有独特的优势。

链表是结点的序列,对链表的操作就是对链表所包含结点的操作。不同链表的结点结构可能有所不同,其中最常用的是单链表。单链表的结点由一个存放数据值的数据域与一个存放后继结点地址的指针域构成,从单链表的第一个结点开始,沿着结点的指针域往后遍历就可以顺次访问到单链表的所有结点。

单链表的应用是以单链表结点的操作为基础的,其中最基本的单链表结点操作就是结点的遍历、结点的插入以及结点的删除。很多复杂的单链表应用无非就是通过结点遍历找到要操作的结点位置,而后对该结点实施插入或删除的过程。所以,要熟练理解和掌握单链表的基本操作实现的过程及方法。

第 14 章 递推与递归

递推是计算机数值计算中的重要算法，递推的思路是通过数学推导，将复杂的运算化解为若干重复的简单运算，以充分发挥计算机擅长重复处理的特点。

递归算法在可计算性理论中占有重要地位，也是算法设计中的比较巧妙的方法，它写出的程序较简短，可以使某些看起来不易解决的问题变得容易解决，在程序设计中常常有着独特的作用。

14.1 递 推

14.1.1 递推思想

以我们已经比较熟悉的 Fibonacci 数列问题为例，在该问题的条件中，最前面两项是已知的，即 F[1]=0，F[2]=1。第二项之后的每一项都是前面相邻两项的和，即：n>2 时有 F[n]=F[n-1]+F[n-2]。在这样的条件下，可以根据所给定的初始值以及相邻项之间的关系，依次求得 F[3]、F[4]、F[5]……后面每一项的值。

在这类问题中，每个数据项都和它前面的若干个数据项(或后面的若干个数据项)有一定的关联关系，这种关联关系一般是通过一个特定的关系式来表示。求解这类问题时就从初始的一个或若干数据项(比如这里的 F[1]=0，F[2]=1)出发，通过类似于 F[n]= F[n-1]+F[n-2]这样特定的关系式逐步推进，从而得到最终结果。这种求解问题的方法叫“递推法”。

递推法是一种重要的数学方法，在数学的各个领域中都有广泛的运用，也是计算机用于数值计算的一个重要算法。这种算法特点是：一个问题的求解需一系列的计算，在已知条件和所求问题之间总存在着某种相互联系的关系，在计算时，如果可以找到前后过程之间的数量关系(即递推式)，那么，这样的问题可以采用递推法来解决。

递推法有两种形式，其中已知初始值，通过递推关系式求出最终结果的递推方式称为顺推法；已知最终结果，通过递推关系式求出初始值的递推方式称为倒推法。无论顺推还是逆推，其关键是要找到递推式。这种处理问题的方法能使复杂运算化为若干步重复的简单运算，充分发挥出计算机擅长于重复处理的特点。

递推算法的首要问题是得到相邻的数据项间的关系(即递推关系)。递推算法避开了通项公式的麻烦，把一个复杂的问题的求解，分解成了连续的若干步简单运算。一般说来可以将递推算法看成是一种特殊的迭代算法。(在解题时往往还把递推问题表现为迭代形式，用循环处理。所谓“迭代”，就是在程序中用同一个变量来存放每一次推算出来的值，每一次循环都执行同一个语句，给同一变量赋以新的值，即用一个新值代替旧值，这种方法称为迭代。)

14.1.2 求解递推关系的方法

有一类问题，每相邻两项数之间的变化有一定的规律性，可将这种规律归纳成如下简捷的递推关系式：

$$f_n = g(f_{n-1}) \quad 或者 \quad f_{n-1} = g'(f_n)$$

这样就在数的序列中，建立起后项和前项之间的关系。然后从初始条件(或最终结果)入手，一步步地按递推关系式递推，直至求出最终结果(或初始值)。很多程序就是按这样的方法逐步求解的。如果对一个问题，要是能找到后一项数与前一项数的关系并清楚其起始条件(或最终结果)，相对就比较容易解决，让计算机一步步计算就是了。让高速的计算机从事这种重复运算，可真正起到“物尽其用”的效果。

递推分倒推法和顺推法两种形式，两者的分析思路如图14.1所示。

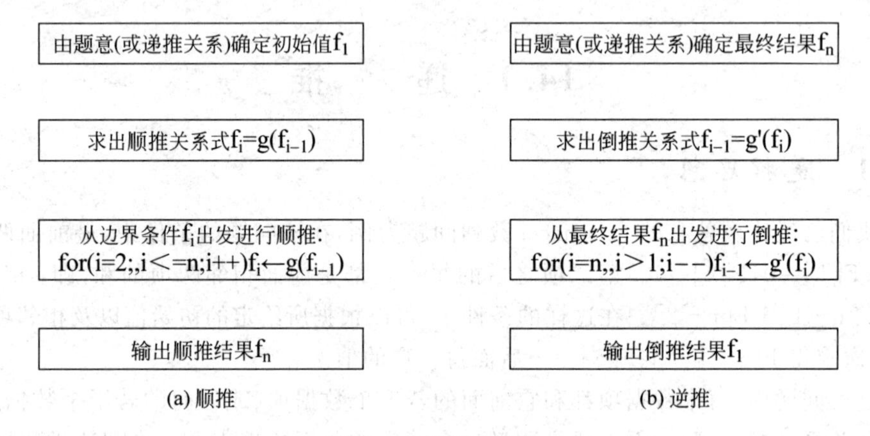

图14.1 顺推与逆推

由此可见，递推算法的时间复杂度一般为O(n)，不管是顺推还是逆推的问题，除了一小部分问题的初始条件(或最终结果)在问题描述中明确给定外，其余大多数问题都需要我们通过对问题的分析与化简而确定，其递推式更需要对实际问题的仔细梳理与归纳分析而得到，因此解决递推问题的基础是问题分析与归纳。

14.1.3 递推关系的建立

解决递推类型问题有三个重点：一是如何建立正确的递推关系式，二是递推关系有何性质，三是递推关系式如何求解。

其中核心问题是如何建立递推关系。建立递推关系的关键在于寻找第n项与前面(或后面)几项的关系式，以及初始项的值(或最终结果值)。它不是一种抽象的概念，而是针对某一具体题目或一类题目而言的。

下面通过一些比较经典的递推问题实例，来进一步展示问题中递推关系的建立、边界条件的获取以及在此基础上递推求解过程的实现。

14.2 递推设计实例

14.2.1 简单 Hanoi 塔问题

【例 14.1】 Hanoi 塔移动次数问题。

Hanoi 塔由 n 个大小不同的圆盘和三根木柱 a、b、c 组成。开始时，这 n 个圆盘由大到小依次套在 a 柱上，如图 14.2 所示。

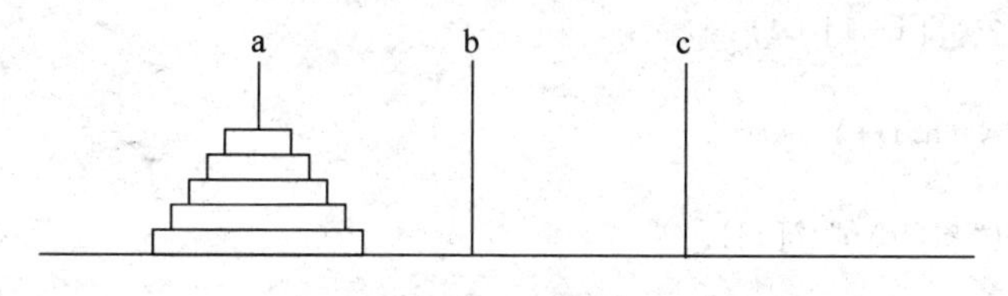

图 14.2 Hanoi 塔移动次数

要求把 a 柱上 n 个圆盘按下述规则移到 c 柱上：

(1) 一次只能移一个圆盘；

(2) 圆盘只能在三个柱上存放；

(3) 在移动过程中，不允许大盘压小盘。

问将这 n 个盘子从 a 柱移动到 c 柱上，总计需要移动多少个盘次？

分析：

设 h_n 为 n 个盘子从 a 柱移到 c 柱所需移动的盘次。下面从最简单情况开始讨论：

(1) 当 n=1 时，只需把 a 柱上的盘子直接移动到 c 柱就可以了，故 $h_1=1$。

(2) 当 n=2 时，分为以下三个过程。

首先，将 a 柱上面的小盘子移动到 b 柱上去；

然后，将大盘子从 a 柱移到 c 柱；

最后，将 b 柱上的小盘子移到 c 柱上。

共记 3 个盘次，故 $h_2=3$。

(3) 依次类推，当 a 柱上有 n(n>2)个盘子时，也分为以下三个过程。

首先，借助 c 柱把上面的 n−1 个盘子移动到 b 柱上，需要移动 h_{n-1} 个盘次；

然后，把 a 柱最下面的盘子移动到 c 柱上，需要移动 1 个盘次；

最后，借助 a 柱把 b 柱上的 n−1 个盘子移动到 c 柱上，需要移动 h_{n-1} 个盘次；

总共移动 $h_{n-1}+1+h_{n-1}$ 个盘次。

归纳：

由以上分析可得到：

$$\begin{cases} \text{递推关系式} & h_n = 2h_{n-1} + 1 \quad (n>=2) \\ \text{递推边界条件} & h_1 = 1 \end{cases}$$

程序如下：

```
#include <stdio.h>
```

```
#include <stdlib.h>
#define N 64
int main()
{
    int i,n;
    long long h[N+1];
    scanf("%d",&n);
    h[1] = 1;
    for(i = 2;i <= n;i++)
    {
        h[i] = 2 * h[i - 1] + 1;
    }
    for(i = 1;i <= n;i++)
    {
        printf("%lld\n",h[i]);
    }
    return 0;
}
```

14.2.2 捕鱼问题

【例 14.2】 捕鱼问题。

A、B、C、D、E五人合伙夜间捕鱼,凌晨时都疲惫不堪,各自在湖边的树丛中找地方睡着了。A第一个醒来,它将鱼平分作五份,把多余的一条扔回湖中,拿自己的一份回家去了。B第二个醒来,也将鱼平分为五份,扔掉多余的一条,只拿走自己的一份。接着C、D、E依次醒来,也都按同样的办法分鱼。问:五人至少合伙捕到多少条鱼?每个人醒来后看到的鱼数是多少条?

分析:

(1) 数据表示。

A、B、C、D、E五人的编号分别为1、2、3、4、5。定义整型数组fish,其中数组元素fish[k]表示第k个人所看到的鱼数,即fish[1]表示A看到的鱼数,fish[2]表示B所看到的鱼数,依此类推。

(2) 顺推关系及其局限。

如果试图用顺推的方式来求解的话,由题意可得到fish[1]、fish[2]、fish[3]、fish[4]、fish[5]之间的如下关系:

```
fish[1]: A所看到的鱼数也是合伙捕到鱼的总数
fish[2] = (fish[1] - 1) * 4/5: B所看到的鱼数
fish[3] = (fish[2] - 1) * 4/5: C所看到的鱼数
fish[4] = (fish[3] - 1) * 4/5: D所看到的鱼数
fish[5] = (fish[4] - 1) * 4/5: E所看到的鱼数
```

归纳成一般递推关系式,即

```
fish[i] = (fish[i - 1] - 1) * 4/5   (i = 2,3, …,5)
```

这个公式适用于已知A看到的鱼数去推算B看到的鱼数,再推算C看到的鱼数,……

先枚举 fish[1]的值，如果 fish[1]的值可以按照上面的顺推关系推出符合要求的 fish[2]、fish[3]、fish[4]、fish[5]，则此时的 fish[1]即为要求的最少鱼数。否则，如果给定的 fish[1]不能保证后续值能够完全推导出来，说明该值不符合要求，让 fish[1]加 1 后再重新进行试探，直到找到后续值能够完全推导出来的 fish[1]为止。

由于初始 A 看到的鱼数 fish[1]没有简洁的条件进行判断，只能从最小的正整数 1 开始进行枚举，枚举的效率很低，因此用顺推的办法求解并不方便。

(3) 逆推关系及求解过程。

相对顺推来说，逆推求解可能更加简单方便。因为 E 醒来时所看到的鱼数最少，且有较为简单的条件可以描述，所以可以试着从 E 看到的鱼数往前逆推，即先由 E 逆推 D 看到的，再由 D 逆推 C 看到的……，最后推出 A 所看到的。

此时 fish[5]仍然表示 E 所看到的鱼数，根据题意该数应该满足被 5 整除后余 1，即

```
fish[5] % 5 == 1
```

fish[4]表示 D 所看到的鱼数，这个数既要满足

```
fish[4] = fish[5] * 5/4 + 1
```

又要满足

```
fish[4] % 5 == 1
```

按照同样的规律往回推导，与 fish[4]一样，fish[3]、fish[2]、fish[1]也要满足如下的条件，即

```
{ fish[i - 1] = fish[i] * 5/4 + 1   (i = 5,4, … ,2)
{ fish[i] % 5 == 1                  (i = 5,4, … ,1)
```

题目要求的 fish[1]，可以根据上面的关系从 fish[5]开始往前逆推。由于所求为最少的鱼数，可以从满足条件的最小 fish[5]值开始进行枚举，由题意可知 E 所看到的鱼数最少为 6 条，即 fish[5]的最小值为 6，下面将 fish[5]取值为 6 开始进行试探。如果当前 fish[5]的值可以依次求得的 fish[4]、fish[3]、fish[2]、fish[1]，且所求均满足上述条件，则找到了最少的鱼数。如果求得的某一个 fish[i]不满足条件，说明 fish[5]的初值不合适，让 fish[5]增加 5 再试，直至可以递推到所有 fish[i]是整数且除以 5 之后的余数是 1 为止。

程序如下：

```
#include <stdio,h>
int  main()
{
 int fish[6] = {1,1,1,1,1,1}, i = 0;
 do
   {
        fish[5] = fish[5] + 5;                  //让 E 看到的鱼数增 5
        for (i = 4; i>= 1; i-- )
         {
              fish[i] = fish[i + 1] * 5/4 + 1;    //计算第 i 人看到的鱼数
              if (fish[i] % 5!= 1) break;
```

```
        }
    } while( i>=1 );
    for (i=1; i<=5; i++)
        printf("%d\n",fish[i]);
    return 0;
}
```

运行结果:

```
1   3121
2   2496
3   1996
4   1596
5   1276
```

14.2.3 Fibonacci类问题

在所有的递推关系中,Fibonacci数列应该是最为大家所熟悉的。Fibonacci数列的代表问题是由意大利著名数学家Fibonacci于1202年提出的"兔子繁殖问题"(又称"Fibonacci问题"),问题描述如下:

【例14.3】 兔子繁殖问题(经典Fibonacci数列)。

如果有一对刚出生的小兔,第三个月开始可以每一个月都生下一对小兔,而所生下的每一对小兔在出生后的第三个月也都生下一对小兔。那么,由一对兔子开始,满一年时一共可以繁殖成多少对兔子?

分析:

用列举的方法可以很快找出本题的答案,第一个月,这对小兔还没有成年,只有这一对兔子。

第二个月,这对兔子成年,生了一对小兔,于是这个月共有2对(1+1=2)兔子。

第三个月,第一对兔子又生了一对兔子,其余小兔未成年。因此共有3对(1+2=3)兔子。

第四个月,第一对兔子又生了一对小兔,而在第一个月出生的小兔也生下了一对小兔,其余小兔未成年。所以,这个月共有5对(2+3=5)兔子。

第五个月,第一对兔子以及第一、二两个月生下的兔子也都各生下了一对小兔。因此,这个月连原先的5对兔子共有8对(3+5=8)兔子。

……

可列表,如表14.1所示。

表14.1 兔子繁殖分月统计表

月份	大兔数	1个月小兔数	2个月小兔数	兔子总数
初始	0	1	0	1
1	0	0	1	1
2	1	1	0	2
3	1	1	1	3
4	2	2	1	5

续表

月份	大兔数	1个月小兔数	2个月小兔数	兔子总数
5	3	3	2	8
6	5	5	3	13
7	8	8	5	21
8	13	13	8	34
9	21	21	13	55
10	34	34	21	89
11	55	55	34	144
12	89	89	55	233

在上表各月具体数据分类的基础上，如何分析归纳得到 Fibonacci 数列一般项的递推关系式？这是解决递推问题的核心。

不妨设满 x 个月共有兔子 F_x 对，其中当月新生的兔子数目为 N_x 对。第 x－1 个月留下的兔子数目设为 O_x 对。则

$$F_x = N_x + O_x$$

而 $O_x = F_{x-1}$,

$N_x = O_{x-1} = F_{x-2}$ （即第 x－2 个月的所有兔子到第 x 个月都有繁殖能力了）

归纳：

由以上分析可得到：

$$\begin{cases} \text{递推关系式} & F_x = F_{x-1} + F_{x-2} \quad (x>=2) \\ \text{递推边界条件} & F_0 = 0, F_1 = 1 \end{cases}$$

有了上面的递推关系式与边界条件，就不难写出其程序代码了，之前在介绍循环结构与一维数组时，我们在这两部分都已经给出了程序代码，本节重点是与读者一起梳理问题的分析过程与归纳方法，因此在此不再赘述代码。读者可以参考前面两章的代码，也可以自行完成本问题代码的实现。

斐波那契数具有许多重要的数学知识，用途广泛，它引起了数学界的普遍关注，为了促进对它的研究，在美国还专门出版了一本杂志叫做《斐波那契季刊》，登载对这个数列的研究成果和最新发现。与在数学领域一样，在程序设计求解过程中有许多与斐波那契数列性质相同或相近的问题，可以按照上述的分析归纳方法找到解决问题的策略，下面再来看几个具体问题，请读者仔细体会它们与经典斐波那契数列问题的异同。

【例 14.4】 母牛的故事。

有一头母牛，它每年年初生一头小母牛。每头小母牛从第四个年头开始，每年年初也生一头小母牛。请编程实现在第 n 年的时候，共有多少头母牛？

分析：

初看起来问题比较复杂，由于小母牛出生的年份不同，计算下一年要出生的小牛的数目不容易实现。但是程序设计的目的是要找到解决问题的规律，本问题有什么样的规律呢？

首先，用数组 f[i]来存储第 i 年的母牛总数，则第 n 年的母牛总数为 f[n]。如果仔细思考的话，f[n]的值只与两个值有关，一个是在本年之前就已经出生的母牛数目，另一个则是

在本年新出生的小母牛数目。

本年之前就已经出生的母牛数目,实际上就是前一年的母牛总数,即为f[n-1]。由于每一头可以生育的母牛每年只生育一头小母牛,所以在本年新出生的小母牛数目,实际上是到今年可以生育的母牛的数目。又因为每头小母牛从第四个年头才开始生育,所以今年可以生育的母牛的数实际上就是三年前的母牛总数,即为f[n-3]。

归纳:

由以上分析可以得到递推公式:

$$f[n]=f[n-1]+f[n-3]\quad (n>=4)$$

当然,递推要有初始的边界条件,第一、二、三年的母牛总数是直接可以知道的,即

```
f[1] = 1;
f[2] = 2;
f[3] = 3;
```

这样看起来,问题的解决就是一个与Fibonacci数列问题非常相近的方法了,因此不难得到实现的程序,代码如下:

```
#include <stdio.h>
int main()
{
    int i,n;
    long long int f[50];
    scanf("%d",&n);                          //从键盘输入计算母牛的年数
    f[1] = 1;f[2] = 2;f[3] = 3;
    for(i = 4; i <= n; i++)
        {
          f[i] = f[i-3] + f[i-1];
        }
    printf("%lld\n",f[n]);
    return 0;
}
```

再来看一个表面上似乎与菲波那切数列无关的问题:

【例14.5】 骨牌问题。

在2×n的长方形方格中,用n个1×2的骨牌铺满方格,输入n,输出铺放方案的总数。例如n=3时,为2×3方格,骨牌的铺放方案有三种,如图14.3所示。

图14.3　n=3时骨牌的铺放方案

分析:

既然是求长度为n时的骨牌铺放方案,不妨从比较简单的情况开始来寻找问题解决的

规律，仍然用f[n]来表示当长度为n时的铺放方案。

当n=1时，只能是一种铺法，即f[1]= 1，如图14.4(a)所示。

当n=2时，只能有两种铺法，即f[2]= 2，如图14.4(b)、图14.4(c)所示。

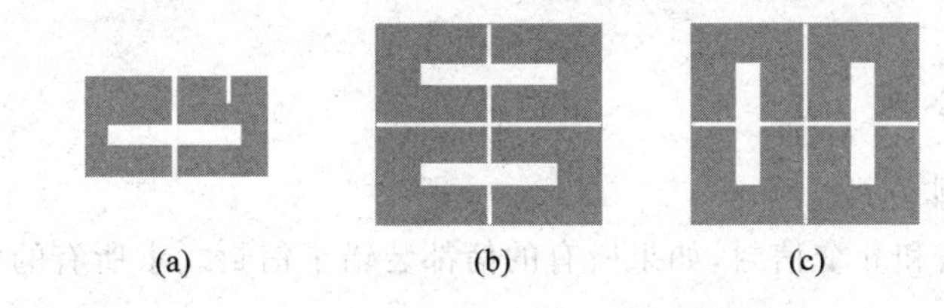

图14.4 n=1与n=2时骨牌的铺放方案

当n=3时，如图14.3所示，可以有三种铺法，即f[3]= 3。这三种铺放方法可以采用如下的步骤分析得到：

n=3时，第一块骨牌的铺法只有两种可能，横铺或者竖铺，即

(1) 横铺方式：在第一格横放一个骨牌，此时剩余两格，在两格内铺放骨牌有f[2]种铺法。

(2) 竖铺方式：在第一、二格竖放两个骨牌，此时剩余一格，在一格内铺放骨牌有f[1]种铺法。

由此可知，n=3时的骨牌铺法为首块骨牌横铺方式的铺法与竖铺方式的铺法之和，即f[3]=f[2]+f[1]=2+1=3。

同理，对于一般的n值，其第一块骨牌的铺法也只有两种可能，横铺或者竖铺。

(1) 横铺方式：若第一格横放一个骨牌，此时剩余n－1格，在n－1格放n－1个骨牌有f[n－1]种铺法。

(2) 竖铺方式：若第一、二格竖放两格骨牌，此时剩余n－2格，在n－2格放n－2个骨牌有f[n－2]种铺法。

归纳：

由以上分析可知，n块骨牌的铺法为首块骨牌横铺方式的铺法与竖铺方式的铺法之和，即

$$\begin{cases}\text{递推关系式} & f[n]=f[n-1]+f[n-2] \quad (n>2)\\ \text{递推边界} & f[1]=1, f[2]=2\end{cases}$$

由此可以很容易得到如下的程序：

```
#include<stdio.h>
int main()
{
    int i,n;
    long long int f[50];
    f[0]=1;
    f[1]=2;
    scanf("%d",&n);
    for(i=2;i<n;i++)
     {
```

```
        f[i] = f[i - 1] + f[i - 2];
    }
    printf(" %lld\n",f[n - 1]);
}
```


14.2.4 错排公式

【例 14.6】 错排公式。

某人写了 n 封信和 n 个信封,如果所有的信都装错了信封。求所有的信都装错信封,共有多少种不同情况?

分析:

这个问题初看起来比较复杂,直接入手不容易找到解决问题的递推规律。但有了前面例 14.5 骨牌问题的问题分析与归纳过程后,可以试着采用类似的方法来推导。

对 n 封信以及 n 个信封各自按照从 1 到 n 进行编号,当 n 个编号的信放在 n 个编号位置的信封时,信的编号与信封位置编号各不对应的方法数用 f[n]表示,那么 f[n−1]就表示 n−1 个编号的信放在 n−1 个编号位置的信封,各不对应的方法数,其他类推。

第一步,把第 n 封信放在一个信封,比如第 k 个信封(k≠n),一共有 n−1 种方法。

第二步,放编号为 k 的信,这时有两种情况:

(1) 把它放到第 n 个信封,那么,对于剩下的 n−2 封信,需要放到剩余的 n−2 个信封且各不对应,就有 f[n−2]种方法。

(2) 不把它放到位置 n,这时,对于这 n−1 封信,放到剩余的 n−1 个信封且各不对应,有 f[n−1]种方法。

由于(1)与(2)是同一步骤的两种不同情况,所以第二步放法总数即为(1)与(2)这同一步骤的两种情况放法之和,即为 f[n−2]+f[n−1]。

归纳:

由以上分析可知,由于整个过程是由上述第一步、第二步两个步骤实现,因此 n 封信放到 n 个信封全部放错的方法就是上述第一步与第二步放法之积,即

$$\begin{cases} \text{递推关系式} \quad f[n] = (n-1)*(f[n-1]+f[n-2]) \quad (n>2) \\ \text{递推边界} \quad f[1]=0, f[2]=1 \end{cases}$$

由此可以很容易得到如下的程序:

```
#include<stdio.h>
#define N  50
int main()
{
    int i,n;
    long long int f[N + 1];
    f[1] = 0;
    f[2] = 1;
    scanf(" %d",&n);
    for(i = 3;i<n;i++)
    {
        f[i] = (n - 1) * (f[i - 1] + f[i - 2]);
```

```
    }
    printf("%lld\n",f[n]);
}
```

14.2.5 马踏过河卒

【例 14.7】 马踏过河卒。

棋盘上 A 点有一个过河卒，需要走到目标 B 点。卒行走的规则：可以向下或者向右。同时在棋盘上的任一点有一个对方的马（见图 14.5 中的 C 点），该马所在的点和所有跳跃一步可达的点称为对方马的控制点（见图 14.5 中的 C 点和 P1，P2，…，P8）。卒不能通过对方马的控制点。棋盘用坐标表示，A 点(0, 0)、B 点(n, m) (n, m 为不超过 20 的整数)，同样马的位置坐标是需要给出的，C≠A 且 C≠B。现在从键盘输入 n、m，要计算出卒从 A 点能够到达 B 点的路径的条数。

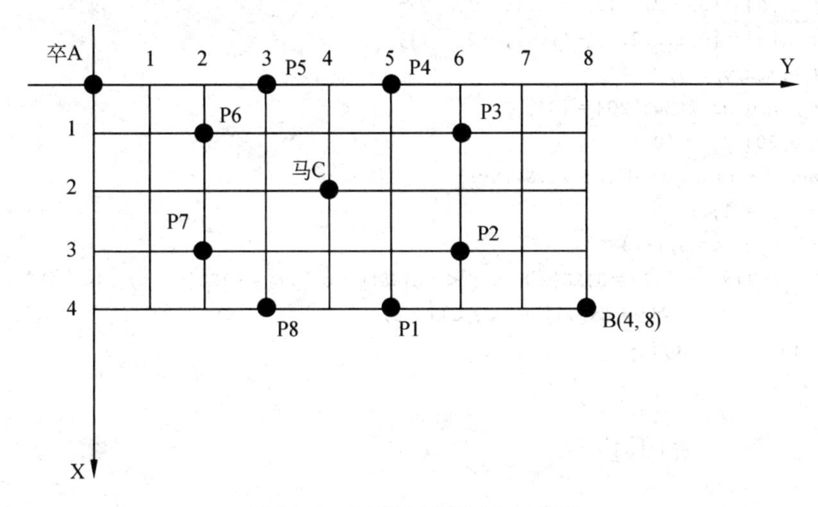

图 14.5 马踏过河卒棋盘示意图

分析：

马踏过河卒是一道很老的题目，程序设计比赛中也经常出现这一问题的变形。一看到这种类型的题目容易让人想到用搜索来解决，但盲目的搜索仅当 n、m=15 就会超时。可以试着用递推来进行求解。

其实，如果对题目稍加分析就会发现，根据卒行走的规则，过河卒要到达棋盘上的一个点，只能有两种可能：从左边过来（称为左点）或是从上面过来（称为上点），所以根据加法原理，过河卒到达某一点的路径数目，就等于其到达其相邻的上点和左点的路径数目之和，因此可以使用逐列（或逐行）递推的方法来求出从起点到终点的路径数目。障碍点（马的控制点）也完全适用，只要将到达该点的路径数目设置为 0 即可。

归纳：

假设用二维数组元素 f[i][j]表示到达点(i,j)的路径数目，用 g[i][j]表示点(i, j)是否是对方马的控制点，g[i][j]=0 表示不是对方马的控制点，g[i][j]=1 表示是对方马的控制点。则可以得到如下的递推关系式：

```
⎧f[i][j] = 0                        当 g[i][j] == 1 时
⎪f[i][0] = f[i-1][0]                当 i>0,g[i][j] == 0 时
⎨f[0][j] = f[0][j-1]                当 j>0,g[i][j] == 0 时
⎩f[i][j] = f[i-1][j] + f[i][j-1]    当 i>0,j>0, g[i][j] == 0 时
```

上述递推关系式的边界为：f[0][0] = 1。考虑到最大情况下：n=20,m=20,路径条数可能会超出长整数范围,所以要使用 long long int 类型(VC++下用_int64 类型)计数或高精度运算。

为了更简洁地表示马的控制点,可以引入两个一维数组,分别用来统计从马的初始位置可以横向移动的位移与纵向移动的位移。有了递推关系式后,可以给出如下的程序：

```
#include<stdio.h>
int main()
{
    int dx[9] = {0, -2, -1,1,2,2,1, -1, -2};
    int dy[9] = {0,1,2,2,1, -1, -2, -2, -1};
    int n,m,x,y,i,j;
    long long int f[20][20] = {0};
    int g[20][20] = {0};
    scanf("%d%d%d%d",&n,&m,&x,&y);
    g[x][y] = 1;
    for(i = 1;i<= 8;i++)
          if ((x + dx[i]>= 0)&&(x + dx[i]<= n)&&(y + dy[i]>= 0)&&(y + dy[i]<= m))
                  g[x + dx[i]][y + dy[i]] = 1;
    for (i = 1;i<= n;i++)
        {
            if(g[i][0]!= 1)
                f[i][0] = 1;
            else
                for(;i<= n;i++)
                    f[i][0] = 0;
        }
    for(j = 1;j<= m;j++)
        {
            if(g[0][j]!= 1)
                f[0][j] = 1;
            else
                for(;j<= m;j++)
                    f[0][j] = 0;
        }
    for(i = 1;i<= n;i++)
        {
            for(j = 1;j<= m;j++)
            {
                if (g[i][j] == 1)
                    f[i][j] = 0;
                else
                    f[i][j] = f[i - 1][j] + f[i][j - 1];
```

```
            }
        }
    printf("%d\n",f[n][m]);
    return 0;
}
```

14.3 递　　归

递归作为一种算法在程序设计中广泛应用,是指函数在运行过程中直接或间接调用自身而产生的重入现象。递归是计算机科学的一个重要概念,递归的方法是程序设计中有效的方法,采用递归编写程序能使程序变得简洁和清晰。

14.3.1　递归的定义

递归是指在函数执行过程中出现对自身的调用的编程方法。

一个函数在其定义或说明中又直接或间接调用自身的一种方法,它通常把一个大型复杂的问题层层转化为一个与原问题相似的规模较小的问题来求解,递归策略只需少量的程序就可描述出解题过程所需要的多次重复计算,大大地减少了程序的代码量。递归的能力在于用有限的语句来定义对象的无限集合。一般来说,递归需要有边界条件、递归前进段和递归返回段。当边界条件不满足时,递归前进;当边界条件满足时,递归返回。

注意:

(1) 在函数中必须有直接或间接调用自身的语句。

(2) 在使用递归策略时,必须有一个明确的递归结束条件,称为递归出口。

14.3.2　递归的思想

递归是从问题的目标状态出发,通过自身的递归关系,层层递进,不断把问题的规模缩小,最终达到问题的边界条件(已知的初始状态)的解题方法。也就是想要求 fib(n)就要先求 fib(n－1)和 fib(n－2),而想要求 fib(n－1)就要先求 fib(n－2)和 fib(n－3),以此类推,想要求 fib(3)就要先求 fib(2)和 fib(1),而 fib(2)和 fib(1)是已知的。

递归的优点是程序结构清晰,不仅可以用来计数,还可以用来枚举(如汉诺塔问题)。但在有的问题中通过直接的递归过程和函数实现起来,效率会变得很差,另外在递归调用的过程中,系统为每一层的返回点、局部量等开辟栈来存储,递归次数过多容易造成栈溢出。

所以,递归更多的是一种思想、一种分析问题的手法,有时需要做很多优化和改进工作,甚至还是要转化为递推、动态规划方法去做。

递归算法一般适用在三个场合:

(1) 数据的定义形式是递归的,如求 Fibonacci 数列问题。

(2) 数据之间的逻辑关系(即数据结构)是递归的,如树、图等的定义和操作。

(3) 某些问题虽然没有明显的递归关系或结构,但问题的解法是不断重复执行一种操作,只是问题规模由大化小,直至某个原操作(基本操作)就结束,如汉诺塔问题,这种问题使用递归思想来求解比其他方法更简单。

14.4 递归设计实例

14.4.1 青蛙过河问题

汉诺塔问题是之前在第7章函数中讨论过的问题,因为它是最典型的递归问题之一,所以在介绍其他递归问题之前,对汉诺塔问题再做一些回顾与分析。

【例14.8】 汉诺(Hanoi)塔问题。

(1) 如图14.6所示,相传在古代印度的一个寺庙中,有位僧人整天把三根柱子上的金盘倒来倒去,原来他是想把64只一个比一个小的盘子从柱子A上借助柱子B移到柱子C上去。

(2) 移动过程恪守下述规则:每次只允许移动一只盘子,且大盘子不得落在小盘子上面。

(3) 有人觉得这很简单,但真的动手才发现,如以每秒移动一只盘子,按照上述规则将64只盘子从柱子A移到柱子C上,所需时间也是很多年。

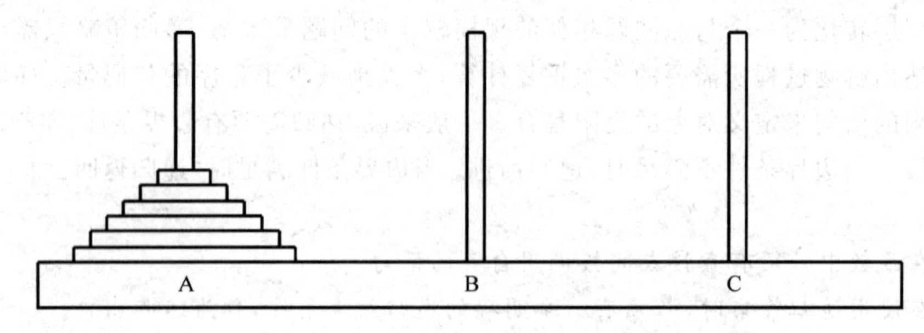

图14.6 汉诺塔问题

该问题的详细分析在第7章中已给出,不再赘述。这里只是再归纳一下递归过程设计的核心思路。

汉诺塔的目标是将初始位置的n个盘子从初始位置A借助于中间位置B移动到目标位置C,可以按照以下三个步骤来执行。

第一步:将初始位置A上面的n−1个盘子借助目标位置C,移动到中间位置B暂时存放。

第二步:将初始位置A最下面的大盘子直接移动到目标位置C。

第三步:将中间位置B暂存的n−1个盘子借助初始位置A移动到目标位置C。

程序如下:

```
#include <stdio.h>
int step = 1;                              //整型全局变量,预置1,步数
void move(int,char,char,char);
int main()
{
    int n;
      printf("请输入盘数 n = ");
    scanf(" %d",&n);
```

```
    printf("在 3 根柱子上移 %d 只盘的步骤为:\n",n);
    move(n,'a','b','c');
    printf("\n");
    return 0;
}
void move(int m,char p,char q,char r)
{
   if (m == 1)                         //如果 1 个盘子,则为直接可解结点
    {
        printf("\n[ %d] move %d# from %c to %c",step,m,p,r);
        step++;                        //步数加 1
    }
   else
    {
        move(m-1,p,r,q);               //递归调用 move
        printf("\n[ %d] move %d# from %c to %c",step,m,p,r);
        step++;                        //步数加 1
        move(m-1,q,p,r);               //递归调用 move
    }
}
```

【例 14.9】 青蛙过河问题。

该题是 2000 年全国青少年信息学奥林匹克竞赛的一道试题。叙述如下:

一条小溪尺寸不大,青蛙可以从左岸跳到右岸,在左岸有一石柱 L,面积只容得下一只青蛙落脚,同样右岸也有一石柱 R,面积也只容得下一只青蛙落脚。有一队青蛙从尺寸上一个比一个小。我们将青蛙从小到大,用 1,2,…,n 编号。规定初始时这队青蛙只能趴在左岸的石柱 L 上,当然是按号排一个落一个,小的落在大的上面。不允许大的在小的上面。在小溪中有 S 个石柱,有 y 片荷叶,规定溪中的柱子上允许一只青蛙落脚,如有多只同样要求按号排一个落一个,大的在下,小的在上。对于荷叶只允许一只青蛙落脚,不允许多只在其上。对于右岸的石柱 R,与左岸的石柱 L 一样,允许多个青蛙按号排一个落一个,小的在上,大的在下。当青蛙从左岸的 L 上跳走后就不允许再跳回来;同样,从左岸 L 上跳至右岸 R,或从溪中荷叶或溪中石柱跳至右岸 R 上的青蛙也不允许再离开。问在已知溪中有 S 根石柱和 y 片荷叶的情况下,最多能跳过多少只青蛙?

分析:

这题看起来较难,但是有了上面汉诺塔问题的解决过程给我们的启示,如果认真分析,理出思路,找出规律,就可以将问题化难为易。

为更清晰地找到问题解决的规律,先从最简单的情况入手进行分析,在此基础上再从个别再到一般,找出一般情况下的处理规律。

根据题目的特点,经常用到的操作无非是青蛙的跳跃,可以借助的工具就是荷叶与石柱,由此,可以定义函数为

```
Jump(S,y)
```

用以统计借助荷叶与石柱最多从左岸跳到右岸的青蛙数目。其中,S 表示河中石柱的数目;y 表示河中荷叶的数目。

函数定义之后，先从最简单的情况来分析函数 Jump(S, y)的求值规律。

先看最简单的情况，S=0 时表示河中没有石柱，此时函数简化为

```
Jump(0,y)
```

在此情况下，假设只有一片荷叶，即 y=1，函数又简化为 Jump(0, 1)，而 Jump(0, 1)的值是容易知道的，即：Jump(0, 1)=2。

说明：河中有一片荷叶，可以过两只青蛙，起始时石柱 L 上有两只青蛙，1＃在 2＃上面。

第一步：1＃跳到荷叶上；

第二步：2＃从 L 直接跳至 R 上；

第三步：1＃再从荷叶跳至 R 上。

借助一个荷叶的青蛙跳跃示意图如图 14.7 所示。

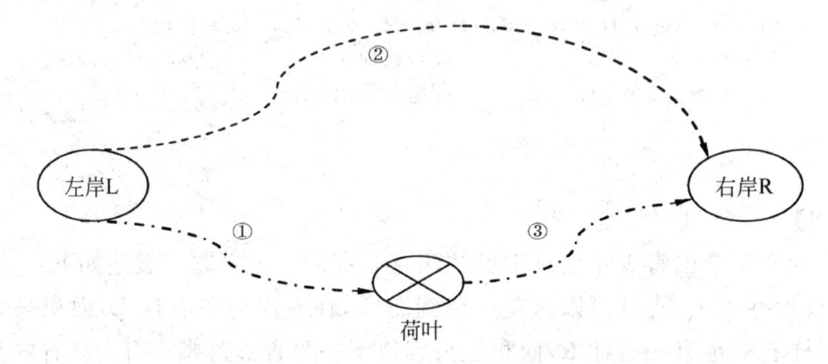

图 14.7　借助一个荷叶的青蛙跳跃示意图

同理可知，河中只有两片荷叶，即 y=2 时，Jump(0,2)的值也容易求得。

```
Jump(0,2) = 3;
```

说明：河中有两片荷叶时，可以过 3 只青蛙，如图 14.8 所示。起始时：

1＃，2＃，3＃三只青蛙落在 L 上；

第一步：1＃从 L 跳至叶 1 上；

第二步：2＃从 L 跳至叶 2 上；

第三步：3＃从 L 直接跳至 R 上；

第四步：2＃从叶 2 跳至 R 上；

第五步：1＃从叶 1 跳至 R 上。

依次类推，当有 y 片荷叶时可以跳过的青蛙数：Jump(0,y)=y+1；

这说明，在河中没有石柱的情况下，过河的青蛙数仅取决于荷叶数，数目是“荷叶数+1”。下面来分析河中有石柱的情况，即

```
Jump(S, y)
```

仍然从最简单的情况开始分析：假设河中只有一个石柱和一片荷叶，即 S=1，y=1，来求 Jump(1, 1)。

这个过程就有些与汉诺塔问题相似了。

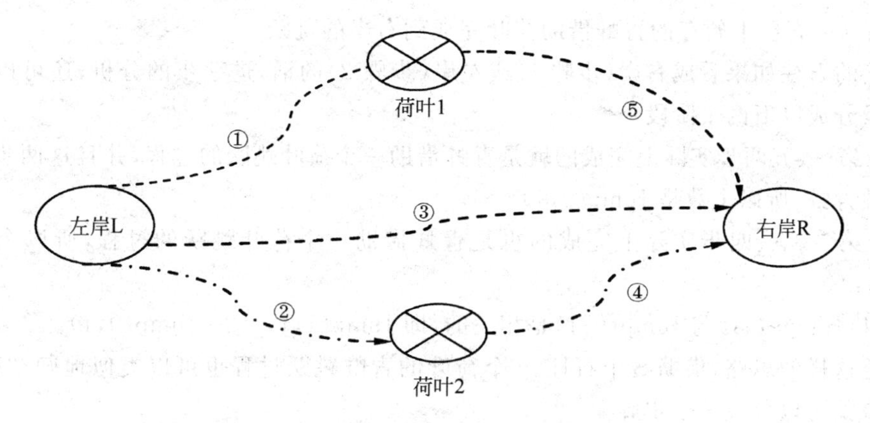

图 14.8　借助两个荷叶的青蛙跳跃示意图

从图 14.9 看出需要 9 步，跳过 4 只青蛙。

1＃青蛙从 L->Y；

2＃青蛙从 L->S；

1＃青蛙从 Y->S；

3＃青蛙从 L->Y；

4＃青蛙从 L->R；

3＃青蛙从 Y->R；

1＃青蛙从 S->Y；

2＃青蛙从 S->R；

1＃青蛙从 Y->R；

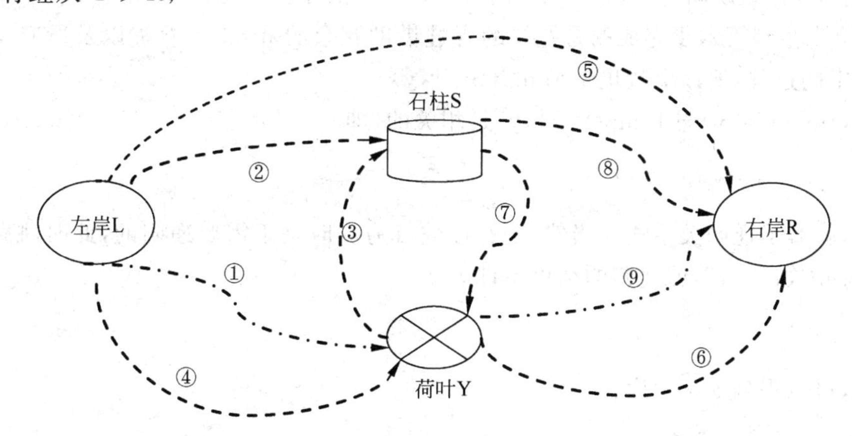

图 14.9　借助一个石柱与一个荷叶的青蛙跳跃示意图

为了更清晰地描述这一过程，可以参照汉诺塔问题将借助一个荷叶、一个石柱的青蛙跳跃问题分成五个步骤。

第一步：借助荷叶将左岸上面的若干青蛙（这里是 1＃与 2＃两只）跳到石柱上暂存。

第二步：左岸的下一只青蛙（这里是 3＃）跳到荷叶上。

第三步：左岸的再下一只青蛙（这里是 4＃）完成到右岸的直接跳跃。

第四步：荷叶暂存的青蛙完成到右岸的跳跃。

第五步：石柱上暂存的青蛙借助荷叶完成到右岸的跳跃。

以上的石柱如果看成右岸(步骤1)或左岸(步骤2)的话，进一步的分析，还可以将上述五个步骤分成以下两个阶段。

(1) 第一、五两步实际上完成的就是青蛙借助一个荷叶跳跃的过程，并且这两步的对象是同一批青蛙，所以个数是Jump(0,1)。

(2) 第二、三、四步实际上完成的也是青蛙借助一个荷叶跳跃的过程，所以个数也是Jump(0,1)。

所以，Jump(1,1)与Jump(0,1)是相关的，即Jump(1,1)=2 * Jump(0,1)。

按照这样的思路，借助S个石柱、y个荷叶的青蛙跳跃过程也可以类似地归纳出来，这个实现步骤可以分成7个步骤。

第一步：借助所有荷叶以及其余石柱将左岸上面的若干青蛙跳到第一个石柱上暂存。

第二步：左岸的余下的青蛙借助其他可用的石柱以及所有荷叶跳到其他石柱上。

第三步：左岸的再余下的青蛙跳到所有荷叶上。

第四步：左岸的再下一只青蛙完成到右岸的直接跳跃。

第五步：荷叶暂存的青蛙完成到右岸的跳跃。

第六步：除了第一个石柱外其余石柱上暂存的青蛙完成到右岸的跳跃。

第七步：第一个石柱上暂存的青蛙借助其余石柱以及所有荷叶完成到右岸的跳跃。

类似地，如果以上的石柱在跳跃过程中可以看成右岸或左岸的话，这里的七个步骤也可以简化成两个阶段。

(1) 第一、七两步实际上是青蛙借助S−1个石柱以及y个荷叶，完成从左岸到第一个石柱，再到右岸的跳跃的过程，而这两步的对象是同一批青蛙，，所以个数是Jump(S−1,y)。

(2) 第二步到第六步完成的是左岸的青蛙借助剩余的n−1个石柱以及所有y个荷叶跳跃到右岸的过程，所以个数也是Jump(S−1,y)。

所以，Jump(S, y)与Jump(S−1,y)是相关的，即

```
Jump(s,y) = 2 * Jump(s - 1,y)
```

这样，就有了递归关系式。当然，当石柱数目为0时是不需要递归的，此时跳跃的青蛙数目为“荷叶数目+1”，即递归的结束条件为

```
Jump(0,y) = y + 1;
```

由此，可以得到如下程序：

```
#include <stdio.h>
int Jump(int, int);                              //声明有被调用函数
int  main()
{
    int s,y,sum;                                 //整型变量,s为河中石柱数,y为荷叶数
    printf("请输入石柱数 s = " );                //提示信息
    scanf(" %d",&s);
    printf("请输入荷叶数 y = " );                //提示信息
    scanf(" %d",&y);
    sum = Jump(s,y);                             //Jump(s,y)为被调用函数
```

```
    printf("Jump( %d, %d) = %d\n",s,y,sum);
    return 0;
}
//以下函数是被主程序调用的函数
int Jump(int r,int z)                    //整型自定义函数,r,z为形参
{
    int k;
    if (r == 0)                          //如果r为0,则不再递归
     {
        k = z + 1;
     }
    else                                 //如果不为1,则递归调用Jump(r-1,z)
     {
         k = 2 * Jump(r - 1,z);
     }
    return (k);
}
```

14.4.2 快速排序问题

【例 14.10】 快速排序。

比较朴素的排序方式比如选择排序、冒泡排序的排序思路比较简单,但是排序效率较低,在时间要求较高的环境中(比如在 OJ 或比赛题目中),需要一些效率更高的排序方法。快速排序就是利用分治递归技术实现的一种比较高效的方法。

在计算机科学中,分治法是一种很重要的算法。分治法简而言之就是"分而治之",也就是把一个复杂的问题分成两个或更多的子问题,再把子问题分成更小的子问题……直到最后分解成的子问题可以直接求解,原问题的解即子问题的解的合并。

如果原问题可分割成k个子问题,且这些子问题可解并可以利用这些子问题的解求出原问题的解,这种分治法就是可行的。由分治法产生的子问题往往是原问题的较小模式,这就为使用递归技术提供了方便。在这种情况下,反复使用分治手段,可以使子问题与原问题类型一致而其规模不断缩小,最终使子问题缩小到很容易直接求解。这一过程很容易导致递归过程的产生。分治与递归像一对孪生兄弟,经常出现在程序设计中。

快速排序是基于分治递归的思想来实现的。

设要排序的数组是a[0],a[1],…,a[n-1],首先任意选取一个数据(通常选用第一个数据)作为关键数据,然后将所有比它小的数都放到它前面,所有比它大的数都放到它后面,这个过程称为一趟快速排序(又称一次划分)。

一趟快速排序(一次划分)的算法步骤如下。

(1) 设置两个变量i、j,排序开始的时候:i=0,j=n-1。

(2) 以第一个数组元素作为关键数据,赋值给key,即key=a[0]。

(3) 从j开始向前搜索,即由后开始向前搜索(j=j-1),找到第一个小于key的值a[j],将其值赋给a[i]。

(4) 从i开始向后搜索,即由前开始向后搜索(i=i+1),找到第一个大于key的a[i],将其值赋给a[j]。

(5) 重复第(3)、(4)步,直到 i=j,此时将 key 暂存的值赋给 a[i](或 a[j])。

这样一趟快速排序完成,其结果是以 key 作为轴心数据,把数组里面原来的数据的位置做了调整,比 key 小的数据放在了 key 的前面,比 key 大的数据放在了 key 的后面。

例如:假设待排序的数组包含 10 个元素,初始状态如图 14.10 所示。

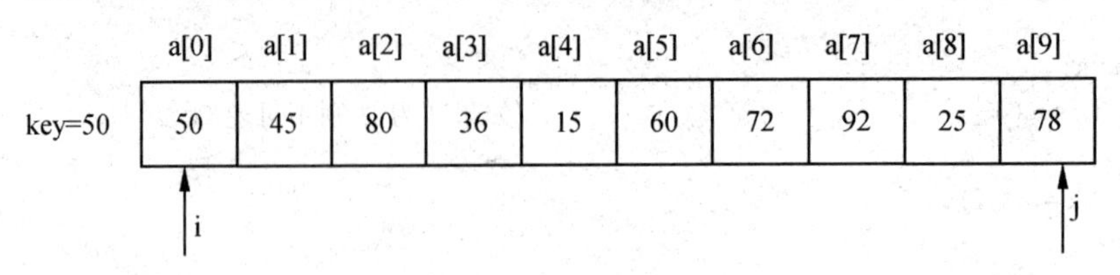

图 14.10 数组初始状态

将第一个元素 a[0]赋予 key,作为划分比较的依据,i、j 作为两个下标分别指向第一个、最后一个元素。

过程 A:先从后面的元素(j 所指)与 key 进行比较,如果 a[j]≥key,j 往前移动(j−−),继续比较下一个 a[j],直到遇到小于 key 的元素停止,如图 14.11 所示。

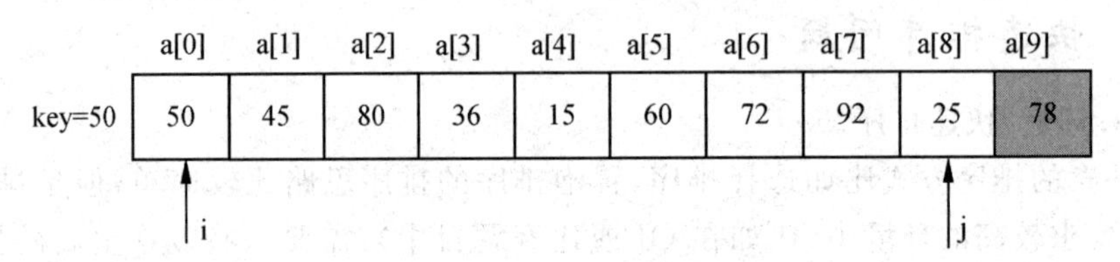

图 14.11 一趟快速排序(1)

将此时的小于 key 的 a[j]赋值给前面的元素 a[i],即 a[i]=a[j],同时 i 后移(i++),指向下一个元素,如图 14.12 所示。

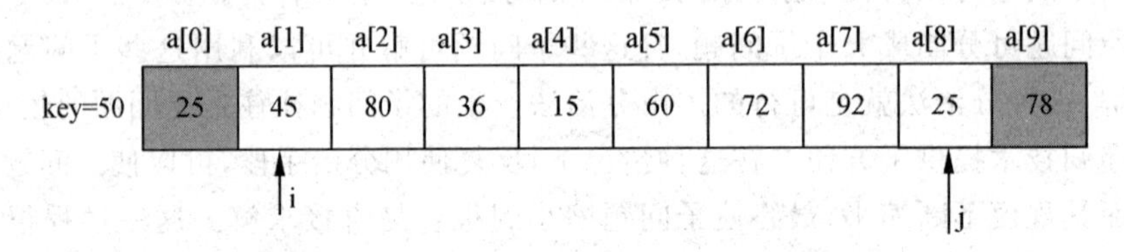

图 14.12 一趟快速排序(2)

过程 B:再从前面的元素(i 所指)与 key 进行比较,如果 a[i]≤key,i 往后移动(i++),继续比较下一个 a[i],直到遇到大于 key 的元素停止,如图 14.13 所示。

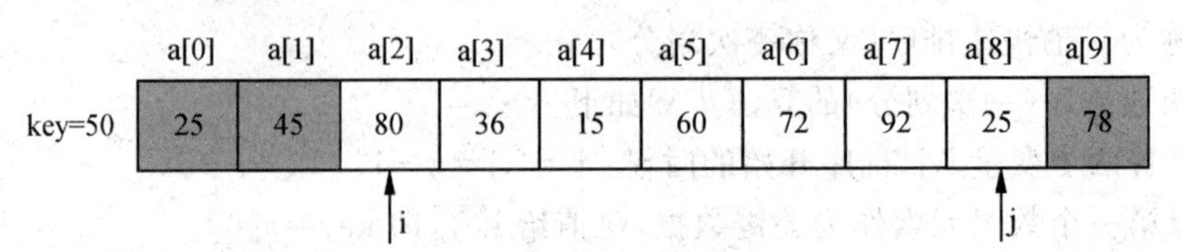

图 14.13 一趟快速排序(3)

将此时的大于 key 的 a[i]赋值给前面的元素 a[j],即 a[j]=a[i],同时 j 前移(j−−),指向下一个元素,如图 14.14 所示。

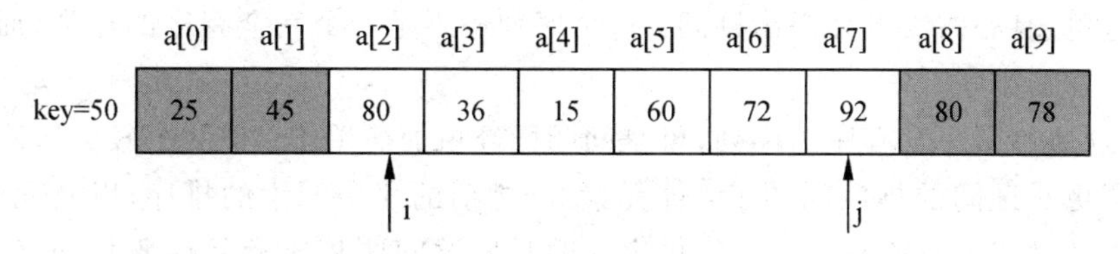

图 14.14　一趟快速排序(4)

再次重复上述过程 A 与过程 B 两个步骤，直到下标 i 与下标 j 指向同一元素(即 i==j)为止。实现过程依次如图 14.15～图 14.17 所示。

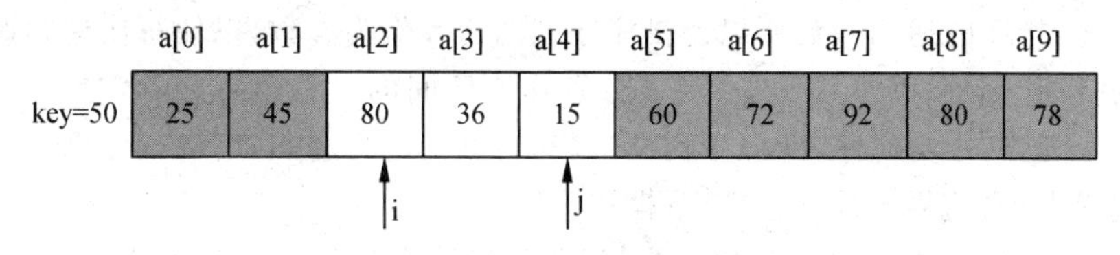

图 14.15　一趟快速排序(5)

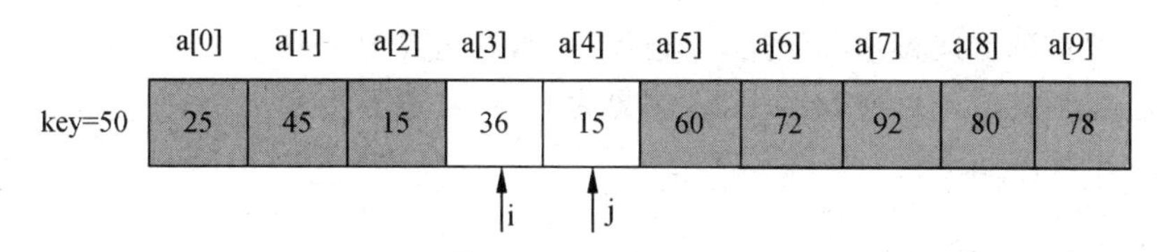

图 14.16　一趟快速排序(6)

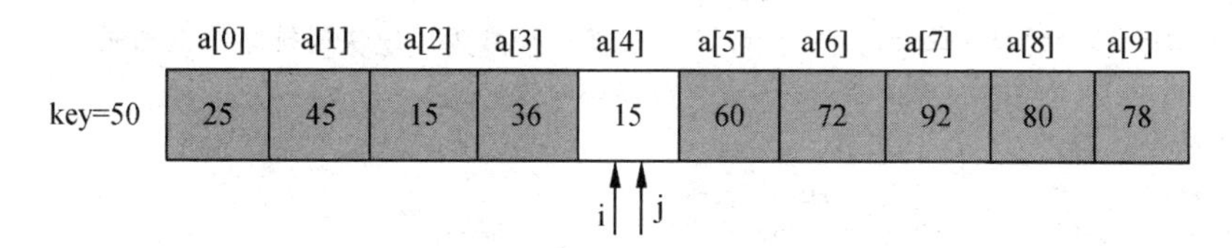

图 14.17　一趟快速排序(7)

当下标 i 与 j 相等时，i(或 j)所指的位置就是初始选作比较的元素 key 应该存放的位置，把 key 放入该位置，即执行

```
a[i] = key;(或 a[j] = key;)
```

数组变成了图 14.18 所示的结构。

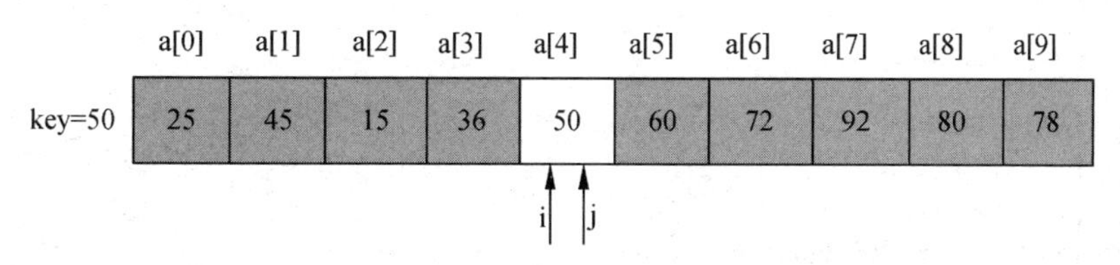

图 14.18　一趟快速排序(8)

这就是一趟快速排序的过程。通过这一过程，以 50 作为划分的枢轴元素，把一个无序的序列做了重新的元素调整，变成了：{25,45,15,36} 50 {60,72,92,80,78}。其中在 50 之前存放的元素都小于等于 50，在 50 之后存放的元素都大于等于 50。

看到这里,有心的读者会提出疑问:这个序列还不是一个完全有序的序列,而我们的目标是所有元素的排序呀?

对了,这还不是一个有序的序列,可是问题已经更加简单了:把一个较大区间的排序问题变成两个更小区间的排序问题了:即元素50之前的4个元素的排序,以及元素50之后的5个元素的排序。而这两个区间的排序问题与原始问题相比较是性质相同,但规模更小的问题,所以可以用分治递归的策略来完成。

当然,递归不能无限进行下去,当划分的区间只包含一个元素时,该区间自身一定是一个有序的区间,就不用再做递归了,这就是递归终止的条件。

综上所述,排序的递归函数要以待排序序列的边界作为参数,以便每次递归调用时完成不同区间的排序。假设以参数l与参数r分别作为区间的左右边界,那么当l==r时表示区间只有一个元素,本身有序,所以不需要递归,否则要进行递归,所以程序思路如下。

当左边界l<右边界r时,执行以下操作:

(1) 执行一趟快速排序过程,以i为界形成两个子序列,i前的所有元素皆小于等于a[i],i之后的所有元素皆大于等于a[i]。

(2) 对i之前的区间做递归调用,左边界不变,右边界为i-1。

(3) 对i之后的区间做递归调用,左边界为i+1,右边界不变。

由此,写出程序如下:

```
#include<stdio.h>
void qsort(int a[],int left,int right)
{
    int x=a[left],i=left,j=right;    //以第一个数为一趟快速排序的枢轴元素
    if (left>=right) return;          //递归终止
    while(i<j)
      {
        while(i<j && a[j]>=x) j--;
        a[i]=a[j];
        while(i<j && a[i]<=x) i++;
        a[j]=a[i];
      }
    a[i]=x;
    qsort(a,left,i-1);                //左半区间递归调用
    qsort(a,i+1,right);               //右半区间递归调用
}
int main()
{
    int i,n,a[10001];
    scanf("%d",&n);
    for(i=0;i<n;i++)
        scanf("%d",&a[i]);
    qsort(a,0,n-1);
    for(i=0;i<n;i++)
        printf("%d",a[i]);
     return 0;
}
```

为了更好地刻画一次快速排序(一次划分)在快速排序过程中的作用,可以把上面程序中的一次划分过程单独写成一个函数,在快速排序函数中先通过调用一次划分函数,完成划分过程,再完成对自身的两次递归调用,这样的结构显得更加清楚一些。引入一次划分函数后的程序如下:

```
#include<stdio.h>
int partition(int a[],int low,int high)
{
    int x=a[low];                    //以第一个数为一趟快速排序的枢轴元素
    while(low<high)
      {
        while(low<high && a[high]>=x) high--;
        a[low]=a[high];
        while(low<high && a[low]<=x) low++;
        a[high]=a[low];
      }
    a[low]=x;
    return low;
}
void qsort(int a[],int left,int right)
{
    int m;
    if (left<right)
    {
        m=partition(a,left,right);
        qsort(a,left,m-1);           //左半区间递归调用
        qsort(a,m+1,right);          //右半区间递归调用
    }
}
int main()
{
    int i,n,a[10001];
    scanf("%d",&n);
    for(i=0;i<n;i++)
        scanf("%d",&a[i]);
    qsort(a,0,n-1);
    for(i=0;i<n;i++)
        printf("%d",a[i]);
     return 0;
}
```

14.4.3 第k小的数

【例14.11】 第k小的数。

问题描述:有包含n个整数的无序序列,输入k(1<=k<=n)的值,用较快的方法找到序列中第k小的数并输出。

分析:

有了一定的编程基础后,读者一开始看到这个问题都会觉得比较简单。首先能够想到

的方法通常有以下两种。

(1) 借助选择排序：因为选择排序是一个找 n－1 个最小值的过程，并且这 n－1 个最小值是按照由小到大的顺序依次找到的。因此，可以利用选择排序的方法，并且只需要在第 k 个最小值找到时就可以结束，不用继续完成之后的排序过程。

(2) 借助快速排序：先利用快速排序比选择排序速度快的特点，对 n 个元素进行排序，然后再从排好序的序列中输出第 k 个元素即可。

上述两种方法虽然都可以找到第 k 小的数，但也都存在着明显的缺陷：

在第一种方法中，由于选择排序每次找最小值的时间耗费是 O(n)，k 次找最小值的时间耗费即为 O(k * n)。当 k 的值很小时，这种方法所用时间较少，看似是可行的。但当 k 的值稍大时，所用时间就多了，比如 k＝n 时，实际过程便成了 n 个数的选择排序全过程，时间耗费为 O(n * n)，就不再符合“较快查找”的基本要求了。

在第二种方法中，因为快速排序的时间复杂度是 O(n * lgn)，可以比选择排序快一些完成排序过程，直接输出排序序列的第 k 个元素即为第 k 小的值。但我们仅仅是要找到序列中的第 k 小的元素这一个值，原本不需要知道其他元素的情况，如果用快速排序先实现所有 n 个数的排序，就会存在不少与找第 k 小数的目标无关的多余操作。这样看来，完全的快速排序 O(n * lgn)的时间耗费也不符合“较快查找”的基本要求。

怎么才能找到一种“较快查找”的方法呢？可以在对快速排序的算法进行一些改进，不再把它作为一个排序的过程，而当作一个快速查找的过程。当然，快速查找的基础，仍然是需要一趟快速排序（一次划分）的过程，但一趟快速排序之后不需要两个区间的递归排序，只需要一个区间的递归查找即可。

假设要对包含 10 个无序整数{ 28,31,15,21,44,30,18,20,55,37 }的数组进行第 k 小数的查找，数组查找前的初始状态如图 14.19 所示。

a[1]	a[2]	a[3]	a[4]	a[5]	a[6]	a[7]	a[8]	a[9]	a[10]
28	31	15	21	44	30	18	20	55	37

图 14.19　数组初始状态

注意： 虽然数组的下标默认都是从 0 开始的，但因为要找其中第 k 小的数，为了让数组元素的位序更直观地体现位置关系，本任务将数组 0 号单元舍弃不用，元素从下标为 1 的单元开始依次存放。这需要在定义存放 N 个元素的数组时，长度定义为 N+1。

下面根据用户输入的不同 k 值的快速查找要求，来看一下找到第 k 小数的具体查找过程。

(1) 用户要找其中第 5 小的数，即 k＝5。

首先，要执行快速排序算法中的一趟快速排序（一次划分）过程，以 28 为枢轴，把上述序列分成两半，左半区间的元素值皆不大于 28，而右半区间的元素值皆不小于 28，如图 14.20 所示。虽然此时前半区间、后半区间的元素位置还不是这些元素按序排列后应在的最后位置，但它们在哪一个区间已经落实了，对 28 这一枢轴元素来讲，其最终位置在一次划分后也已经确定。

其次，上述划分完成后获得枢轴元素 28 在数组里新的下标 i＝5，如上所述 5 号单元就

a[1]	a[2]	a[3]	a[4]	a[5]	a[6]	a[7]	a[8]	a[9]	a[10]
20	18	15	21	28	30	44	31	55	37

图 14.20　一次划分后的数组元素分布(1)

是枢轴元素 28 最后排序完成所在的位置，也即 28 一定是原始序列中第 5 小的数。此时 k 的值与 i 的值相等(皆为 5)，则找到原始序列里第 5 小的数，即为 28，结束查找。

(2) 用户要找其中第 3 小的数，即 $k=3$。

首先，以 28 为枢轴对原始序列执行一次划分，划分结果同(1)，如图 14.20 所示。

其次，比较枢轴 28 划分后的新位置 i 与 k 的值，因为此时 $i=5$ 而 $k=3$，满足 $k<i$ 的条件，说明第 3 小的数只可能在划分的前半区间，亦即下标范围 $1\sim i-1$ 的区间出现。如图 14.21 所示舍弃后半区间(阴影部分)，到前半区间(非阴影部分)做继续递归查找。

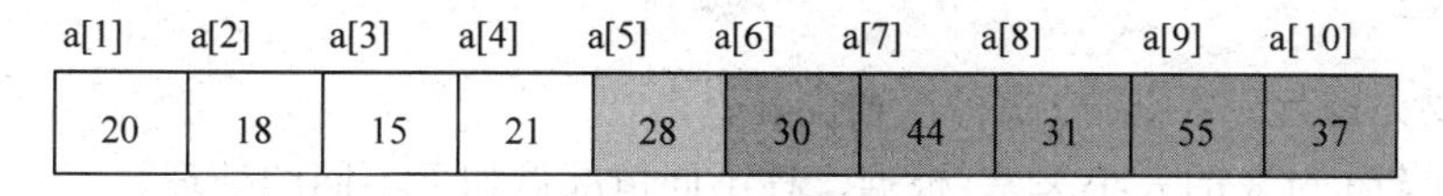

图 14.21　一次划分后的数组元素分布(2)

在前半区间递归查找的方式，与在大区间查找的过程类似，只不过查找范围限定在下标为 $1\sim i-1$ 的区间。此时的第一步，有需要以当前区间的第一个元素(即 20)为枢轴，对 a[1]～a[4]做一次划分，划分的结果如图 14.22 所示。

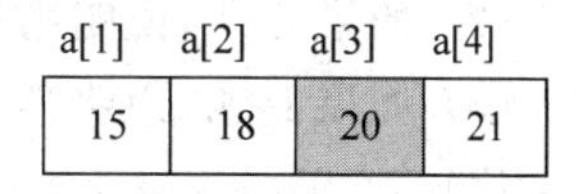

图 14.22　二次划分后前半区间元素分布

此时枢轴元素 20 所在的位置 $i=3$ 即是其在完全有序序列中的最终位置，前一半区间的元素皆小于 20，而后一半区间的元素皆大于 20。比较这时的 i 与 k 的值，因为 $i=k=3$，说明第 3 小的数即为 20，查找结束。

(3) 用户要找其中第 9 小的数，即 $k=9$。

首先，以 28 为枢轴对原始序列执行一次划分，划分结果同(1)，如图 14.20 所示。

其次，比较枢轴 28 划分后的新位置 i 与 k 的值，因为此时 $i=5$ 而 $k=9$，满足 $k>i$ 的条件，说明第 9 小的数只可能在划分的后半区间，亦即下标范围 $k+1\sim 10$ 的区间出现。如图 14.23 所示舍弃前半区间(阴影部分)，到后半区间(非阴影部分)做继续递归查找。

a[1]	a[2]	a[3]	a[4]	a[5]	a[6]	a[7]	a[8]	a[9]	a[10]
20	18	15	21	28	30	44	31	55	37

图 14.23　一次划分后的数组元素分布(3)

在后半区间递归查找的方式，与(2)前半区间的递归查找过程类似，只不过查找范围限定在下标为 $i+1\sim 10$ 的区间。此时的第一步，有需要以当前区间的第一个元素(即 30)为枢轴，对 a[6]～a[10]做一次划分，划分的结果如图 14.24 所示。

此时枢轴元素 30 所在的位置 $i=6$ 即是其在完全有序序列中的最终位置，前一半区间为空，而后一半区间的元素皆大于 30。比较这时的 i 与 k 的值，因为 $i=6$ 而 $k=9$，说明第 9 小的数在此时枢轴 i 之后的半个区间出现。

继续到下标为i+1～10的后半区间做递归查找，以其中的第一个元素44为枢轴，对a[7]～a[10]做一次划分，划分的结果如图14.25所示。

a[6]	a[7]	a[8]	a[9]	a[10]
30	44	31	55	37

图 14.24　二次划分后后半区间元素分布

a[7]	a[8]	a[9]	a[10]
37	31	44	55

图 14.25　三次划分后后半区间元素分布

此时枢轴元素44所在的位置i=9即是其在完全有序序列中的最终位置，前一半区间的元素皆小于44，而后一半区间的元素皆大于44。比较这时的i与k的值，因为i=k=9，说明第9小的数即为44，查找结束。

归纳：

查找第k小数的较快算法是一个递归的过程，每次调用(包括递归调用)都会执行以下两步。

首先，要先进行一次划分，获得枢轴位置i。

其次，比较i与k的大小关系，根据三种不同情况做如下不同的处理。

(1) 如果i==k，说明枢轴元素即为第k小的数，查找结束；

(2) 如果i>k，说明第k小的元素在前半区间，到下标为1～i-1的区间做递归查找；

(3) 如果i<k，说明第k小的元素在后半区间，到下标为i+1～n的区间做递归查找。

比较：

整体看来，查找第k小数的较快算法与快速排序相比较，大体框架相近，两者有何不同呢？仔细对比一下两个算法过程，细心的读者会看出来，快速排序中的每一次划分之后，前半区间与后半区间是都要进行递归执行的；而查找第k小数的较快算法在每一次划分之后，只要i与k相等就结束，不相等的话，就根据两者的大小关系，只对其中一个区间进行递归，另一个区间被舍弃。因为每次都会舍弃一半区间，因此查找第k小数的执行速度明显要高于快速排序过程。

基于上述思想实现的查找第k小数的程序如下：

```
#include<stdio.h>
#define  N  20
int partition(int a[],int low,int high)
{
     int x = a[low];                         //以第一个数为一趟快速排序的枢轴元素
     while(low < high)
         {
           while(low < high && a[high]> = x) high -- ;
           a[low] = a[high];
           while(low < high && a[low]< = x) low++;
           a[high] = a[low];
         }
     a[low] = x;
     return low;
}
int find_k(int a[],int left,int right,int k)
{
```

```
    int i;
    if (left <= right)
    {
        i = partition(a, left, right);
        if (i == k) return a[i];
        if ( i > k )
            return (find_k(a, left, i - 1, k));
        else
            return (find_k(a, i + 1, right, k));
    }
}

int main()
{
    int i, n, m, a[10001];
    scanf("%d", &n);
    for(i = 1; i <= n; i++)
        scanf("%d", &a[i]);
    scanf("%d", &k);
    m = find_k(a, 1, n, k);
    printf("%d -- %d\n", k, m);
    return 0;
}
```

14.4.4 全排列问题

【例 14.12】 全排列问题。

从 n 个不同元素中任取 m(m≤n)个元素，按照一定的顺序排列起来，叫做从 n 个不同元素中取出 m 个元素的一个排列。当 m=n 时所有的排列情况叫全排列。

如 1,2,3 三个元素的全排列如下：

```
1,2,3
1,3,2
2,1,3
2,3,1
3,1,2
3,2,1
```

分析：

如果用 P 表示 n 个元素的排列，而 P_i 表示不包含元素 i 的排列，(i)P_i 表示在排列 P_i 前加上前缀 i 的排列，那么，n 个元素的排列可递归定义如下：

如果 n=1，则排列 P 只有一个元素 i；

如果 n>1，则排列 P 由排列(i)P_i(i=1,2,…,n−1)构成。

根据定义，如果已经生成了 k−1 个元素的排列，那么，k 个元素的排列可以在每个 k−1 个元素的排列 P_i 前添加元素 i 而生成。例如：

(1) n=2 时，p_1={2}，p_2={1}。包含 2 个元素{1,2}的全排列是{(1)p_1，(2)p_2}，即

{{1,2},{2,1}}。

(2) n=3时,包含3个元素的序列{1,2,3}的全排列是{(1)p_1,(2)p_2,(3)p_3}。其中:

p_1是两个元素{2,3}的全排列,即{{2,3},{3,2}}。在p_1每个排列前加上1,即(1)p_1为{{1,2,3},{1,3,2}}的新排列。

p_2是两个元素{1,3}的全排列,即{{1,3},{3,1}}。在p_2每个排列前加上2,即(2)p_2为{{2,1,3},{2,3,1}}的新排列。

p_3是两个元素{2,1}的全排列,即{{2,1},{1,2}},在p_3每个排列前加上3,即(3)p_3为{{3,2,1},{3,1,2}}的新排列。

(3) n=4时,包含4个元素的序列{1,2,3,4}的全排列是{(1)p_1,(2)p_2,(3)p_3,(4)p_4}。同(2)道理类似,这里p_1是3个元素{2,3,4}的全排列,p_2是3个元素{1,3,4}的全排列,p_3是3个元素{2,1,4}的全排列,p_4是3个元素{2,3,1}的全排列。

现在的关键问题是:这里对应的4个子序列{2,3,4}、{1,3,4}、{2,1,4}、{2,3,1}有何特点?又该如何从原始序列得到这些子序列呢?这也是本算法首先需要理清的问题。

其实如果读者仔细观察这4个子序列,就不难发现其中的规律,原来这4个子序列就是分别用原始序列{1,2,3,4}的第1个元素依次与4个位置的元素交换后所得序列的最后三个元素所对应的子序列。请读者仔细观察表14.2所示4个元素的元素序列与p_i对应4个子序列的关系,理解其中的转换过程与规律。

表14.2 4个元素的原始序列与p_i对应子序列的关系

子序列序号	4个元素的原始序列	交换的元素	交换元素后的序列	后3个元素构成的子序列
1	1,2,3,4	a[1]与a[1]	1,2,3,4	2,3,4
2	1,2,3,4	a[1]与a[2]	2,1,3,4	1,3,4
3	1,2,3,4	a[1]与a[3]	3,2,1,4	2,1,4
4	1,2,3,4	a[1]与a[4]	4,2,3,1	2,3,1

同理推广到一般情况,包含n个元素的序列{1,2,3,…,n}的全排列是{(1)p_1,(2)p_2,(3)p_3,…,(n)p_n}。同理,这里p_1是n−1个元素{2,3,4,…,n}的全排列,p_2是n−1个元素{1,3,4,…,n}的全排列,p_3是n−1个元素{2,1,4,…,n}的全排列,p_4是n−1个元素{2,3,1,…,n}的全排列,…,p_n是n−1个元素{2,3,4,…,n−1,1}的全排列。具体见表14.3。

表14.3 n个元素的原始序列与p_i对应子序列的关系

子序列序号	n个元素的原始序列	交换的元素	交换元素后的序列	后n−1个元素构成的子序列
1	1,2,3,…,n	a[1]与a[1]	1,2,3,…,n	2,3,…,n
2	1,2,3,…,n	a[1]与a[2]	2,1,3,…,n	1,3,…,n
3	1,2,3,…,n	a[1]与a[3]	3,2,1,…,n	2,1,…,n
4	1,2,3,…,n	a[1]与a[4]	4,2,3,…,n	2,3,…,n
…	…	…	…	…
n−1	1,2,3,…,n	a[1]与a[n−1]	n−1,2,…,1,n	2,3,…,1,n
n	1,2,3,…,n	a[1]与a[n]	n,2,…,n−1,1	2,3,…,n−1,1

这样，就把求 n 个元素的全排列问题，转换为初始元素 a[1]加上 n 次求 n－1 个元素的全排列问题。而其中每次求子序列的 n－1 个元素，就是依次将 n 个元素原始序列中第 1 个元素与第 i 个元素（1≤i≤n）交换后所得序列的后 n－1 个元素。很明显，这 n 次求 n－1 求 n－1 个元素的全排列问题，与原问题比较，是一个性质相同且规模更小的问题，可以用递归的方式求解。

当序列只包含一个元素时，可以直接完成输出，此即递归的边界。

注意：由于每次子序列都是由原始序列的基础上做元素交换开始的，所以在本次子序列递归完成后，需要再把序列恢复到原始序列的状态，即再把一开始交换的数据重新交换回来，以便下一次操作重新从初始序列开始。

由此可得到递归函数，其中 i 为每次递归排列的第一个数的位置，k 为要和第一个数交换的数的位置。

```
#include<stdio.h>
void Swap(int *p,int *q)
{
    int temp = *p;
    *p = *q;
    *q = temp;
}
void Perm(int a[],int k,int m)
{
    int i;
    if (k == m)
    {
        for(i = 0;i <= m;i++)
        {
            printf("%d",a[i]);
        }
        printf("\n");
    }
    else
    {
        for( i = k;i <= m;i++)
          {
            Swap(&a[k],&a[i]);
            Perm(a,k + 1,m);
            Swap(&a[k],&a[i]);
          }
        }
}
int main()
{
    int i,n,array[10];
    scanf("%d",&n);
    for(i = 0;i < n;i++)
    {
```

```
        scanf(" %d",&array[i]);
    }
    Perm(array,0,n-1);
    return 0;
}
```


运行结果：

```
输入数据：3
          1  2  3
输出结果：
        123
        132
        213
        231
        321
        312
```

程序的运行结果确实是包含了{1,2,3}的全排列，但细心的读者会发现输出存在的一点瑕疵，即第5行的321与第6行312并没有呈现有序排列。如果问题要求输出格式必须是按照有序顺序输出全排列，上面的程序还需要修改。

为什么会出现非有序排序的情况呢？前面已经介绍{1,2,3}的全排列是{(1)p_1,(2)p_2,(3)p_3}，其中p_3是原始序列{1,2,3}的第1个元素与第3个元素交换位置后所得序列{3,2,1}的后两个元素{2,1}的全排列，而{2,1}序列中，值大的元素2在值小的元素1之前，所以对应的子序列即为：先{2,1}，后{1,2}。在p_3每个排列前加上3，(3)p_3即表现为{3,2,1}在前，而{3,1,2}在后了。

如何保证输出的是有序的全排列序列呢？根据上述分析，就需要在每次交换获得一个子序列后，保证子序列能够调整为一个有序的子序列。比如要求n个数{1,2,3,…,n－1,n}的全排列，如表14.3所示，在求其第n－1个子序列时，原始序列a[1]与a[n－1]交换后，所得序列为{n－1,2,3,…,1,n}，如图14.26所示。

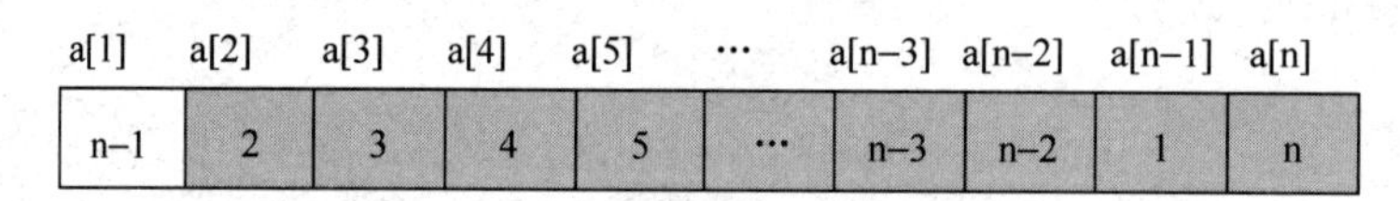

图14.26　交换a[1]与a[n－1]后的无序子序列

该序列后n－1个元素构成的子序列为：{2,3,…,1,n}，如图14.26阴影部分所示。很明显它不是一个有序序列。调整的目标即将无序的{2,3,…,n－2,1,n}转换为有序的{1,2,3,…,n－2,n}，如图14.27阴影部分所示。

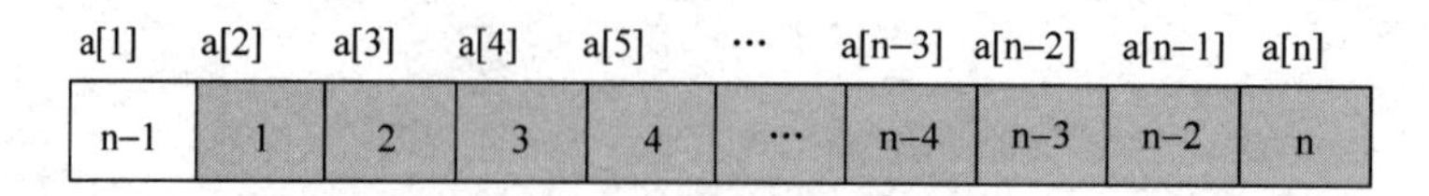

图14.27　调整后的有序子序列

如何调整呢？不需要排序，只需要借助在一维数组里讲到的部分循环右移位就可实现，如图14.28所示。

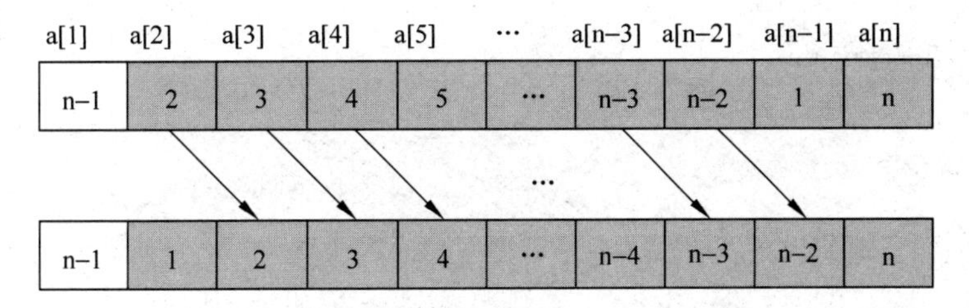

图 14.28　子序列的循环右移位

注意：由于每次子序列都是由原始序列的基础上做元素交换开始的，所以在本次子序列通过循环右移位无序变有序并完成本次递归调用后，还得需要循环左移位把子序列转换回原来的状态，以便下一次操作重新从初始序列开始。

到此，通过循环移位获取有序全排列的程序就不难给出了：

```
#include<stdio.h>
void Swap(int *p,int *q)
{
    int temp = *p;
    *p = *q;
    *q = temp;
}
void circular_right(int a[], int left, int right)
{
    int tmp, i;
    if (left >= right)
        return;
    tmp = a[right];
    for (i = right; i > left; i--)
        a[i] = a[i - 1];
    a[left] = tmp;
}
void circular_left(int a[], int left, int right)
{
    int tmp, i;
    if (left >= right)
        return;
    tmp = a[left];
    for (i = left; i < right; i++)
        a[i] = a[i + 1];
    a[right] = tmp;
}
void Perm(int a[],int k,int m)
{
    int i;
    if (k == m)
    {
        for(i = 0;i <= m;i++)
        {
            printf("%d",a[i]);
```

```
            }
            printf("\n");
        }
        else
        {
            for( i=k;i<=m;i++)
              {
                Swap(&a[k],&a[i]);
                circular_right(a,k+1,i);
                Perm(a,k+1,m);
                circular_left(a,k+1,i);
                Swap(&a[k],&a[i]);
              }
          }
}
int main()
{
    int i,n,array[10];
    scanf("%d",&n);
    for(i=0;i<n;i++)
    {
        scanf("%d",&array[i]);
    }
    Perm(array,0,n-1);
    return 0;
}
```

14.4.5 八皇后问题

【例14.13】 八皇后问题。

八皇后问题,是一个古老而著名的问题,是回溯算法的典型例题。该问题是19世纪著名的数学家高斯1850年提出:在8×8格的国际象棋上摆放八个皇后,使其不能互相攻击,即任意两个皇后都不能处于同一行、同一列或同一斜线上,问有多少种摆法。

分析:

在8×8的棋盘上保证摆放八个皇后,要保证所有皇后不能在同一行、同一列以及同一对角线上,应该采用试探的方式,即:"试着摆着往后走,碰壁后回头重新摆"的策略,也就是程序设计常用的另一种方法"回溯法"的解题思想。

(1) 定义函数queen(i),用来试探摆放第i行上的皇后。

(2) 在第i行上摆放的皇后可能在其中的某一列(1~8),需要检测摆放的安全性,下面来讨论本次摆放的安全性。

由于皇后是逐行摆放的,因此不会存在一行摆放多个皇后的情况,不需考虑同行皇后的攻击问题。带来攻击的可能只能在同列以及同一对角线上出现,这是下一步主要考虑的安全性检查的因素,下面分别来分析处理。

① 同一列的攻击情况的处理。

定义数组q[i]用来表示第i行上的皇后所在的列位置,如j=q[i]表示第i行上皇后放在第j列。为了测试该列是否可以放皇后，再定义一个标记数组c[j]，c[j]=0表示第j列之前已有皇后，不能再放皇后；c[j]=1表示第j列之前未有皇后，可以放一个皇后，并且放完之后使c[j]的赋值为0，表示以后不能再放。

② 同一对角线攻击情况的处理。

要考虑在第i行第j列所在的对角线的安全性，首先要表示出(i, j)位置所在的两条对角线的特点。在仔细观察之后，大家不难发现经过(i, j)的两条对角线的特征：从左上到右下对角线上每个位置的行下标与列下标之差是同一个常数，而从左下到右上的对角线上的每个位置的行下标与列下标之和是同一常数。比如对于图14.29两条对角线上的点，左上到右下的对角线满足i－j=－1，而左下到右上的对角线满足i+j=7。

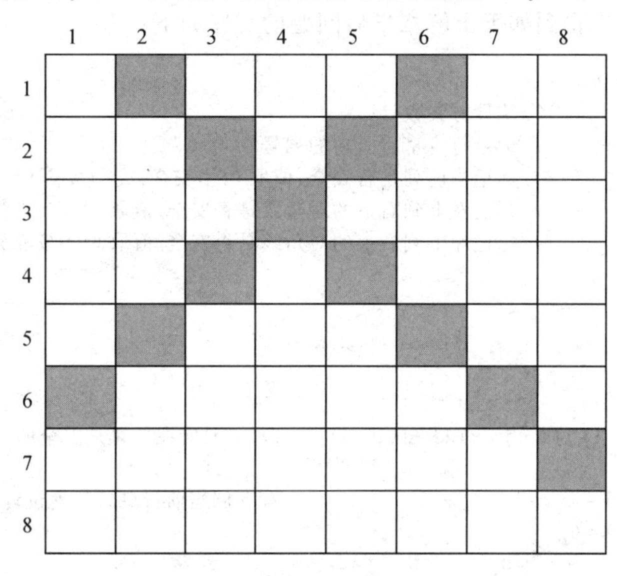

图14.29　八皇后问题

既然两条对角线上点具备如此特性，与列的处理方式相同，也定义L与R两个标记数组，其中L[i－j+9]或R[i+j]的值为0表示对角线上已经有皇后，不能再放；L[i－j+9]与R[i+j]的值都为1则表示对角线两条对角线上没有皇后，可以放一个，并且放完之后要使两个数组元素的赋值为0，表示以后不能再放。

综上关于列与对角线的安全性分析，可知在棋盘上位置(i,j)放皇后的安全条件表述为

Flag=c [j] && L [i － j + 9] && R [i + j];

为了能够正确利用三个标记数组，应该在使用之前进行合理的初始化：

① 标记数组c[j]的数组元素初始化为1，j=1，2，…，8；

② 标记数组L[k]的数组元素初始化为1，k=i － j + 9，k=2，3，…，16；

③ 标记数组R[m]的数组元素初始化为1，m=i + j，m=2，3，…，16。

(3) 如果第i个皇后放在第j列，对应三个标记数组的元素值全为1，说明该位置现在的判断是安全的，就可以将皇后放在(i,j)的位置上。该位置放入皇后后，应该接着做下面的几件事：

① 用q[ ]数组存放皇后，即赋值q[i]=j，表示第i行皇后放在第j列。

② 三个标记数组对应元素状态改变，表示对应位置变为不安全，即

```
c[j] = 0;
L[i - j + 9] = 0;
R[i + j] = 0;
```


③ 检查i的值是否为8，如果为8，表明已经放完8个皇后，这时方案总数计数加1，输出此种方案下每行的皇后在棋盘上的位置；否则，未到8个，还要让皇后数i加1，再试着放下一行的皇后，这时要递归调用函数queen(i+1)。

④ 由于是寻求所有的方案，当一个方案输出之后，要回溯。即将先前放的皇后从棋盘取走，看看是否还有另一处位置也可存放。取走皇后时，要将原来由于摆放该皇后使得三个标记数组的元素值的改变撤销，即恢复该位置的安全状态。

由以上分析，可以得到如下求解八皇后问题的程序如下：

```
#include "stdio.h"
int num;                //统计方案数目
int q[9];               //记录每行皇后所在的列号
int c[9];               //标记当前列是否安全,值取0(不安全)或1(安全)
int L[17];              //标记左上到右下的对角线是否安全,值取0(不安全)或1(安全)
int R[17];              //标记左下到右上的对角线是否安全,值取0(不安全)或1(安全)
void queen(int i)
{
    int j,k;
    for(j = 1;j <= 8;j++)
     {
        if (c[j] && L[i - j + 9] && R[i + j])    //(i,j)所在位置是安全的
         {
            q[i] = j;                            //存储当前行皇后的列位置
            c[j] = 0;
            L[i - j + 9] = 0;
            R[i + j] = 0;                        //修改(i,j)位置的三个安全标记
            if(i<8)
                queen(i + 1);                    //未放完8个皇后,继续放下一个
            else                                 //已放完8个皇后,执行如下操作
                {
                 num++;                          //方案计数加1
                 printf("方案%2d:  ",num);       //输出方案数
                 for(k = 1;k <= 8;k++)
                     printf("%d  ",q[k]);        //输出
                 printf("\n");
                }
            c[j] = 1;
            L[i - j + 9] = 1;
            R[i + j] = 1;
         }
     }
}
int main()
{
    int i;
    num = 0;
```

```
    for(i = 0;i < 9;i++)
        c[i] = 1;
    for(i = 0;i < 17;i++)
        L[i] = R[i] = 1;
    queen (1);
    return 0;
}
```

14.5 递归的效率

常见的典型递归设计问题，一个共同特点就是程序代码简短、语句非常简练，复杂的问题处理过程已经浓缩在了对自身的递归调用中。但是，语句的简练以及程序代码的简短并不代表程序执行耗时少、效率高，相反，递归的算法效率与递推等别的方法相比较是明显耗时多、效率低的。这是因为递归调用是对自身多次的嵌套调用，每一次对自身的函数调用与返回，都需要在栈内做函数断点地址信息的存取，当递归调用次数较多时，在这个过程所花的时间会远远大于程序中的非函数调用语句所花的时间，从而严重减低了程序的运行效率。

下面以我们已经非常熟悉的求解斐波纳契数列的函数为例，来研究一下这个问题。

斐波纳契数列递归的结构定义如下：

```
⎧F(0) = 1;
⎨F(1) = 1;
⎩F(n) = F(n - 1) + F(n - 2)
```

由此不难写出其对应的递归函数：

```
fib(int n)
{
    if (n == 0 || n == 1)
        return 1;
    return fib(n - 1) + fib(n - 2);
}
```

这段程序非常简短，逻辑结构清晰，处理思路也非常容易理解。但是这个看起来语句简练的递归程序，在 n 值逐渐增大时，其执行效率却是非常不理想，远远低于该问题求解的递推算法。

这是因为，这段程序在计算时对任何一个大于 1 的参数，都要通过递归调用对参数进行降解，直至递归边界。任何已被计算过的值都不会被保留，在后面的计算中需要用到这些值时，还需要再次进行重复计算。例如，当计算 fib(5)时，根据函数的定义，需要首先计算 fib(4)和 fib(3)。而当计算 fib(4)时，需要计算 fib(3)和 fib(2)。这时，fib(3)又会被重复计算一次，这种重复的计算随着 n 的值的增加而呈指数型增加。

可以对上面求解斐波那契数列的递归函数做一点修改，来统计一下在求解斐波那契数列的递归函数中发生函数调用的次数，下面是程序代码：

```
#include <stdio.h>
int count;
```

```
int fib(int n)
{
    if(n == 1||n == 0)
            return 1;
    else
      {
          count = count  + 2;
          return fib(n - 1) + fib(n - 2);
      }
}
int main()
{
    int i,n;
    for (i = 5;i <= 40;i = i + 5)
    {
        count = 0;
        fib(i);
        printf(" %d\n",count + 1);
    }
    return 0;
}
```

运行该程序,会分别输出 n=5、10、15、20、25、30、35 时,求解 fib(n)的递归函数调用次数,数据如表 14.4 所示。

表 14.4 斐波那契数列递归函数的调用次数

调用参数	5	10	15	20	25	30	35
调用次数	15	177	1973	21891	242785	2692537	29860703

如果仍然用递归方式来求解非波那切数列问题,有没有办法可以使得该递归函数的执行效率能够大大提高呢?

要解决这个问题,首先要找到原始递归函数效率低下的原因,上已述及,效率低的表面原因是递归调用的次数太多,而根本原因却是其中重复的函数调用次数太多。因此为了提高问题中递归执行的效率,必须要减少甚至杜绝重复的函数调用。达到这一目标需要借助的手段,就是借助一个外部数组用以存放已求出值的每一项,需要求某一项时,不直接去做递归,而是先去判断外部数组是否已经存储,如果已经存储直接引用即可,如果尚未存储才进行递归调用,并且在调用完成后将计算结果写入数组,保证以后不再重复递归调用。

可以继续对上面求解斐波那契数列的递归函数做出修改,引入外部数组以保存已经求得的各项值,并在求值过程中同时统计改进后的斐波那契递归函数中发生函数调用的次数,下面是程序代码:

```
#include <stdio.h>
int count;
int a[50] = {0};
int fib(int n)
{
    if(a[n]!= 0)
```

```
    {
        count -- ;
        return a[n];
    }
    if(n == 1||n == 0)
        {
            a[n] = 1;
        }
    else
    {
        count = count  + 2;
        a[n] = fib(n - 1) + fib(n - 2);
    }
    return a[n];
}
int main()
{
    int i,j,n;
    for (i = 5;i <= 40;i = i + 5)
    {
        for(j = 0;j < 50;j++)
            a[j] = 0;
        count = 0;
        fib(i);
        printf(" % d\n",count + 1);
    }
    return 0;
}
```

运行该程序可以得到引入外部数组后递归函数调用次数的数据，把这些数据与改进之前的数据一起放在表14.5里，读者可以对比两者的差异。

表 14.5　改进前后斐波那契数列递归函数的调用次数的比较

调用参数	5	10	15	20	25	30	35
改进前调用次数	15	177	1973	21891	242785	2692537	29860703
改进后调用次数	6	11	16	21	26	31	36

14.6　本章小结

递推关系是一种简洁高效的常见数学模型，在递推类型的问题中，求解过程可分解为多个相关联的步骤，这种关联一般是通过一个递推关系式来表示的。求解递推问题时通常从初始的一个或若干数据项出发，通过递推关系式逐步推进，从而得到最终结果。

解决递推类型问题有三个重点：一是如何建立正确的递推关系式，二是递推关系有何性质，三是递推关系式如何求解。其中第一点是基础，也是最重要的。

递归是指在函数执行过程中出现对自身的调用的编程方法，它通常把一个大型复杂的问题层层转化为一个与原问题相似的规模较小的问题来求解，递归策略只需少量的程序就可描述出解题过程所需要的多次重复计算，大大地减少了程序的代码量。递归的能力在于用有限的语句来定义对象的无限集合。一般来说，递归设计时需要注意：

(1) 在函数中必须有直接或间接调用自身的语句。

(2) 在使用递归策略时，必须有一个明确的递归结束条件，称为递归出口。

递归算法一般适用在三个场合：

一是数据的定义形式是递归的，如求 Fibonacci 数列问题。

二是数据之间的逻辑关系(即数据结构)是递归的，如树、图等的定义和操作。

三是某些问题虽然没有明显的递归关系或结构，但问题的解法是不断重复执行一种操作，只是问题规模由大化小，直至某个原操作(基本操作)就结束，如汉诺塔问题，这种问题使用递归思想来求解比其他方法更简单。

递归算法的缺点是解题的运行效率较低，在递归调用的过程当中系统为每一层的返回点、局部量等开辟了栈来存储，递归次数过多容易造成栈溢出。

第15章 贪心法与动态规划法

随着程序设计中处理的数据量越来越大，对数据处理的高效率需求也越来越迫切，在这一背景下，算法在程序设计中的作用显得尤其重要。贪心策略、动态规划等一系列运筹学模型纷纷运用到程序设计中，产生了解决各种现实问题的有效算法。

贪心法（又称贪婪算法）是指：在对问题求解时，总是做出在当前看来是最好的选择。也就是说，不从整体最优上加以考虑，所做出的仅是在某种意义上的局部最优解。贪心算法不是对所有问题都能得到整体最优解，但对范围相当广泛的许多问题它能产生整体最优解或者是整体最优解的近似解。

将一个问题分解成为子问题求解，并且将中间子问题的结果保存起来以避免重复计算的方法，就叫做"动态规划"。动态规划通常用来求最优解，能用动态规划求解的问题，必须满足最优解的每个局部解也都是最优的。

15.1 贪　心　法

贪心法是一种程序设计中常用的算法策略，在解决一些最优性问题时尤其具有简捷高效的特点。

15.1.1 贪心法的思想

在实际生活中，经常会遇到求一个问题的可行解和最优解的要求，这就是所谓的最优化问题。每个最优化问题都包含一组限制条件和一个优化函数，符合限制条件的问题求解方案称为可行解，使优化函数取得最佳值的可行解称为最优解。

贪心法是求解最优化问题的一种常用算法，它是从问题的某个初始解出发，采用逐步构造最优解的方法向给定的目标推进。在每个局部阶段，都做出一个看上去最优的决策（即某种意义下或某个标准下的局部最优解），并期望通过每次所做的局部最优选择产生出一个全局最优解。做出贪心决策的依据称为贪心准则（策略），但要注意：决策一旦做出，就不可再更改。

贪心法是一种能够得到某种度量意义下的最优解的分级处理方法，通过一系列的选择来得到一个问题的解，而它所做的每一次选择都是当前状态下某种意义的最好选择，即贪心选择。每次贪心选择都能将问题化简为一个更小的与原问题具有相同形式的子问题，以数据处理中常见的选择排序为例，选择排序可以看作逐步确定目标有序序列每一个位置所放元素的过程，每一步确定当前位置元素的过程就是一个求解局部区间最小值的子问题。

该问题的贪心选择过程可以简单描述为：第1步先获取有序序列第1个位置的元素，

即找出n个元素的最小值;第2步再获取有序序列第2个位置的元素,即找出剩余n－1个元素的最小值;……;第n－1步获取有序序列第n－1个位置的元素,即找出剩余2个元素的最小值;剩余1个数即为第n个位置的元素,即剩余1个元素的最小值。这样就把n个数的排序问题(全局最优解)分解成n次找当前序列中最小值(局部最优解)的子问题,最后再把n个局部最优解组合得到全局最优解。由此看来,贪心算法就是一种在每一步选择中都采取在当前状态下最好或最优的选择,从而希望得到结果是最好或最优的算法。

从上述简单排序的贪心求解过程,可以初步感受到一般贪心问题求解的基本思路框架:

(1) 建立数学模型来描述问题。

(2) 把求解的问题分成若干个子问题。

(3) 对每一子问题求解,得到子问题的局部最优解。

(4) 把子问题的局部最优解合成原来问题的一个解。

尽管通过局部最优解来获取全局最优解的贪心方法并非对所有问题都适合,但在求解具有最优子结构和贪心选择性质的问题(比如:最短路径问题、最小生成树问题、哈夫曼编码问题等)时却可以获得整体最优解。这类适合用贪心算法求解的问题常常具备一些相同或相近的基本特征,比如问题的数据结构(如:堆、最小树等)具备贪心的特性;或者问题解决策略具有可证明的贪心特性;或者问题涉及博弈、游戏策略,这些策略大多是贪心方法;或者问题需要求较优解或多次逼近最优解等。用贪心算法求解诸如此类的问题,通常可以找到解决问题的最优算法,能够更加高效地完成问题求解任务。而且在这类可用贪心法求解的问题中,用贪心算法一般比其他算法更加简单、直观和高效。

15.1.2 贪心法的实现过程

贪心法就是用局部解构造全局解,即从问题的某一个初始解逐步逼近给定的目标,以尽可能快地求得更好的解。当某个算法中的某一步不能再继续前进时,算法停止。

当确认问题可以用贪心法求解之后,贪心实现的基本过程可以分为以下三步:

(1) 从问题的某个初始解出发;

(2) While(能朝给定目标前进一步)求出可行解的一个解元素;

(3) 由所有部分解组合成问题的一个可行解。

日常生活中大家身边也存在不少贪心的事例,这些事例通常都是采用上述贪心求解步骤完成求解的。比如在超市购物时,经常需要从收银台找零钱,怎么提高收银台找零钱的效率呢?这是一个典型的贪心问题。根据生活常识,收银员在为顾客找零钱时,为了提高工作效率、减少顾客的等待时间,总是期望找给每个客户零钱所用的货币张数最少。为此收银员不是一下给出所有零钱,而是采取逐步找零的贪心方法,即收银员先给顾客不超过待找零钱数额的面值最大的第一张零币,然后再给顾客不超过待找零钱余额的面值最大的第二张零币……一直到所给零币总额满足顾客待找零钱总额为止。

这样看来,解决找零钱问题的出发点,就是把该问题分成多个子问题,每个子问题的目标是要找一张不超过当前要找钱数的最大面额的零币,其过程就是一个选择当前子问题局部最优解的过程。当每个子问题的局部最优解都已经求得,综合以后就可以得到找零钱张数最少的原问题的可行解。

比如收银员要找的零钱为86元,现在的币值体系下,可以找的钱币面额分别为:50元、

20元、10元、5元、1元。首先找一个不超过86元的最大面额的货币，即50元，还需找86－50＝36元；再找一个不超过36元的最大面额的货币20元，还需找36－20＝16元；再找一个不超过16元的货币10元，还需找16－10＝6元；再找一个不超过6元的货币5元，还需找6－5＝1元；再找一个不超过1元的货币1元。这样共找出50元、20元、10元、5元、1元的货币各1张，找零所用货币总张数为5，这是货币张数最少的找零方案。

找零问题的贪心实现过程如表15.1所示。

表15.1　找零的贪心过程

步骤	当前欲找钱数	当前可找最大币值	本次贪心找零	剩余待找钱数	当前解集合
1	86	50	50	36	{50}
2	36	20	20	16	{50,20}
3	16	10	10	6	{50,20,10}
4	6	5	5	1	{50,20,10,5}
5	1	1	1	0	{50,20,10,5,1}

15.1.3　贪心法的基本要素

贪心法的核心问题是选择能产生问题最优解的最优度量标准，即具体的贪心策略。其实，读者从找零问题的贪心实现过程就可以感受到，贪心策略总是做出在当前看来是最优的选择，也就是说贪心策略并不是从整体上加以考虑，它所做出的选择只是在某种意义上的局部最优解。而众多问题之所以可用贪心法求解，是由于这些问题自身的特性决定了能够将贪心策略获取的局部最优解组合得到全局最优解或较优解。这些特性主要包括以下两点。

1. 贪心选择性质

所谓贪心选择性质是指所求问题的整体最优解可以通过一系列局部最优的选择，即贪心选择来达到。这是贪心算法可行的第一个基本要素，也是贪心算法与动态规划算法的主要区别。在动态规划算法中，每步所做的选择往往依赖于相关子问题的解。因而只有在解出相关子问题后，才能做出选择。而在贪心算法中，仅在当前状态下做出最好选择，即局部最优选择。然后再去解做出这个选择后产生的相应的子问题。贪心算法所做的贪心选择可以依赖于以往所做过的选择，但决不依赖于将来所做的选择，也不依赖于子问题的解。正是由于这种差别，动态规划算法通常以自底向上的方式解各子问题，而贪心算法则通常以自顶向下的方式进行，以迭代的方式做出相继的贪心选择，每做一次贪心选择就将所求问题简化为规模更小的子问题。

对于具体问题，要确定它是否具有贪心选择性质，必须证明每一步所做的贪心选择最终导致问题的整体最优解。首先考察问题的一个整体最优解，并证明可修改这个最优解，使其以贪心选择开始。做了贪心选择后，原问题简化为规模更小的类似子问题。然后，用数学归纳法证明，通过每一步做贪心选择，最终可得到问题的整体最优解。其中，证明贪心选择后的问题简化为规模更小的类似子问题的关键在于利用该问题的最优子结构性质。

2. 最优子结构性质

当一个问题的最优解包含其子问题的最优解时，称此问题具有最优子结构性质。运用贪心策略在每一次转化时都取得了最优解。问题的最优子结构性质是该问题可用贪心算法或动态规划算法求解的关键特征。贪心算法的每一次操作都对结果产生直接影响,而动态规划则不是。贪心算法对每个子问题的解决方案都做出选择,不能回退;动态规划则会根据以前的选择结果对当前进行选择,有回退功能。

15.1.4 贪心法的注意事项

一个多阶段决策问题如果具备最优子结构性质,可以考虑用贪心法来求解。但并不是具备最优子结构性质问题,就一定就能用贪心法求解。问题需要用贪心法求解时,应该验证贪心的正确性以及选择合适的贪心策略。

1. 贪心的正确性

要证明贪心性质的正确性,是贪心算法的真正挑战,因为并不是每次局部最优解都会与整体最优解之间有联系,有时靠贪心算法生成的解不是最优解。这样,贪心性质的证明就成了贪心算法正确的关键。

对某些问题来讲,贪心方法在大部分数据中都是可行的,但还必须考虑到所有可能出现的特殊情况,以保证该贪心性质在这些特殊情况中仍然正确,否则不经证明随便的使用贪心算法可能就会得到错误的结果。

仍然以前面提到的找零问题为例,该问题虽然满足最优子结构性质,但并不意味着该问题一定可以用贪心策略求解。只是由于现有的{1、5、10、20、50……}货币体系设计,保障了该问题的贪心可以得到最优解。但是如果货币体系设计为{1、5、8、10}、要找的零钱是13时,用前述贪心方法所找出的零钱张数是4,面值分别为10、1、1和1,然而这里的最优策略找出的零钱张数应该是2,面值为8和5。全局最优解并不包含局部最优解,在这种情况下,贪心法失效了。

所以贪心法虽然执行效率高,但适用范围却并不十分广泛,使用之前需证明贪心策略是否能够得到问题的最优解。像上述找零一样的问题,如果货币体系设计不合理,贪心法不能保证得到问题的最优解,就不适合用贪心了,这时可以用本章第3节介绍的动态规划算法来实现问题求解。

2. 贪心策略的选择

对于可以用贪心算法求解的问题,当"贪心序列"中的每项互异且当问题没有重叠性时,看起来总能通过贪心算法取得(近似)最优解的。但还需要选择合适的局部最优策略,才能够保证求解结果的正确性,比如下面的背包问题。

问题描述:有一个容量M=200的背包,还有8种物品,每种物品的体积与价值如表15.2所示。假设每种物品可以取任意分量,现在要将物品装进背包,要求不能超过背包总容量且物品总价值最大,该如何装包?

表15.2 8种物品的体积与价值

物　品	A	B	C	D	E	F	G	H
体积	40	55	20	65	30	40	45	35
价值	35	20	20	40	35	15	40	20
单位体积价值	0.88	0.36	1	0.62	1.17	0.38	0.89	0.57

要想总价值最大，可以试着用贪心法求解，通常大家容易想到以下的贪心策略：

(1) 每次取价值最大的物品；

(2) 每次取体积最小的物品；

(3) 每次取单位体积价值最大的物品；

这三种贪心策略不同，按照这三种贪心策略进行求解，各自得到的装包方案是明显不同，究竟哪一种是适合本问题的贪心策略呢？下面做一下比较。

采用第一种贪心策略，每次取价值最大的物品，贪心过程如表 15.3 所示。

表 15.3 背包问题的贪心策略(1)

步骤	背包当前可用容量	当前最大价值物品	本次贪心选择物品	所选物品价值/体积	已选物品总价值	背包剩余容量	当前解集合
1	200	D、G	G	40/45	40	155	{G}
2	155	D	D	40/65	80	90	{G,D}
3	90	A、E	E	35/30	115	60	{G,D,E}
4	60	A	A	35/40	150	20	{G,D,E,A}
5	20	B、C、H	C	20/20	170	0	{G,D,E,A,C}

采用第二种贪心策略，每次取体积最小的物品，贪心过程如表 15.4 所示。

表 15.4 背包问题的贪心策略(2)

步骤	背包当前可用容量	当前最大价值物品	本次贪心选择物品	所选物品价值/体积	已选物品总价值	背包剩余容量	当前解集合
1	200	C	C	20/20	20	180	{C}
2	180	E	E	35/30	55	150	{C,E}
3	150	H	H	20/35	75	115	{C,E,H}
4	115	A、F	A	35/40	110	75	{C,E,H,A}
5	75	F	F	15/40	125	35	{C,E,H,A,F}
6	35	G	G	40/45	156	0	{C,E,H,A,F,G}

采用第三种贪心策略，每次取单位体积价值最大的物品，贪心过程如表 15.5 所示。

表 15.5 背包问题的贪心策略(3)

步骤	背包当前可用容量	当前最大价值物品	本次贪心选择物品	所选物品价值/体积	已选物品总价值	背包剩余容量	当前解集合
1	200	E	E	35/30	35	170	{E}
2	170	C	C	20/20	55	150	{E,C}
3	150	G	G	40/45	95	115	{E,C,G}
4	115	A	A	35/40	130	75	{E,C,G,A}
5	75	D	D	40/65	170	10	{E,C,G,A,D}
6	10	H	H	20/35	175.7	0	{E,C,G,A,D,H}

比较一下三种贪心方案中背包里装下的物品的总价值，方案 1 为 170，方案 2 为 156，方案 3 为 175.7。这里只有第 3 种策略得到的才是符合要求的最优解。

15.2 贪心法实例

15.2.1 删数问题

【例15.1】 删数问题。

键盘输入一个高精度的正整数n(≤100位),去掉其中任意s个数字后剩下的数字按照原来的左右次序组成一个新的正整数。编程对给定的n与s,寻找一种方案,使得剩下的数字组成的新数最小。

比如:n=178543,s=4,则输出13,表示正整数178543,删除4位数字后得到的最小值是13。

分析:

(1) 由于给定的正整数有效位数是100位,用一般的整数类型(包括长整数)无法表示,可以考虑用字符串来存储正整数。

(2) 如何决定哪s位数字被删除呢?被删除的是否是最大的s个数字呢?为了尽可能逼近目标,采用贪心法来解决问题,选取的贪心策略如下。

① 把对s个数字的删除,看成是一个逐步实现的过程,每一步删除一个数字,用s步完成对s个数字的删除。

② 每一步总是选择一个使剩下的数最小的数字完成删除,也就是按照从高位到低位的顺序进行搜索,如果各位数字是递增的,则删除最后一位数字;否则,删除第一个递减区间的首位数字。这样选择一位数字并删除后,便得到一个新的数字串。

③ 以后每一步回到上一步完成删除之后的数字串的串首,按照上述规则再删除下一个数字。执行s次后,便删除了s位数字,剩余的数字串便是问题的解。

例如:n=178543,s=4时的删除过程如下。

第一步:n=17 8543,第一个递减区间为8543,删除其首位数字8。

第二步:n=1 7543,第一个递减区间为7543,删除其首位数字7。

第三步:n=1 543,第一个递减区间为543,删除其首位数字5。

第四步:n=1 43,第一个递减区间为43,删除其首位数字4。

剩余的数字串为:13,即为所求。该问题求解的具体贪心策略如表15.6所示。

表15.6 删数问题的贪心策略

步骤	当前数字串	第一个递减区间	递减区间首位数字	剩余数字串	当前解集合
1	178543	8543	8	17543	{8}
2	17543	7543	7	1543	{8,7}
3	1543	543	5	143	{8,7,5}
4	143	43	4	13	{8,7,5,4}

根据上述思路,可以得到如下的程序:

```
#include "stdio.h"
#include "string.h"
```

```
int main()
{
    int i,s,len;
    char a[100];
    scanf("%s",a);
    scanf("%d",&s);
    while(s>0)
     {
        i=0;
        len=strlen(a);
        while(i<len &&a[i]<=a[i+1])
            i++;
        while(i<len)
         {
            a[i]=a[i+1];
            i++;
         }
        s--;
     }
    printf("%s\n",a);
    return 0;
}
```

以上程序在运行期间，有时会遇上一点小小的问题，即删除过程可能会使原来包含0的数字串变成以若干个0开始的序列，比如80056，在第一次删除8之后，会变成0056，高位的0是无效的，请读者对上述程序做一点改进，当遇到数字串首位是0的情况时，把高位的数字0去掉。

15.2.2 活动选择问题

【例 15.2】 事件序列问题——活动选择问题。

已知N=12个事件的发生时刻和结束时刻(见表15.7，其中事件已经按结束时刻升序排序)。一些在时间上没有重叠的事件，可以构成一个事件序列，如事件2、8和10，可以写成序列{2,8,10}。事件序列包含的事件数目，称为事件序列的长度。请编程找出一个最长的事件序列。

表 15.7 事件序列时刻表

事件i编号	0#	1#	2#	3#	4#	5#	6#	7#	8#	9#	10#	11#
发生时刻	1	3	0	3	2	5	6	4	10	8	15	15
结束时刻	3	4	7	8	9	10	12	14	15	18	19	20

分析：

根据各事件的发生时刻和结束时刻画出图来，重叠情况就一目了然，如图15.1所示。

从图15.1上可以很清楚地看出哪些事件在时间上没有重叠，从而找到一些事件序列，例如{2,8,10}。但这个序列不是最长的，序列{0,1,7,10}就更长一些。应该如何选择事件，可以保证得到最长的事件序列呢？

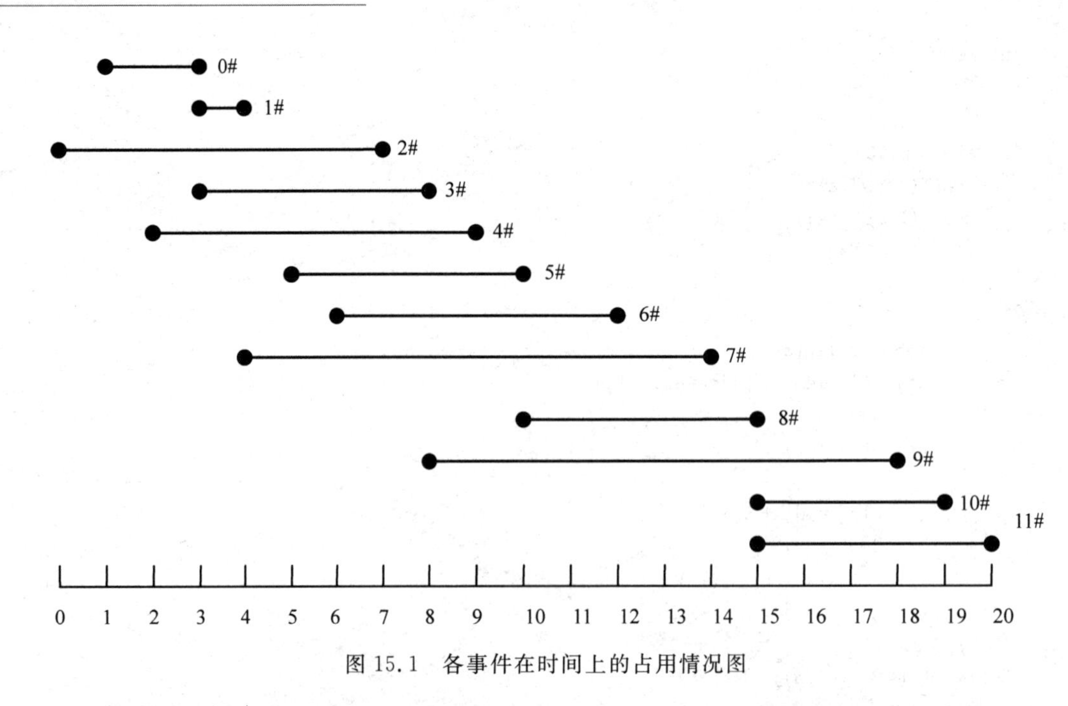

图 15.1　各事件在时间上的占用情况图

为了叙述方便,用 begin[i]表示事件 i 的发生时刻,用 end[i]表示事件 i 的结束时刻。下面对事件在时间上不重叠的条件进行分析。

从图 15.1 很容易看出,如果两个事件 a、b(a<b)在时间上没有重叠,那么有 end[a]≤begin[b];如果满足这个条件,则两个事件在时间上一定没有重叠,这是一个充分必要条件。

对于 3 个事件 a、b、c(a<b<c),如果 a 和 b,b 和 c 在时间上都没有重叠,则有

$$\text{end}[a]\leqslant\text{begin}[b],\text{end}[b]\leqslant\text{begin}[c]$$

由于每一件事件的开始时刻一定小于结束时刻,则 begin[i] <end[i],则有

$$\text{begin}[a]<\text{end}[a]\leqslant\text{begin}[b]<\text{end}[b]\leqslant\text{begin}[c]<\text{end}[c]$$

这个条件说明 a 和 c 在时间上也没有重叠。反之,如果 3 个事件 a、b、c 满足这个条件,则它们在时间上没有重叠。

依此类推,原题的要求其实就是找到一个最长的序列 $a_1<a_2<\cdots<a_n$,满足

$$\text{begin}[a_1]<\text{end}[a_1]\leqslant\text{begin}[a_2]<\text{end}[a_2]\leqslant\cdots\leqslant\text{begin}[a_n]<\text{end}[a_n]$$

如果事件 a、b、c 满足:end[b]≤begin[c],即 b 与 c 在时间上不重叠;且

$$a<b$$

则根据题意有

$$\text{end}[a]\leqslant\text{end}[b]$$

因此,end[a]≤begin[c],即 a 与 c 在时间上也不重叠。可以推知,如果在可能的事件 $a_1<a_2<\cdots<a_n$ 中选取在时间上不重叠的最长序列,那么一定存在一个包含 a_1 的最长序列。

这个结论给出了本题目所采用的贪心策略(见表 15.8),即为了得到当前情况下最优的一个结果,可以在当前可选的事件中选取编号最小的那个进入序列,也就是选取最早结束的那个事件进入序列。具体来讲就是:

(1) 第一个要选取的事件是最早结束的事件。

(2) 下一个要选取的事件,必须是上一个选取的事件结束之后开始的事件中最早结束的事件。

表 15.8 事件序列问题的贪心策略

步骤	当前事件开始的最早时刻 t	t 时刻之后开始的事件集合 F	F 中最早结束的事件 e	e 事件的结束时刻	当前解集合
1	0	0#～11#	0#	3	{0#}
2	3	1#、3#、5#～11#	1#	4	{0#,1#}
3	4	5#～11#	5#	10	{0#,1#,5#}
4	10	8#、10#、11#	8#	15	{0#,1#,5#,8#}
5	15	10#、11#	10#	19	{0#,1#,5#,8#,10#}

根据上述思路,在程序中设置一个 select[i]标记数组,表示事件 i 是否要选入序列,选入时值为 1,否则值为 0。可以得到如下的程序:

```
#include "stdio.h"
#define N 12
void outputresult(int select[ ],int n)
{
    int i;
    printf("{0");
    for(i=1;i<n;i++)
        if(select[i]==1)
            printf(",%d",i);
            printf("}\n");
}
int main()
{
    char begin[N]={1,3,0,3,2,5,6,4,10,8,15,15};
    int end[N]={3,4,7,8,9,10,12,14,15,18,19,20};
    int select[N]={0};
    int i=0;
    int timestart=0;
    while(i<N)
     {
        if (begin[i]>=timestart)
          {
            select[i]=1;
            timestart=end[i];
          }
        i++;
     }
    outputresult(select,N);
    return 0;
}
```

15.2.3 区间覆盖问题

【例15.3】 区间覆盖问题。

用i来表示x坐标轴上坐标为[i－1,i]的长度为1的区间,并给出M(1≤M≤200)个不同的整数,表示M个这样的区间。现在要求画几条线段覆盖住所有的区间,条件是:每条线段可以任意长,但是要求所画线段的长度之和最小,并且线段的数目不超过N(1≤N≤50)。

例如,给出M＝5,整数1、3、4、8和11表示区间,要求所用线段不超过N＝3条,如图15.2所示。

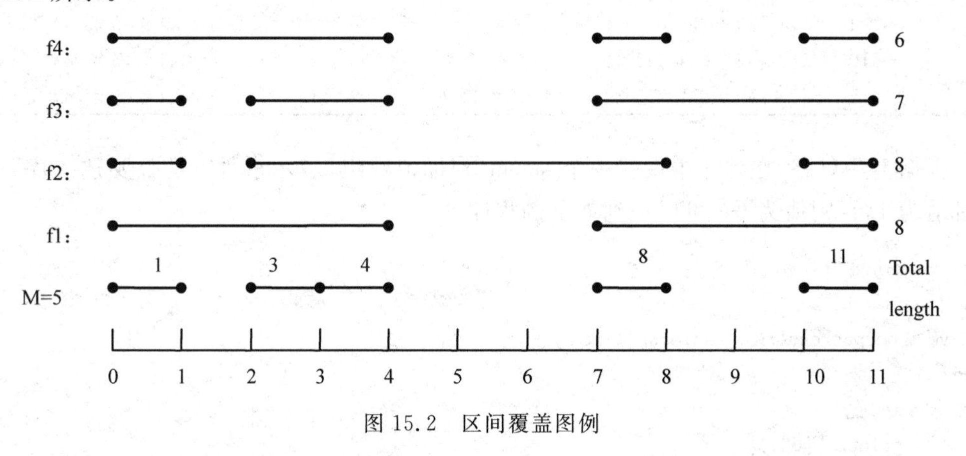

图15.2 区间覆盖图例

在图15.2所示的4个覆盖方案(f1、f2、f3和f4)中,方案f4是最佳的,线段的总长度为6。事实上方案f4正是这个任务的答案。

分析:

设置一个整型数组position[M]来表示所有的区间,假设position[M]已经按从小到大的顺序排好。

如果N≥M,那么用M条长度为1的线段可以覆盖住所有的区间,所求的线段总长为M。

如果N＜M,显然M＞1,可以按照如下的贪心策略来解决:如果N＝1,即要用一条线段覆盖住所有区间,很显然所需线段总长即为position[M－1]－position[0]＋1;如果N＝2,即要用两条线段覆盖住所有区间,相当于把N＝1中的线段分为两部分,各覆盖住左边与右边的区间。显然,如果线段在M个区间中不相邻的区间之间断开,如图15.3所示的position[0]与position[1]之间,左右两段线段的端点可调整到坐标position[0]与position[1]－1处,这样总长度小于断开之前。

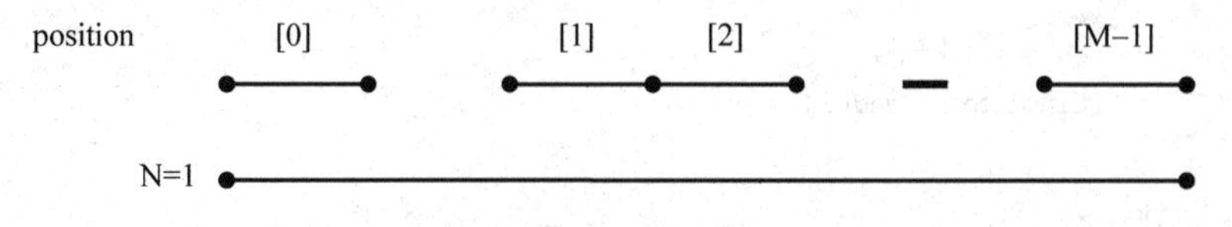

图15.3 N＝1条线段覆盖所有区间

图15.4中2条线段长度之和,比图15.3中线段长度减少了position[1]和position[0]之间的距离,即position[1]－position[0]－1。

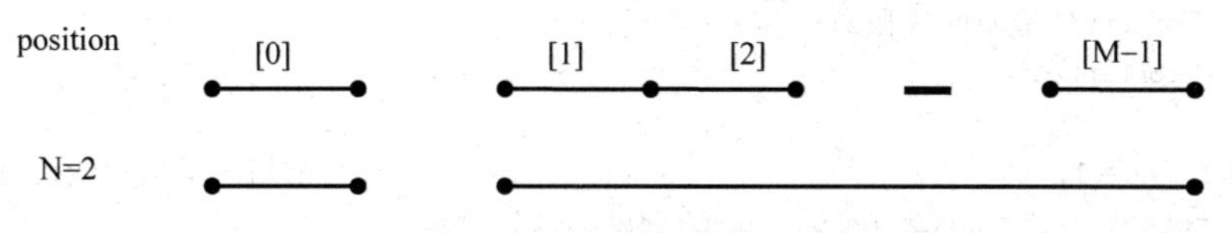

图 15.4　N=2 条线段覆盖所有区间

题目要求的是最小线段总长，那么找间隔最大的两个相邻区间，在它们之间断开就可以了。这一过程相当于找 distance[i]=position[i]−position[i−1]−1(1<i<M)的最大值。

如果 N=3，相当于在 N=2 的方案下，将某条线段断成两截，并作可能的端点调整。显然，为了得到当前情况下最小的总长度，同样应该在间隔最大的两个相邻区间之间断开。如果原来的方案是 N=2 时总长最小的方案，这一操作可以得到 N=3 时总长最小的方案。

当 N=k(k>1)时依此类推，只需在 N=k−1 时最小总长的覆盖方案下，找到被同一条线段覆盖的间隔最大的两个相邻区间，“贪心”地从间隔处断开并适当调整两边线段的端点，就可以得到这是总长最小的方案。

根据以上分析，可以得到如下程序：

```
#include <stdio.h>
#define N 200                                        //区间数目的上限
void sort1(int value[],int n)                        //排序函数(非递减)
{
    int i,j,t;
    for(i = 0;i < n - 1;i++)
        for(j = 0;j < n - 1 - i;j++)
            if(value[j]< value[j + 1])
              {
                t = value[j];
                value[j] = value[j + 1];
                value[j + 1] = t;
              }
}
int main()                                           //主函数
{
    int m,i,n;                                       //m是要覆盖的区间数,n是可用于覆盖的线段数
    int position[N];                                 //各个要覆盖的区间
    int distance[N - 1];                             //存放相邻区间的距离
    printf("请输入要覆盖的区间数 m = ");
    scanf("%d",&m);                                  //输入要覆盖的区间数
    printf("请输入 %d 个要覆盖的区间: ",m);
    for(i = 0;i < m;i++)
        scanf("%d",&position[i]);                    //输入 m 个区间
    sort1(position,m);                               //m个区间降序排列
    for(i = 0;i < m - 1;i++)
        distance[i] = position[i] - position[i + 1] - 1;   //计算相邻区间距离
    sort1(distance,m - 1);                                  //m - 1 个区间距离降序排序
    printf("请输入可使用的线段的总数 n = ");
    scanf("%d",&n);                                         //输入用于覆盖的线段数
    if(n >= m)
     {
```

```
        printf("最小的线段总长为: %d\n",m);
        continue;
    }
    int nline = 1;                                          //当前情况下所用线段总数
    int totallength = position[0] - position[m - 1] + 1;
                                                            //当前情况下所用线段总长
    int devide = 0;                                         //当前最大的未断开的区间距离
    while((nline < n)                                       //还未达到可用线段总数
          &&(distance[devide]> 0))                          //还有不相邻的区间
    {
        nline++;                                            //再用一条线段
        totallength -= distance[devide];                    //总长减少
        devide++;                                   //覆盖该区间的线段断开,指向下一最大间隔
    }
    printf("最小线段总长为: %d\n",totallength);
    return 0;
}
```

用题目中的例子来测试该程序,结果如下:

```
请输入要覆盖的区间数 m= 5
请输入 5 个要覆盖的区间: 1 3 4 8 11
请输入可使用的线段的总数 n= 3
最小线段总长为: 6
```

程序运行时,实际的区间覆盖情况如图 15.5 所示。

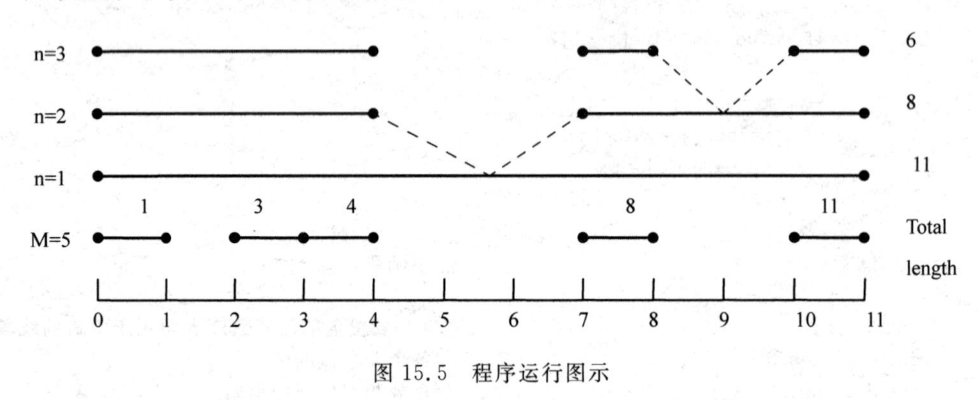

图 15.5　程序运行图示

说明:

程序得到输入参数后,先后对 position 数组与 distance 数组进行了排序的调用。

先对 position 数组进行排序,目的是有次序地排列各个区间,从而可以非常方便地得到每一对相邻区间之间的距离。后对 distance 数组进行排序,目的是将其中存放的各个相邻区间之间的距离,按照从大到小的次序重新存放,以方便贪心过程中每次选择一个最大的相邻区间间隔的要求。排序过程按照从大到小的降序排列,正是为了满足算法选择区间距离的从大到小的顺序要求。

程序中 while 循环为一个复合条件,由两个条件语句通过逻辑与连接构成:

(1) 第一个条件(nline<n)说明只要还没有达到所用线段总数的限制,就可以进一步断开原来的线段。

(2) 第二个条件(distance[divide]>0)说明,如果还有不相邻的区间,进一步断开原有线段就可以减少总长度。如果此条件不满足,也就是所用线段都覆盖了单独或相邻的区间,那么总长度实际上已经等于 m,就不可能再减少了,所以此条件也可以表示为(totallength>m)。

此程序得到最小长度的同时,也得到了最小总长度条件下所需的最少线段数目。请读者考虑一下,如何修改程序,能够输出这些线段的端点信息。

15.2.4 贪心法解题的一般步骤

上面三个例子所用的算法有一个共同点,就是在求最优解的过程中,每一步都采用一种局部最优的策略,把问题范围和规模逐渐缩小,最后把每一步的结果合并起来得到一个全局的最优解。

在例 15.1 中,每次选取删除的数字都是第一个递减区间的首位数字,也就是当前的删除可以保证在当前删除位数要求下的最优解,同时使剩下的数字串逐渐接近最后要求的目标最优解。

在例 15.2 中,每一次选取的时间都是满足条件的最早结束事件,向问题的解答前进一步,同时给剩余事件的选取留下了最多的不重叠时间;最后得到的事件序列,就是每一次选取的事件集合。

在例 15.3 中,每一步都将覆盖最大间隔的线段断开,使得线段总长度减少,同时使线段数目更接近最大数目限制;最后得到的最小线段总长度,其实是计算过程唯一确定的一种线段覆盖方式得到的。

归纳以上三个任务的求解过程,可以总结出运用贪心法解题的一般步骤如下。

(1) 从问题的某个初始解出发。

(2) 采用循环语句,当可以向求解目标前进一步时,根据局部最优策略,得到一个部分解,缩小问题的范围或规模。

(3) 将所有部分解综合起来,得到问题的最终解。

15.3 动态规划

15.3.1 什么是动态规划

在用分治递归法设计程序时,为了解决一个大的问题,总是想方设法把它分成两个或多个更小的问题;然后分别解决每个小问题;再把各小问题的解组合起来,即可得到原问题的解;小问题与原问题相比较,通常是性质相似但规模更小的问题,所以一般可用递归的方法来解决,如 hanoi 塔问题和快速排序都是应用这种方法的典型例子。

然而对有些问题而言,当把其分解成若干个子问题,使之能够从这些子问题的解得到原问题的解时,子问题的数目会比较多,如果把每个子问题再继续分解,必将得到更多的子问题,以至于最后解决问题需要耗费的时间呈指数增长。往往在这类问题中子问题的数目其实只有多项式个,于是在上述算法中,一定有些子问题被重复计算了许多次。如果我们能够保存已解决的子问题的答案,而在需要时简单查一下,就可以避免大量的重复计算,从而得到多项式个时间的算法。

为了实现上述方法,通常用一个数组来记录所有已解决的子问题的答案。无论子问题以后是否被用到,只要它被计算过,就将其结果存入数组中,这种方法在程序设计中被称为动态规划,

15.3.2 引入动态规划的意义

请看下面的实例。

【例 15.4】 数字三角形。

图 15.6 所示为一个数字三角形。请编一个程序计算从顶至底的某处的一条路径,使该路径所经过的数字的总和最大。具体要求如下:

(1) 每一步可沿直线向下或右斜线向下走。

(2) 1<三角形行数≤100。

(3) 三角形中的数字为整数 0,1,…,99。

输入要求:输入第一行为一个自然数,表示数字三角形的行数 n,接下来的 n 行表示一个数字三角形。

输出要求:输出仅有一行,包含一个整数,表示要求的最大总和。

```
        7
      3   8
    8   1   0
  2   7   4   4
4   5   2   6   5
```

图 15.6 数字三角形

输入样例:

```
5
7
3 8
8 1 0
2 7 4 4
4 5 2 6 5
```

输出样例:

```
30
```

分析:

此题目可以用递归的方法解决,基本思路如下:

以二维数组 D[i][j]表示数字三角形第 i 行第 j 个数字(i,j 都从 1 开始),以函数 MaxSum(i,j)表示从第 i 行的第 j 个数字到底边的最佳路径上的数字之和,则题目要求的即为:MaxSum(1,1)。

从某个 D(i,j)出发,显然下一步只能走 D(i+1,j)或是 D(i+1,j+1),如果走 D(i+1,j),那么得到的 MaxSum(i,j)就是 MaxSum(i+1,j)+ D(i,j);如果走 D(i+1,j+1),那么得到的 MaxSum(i,j)就是 MaxSum(i+1,j+1)+ D(i,j)。所以选择往哪里走,就看 MaxSum(i+1,j)与 MaxSum(i+1,j+1)哪一个更大。程序如下:

```
#include<stdio.h>
#define MAX_NUM 100
int D[MAX_NUM + 10][MAX_NUM + 10];
int N;
int MaxSum(int i,int j)
```

```
{
    if(i == N)
        return D[i][j];
    int nSum1 = MaxSum(i + 1,j);
    int nSum2 = MaxSum(i + 1,j + 1);
    if(nSum1 > nSum2)
        return (nSum1 + D[i][j]);
    else
        return (nSum2 + D[i][j]);
}
int main()
{
    int i,j;
    scanf(" % d",&N);
    for(i = 1;i <= N;i++)
        for(j = 1;j <= i;j++)
            scanf(" % d",&D[i][j]);
    printf(" % d\n",MaxSum(1,1));
    return 0;
}
```

上面的程序看似比较简单，但是效率却非常低。在 N 的值并不太大，比如 N＝100 时，就慢得几乎算不出结果来了。为什么会这样呢？因为递归调用过程存在着大量的重复计算。对图 15.6 样例所给的简单数字三角形分析可知，第一层共需要 1 次调用，第二层共需要 2 次调用，第三层共需 4 次调用，……，第五层共需 16 次调用。从中不难得出规律，如果 N＝100，总的计算次数就是 $2^0+2^1+2^2+\cdots+2^{N-1}$，是一个非常大的数字。

既然问题出在大量的重复计算，可以想到的办法就是：一个值一旦计算出来就要记住，以后用到就不需要再重新计算。也即当第一次算出 MaxSum(i,j)的值时，将该值保存起来，以后再遇到 MaxSum(i,j)时，直接取出之前第一次调用已经存放的值即可，不必再次调用 MaxSum 函数作递归计算。这样每个 MaxSum(i,j)都只需要计算一次即可，总的计算次数就是数字三角形中的数字总数，即 $1+2+3+\cdots+N=N(N+1)/2$。

为了存放计算出来的 MaxSum(i,j)值，需要引入一个二维数组 a[N][N]，a[i][j]存放 MaxSum(i,j)的计算结果。由题意可知数组求值过程存在着如下的递推关系：

$$a[i][j]=\begin{cases} D[i][j] & i=N \\ Max(a[i+1][j],a[a+1,j+1])+D[i][j] & 其他 \end{cases}$$

因此，不需要写递归函数，从第 N－1 行开始向上逐行递推，就可以求得 a[1][1]的值。程序如下：

```
#include <stdio.h>
#define MAX_NUM 100
int D[MAX_NUM + 10][MAX_NUM + 10];
int a[MAX_NUM + 10][MAX_NUM + 10];
int N;
int main()
{
    int i,j;
```

```
    scanf("%d",&N);
    for(i=1;i<=N;i++)
        for(j=1;j<=i;j++)
            scanf("%d",&D[i][j]);
    for(j=1;j<=N;j++)
        a[N][j]=D[N][j];
    for(i=N;i>1;i--)
        for(j=1;j<=i;j++)
            if(a[i][j]>a[i][j+1])
                a[i-1][j]=a[i][j]+D[i-1][j];
            else
                a[i-1][j]=a[i][j+1]+D[i-1][j];
    printf("%d\n",a[1][1]);
    return 0;
}
```

简单说来,这种将一个问题分解成为子问题求解,并且将中间子问题的结果保存起来以避免重复计算的方法,就叫做“动态规划”。动态规划通常用来求最优解,能用动态规划求解的问题,必须满足最优解的每个局部解也都是最优的,即上述数组a里面的每个元素值,都是对应下标位置到达三角形底部的最佳路径。

15.3.3 动态规划的特征

上面刚刚讨论过动态规划程序设计方法的一个例子,那么什么样的问题适合用动态规划法求解呢?

动态规划法通常用于求解具有某种最优性质的问题。在这类问题中,可能会有许多可行解。每一个解都对应于一个值,我们希望找到具有最优值的解。动态规划算法与分治法类似,其基本思想也是将待求解问题分解成若干个子问题,先求解子问题,然后从这些子问题的解得到原问题的解。与分治法不同的是,适合于用动态规划求解的问题,经分解得到子问题往往不是互相独立的。若用分治法来解这类问题,则分解得到的子问题数目太多,有些子问题被重复计算了很多次。如果能够保存已解决的子问题的答案,而在需要时再找出之前已求出并被保存的答案,就可以避免大量的重复计算,节省时间。可以用一个表来记录所有已解的子问题的答案,不管该子问题以后是否被用到,只要它被计算过,就将其结果填入表中,这就是动态规划法的基本思路。具体的动态规划法多种多样,但它们具有最优化问题中的两个要素:最优结构和重复子问题。

1. 最优结构

用动态规划方法来解决一个问题的第一步是刻划一个最优解的结构。所谓的一个问题具有最优子结构性质,即该问题的最优解中包含了一个或多个子问题的最优解。当一个问题呈现出最优子结构时,动态规划法可能就是一个合适的候选方法了。在例15.4中,我们发现数字三角形问题具有最优子结构。具体来说,当前位置的最优路径必定与其左上方或正上方两个位置的最优路径有关,且来自于其中更优的一个,即问题的最优解包含了其中一个子问题的最优解。如果把问题稍微改变一下:将三角形中的数字改为−100～100之间的整数,计算从顶至底的某处的一条路径,使该路径所经过的数字的总和最接近于零。这个问题就不具有最优子结构性质了,因为子问题最优(最接近于零)反而可能造成问题的解远离零，这样的反例是不难构造的，改变以后的问题显然就不能用动态规划的方法解决。

2. 重叠子问题

适合于动态规划方法解决的最优化问题必须具有的第二个要素是子问题空间要较小，也就是用来解原问题的一个递归算法可反复地解同样的子问题，而不是总在产生新的子问题，即子问题的总数是问题规模的一个多项式。当一个递归算法不断地遇到同一问题时，我们说该最优化问题包含有重叠子问题。相反地，适合用分治法解决的问题往往在递归，每一步都产生出全新的问题来，如快速排序算法。动态规划法总是充分利用重叠子问题，对每个子问题只解一次，把解放在一个数组中，需要时直接查看就行。

通过前面对数字三角形问题的递归算法与动态规划算法程序的比较，可以看出用递推的方法对每个子问题(求 MaxSum[i,j])只求一次，子问题总数为 O(n * n)，时间复杂度也是 O(n * n)。而用递归的方法，由于子问题重叠，如求 MaxSum(i,j)和 MaxSum(i,j+1)都要调用子问题 MaxSum(i−1,j)，从而造成子问题的大量重复调用，其运行时间呈指数增长，从实际运行时间看，与分析出的理论值完全符合。

3. 记忆化

动态规划算法一般都是用自底向上的递推来实现，具体来说就是从递推关系式的边界条件出发，按问题规模从小到大依次求出每个子问题的最优解，直至求出问题最终的最优解为止，这一过程通常可用循环结构实现，如例 15.4 的第二个程序就是如此。

一般来说，只要该问题可以划分成规模更小的子问题，并且原问题的最优解中包含了子问题的最优解(即满足最优子化原理)，则可以考虑用动态规划法解决。

动态规划的实质是分治思想和解决冗余，因此，动态规划法是一种将问题实例分解为更小的、相似的子问题，并存储子问题的解而避免计算重复的子问题，以解决最优化问题的算法策略。

由此可知，动态规划法与分治法类似，它们都是将问题实例归纳为更小的、相似的子问题，并通过求解子问题产生一个全局最优解。其中分治法中的各个子问题是独立的(即不包含公共的子问题)，因此一旦递归地求出各子问题的解后，便可自下而上地将子问题的解合并成问题的解。但不足之处是，如果各子问题是不独立的，则分治法要做许多不必要的工作，重复地解公共的子问题。

解决上述问题的办法是利用动态规划法。该方法主要应用于最优化问题，这类问题会有多种可能的解，每个解都有一个值，而动态规划法找出其中最优(最大或最小)解。若存在多个最优解的话，它只取其中的一个。在求解过程中，该方法也是通过求解局部子问题的解达到全局最优解，但与分治法不同的是，动态规划法允许这些子问题不独立(亦即各子问题可包含公共的子问题)，也允许其通过自身子问题的解作出选择，该方法对每一个子问题只解一次，并将结果保存起来，避免每次碰到时都要重复计算。

因此，动态规划法所针对的问题有一个显著的特征，即它所对应的子问题树中的子问题呈现大量的重复。动态规划法的关键在于：对于重复出现的子问题，只在第一次遇到时加以求解，并把答案保存起来，让以后再遇到时直接引用，不必重新求解。

15.3.4 动态规划算法的基本步骤

设计一个动态规划算法，通常可按以下几个步骤进行：

(1) 分析最优解的性质,并刻划其结构特征。

(2) 递归地定义最优值。

(3) 以自底向上的方式或自顶向下的记忆化方法(备忘录法)计算出最优值。

(4) 根据计算最优值时得到的信息,构造一个最优解。

步骤(1)~(3)是动态规划算法的基本步骤。在只需要求出最优值的情形,步骤(4)可以省略,若需要求出问题的一个最优解,则必须执行步骤(4)。此时,在步骤(3)中计算最优值时,通常需记录更多的信息,以便在步骤(4)中,根据所记录的信息,快速地构造出一个最优解。

15.4 动态规划实例

15.4.1 简单最短路径问题

【例 15.5】 简单最短路径。

城市交通图如图 15.7 所示,左下角的 A 是出发点,右上角的 P 是目的点。每两个点之间的路径长度已经标记于对应边上,要求找到一条从 A 到 P 的最短路径。

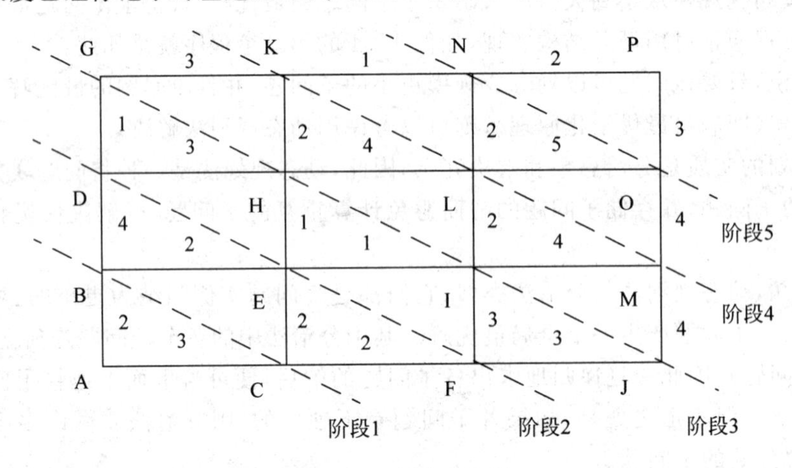

图 15.7 城市交通图

分析:

直接找从 A 到 P 的最短路径是一个复杂的工作,无法直接得到这一结果。但是可以把求解看成是一个多阶段决策的问题,如图 15.7 所示。

为了更清楚的描述决策过程,先定义如下两组符号:

(1) P(X),表示从 A 点出发到 X 点的最短路径长度,其中 X=A,B,C,…,P。比如 A 到 B 的最短路径长度为 P(B),A 到 C 的最短路径长度为 P(C),问题所求从 A 到 P 的最短路径即为 P(P)。

(2) d(X,Y),表示图上相邻两点 X、Y 的路径长度,比如 d(A,B)即为从 A 点到 B 点的距离值 2。

由上可知:

```
P(P) = min{P(N) + d(N,P),P(O) + d(O,P)}
```

其实际意义是：从A到P的最短路径P(P)的值，即为P(N)＋d(N,P)与P(O)＋d(O,P)的最小值。如图15.7所示，因为条件已经清楚给定d(N,P)＝2，d(O,P)＝3，所以可以简写为

```
P(P) = min{P(N) + 2,P(O) + 3}
```

从这里可以看出，从A到P的最短路径值P(P)只与从A到N的最短路径P(N)以及从A到O的最短路径P(O)有关，所以要计算P(P)应该先计算P(N)与P(O)。

从A到N的最短路径P(N)，只有2条路可行，一条是经由K点到达，另一条是经由L点到达。所以P(N)与P(K)与P(L)有关，即

```
P(N) = min{P(K) + d(K,N),P(L) + d(L,N)}
```

同理，从A到O的最短路径P(O)，可记为

```
P(O) = min{P(L) + d(L,O),P(M) + d(M,O)}
```

从图15.7中可知：d(K,N)＝1，d(L,N)＝2，d(L,O)＝5，d(M,O)＝4，带入以上两式，即

```
P(N) = min{P(K) + 1,P(L) + 2}
P(O) = min{P(L) + 5,P(M) + 4}
```

从上述公示及其推导过程，可以大致看出题目的求解规律：欲求P(P)需要先求出阶段5中的P(N)与P(O)，欲求P(N)与P(O)需要先求出阶段4中的P(K)、P(L)与P(M)，以此类推，可以得到每一个位置对应的P(X)值。由此看出，只有知道前一阶段的值才能够推导后一阶段对应位置的值，所以在具体求值的过程中，需要按照刚才规律推导过程相反的顺序，逐个递推求解。即：从P(A)出发，先求出第1阶段的P(B)与P(C)，再求第2阶段的P(D)、P(E)与P(F)……最后求得P(P)。

在类似的多行多列表示的图结构信息中，一种比较简单的数据表示方式就是二维数组。在这样的二维数组中，第一维的下标表示所在行号，第二维的下标表示所在列号。下面分别用这样的两个二维数组存放东西方向以及南北方向的道路长度，如图15.8与图15.9所示。

行↑ 列→	0	1	2
3	3	1	2
2	3	4	5
1	2	1	4
0	3	2	3

图15.8　东西方向道路的二维数组

行↑ 列→	0	1	2	3
2	1	2	2	3
1	4	1	2	4
0	2	2	3	4

图 15.9　南北方向道路的二维数组

图 15.8 所示二维数组可定义并初始化为

```
int h[4][3] = { {3,2,3},{2,1,4},{3,4,5},{3,1,2} };
```

图 15.9 所示二维数组可定义并初始化为

```
int v[3][4] = { {2,2,3,4},{4,1,2,4},{1,2} } ;
```

由此，可以将图 15.7 中的出发点 A 作为坐标原点，形成一个平面直角坐标系，各个顶点依次转换到坐标系中对应的坐标位置，如图 15.10 所示。

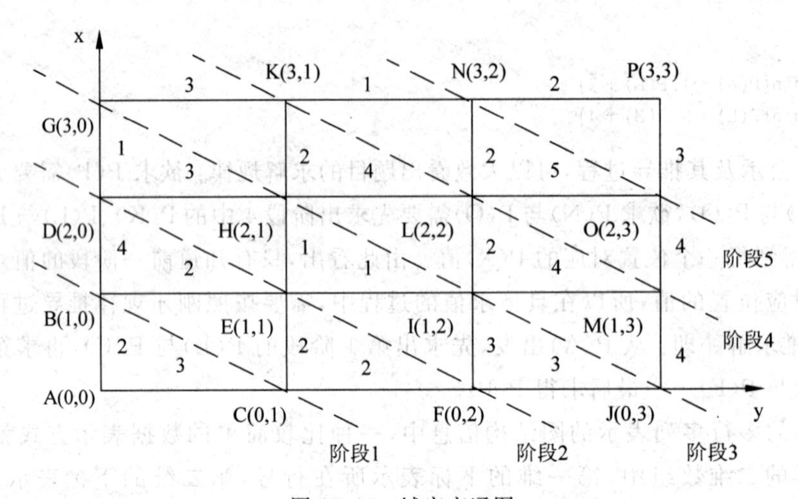

图 15.10　城市交通图

从图 15.10 可以看出，由 A 到 P 的最短路径是从(0,0)到(3,3)，定义一个二维数组 P[4][4]，第 1 维表示行坐标，第 2 维表示列坐标，且初始化为 0，即

```
int p[4][4] = { {0,0,0,0},{0,0,0,0},{0,0,0,0} };
```

对于出发点 A，坐标为(0,0)，P[0][0]=0，这是边界条件。

对于阶段 1：

```
P[0][1] = p[0][0] + h[0][0] = 0 + 3 = 3;
p[1][0] = p[0][0] + v[0][0] = 0 + 2 = 2;
```

对于阶段 2：

```
P[1][1] = min{p[0][1] + v[0][1],p[1][0] + h[1][0]} = min{3 + 1,2 + 2} = 4;
p[0][2] = p[0][1] + h[1][0] = 3 + 2 = 5;
```

```
p[2][0] = p[1][0] + v[1][0] = 2 + 4 = 6;
```

对于阶段 3：

```
P[1][2] = min{p[0][2] + v[0][2],p[1][1] + h[1][1]} = min{5 + 3,4 + 1} = 5;
p[0][3] = p[0][2] + h[0][2] = 5 + 3 = 8;
P[2][1] = min{p[1][1] + v[1][1],p[2][0] + h[2][0]} = min{4 + 1,6 + 1} = 5;
p[3][0] = p[2][0] + v[2][0] = 6 + 1 = 7;
```

对于阶段 4：

```
P[1][3] = min{p[0][3] + v[0][3],p[1][2] + h[1][2]} = min{8 + 4,5 + 4} = 9;
P[2][2] = min{p[1][2] + v[1][2],p[2][1] + h[2][1]} = min{5 + 2,5 + 4} = 7;
P[3][1] = min{p[2][1] + v[2][1],p[3][0] + h[3][0]} = min{5 + 2,7 + 3} = 7;
```

对于阶段 5：

```
P[2][3] = min{p[1][3] + v[1][3],p[2][2] + h[2][2]} = min{9 + 4,7 + 5} = 12;
P[3][2] = min{p[2][2] + v[2][2],p[3][1] + h[3][1]} = min{7 + 2,7 + 1} = 8;
```

最后到达终点：

```
P[3][3] = min{p[2][3] + v[2][3],p[3][2] + h[3][2]} = min{12 + 3,8 + 2} = 10;
```

这就是从 A 到 P 的最短路径。

由此,可归纳出求最短路径的一般表达式：

$$
\begin{cases}
P[i][j] = \min((p[i-1][j] + v[i-1][j]),(p[i][j-1] + h[i][j-1]));(i,j>0) \\
p[0][j] = p[0][j-1] + h[0][j-1]; \quad (i=0,j>0) \\
p[i][0] = p[i-1][0] + v[i-1][0]; \quad (i>0,j=0) \\
P[0][0] = 0; \quad (i=0,j=0)
\end{cases}
$$

程序实现如下：

```
#include <stdio.h>
int min(int a, int b)
{
    if(a <= b)  return a;
    else   return b;
}
int main()
{
    int i,j;
    int h[4][3] = { {3,2,3},{2,1,4},{3,4,5},{3,1,2} };
    int v[3][4] = { {2,2,3,4},{4,1,2,4},{1,2,2,3} };
    int p[4][4] = { {0,0,0,0},{0,0,0,0},{0,0,0,0},{0,0,0,0} };
    p[0][0] = 0;
    for(i = 1;i < 4;i++)
        p[i][0] = p[i - 1][0] + v[i - 1][0];
    for(j = 1;j < 4;j++)
        p[0][j] = p[0][j - 1] + h[0][j - 1];
    for(i = 1;i < 4;i += )
        for(j = 1;j < 4;j++)
            p[i][j] = min((p[i - 1][j] + v[i - 1][j]),(p[i][j - 1] + h[i][j - 1]));
```

```
    printf("%d\n",p[3][3]);
    return 0;
}
```


15.4.2 最长公共子序列问题

【例 15.6】 最长公共子序列。

一个给定序列的子序列是在该序列中删去若干元素后得到的序列。确切地说,若给定序列 X=<x_1,x_2,…,x_m>,则另一序列 Z=<z_1,z_2,…,z_k>是 X 的子序列是指存在一个严格递增的下标序列<i_1,i_2,…,i_k>,使得对于所有 j=1,2,…,k,有

$$X_{i_j}=Z_j$$

例如,序列 Z=<B,C,D,B>是序列 X=<A,B,C,B,D,A,B>的子序列,相应的递增下标序列为<2,3,5,7>。给定两个序列 X 和 Y,当另一序列 Z 既是 X 的子序列又是 Y 的子序列时,称 Z 是序列 X 和 Y 的公共子序列。例如,若 X=<A,B,C,B,D,A,B>和 Y=<B,D,C,A,B,A>,则序列<B,C,A>是 X 和 Y 的一个公共子序列,序列<B,C,B,A>也是 X 和 Y 的一个公共子序列。而且,后者是 X 和 Y 的一个最长公共子序列,因为 X 和 Y 没有长度大于 4 的公共子序列。

给定两个序列 X=<x_1,x_2,…,x_m>和 Y=<y_1,y_2,…,y_n>,要求找出 X 和 Y 的一个最长公共子序列。

输入要求:

输入共有两行,每行为一个长度不超过 200 的字符串,表示序列 X 和 Y。

输出要求:

输出一行,表示所求得的最长公共子序列的长度,若不存在公共子序列,则输出 0。

输入样例:

```
ABCBDAB
BDCABA
```

输出样例:

```
4
```

分析:

动态规划法可有效地解此问题。下面按照动态规划算法设计的各个步骤来设计一个解此问题的有效算法。

(1) 最长公共子序列的结构。

解最长公共子序列问题时最容易想到的算法是穷举搜索法,即对 X 的每一个子序列,检查它是否也是 Y 的子序列,从而确定它是否为 X 和 Y 的公共子序列,并且在检查过程中选出最长的公共子序列。X 的所有子序列都检查过后即可求出 X 和 Y 的最长公共子序列。X 的一个子序列相应于下标序列{1,2,…,m}的一个子序列,因此,X 共有 2^m 个不同子序列,从而穷举搜索法需要指数时间。

事实上,最长公共子序列问题也有最优子结构性质,因为有如下定理 LCS 的最优子结构性质定理。

设序列 $X=<x_1, x_2, \cdots, x_m>$ 和 $Y=<y_1, y_2, \cdots, y_n>$ 的一个最长公共子序列 $Z=<z_1, z_2, \cdots, z_k>$,则

若 $x_m=y_n$,则 $z_k=x_m=y_n$ 且 Z_{k-1} 是 X_{m-1} 和 Y_{n-1} 的最长公共子序列;

若 $x_m \neq y_n$ 且 $z_k \neq x_m$,则 Z 是 X_{m-1} 和 Y 的最长公共子序列;

若 $x_m \neq y_n$ 且 $z_k \neq y_n$,则 Z 是 X 和 Y_{n-1} 的最长公共子序列。

其中 $X=<x_1, x_2, \cdots, x_m>$ 和 $Y=<y_1, y_2, \cdots, y_n>$ 的一个最长公共子序列 $Z=<z_1, z_2, \cdots, z_k>$。

证明:

用反证法。若 $z_k \neq x_m$,则 $<z_1, z_2, \cdots, z_k, x_m>$ 是 X 和 Y 的长度为 k+1 的公共子序列。这与 Z 是 X 和 Y 的一个最长公共子序列矛盾。因此,必有 $z_k=x_m=y_n$。由此可知 Z_{k-1} 是 X_{m-1} 和 Y_{n-1} 的一个长度为 k-1 的公共子序列。若 X_{m-1} 和 Y_{n-1} 有一个长度大于 k-1 的公共子序列 W,则将 x_m 加在其尾部将产生 X 和 Y 的一个长度大于 k 的公共子序列,此为矛盾。故 Z_{k-1} 是 X_{m-1} 和 Y_{n-1} 的一个最长公共子序列。

由于 $z_k \neq x_m$,Z 是 X_{m-1} 和 Y 的一个公共子序列。若 X_{m-1} 和 Y 有一个长度大于 k 的公共子序列 W,则 W 也是 X 和 Y 的一个长度大于 k 的公共子序列。这与 Z 是 X 和 Y 的一个最长公共子序列矛盾。由此即知 Z 是 X_{m-1} 和 Y 的一个最长公共子序列。

由这个定理可知,两个序列的最长公共子序列包含了这两个序列的前缀的最长公共子序列。因此,最长公共子序列问题具有最优子结构性质。

(2) 子问题重叠性质。

由最长公共子序列问题的最优子结构性质可知,要找出 $X=<x_1, x_2, \cdots, x_m>$ 和 $Y=<y_1, y_2, \cdots, y_n>$ 的最长公共子序列,可按以下方式递归地进行:当 $x_m=y_n$ 时,找出 X_{m-1} 和 Y_{n-1} 的最长公共子序列,然后在其尾部加上 $x_m(=y_n)$ 即可得 X 和 Y 的一个最长公共子序列。当 $x_m \neq y_n$ 时,必须解两个子问题,即找出 X_{m-1} 和 Y 的一个最长公共子序列及 X 和 Y_{n-1} 的一个最长公共子序列。这两个公共子序列中较长者即为 X 和 Y 的一个最长公共子序列。由此递归结构容易看到最长公共子序列问题具有子问题重叠性质。例如,在计算 X 和 Y 的最长公共子序列时,可能要计算出 X 和 Y_{n-1} 及 X_{m-1} 和 Y 的最长公共子序列。而这两个子问题都包含一个公共子问题,即计算 X_{m-1} 和 Y_{n-1} 的最长公共子序列。

下面来建立子问题的最优值的递归关系。用 c[i][j]记录序列 X_i 和 Y_j 的最长公共子序列的长度。其中 $X_i=<x_1, x_2, \cdots, x_i>$, $Y_j=<y_1, y_2, \cdots, y_j>$。当 i=0 或 j=0 时,空序列是 X_i 和 Y_j 的最长公共子序列,故 c[i][j]=0。其他情况下,由定理可建立递归关系如下:

$$C[i][j]=\begin{cases}0 & (i=0 \text{ 或 } j=0)\\ c[i-1][j-1]+1 & (i,j>0 \text{ 且 } x_j=y_j)\\ \max(c[i][j-1],c[i-1][j]) & (i,j>0 \text{ 且 } x_j \neq y_j)\end{cases}$$

(3) 计算最优值。

直接利用上式容易写出一个计算 c[i][j]的递归算法,但其计算时间是随输入长度是呈指数增长的。由于在所考虑的子问题空间中,总共只有 O(m * n)个不同的子问题,因此,用动态规划法自底向上地计算最优值能提高算法的效率。

计算最长公共子序列长度的动态规划算法 LCS_LENGTH(X,Y)以序列 $X=<x_1, x_2, \cdots, x_m>$ 和 $Y=<y_1, y_2, \cdots, y_n>$ 作为输入。以二维数组 c[i][j]存储 X_i 与 Y_j 的最长公

共子序列的长度。

(4) 构造最优解。

由题意可知,计算最优值过程所求得的c[len1][len2]即为所求问题的最优解。

程序如下:

```
#include<stdio.h>
#include<string.h>
#define N 200
int main()
{
    int i,j,len1,len2,c[N][N];
    char x[N],y[N];
    gets(x);
    gets(y);
    len1 = strlen(x);
    len2 = strlen(y);
    for(i = 0;i <= len1;i++)
        c[i][0] = 0;
    for(j = 0;j <= len2;j++)
        c[0][j] = 0;
    for(i = 1;i <= len1;i++)
        for(j = 1;j <= len2;j++)
            if (x[i-1] == y[j-1])
                c[i][j] = c[i-1][j-1] + 1;
            else
                if (c[i-1][j]> c[i][j-1])
                    c[i][j] = c[i-1][j];
                else
                    c[i][j] = c[i][j-1];
    printf("%d\n",c[len1][len2]);
    return 0;
}
```

15.4.3 最长上升子序列问题

【例15.7】 最长上升子序列。

对于数列b_i,当$b_1 < b_2 < \cdots < b_S$的时候,称这个序列是上升的。对于给定的一个序列$(a_1, a_2, \cdots, a_N)$,可以得到一些上升的子序列$(a_{i1}, a_{i2}, \cdots, a_{iK})$,这里$1 \leqslant i_1 < i_2 < \cdots < i_K \leqslant N$。比如,对于序列(1, 7, 3, 5, 9, 4, 8),有它的一些上升子序列,如(1, 7),(3, 4, 8)等。这些子序列中最长的长度是4,比如子序列(1, 3, 5, 8)。对于给定的序列,求出最长上升子序列的长度。

输入要求:

输入有两行,第一行输入序列的长度N,第二行给出序列中的N个整数。

输出要求:

输出一行,即所求的最长上升子序列长度

输入样例:

7

```
1 7 3 5 9 4 8
```

输出样例：

```
4
```

分析：

如何把这个问题分解成子问题呢？经过分析，发现“求以 a_k($k=1,2,3,\cdots,N$)为终点的最长上升子序列的长度”是个好的子问题——这里把一个上升子序列中最右边的那个数，称为该子序列的“终点”。虽然这个子问题与原问题形式上并不完全一样，但是只要这 N 个子问题都解决了，那么这 N 个子问题的解中，最大的那个就是整个问题的解。

上述子问题只与一个变量有关，就是数字的位置。如果以 a_k 作为“终点”的最长上升子序列的长度，那么

MaxLen (1) = 1

MaxLen (k) = Max { MaxLen (i): $1 < i < k$ 且 $a_i < a_k$ 且 $k \neq 1$ } + 1

这个状态转移方程的意思就是，MaxLen(k)的值，就是在 a_k 左边，“终点”数值小于 a_k，且长度最大的那个上升子序列的长度再加 1。因为 a_k 左边任何“终点”小于 a_k 的子序列，加上 a_k 后就能形成一个更长的上升子序列。实际实现的时候，可以不必编写递归函数，因为从 MaxLen(1)就能推算出 MaxLen(2)，有了 MaxLen(1)和 MaxLen(2)就能推算出 MaxLen(3)，依此类推。

比如对输入序列：

10,33,12,55,49,64,78,37,30,66

按照状态转移方程，可依次求得以每一个元素为终点的 MaxLen(i)值，如表 15.9 所示。

表 15.9 最长上升子序列问题的状态

元素位序 i	1	2	3	4	5	6	7	8	9	10
终点元素	10	33	12	55	49	64	78	37	30	66
MaxLen(i)	1	2	2	3	3	4	5	3	3	5

该输入序列的最长上升子序列长度为 Max(MaxLen(i))(1<=i<=10)，即为 5。

程序如下：

```
#include<stdio.h>
#include<string.h>
#define MAX_N 1000
int b[MAX_N+10];
int MaxLen[MAX_N+10];
int main()
{
    int n,m,i,j;
    scanf("%d",&n);
    for(i=1;i<=n;i++)
        scanf("%d",&b[i]);
    MaxLen[1]=1;
    for(i=2;i<=n;i++)
```

```
        {
            m = 0;
            for(j = 1;j < i;j++)
                if(b[i]> b[j])
                    if(m < MaxLen[j])
                        m = MaxLen[j];
            MaxLen[i] = m + 1;
        }
        int nMax =- 1;
        for(i = 1;i <= n;i++)
            if(nMax < MaxLen[i])
                nMax = MaxLen[i];
        printf("%d\n",nMax);
        return 0;
    }
```

15.5 本章小结

贪心法是一个自顶向下的求解过程,在对问题求解时,总是做出在当前看来是最好的选择。也就是说,不从整体最优上加以考虑,所做出的仅是在某种意义上的局部最优解。贪心算法不是对所有问题都能得到整体最优解,但对范围相当广泛的许多问题它能产生整体最优解或者是整体最优解的近似解。

在贪心算法中,作出的每步贪心决策都无法改变,因为贪心策略是由上一步的最优解推导下一步的最优解,而上一部之前的最优解则不作保留。并且,每一步的最优解一定包含上一步的最优解。

贪心法的基本思路:

(1) 建立数学模型来描述问题。

(2) 把求解的问题分成若干个子问题。

(3) 对每一子问题求解,得到子问题的局部最优解。

(4) 把子问题的解局部最优解合成原来解问题的一个解。

将一个问题分解成为子问题求解,并且将中间子问题的结果保存起来以避免重复计算的方法,称为“动态规划”。一般来讲动态规划是一个自底向上的递推过程,通常用来求最优解,能用动态规划求解的问题,必须满足最优解的每个局部解也都是最优的。

在动态规划算法中,全局最优解中一定包含某个局部最优解,但不一定包含前一个局部最优解,因此需要记录之前的所有最优解。动态规划的关键是状态转移方程,即如何由以求出的局部最优解来推导全局最优解。也就是说,把一个复杂问题分解成一块一块的小问题,每一个问题得到最优解,再从这些最优解中获取更优的答案。

动态规划算法的基本思路:

(1) 分析最优解的性质,并刻划其结构特征。

(2) 递归地定义最优值。

(3) 以自底向上的方式或自顶向下的记忆化方法(备忘录法)计算出最优值。

(4) 根据计算最优值时得到的信息,构造一个最优解。

教 学 资 源 支 持

敬爱的教师：

感谢您一直以来对清华版计算机教材的支持和爱护。为了配合本课程的教学需要，本教材配有配套的电子教案（素材），有需求的教师请到清华大学出版社主页（http://www.tup.com.cn）上查询和下载，也可以拨打电话或发送电子邮件咨询。

如果您在使用本教材的过程中遇到了什么问题，或者有相关教材出版计划，也请您发邮件告诉我们，以便我们更好地为您服务。

我们的联系方式：

地　　址：北京海淀区双清路学研大厦 A 座 707

邮　　编：100084

电　　话：010－62770175－4604

课件下载：http://www.tup.com.cn

电子邮件：weijj@tup.tsinghua.edu.cn

教师交流 QQ 群：136490705

教师服务微信：itbook8

教师服务 QQ：883604

（申请加入时，请写明您的学校名称和姓名）

用微信扫一扫右边的二维码，即可关注计算机教材公众号。

扫一扫

课件下载、样书申请

教材推荐、技术交流